U0348437

高等教育“十三五”规划教材

复变函数与积分变换

第三版

主　编　冯卫兵

副主编　杨云锋　胡煜寒　夏小刚　李俊兵

中国矿业大学出版社

China University of Mining and Technology Press

内 容 提 要

本书是根据教育部高等院校复变函数与积分变换课程的基本要求，依据工科数学《复变函数与积分变换教学大纲》，结合本学科的发展趋势，在多年教学实践的基础上，融合国内外教材优点编写而成的。本书旨在培养学生的数学素质，提高其应用数学知识解决实际问题的能力，强调理论的应用性。本书体系严谨，逻辑性强，内容安排由浅入深，理论联系实际，讲授方式灵活。

本书共分九章，包括复数与复变函数、解析函数、复变函数的积分、级数、留数、共形映射、Fourier变换、Laplace变换、复变函数与积分变换的数学实验。每章均配有习题，书末附有习题答案，以供学生参考。

本书可作为高等院校工科各专业，尤其是自动控制、通信、电子信息、测控、机械工程等专业教材，也可供科技工作者及工程技术人员阅读参考。

图书在版编目(CIP)数据

复变函数与积分变换/冯卫兵主编. —3版. —徐州 ：中国矿业大学出版社，2019.1

ISBN 978-7-5646-4345-4

Ⅰ. ①复… Ⅱ. ①冯… Ⅲ. ①复变函数—高等学校—教材②积分变换—高等学校—教材 Ⅳ. ①O174.5 ②O177.6

中国版本图书馆CIP数据核字(2019)第014901号

书　　名　复变函数与积分变换
主　　编　冯卫兵
责任编辑　褚建萍
出版发行　中国矿业大学出版社有限责任公司
　　　　　　(江苏省徐州市解放南路　邮编221008)
营销热线　(0516)83885307　83884995
出版服务　(0516)83885767　83884920
网　　址　http://www.cumtp.com　**E-mail**:cumtpvip@cumtp.com
印　　刷　徐州中矿大印发科技有限公司
开　　本　787×960　1/16　**印张** 18.5　**字数** 352千字
版次印次　2019年1月第3版　2019年1月第1次印刷
定　　价　35.80元
(图书出现印装质量问题，本社负责调换)

前　言

复变函数与积分变换是高等院校工科各专业的一门重要的必修课，它不仅是其他数学课程的基础，也是物理、力学、电路等专业课程的基础，同时也是从事科学研究和工程设计的科研人员必备的数学工具之一。

本书是依据国家教育部审定的工科数学《复变函数与积分变换教学大纲》，结合本学科的发展趋势，在多年教学实践的基础上，融合国内外教材优点编写而成的。在编写的过程中始终遵循着"为专业课打好基础，培养学生的数学素质，提高其应用数学知识解决实际问题的能力"的原则。在内容的处理和编排上力争突出由浅入深，通俗易懂；突出重点，简明扼要；详略得当，系统性强等特色。具体特点如下：

1. 突出工程数学的基本思想与基本方法，淡化运算技巧，强调实际应用，以便学生在学习过程中能较好地掌握各部分内容，提高学生应用数学解决实际问题的能力。

2. 将复变函数、积分变换、工程数学实验三部分内容有机地结合在一起，对每章的编排次序进行了适当的调整，易于教师讲授。内容安排形成三个"台阶"：基本要求、巩固提高、实验应用。既注意到教材的可接受性，又为学生进一步学习现代工程数学知识提供一些"接口"。提高学生数值计算和数据处理能力。

3. 对内容进行了必要调整，去掉了对数留数、拉普拉斯方程变换的边值问题等内容，增加工程数学实验的介绍，丰富了例题，增加应用题的数量，特别是将习题分为A、B两类，A类为基本题，B类为提高题（供学有余力的学生选用），以增强学生学习的自由度，便于学生自学。

4. 各章前增加引言，对本章内容梗概作简述，章末附有数学家简介和小结，一是为了阐明内容的背景、作用和联系；二是为了帮助读者理解所学内容，掌握重点，总结提高。

本书由冯卫兵担任主编，杨云锋、胡煜寒、夏小刚、李俊兵担任副主编。其中第一章至第三章及第五章由冯卫兵执笔；第四章及第四、第五章习题由胡煜寒执笔；第六章及第一、第二、第三章习题、第六章习题、参考答案由李俊兵执笔；第七、第八章及附录由杨云锋执笔，第九章由夏小刚执笔。全书最后由冯卫兵统稿，由丁正生教授审阅。

本书在编写过程中得到了西安科技大学理学院数学系许多老师的大力支持和帮助，西安科技大学理学院的郭强、葛丹、杨爱丽以及辽宁科技大学理学院于永新等老师对本书进行了仔细校对，西安科技大学丁正生教授、西北工业大学叶正麟教授给予了许多重要的指导，在此一并表示深深的谢意。

限于编者水平，书中难免存在缺点和疏漏之处，恳请读者批评指正。

编　者

2018年于西安

目　录

第一章　复数与复变函数

本章主要介绍复数及其基本运算、复平面上的曲线和区域、复变函数的概念以及复变函数的极限及其连续性.复数的相关理论在中学已作过初步介绍,比较容易理解.复变函数的概念、极限以及连续性是实变函数相关理论的推广,其理论思想和方法与实变函数相似.但由于复变函数理论是建立在复数域或复平面上的,因此与实变函数的理论又有所不同,应注意二者之间的相同点和不同点.

第一节　复数的概念及其基本运算

一、复数的概念

复数在实际中有广泛的应用,如电路分析中复电流和复电压都是用复数表示的.

人们规定 $i^2=-1$,其中 i 称为**虚数单位**.设 x 和 y 为任意实数,则称 $z=x+iy$ 为**复数**.其中 x 和 y 分别称为复数 z 的**实部**(real part)和**虚部**(imaginary part),分别记为

$$x=\operatorname{Re} z,\quad y=\operatorname{Im} z \tag{1.1}$$

当 $x=0, y\neq 0$ 时,$z=iy$ 称为**纯虚数**;当 $y=0$ 时,有 $z=x+0i$ 为实数 x,简记为 $z=x$,因此复数可看作是实数的推广.

复数相等　设两个复数 $z_1=x_1+iy_1, z_2=x_2+iy_2$,若 $x_1=x_2$ 且 $y_1=y_2$,则称两个复数 z_1 和 z_2 相等.换句话说,如果两个复数相等,则它们的实部和虚部分别相等.

两个复数相等的概念是非常重要的.

注意:与实数不同,一般说来,任意两个复数不能比较大小.

共轭复数　称实部相同而虚部相反的两个复数互为共轭复数.如果 $z=x+iy$,那么其共轭复数记为 $\bar{z}=x-iy$.如复数 $z=3+2i$,其共轭复数为 $\bar{z}=3-2i$.

共轭复数有如下性质:

(1) $\bar{\bar{z}}=z$;

(2) $\overline{z_1\pm z_2}=\bar{z}_1\pm\bar{z}_2$, $\overline{z_1z_2}=\bar{z}_1\cdot\bar{z}_2$, $\overline{\left(\dfrac{z_1}{z_2}\right)}=\dfrac{\bar{z}_1}{\bar{z}_2}$;

(3) $z\bar{z}=|z|^2$；

(4) $z+\bar{z}=2\mathrm{Re}\ z$，$z-\bar{z}=2\mathrm{i}\mathrm{Im}\ z$.

这些性质作为练习，由读者自己使用随后讲的复数代数运算去证明.

二、复平面

由于一个复数 $z=x+\mathrm{i}y$ 由一对有序实数(x,y)唯一确定，它与 xOy 平面上的点(x,y)是一一对应的.因此在平面上可用坐标为(x,y)的点来表示复数 $z=x+\mathrm{i}y$(图 1.1)，这是复数的一个常用表示方法.此时，x 轴称为实轴，y 轴称为虚轴，两轴所在的平面称为复平面或 z 平面.

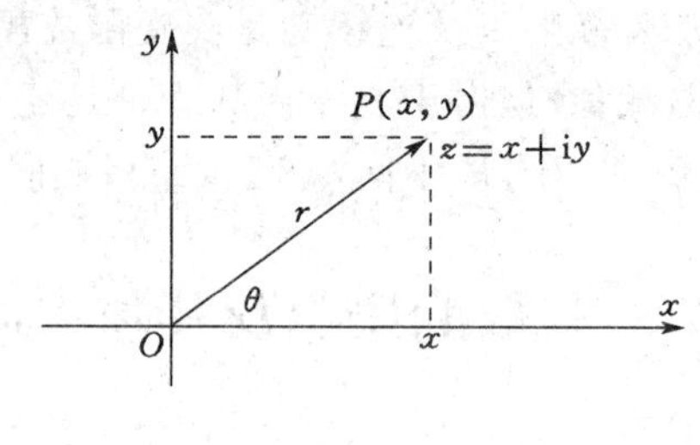

图 1.1

在复平面上，复数 z 还与从原点指向点 $z=x+\mathrm{i}y$ 的平面向量一一对应，因此复数 z 也可以用向量$\overrightarrow{OP}$来表示(图 1.1)，向量的长度称为 z 的**模**或**绝对值**，记为

$$|z|=r=\sqrt{x^2+y^2} \tag{1.2}$$

显然当 $z=0$ 时，它为零向量；当 $y\neq 0$ 时，点 $\bar{z}$ 和 z 关于实轴对称.

关于复数 z 的模有如下性质：

(1) $|x|\leqslant|z|$，$|y|\leqslant|z|$；

(2) $z\cdot\bar{z}=|z^2|=|z|^2$；

(3) $|z_1z_2|=|z_1||z_2|$；

(4) $|z_1|-|z_2|\leqslant|z_1+z_2|\leqslant|z_1|+|z_2|$.(三角不等式)

这些性质很容易证明，留给读者自己证明.

在 $z\neq 0$ 时，称以正实轴为始边，向量 $\overrightarrow{OP}$ 为终边的角的弧度数 θ 为 z 的**辐角**(argument)，记为 $\mathrm{Arg}\ z=\theta$(图 1.1)，于是有

$$x=r\cos\theta,\ y=r\sin\theta$$

$$r=\sqrt{x^2+y^2},\ |z|^2=z\bar{z} \tag{1.3}$$

注意：当 $z=0$ 时，$|z|=0$，其辐角不确定.且 $z=0\Leftrightarrow|z|=0$.

当 $z\neq 0$ 时，由于其辐角 θ 增加 2π 的整数倍，其终边不变，因此 $\mathrm{Arg}\ z$ 是多值的.但满足条件$-\pi<\mathrm{Arg}\ z\leqslant\pi$ 的辐角值是唯一的，称该值为其辐角的主值，

记为 $\arg z$. 于是有

$$-\pi<\arg z\leqslant\pi$$

$$\mathrm{Arg}\, z=\arg z+2k\pi \quad (k=0,\pm1,\pm2,\cdots) \tag{1.4}$$

显然有 $\quad z_1=z_2\neq0\Leftrightarrow|z_1|=|z_2|$ 且 $\arg z_1=\arg z_2$

三、复数的三种表示形式

复数 $z=x+\mathrm{i}y$ 是复数的代数表示式. 当 $z\neq0$ 时，利用直角坐标系与极坐标的关系：

$$x=r\cos\theta, y=r\sin\theta$$

将 z 表示成：

$$z=r(\cos\theta+\mathrm{i}\sin\theta) \quad (r>0,-\pi<\theta\leqslant\pi)$$

称为复数的三角表示式.

再利用欧拉(Euler)公式：$\mathrm{e}^{\mathrm{i}\theta}=\cos\theta+\mathrm{i}\sin\theta$，可以得到

$$z=r\mathrm{e}^{\mathrm{i}\theta}$$

我们称其为复数的指数表示式，复数的三种表示式可以相互转换.

例 1.1　已知 $x+y\mathrm{i}=(2x-3)+y^2\mathrm{i}, x,y\in\mathbf{R}$，求 $z=x+y\mathrm{i}$.

解　由 $x=2x-3$，可得 $x=3$，由 $y=y^2$，可得 $y=0$ 或 $y=1$，因此

$$z=3 \quad 或 \quad z=3+\mathrm{i}.$$

例 1.2　计算 $z=-1-\mathrm{i}$ 的模和辐角主值及其三角表示式.

解　显然 $|z|=\sqrt{2}$ 且 $\arg z=\dfrac{-3\pi}{4}$，因此，z 的三角表示式为

$$-1-\mathrm{i}=\sqrt{2}\left(\cos\frac{-3\pi}{4}+\mathrm{i}\sin\frac{-3\pi}{4}\right).$$

例 1.3　将下列复数化为三角表示式与指数表示式：

(1) $z=-\sqrt{12}-2\mathrm{i}$；(2) $z=\sin\dfrac{\pi}{5}+\mathrm{i}\cos\dfrac{\pi}{5}$.

解　(1) $r=|z|=\sqrt{12+4}=4$，因 z 在第三象限，故 $\theta=\arctan\left(\dfrac{-2}{-\sqrt{12}}\right)-\pi$

$=\arctan\dfrac{\sqrt{3}}{3}-\pi=-\dfrac{5}{6}\pi$，故三角表示式为

$$z=4\left[\cos\left(-\frac{5}{6}\pi\right)+\mathrm{i}\sin\left(-\frac{5}{6}\pi\right)\right]$$

指数表示式为

$$z=4\mathrm{e}^{-\frac{5}{6}\pi}$$

(2) $z=\sin\dfrac{\pi}{5}+\mathrm{i}\cos\dfrac{\pi}{5}$，显然 $r=|z|=1$，$\sin\dfrac{\pi}{5}=\cos\left(\dfrac{\pi}{2}-\dfrac{\pi}{5}\right)=\cos\dfrac{3\pi}{10}$，

$\cos\frac{\pi}{5}=\sin\left(\frac{\pi}{2}-\frac{\pi}{5}\right)=\sin\frac{3\pi}{10}$,故三角表示式为

$$z=\cos\frac{3\pi}{10}+\mathrm{i}\sin\frac{3\pi}{10},$$

指数表示式为

$$z=\mathrm{e}^{\frac{3}{10}\pi\mathrm{i}}$$

例 1.4 把复数 $z=1-\cos\alpha+\mathrm{i}\sin\alpha, 0\leqslant\alpha\leqslant\pi$ 化为三角表示式与指数表示式,并求 z 的辐角主值.

解 $z=1-\cos\alpha+\mathrm{i}\sin\alpha=2\left(\sin\frac{\alpha}{2}\right)^2+2\mathrm{i}\sin\frac{\alpha}{2}\cos\frac{\alpha}{2}$

$=2\sin\frac{\alpha}{2}\left(\sin\frac{\alpha}{2}+\mathrm{i}\cos\frac{\alpha}{2}\right)$

$=2\sin\frac{\alpha}{2}\left(\cos\frac{\pi-\alpha}{2}+\mathrm{i}\sin\frac{\pi-\alpha}{2}\right)$(三角式)

$=2\sin\frac{\alpha}{2}\mathrm{e}^{\frac{\pi-\alpha}{2}\mathrm{i}}$(指数式)

$$\arg z=\frac{\pi-\alpha}{2}$$

四、复数的代数运算

1. 复数的四则运算

两个复数 $z_1=x_1+\mathrm{i}y_1, z_2=x_2+\mathrm{i}y_2$ 的加法、减法、乘法及除法定义如下:

$z_1\pm z_2=(x_1\pm x_2)+\mathrm{i}(y_1\pm y_2)$

$z_1z_2=(x_1x_2-y_1y_2)+\mathrm{i}(x_1y_2+x_2y_1)$

$\frac{z_1}{z_2}=\frac{z_1\overline{z_2}}{|z_2|^2}=\frac{x_1x_2+y_1y_2}{x_2^2+y_2^2}+\mathrm{i}\frac{x_2y_1-x_1y_2}{x_2^2+y_2^2}\qquad(z_2\neq0)$

另外,复数可以看作复向量,当 $z_1\neq0$ 且 $z_2\neq0$ 时,在复平面上,其和与差可以按照平行四边形法则或三角形法则来表示.即复向量 z_1+z_2 是以复向量 z_1 和 z_2 为邻边的平行四边形的对角线向量,其终点 z_1+z_2 可以看作将点 z_1 沿向量 z_2 的方向平移 $|z_2|$ 的距离所得到的点[图 1.2 中(a)].复向量 z_2-z_1 是从点 z_1 到 z_2 的向量,$|z_1-z_2|$ 为点 z_1 与 z_2 之间的距离[图 1.2 中(b)].

由图 1.2 可以看出,对任意复数 z_1 和 z_2,显然有

$|z_1+z_2|\leqslant|z_1|+|z_2|, \left||z_1|-|z_2|\right|\leqslant|z_1-z_2|$ (三角不等式)

对于非零复数 $z_k=r_k(\cos\theta_k+\mathrm{i}\sin\theta_k)(k=1,2)$,利用三角函数的和、差角公式,读者自己可以验证 z_1z_2 和 $\frac{z_1}{z_2}$ 的三角式分别为

$$z_1z_2=r_1r_2[\cos(\theta_1+\theta_2)+\mathrm{i}\sin(\theta_1+\theta_2)]$$

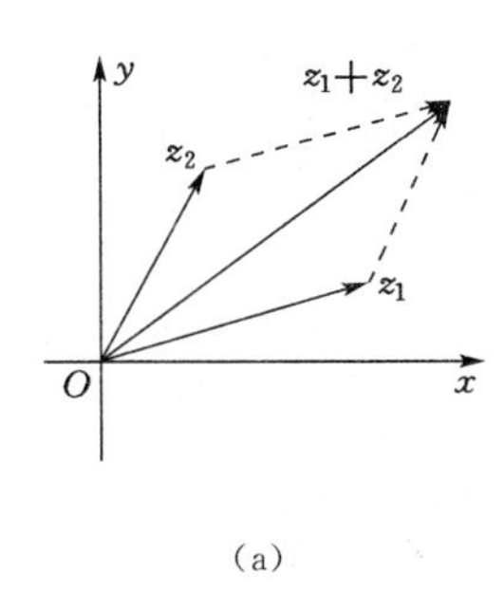

(a)

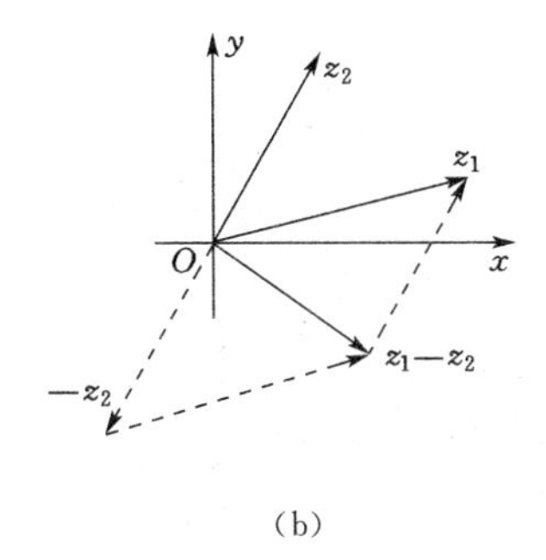

(b)

图 1.2

$$\frac{z_1}{z_2}=\frac{r_1}{r_2}[\cos(\theta_1-\theta_2)+\mathrm{i}\sin(\theta_1-\theta_2)]$$

并且对 $z_1=z_2=z=r(\cos\varphi+\mathrm{i}\sin\varphi)$ 和任意自然数 n 有

$$z^n=r^n[\cos(n\theta)+\mathrm{i}\sin(n\theta)]$$

由此可以看出，对于非零复数有

$$|z_1z_2|=|z_1||z_2|,\ \left|\frac{z_1}{z_2}\right|=\frac{|z_1|}{|z_2|} \tag{1.5}$$

$$\mathrm{Arg}(z_1z_2)=\mathrm{Arg}\ z_1+\mathrm{Arg}\ z_2 \tag{1.6}$$

$$\mathrm{Arg}\left(\frac{z_1}{z_2}\right)=\mathrm{Arg}\ z_1-\mathrm{Arg}\ z_2 \tag{1.7}$$

对 $z=\cos\theta+\mathrm{i}\sin\theta$，计算 z^n 可得 De Moivre 公式：

$$(\cos\theta+\mathrm{i}\sin\theta)^n=\cos n\theta+\mathrm{i}\sin n\theta\quad(n=1,2,\cdots).$$

注意：式(1.6)和式(1.7)两边是多值的，它们成立是指等式两边辐角值的集合相等，其中右端辐角的和(差)运算是指 Arg z_1 的每个值可以加上(减去)Arg z_2 的任意一个值. 另外，由于两个主辐角的和或差可能超出主值的范围，因此这两个等式对于辐角的主值而言，不一定成立.

2. 复数的 n 次方根

设有非零复数 z，若存在复数 w 使 $z=w^n$，则称 w 为复数 z 的 n 次方根，记为 $w=\sqrt[n]{z}=z^{\frac{1}{n}}$.

为了求出其方根 w，可设 $z=r\mathrm{e}^{\mathrm{i}\varphi}$，$w=\rho\mathrm{e}^{\mathrm{i}\theta}$. 于是由定义得

$$w^n=(\rho\mathrm{e}^{\mathrm{i}\theta})^n=\rho^n\mathrm{e}^{\mathrm{i}n\theta}=r\mathrm{e}^{\mathrm{i}\varphi}$$

它等价于

$$\rho^n=r\ \text{且}\ n\theta=\varphi+2k\pi(k=0,\pm1,\pm2,\cdots),$$

即

$$\rho=\sqrt[n]{r},\quad \theta=\frac{\varphi+2k\pi}{n}.$$

所求方根可表示为

$$w_k=\sqrt[n]{r}\left(\cos\frac{\varphi+2k\pi}{n}+\mathrm{i}\sin\frac{\varphi+2k\pi}{n}\right)\quad 其中(k=0,1,2,\cdots,n-1).\tag{1.8}$$

显然 $w_{k+n}=w_k(k=0,\pm1,\pm2,\cdots)$. w_k 只有 n 个不同的值.

由此可以看出,非零复数 z 的 n 次方根只有 n 个不同值,它们均匀分布在以坐标原点为中心、以$\sqrt[n]{r}$为半径的圆周上,它们是该圆周的内接正 n 边形的 n 个顶点.

例 1.5 计算$(-1+\mathrm{i})^{10}$.

解 由三角表示式

$$-1+\mathrm{i}=\sqrt{2}\left(\cos\frac{3\pi}{4}+\mathrm{i}\sin\frac{3\pi}{4}\right)$$

得

$$(-1+\mathrm{i})^{10}=(\sqrt{2})^{10}\left(\cos\frac{30\pi}{4}+\mathrm{i}\sin\frac{30\pi}{4}\right)=32\left(\cos\frac{-\pi}{2}+\mathrm{i}\sin\frac{-\pi}{2}\right)=-32\mathrm{i}$$

例 1.6 求 $\sqrt[4]{-4}$的四个根.

解 由三角表示式$-4=4(\cos\pi+\mathrm{i}\sin\pi)$,利用求 n 次方根式(1.8)得

$$w_k=\sqrt[4]{-4}=\sqrt{2}\left(\cos\frac{\pi+2k\pi}{4}+\mathrm{i}\sin\frac{\pi+2k\pi}{4}\right),$$

取 $k=0,1,2,3$,可得其四个根为

$$w_0=\sqrt{2}\left(\cos\frac{\pi}{4}+\mathrm{i}\sin\frac{\pi}{4}\right)=1+\mathrm{i},$$

$$w_1=\sqrt{2}\left(\cos\frac{3\pi}{4}+\mathrm{i}\sin\frac{3\pi}{4}\right)=-1+\mathrm{i},$$

$$w_2=\sqrt{2}\left(\cos\frac{5\pi}{4}+\mathrm{i}\sin\frac{5\pi}{4}\right)=-1-\mathrm{i},$$

$$w_3=\sqrt{2}\left(\cos\frac{7\pi}{4}+\mathrm{i}\sin\frac{7\pi}{4}\right)=1-\mathrm{i}.$$

例 1.7 证明等式$|z_1+z_2|^2+|z_1-z_2|^2=2(|z_1|^2+|z_2|^2)$,并对此等式作出几何解释

证 $|z_1+z_2|^2=(z_1+z_2)(\overline{z_1}+\overline{z_2})=|z_1|^2+|z_2|^2+(z_1\overline{z_2}+\overline{z_1}z_2)$

$|z_1-z_2|^2=(z_1-z_2)(\overline{z_1}-\overline{z_2})=|z_1|^2+|z_2|^2-(z_1\overline{z_2}+\overline{z_1}z_2)$

将此二式相加便得

$$|z_1+z_2|^2+|z_1-z_2|^2=2(|z_1|^2+|z_2|^2)$$

这等式的几何意义是:平行四边形的对角线的平方和等于四条边的平方和.

五、扩充复平面与复球面*

除了用平面内的点或向量来表示复数外,还可以用球面上的点来表示复数.

取一个与复平面相切于点 $z=0$ 的球面(图 1.3). 其中点 N 和 S 分别称为该球面的北极和南极.

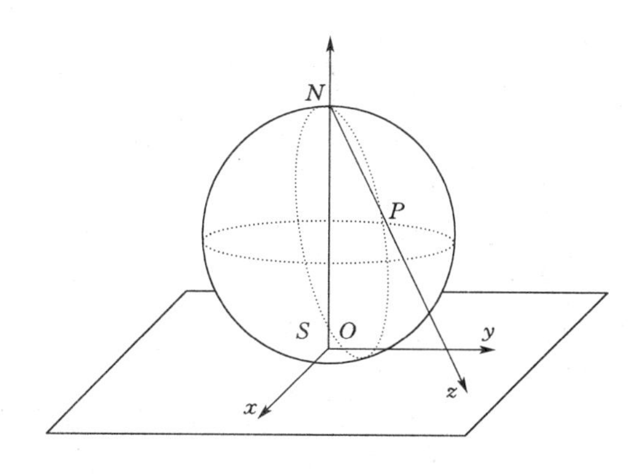

图 1.3

为了用该球面上的点来表示复数,需要建立复平面的点 z 与该球面上点之间的一一对应关系. 过点 N 和点 z 作直线,该直线与球面有一个唯一的交点,记为 P. 这样就建立了复平面上的点 z 与球面上点 $P(P\neq N)$的一一对应.

对球面上的点 N,复平面上没有复数与之对应. 由图 1.3 可以看到,当 z 无限远离原点时,点 P 无限逼近 N. 我们规定,无限远离原点的点称为无穷远点(记为∞),它与复球面上的点 N 相对应.

在数学上,称包含无穷远点的复平面为**扩充复平面**;又称不包含无穷远点的复平面为有限复平面或简称为**复平面**.

以上我们建立了扩充复平面上的点与复球面上点的一一对应关系,不仅可以用球面上的$(P\neq N)$来表示它所对应的任一个有限复数 z,而且扩充复平面的无穷远点所对应的复数∞也可用球面的北极点 N 表示出来. 称上述球面为复球面或 Riemann 球面.

另外不难看出,复数∞的模为$+\infty$,其实部、虚部与辐角的概念均无意义,它与有限复数 a 的四则运算规定如下:

(1) $a\neq 0$ 时,有 $a\cdot\infty=\infty\cdot a=\infty\cdot\infty=\infty$;

(2) $a/\infty=0,\infty/a=\infty(a\neq\infty)$;

(3) $a\pm\infty=\infty\pm a=\infty(a\neq\infty)$;

(4) $\infty\pm\infty,0\cdot\infty,\infty/\infty$都无意义.

注意:为了用球面上的点来表示复数,引入了无穷远点. 无穷远点与无穷大这个复数相对应,所谓无穷大是指模为正无穷大(辐角无意义)的唯一的一个复数,不要与实数中的无穷大或正、负无穷大混为一谈.

但在本书以后各处，如无特殊声明，复平面都指有限复平面，复数 z 都指有限复数.

第二节　平面点集与复变函数

一、复平面上曲线方程的表示

平面曲线方程有直角坐标方程和参数方程两种形式，复平面上的曲线方程也可以写成相应的两种形式.

1. 曲线直角方程的复数形式

由关系式 $x=\dfrac{z+\bar{z}}{2}$ 和 $y=\dfrac{z-\bar{z}}{2\mathrm{i}}$ 可知曲线 C 的方程 $F(x,y)=0$ 可写成复数形式：

$$F\left(\frac{z+\bar{z}}{2},\frac{z-\bar{z}}{2\mathrm{i}}\right)=0 \quad \text{或} \quad F(\operatorname{Re} z,\operatorname{Im} z)=0 \tag{1.9}$$

如圆周 $(x-x_0)^2+(y-y_0)^2=R^2$ 可以表示为 $|z-z_0|=R$. 其中 $z_0=x_0+\mathrm{i}y_0$ 为圆心，$|z-z_0|$ 为动点 z 到定点 z_0 的距离. 由此可以看出，用复数 $z=x+\mathrm{i}y$ 表示曲线上的动点，可以直接写出其轨迹方程.

例如，动点到两个定点 z_1 和 z_2 的距离之和为常数 $2a$ 的轨迹为椭圆（$|z_1-z_2|<2a$），其方程为 $|z-z_2|+|z-z_1|=2a$.

这样就把复数问题与解析几何问题联系起来了. 某些复数问题可化为解析几何问题，同样某些解析几何问题也可以化为复数问题来解决.

2. 曲线参数方程的复数形式

如果 $x(t)$ 和 $y(t)$ 是两个连续的实函数，那么方程组

$$x=x(t),\quad y=y(t),\quad (\alpha\leqslant t\leqslant\beta)$$

代表一条平面曲线. 如果令

$$z(t)=x(t)+\mathrm{i}y(t)$$

那么该曲线就可用方程

$$z=z(t)\quad(\alpha\leqslant t\leqslant\beta)$$

来表示，这就是平面曲线的复数表示式.

例 1.8　指出方程 $z=(1+\mathrm{i})t+z_0\ (-\infty<t<\infty)$ 表示什么曲线.

解　设 $z=x+\mathrm{i}y$，$z_0=x_0+\mathrm{i}y_0$，则有

$$z=(1+\mathrm{i})t+z_0 \Leftrightarrow \begin{cases} x=x_0+t \\ y=y_0+t \end{cases}$$

因此可知该方程表示过点 z_0 其方向平行于复向量 $1+\mathrm{i}$ 的直线.

例 1.9　写出圆周的参数方程的复数形式.

解　对于圆周的参数方程 $x=x_0+R\cos t, y=y_0+R\sin t(0\leqslant t\leqslant 2\pi)$，令 $z_0=x_0+\mathrm{i}y_0$，其等价的复数形式为：

$$z=z_0+R(\cos t+\mathrm{i}\sin t)\quad 或\quad z=z_0+R\mathrm{e}^{\mathrm{i}t}，其中\ t\in[0,2\pi].$$

二、简单曲线与光滑曲线

设曲线 C 为 $z=z(t)=x(t)+\mathrm{i}y(t)(\alpha\leqslant t\leqslant\beta)$，若 $x(t)$ 和 $y(t)$ 在$[\alpha,\beta]$上连续，即 $z(t)$ 在$[\alpha,\beta]$上连续，则称曲线 C 为**连续曲线**.

设 $C:z=z(t)(\alpha\leqslant t\leqslant\beta)$ 为一条连续曲线，$z(\alpha)$ 与 $z(\beta)$ 分别为 C 的起点和终点，对于满足 $\alpha<t_1<\beta, \alpha\leqslant t_2\leqslant\beta$ 的 t_1 与 t_2，当 $t_1\neq t_2$ 而有 $z(t_1)=z(t_2)$ 时，称 $z(t_1)$ 为曲线 C 的重点. 没有重点的连续曲线称为**简单曲线**或 **Jordan 曲线**；若简单曲线的起点和终点重合，即 $z(\alpha)=z(\beta)$，则称它为**简单闭曲线**. 如圆周或椭圆都是简单闭曲线.

所谓曲线是**光滑的**，在图形上是指切线随切点的移动而连续变化，即在区间$[\alpha,\beta]$上 $x'(t), y'(t)$ 都是连续的，且二者不同时为零. 由有限条光滑曲线所连接成的一条曲线称为**按段光滑曲线**. 显然直线、圆周等都是光滑曲线，而折线和多边形边界都是按段光滑曲线.

三、平面点集与区域

1. 复平面点集的几个基本概念

邻域　平面上以 z_0 为中心，以任意正数 δ 为半径的圆 $|z-z_0|<\delta$ 内部的点的集合称为点 z_0 邻域，记为 $U(z_0,\delta)$；而称由不等式 $0<|z-z_0|<\delta$ 所确定的点集为 z_0 的去心邻域，记为 $\mathring{U}(z_0,\delta)$.

内点　设 E 为复平面上的点集，若 $z_0\in E$ 且存在 z_0 的一个邻域 $U(z_0,\delta)\subset E$，则称 z_0 为 E 的内点.

开集　若集合 E 的每个点都是内点，则称集合 E 为开集.

边界点　若 z_0 的任意一个邻域内都有 E 的点也有不属于 E 的点，则称 z_0 为 E 的边界点.

边界　E 的所有边界点所组成的集合称为 E 的边界，记作 $\partial(E)$.

连通的　D 是连通的，就是指 D 中任意两点都可以用一条完全属于 D 的折线连接起来.

区域　连通的开集称为开区域或区域. 如图 1.4 所示.

闭区域　区域 D 与其边界一起构成闭区域，简称为闭域，记为 $\overline{D}$.

区域有界　如果一个区域 D 可以被包含在一个以原点为中心的圆里面，即存在正数 M，使区域 D 的每个点 z 都满足 $|z|<M$，那么 D 称为有界的，否则称它是无界的.

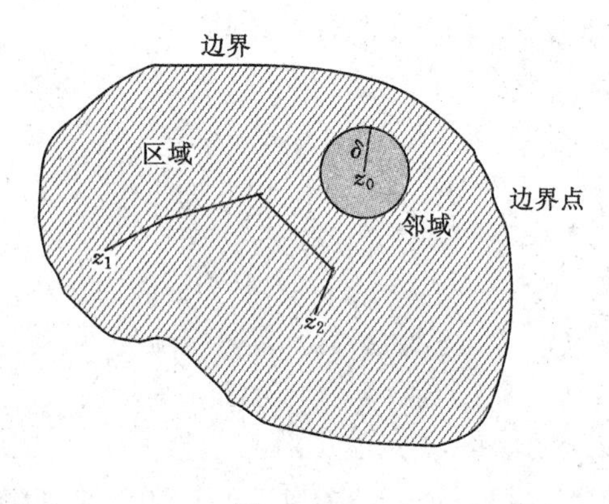

图 1.4

注意:区域不包含任何它的边界点,闭区域不是区域,而闭区域也不一定有界.如,圆盘$|z-z_0|<R$是区域且是有界的,其边界为$|z-z_0|=R$;而$|z-z_0|\leqslant R$只是闭区域,不是区域.又如半平面 $\text{Re } z\geqslant 1$,它包含其边界直线 $x=\text{Re } z=1$,它是无界闭区域而不是区域.

任意一条简单闭曲线C把整个复平面唯一地分成三个互不相交的点集,其中除去C以外,一个是有界区域,称为C的内部,另一个无界区域,称为C的外部,C为它们的公共边界.

2. 单连通域和多连通域

若区域D内的任意一条简单闭曲线的内部完全属于D,则称D为单连通区域[图 1.5(a)],否则称它为多连通域[图 1.5(b)].

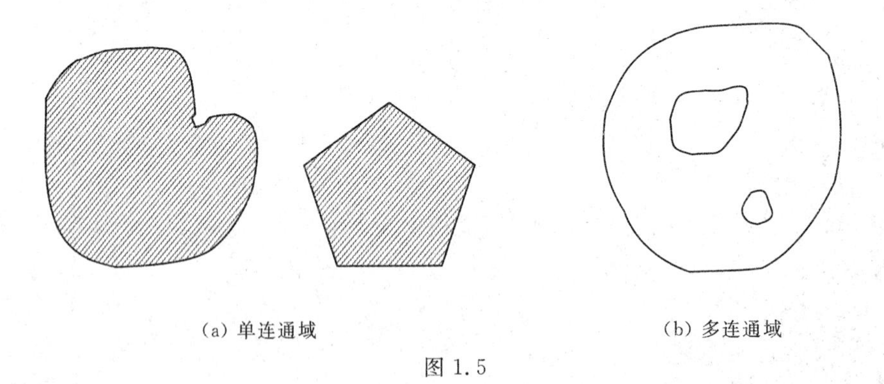

(a) 单连通域　　(b) 多连通域

图 1.5

任意一条简单闭曲线的内部,整个复平面、半个复平面 $\text{Im } z>a$ 或 $\text{Re } z>b$ 等都是单连通域;任意一条简单闭曲线的外部,任一个去心邻域或环形域都是多连通域.

例 1.10　指明下列不等式所确定的区域，是有界的还是无界的，单连通的还是多连通的.

(1) $\operatorname{Re} z^2<1$；(2) $|\arg z|<\dfrac{\pi}{3}$；(3) $\left|\dfrac{1}{z}\right|<3$.

解　(1) 当 $z=x+\mathrm{i}y$ 时，$\operatorname{Re} z^2=x^2-y^2$，$\operatorname{Re} z^2<1\Leftrightarrow x^2-y^2<1$，是无界的单连通域(图 1.6).

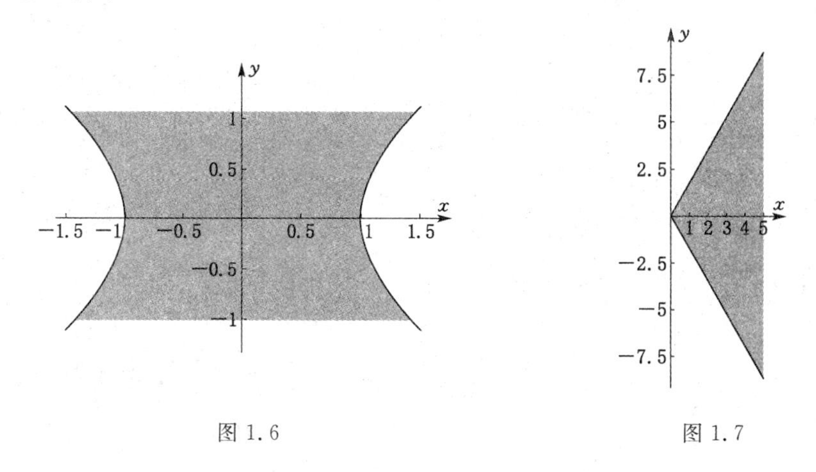

图 1.6　　　　图 1.7

(2) $|\arg z|<\dfrac{\pi}{3}$，$|\arg z|<\dfrac{\pi}{3}\Leftrightarrow-\dfrac{\pi}{3}<\arg z<\dfrac{\pi}{3}$ 为角形域，是无界的单连通区域(图 1.7).

(3) $\left|\dfrac{1}{z}\right|<3\Leftrightarrow|z|>\dfrac{1}{3}$，是以原点为中心、半径为 $\dfrac{1}{3}$ 的圆的外部，是无界的多连通域.

例 1.11　满足下列条件的点集表示什么？如果是区域，指出是单连通域还是多连通域？

(1) $\operatorname{Im} z=3$；(2) $\operatorname{Re} z<-2$；(3) $0<|z+1+\mathrm{i}|<2$；(4) $\arg(z-\mathrm{i})=\dfrac{\pi}{4}$.

解　(1) $\operatorname{Im} z=3$，是一条平行于实轴的直线，不是区域(图 1.8，下同).

(2) $\operatorname{Re} z<-2$，以 $\operatorname{Re} z=-2$ 为右界的半平面(不包括直线 $\operatorname{Re} z=-2$)，是单连通域.

(3) $0<|z+1+\mathrm{i}|<2$，以 $-(1+\mathrm{i})$ 为中心、2 为半径的去心圆盘，是多连通域.

(4) $\arg(z-\mathrm{i})=\dfrac{\pi}{4}$，以 i 为端点、斜率为 1 的半射线(不包括端点 i)，不是区域.

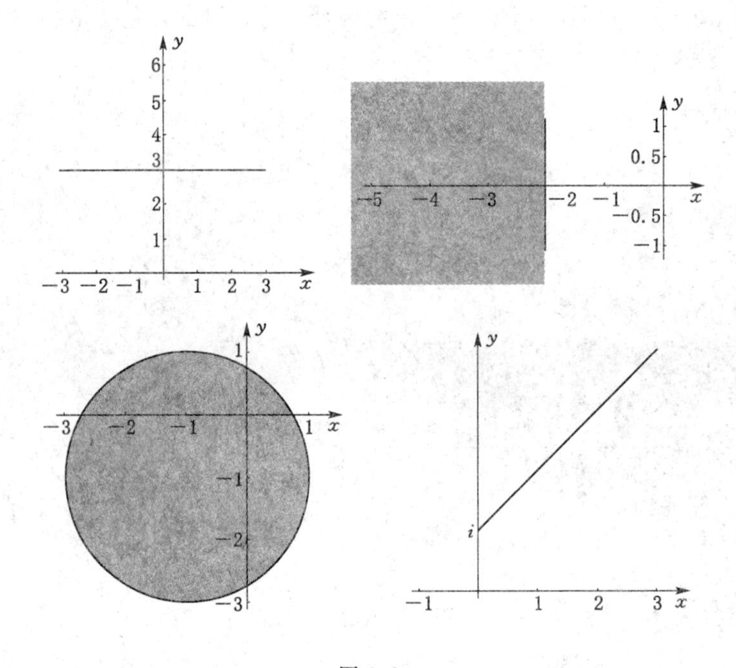

图 1.8

四、复变函数的概念

复变函数的定义在形式上与一元实函数一样，只是其自变量和函数的取值推广到了复数域.

定义 1.1 设 D 为一个非空复数集. 若对 D 的任意一个复数 $z=x+\mathrm{i}y$，按照某一法则有确定的一个(多个)复数 $w=u+\mathrm{i}v$ 与之对应，则称在 D 上定义了一个单值(多值)复变量函数，简称为单值(多值)复变函数，记为 $w=f(z)$. 其中 z 为自变量、w 为因变量、D 为该函数的定义域，D 的所有 z 对应的 w 值的集合 G 为它的值域.

今后无特殊声明，所谓复变函数都是指单值复变函数.

一般而言，一个复变函数 $w=f(z)$，它的实部 u 和虚部 v 也都是 x 和 y 的二元函数，可分别表示为 $u=u(x,y)$ 和 $v=v(x,y)$，即

$$w=u(x,y)+\mathrm{i}v(x,y). \qquad ((x,y)\in D)$$

如函数 $w=f(z)=z^2$，令 $z=x+\mathrm{i}y$，$w=u+\mathrm{i}v$，那么

$$u+\mathrm{i}v=(x+y\mathrm{i})^2=x^2-y^2+2xy\mathrm{i}$$

因而函数 $w=f(z)=z^2$，对应于两个二元实函数：

$$u=x^2-y^2, v=2xy$$

五、复变函数的几何意义——映射

一元实函数在几何上表示平面的曲线，二元实函数在几何上可以用来表示空间曲面，从它们的图形可以直观地看出其几何特征. 然而对于复变函数，由于它反映了两对变量 x,y 和 u,v 之间的对应关系，因而无法在同一个平面内用几何图形表示出来，必须把它看成两个复平面上点集之间的对应关系.

如果用 z 平面上的点表示自变量 z 的值，而用另一个平面表示函数 w 的值，分别记其自变量 z 和因变量 w 所在复平面为 z 平面和 w 平面，z 平面上 D 为其定义域，w 平面的 G 为其值域. 在几何上，$w=f(z)$ 直观地给出了 D 中点 z 到 G 中点 w 之间的一个对应关系，称它为点集 D 到 G 的一个映射(映射). 其中 w 平面为 z 平面的象平面，且称集合 G 和它的点 w 分别为 D 和 z 的象，而 z 和 D 分别为 w 和 G 的原象.

例如，函数 $w=z^2$ 可将 z 平面上的点 $z=1+\mathrm{i}$ 映射到 w 平面上的点 $w=2\mathrm{i}$.

例 1.12　对于映射 $w=z+\dfrac{1}{z}$，求圆周 $|z|=2$ 的象.

解　令 $z=x+\mathrm{i}y, w=u+\mathrm{i}v$，映射 $w=z+\dfrac{1}{z} \Rightarrow u+\mathrm{i}v=x+\mathrm{i}y+\dfrac{x-\mathrm{i}y}{x^2+y^2}$，

于是 $u=x+\dfrac{x}{x^2+y^2}, v=y-\dfrac{y}{x^2+y^2}$，圆周 $|z|=2$ 的参数方程为

$$\begin{cases} x=2\cos\theta \\ y=2\sin\theta, \end{cases} \quad 0\leqslant\theta\leqslant 2\pi$$

所以象的参数方程为

$$\begin{cases} u=\dfrac{5}{2}\cos\theta \\ v=\dfrac{3}{2}\sin\theta, \end{cases} \quad 0\leqslant\theta\leqslant 2\pi$$

表示 w 平面上的椭圆

$$\frac{u^2}{\left(\frac{5}{2}\right)^2}+\frac{v^2}{\left(\frac{3}{2}\right)^2}=1.$$

例 1.13　函数 $w=\dfrac{1}{z}$ 把 z 平面上的 $y=x$ 映射成 w 平面上的什么曲线？

解　令 $z=x+y\mathrm{i}, w=u+v\mathrm{i}$，则 $w=\dfrac{1}{z}$ 等价于

$$u+v\mathrm{i}=\frac{1}{x+y\mathrm{i}}=\frac{x}{x^2+y^2}-\mathrm{i}\frac{y}{x^2+y^2}$$

即

$$\begin{cases} u=\dfrac{x}{x^2+y^2} \\ v=-\dfrac{y}{x^2+y^2} \end{cases}$$

由 $w=\dfrac{1}{z}$加上关系式 $y=x$，可得 $u=-v$，为 w 平面上的直线(图 1.9).

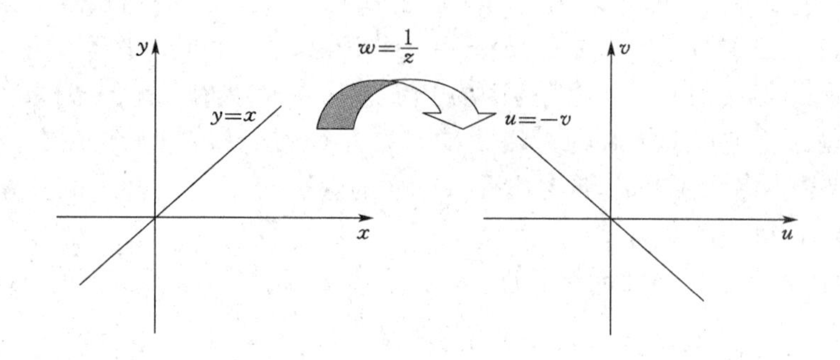

图 1.9

例 1.14 求曲线 $A(x^2+y^2)+Bx+Cy+D=0$，在映射 $w=\dfrac{1}{z}$下的象.

其中$|\beta|^2=(B^2+C^2)/4>AD$，A,B,C,D 为实数.

解 曲线在 w 平面的象，一般也是曲线，称为象曲线，可表示为

$F(u,v)=0$ 或 $F\left(\dfrac{1}{2}(w+\overline{w}),\dfrac{-\mathrm{i}}{2}(w-\overline{w})\right)=0$，其中 $u=\mathrm{Re}\ w$，$v=\mathrm{Im}\ w$.

求其象曲线，只需利用所给映射和 z 平面的曲线方程写出其在 w 平面的象曲线方程.

由于 $x+\mathrm{i}y=z=1/w=(u-\mathrm{i}v)/(u^2+v^2)$，

因此 $x=u/(u^2+v^2)$，$y=-v/(u^2+v^2)$，将其代入所给曲线方程中，得

$$\frac{A}{u^2+v^2}+\frac{Bu-Cv}{u^2+v^2}+D=0\ ,$$

化简可得所求象曲线为

$$D(u^2+v^2)+Bu-Cv+A=0.$$

显然其象曲线及其原象只可能是圆周或直线，其中直线可看作半径为无穷大(曲率为零)的圆周，因此可以认为该映射具有把 z 平面上的圆周仍然映射为 w 平面上圆周的性质，并且简称这种性质为映射的保圆性.

另外，当上述映射所给 D 中点 z 到 G 中点 w 之间的对应是一一对应时，称 $w=f(z)$为定义在 D 上的一个单叶映射. 作为函数，对于 G 中的每一点 w，在 D

中有唯一的点 z，与之对应使 $w=f(z)$，从而定义了集合 G 上的一个函数 $z=\varphi(w)$ 称它为函数 $w=f(z)$ 的反函数，在几何上称它为 $w=f(z)$ 的逆映射. 若函数 $w=f(z)$ 在 D 上不是单叶的，则它的反函数是多值函数.

另外，同一元实函数的情形一样还可定义复合函数(或复合映射).

如：$w=\xi^3$，$\xi=1/(z-1)$ 的复合函数(或复合映射)为 $w=1/(z-1)^3$.

第三节　复变函数的极限和连续

一、复变函数的极限

复变函数极限的定义在叙述形式上与一元实函数的极限一致. 即

定义 1.2(极限)　设函数 $f(z)$ 在点 z_0 的某去心邻域 $0<|z-z_0|<\rho$ 内有定义. 如果存在一个确定的数 A，对于任意给定的正数 ε，总可找到对应的正数 δ，使当 $0<|z-z_0|<\delta\leqslant\rho$ 时恒有

$$|f(z)-A|<\varepsilon$$

则称 A 为 $f(z)$ 当 $z\to z_0$ 时的极限(图 1.10)，记为

$$\lim_{z\to z_0}f(z)=A \quad 或 \quad f(z)\to A\ (当\ z\to z_0).$$

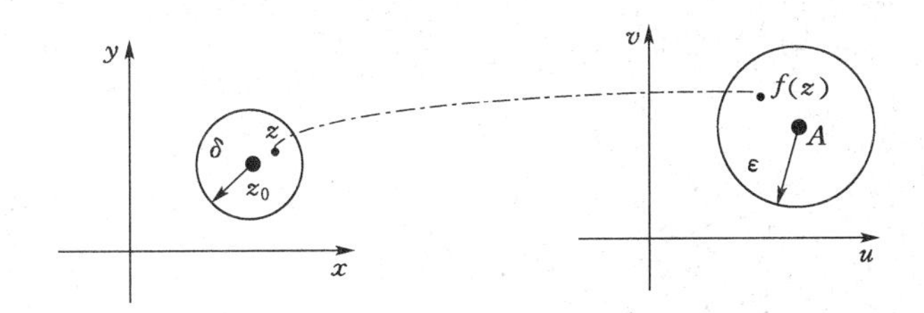

图 1.10

注意：由于函数 $f(z)$ 是在点 z_0 的去心邻域内有定义，因此 $f(z)\to A(z\to z_0)$ 意味着"当点 z 在该邻域内沿任何路径、从任何方向、以任意方式趋向 z_0 时，函数 $f(z)$ 都趋向极限 A". 显然 $z\to z_0$ 的路径是无穷无尽的，不可能都列举出来，但可以用考察函数沿某些特殊路径的极限来判定其极限不存在.

定理 1.1　设 $f(z)=u(x,y)+\mathrm{i}v(x,y)$，在 z_0 的某个邻域内有定义，其中 $z_0=x_0+\mathrm{i}y_0$，那么 $\lim\limits_{z\to z_0}f(z)=A=u_0+v_0\mathrm{i}$ 的充要条件是 $\lim\limits_{\substack{x\to x_0\\ y\to y_0}}u(x,y)=u_0$，$\lim\limits_{\substack{x\to x_0\\ y\to y_0}}v(x,y)=v_0$.

证 (1) 必要性. 如果$\lim\limits_{z\to z_0}f(z)=A$,根据极限的定义,对于$\forall\varepsilon>0$,$\exists\delta>0$,当$0<|z-z_0|<\delta$,即$0<|(x+\mathrm{i}y)-(x_0+\mathrm{i}y_0)|<\delta$时,

$$|(u+\mathrm{i}v)-(u_0+\mathrm{i}v_0)|<\varepsilon,$$

或当$0<\sqrt{(x-x_0)^2+(y-y_0)^2}<\delta$时,

$$|(u-u_0)+\mathrm{i}(v-v_0)|<\varepsilon,$$

$\Rightarrow|u-u_0|<\varepsilon$,$|v-v_0|<\varepsilon$,故$\lim\limits_{\substack{x\to x_0\\y\to y_0}}u(x,y)=u_0$,$\lim\limits_{\substack{x\to x_0\\y\to y_0}}v(x,y)=v_0$.

(2) 充分性. 若$\lim\limits_{\substack{x\to x_0\\y\to y_0}}u(x,y)=u_0$,$\lim\limits_{\substack{x\to x_0\\y\to y_0}}v(x,y)=v_0$. 对于$\forall\varepsilon>0$,$\exists\delta>0$,当

$$0<\sqrt{(x-x_0)^2+(y-y_0)^2}<\delta,\text{有}|u-u_0|<\frac{\varepsilon}{2},|v-v_0|<\frac{\varepsilon}{2},$$

于是

$$|f(z)-A|=|(u-u_0)+\mathrm{i}(v-v_0)|\leqslant|u-u_0|+|v-v_0|<\varepsilon$$

故当$0<|z-z_0|<\delta$时,$|f(z)-A|<\varepsilon$,所以$\lim\limits_{z\to z_0}f(z)=A$.

说明该定理将求复变函数$f(z)=u(x,y)+\mathrm{i}v(x,y)$的极限问题转化为两个二元实变函数$u(x,y)$和$v(x,y)$的极限问题.

同一元函数的极限一样,可以证明下面运算性质成立.

定理 1.2 若$\lim\limits_{z\to z_0}f(z)=A$,$\lim\limits_{z\to z_0}g(z)=B$则有

(1) $\lim\limits_{z\to z_0}[f(z)\pm g(z)]=A\pm B$;

(2) $\lim\limits_{z\to z_0}[f(z)g(z)]=AB$;

(3) 当$B\neq0$时,$\lim\limits_{z\to z_0}\dfrac{f(z)}{g(z)}=\dfrac{A}{B}$.

例 1.15 证明函数$f(z)=\dfrac{\operatorname{Re}z}{|z|}$当$z\to0$时的极限不存在.

证法一 令$z=x+\mathrm{i}y$,则

$$f(z)=\frac{x}{\sqrt{x^2+y^2}}$$

由此得

$$u(x,y)=\frac{x}{\sqrt{x^2+y^2}},v(x,y)=0,$$

当z沿直线$y=kx$趋于零时,

$$\lim_{\substack{x\to0\\y=kx}}u(x,y)=\lim_{\substack{x\to0\\y=kx}}\frac{x}{\sqrt{x^2+y^2}}=\lim_{x\to0}\frac{x}{\sqrt{x^2+(kx)^2}}=\lim_{x\to0}\frac{x}{\sqrt{x^2(1+k^2)}}=\pm\frac{1}{\sqrt{1+k^2}}$$

随 k 值的变化而变化，所以$\lim\limits_{\substack{x\to 0\\ y\to 0}} u(x,y)$不存在. 虽然$\lim\limits_{\substack{x\to 0\\ y\to 0}} v(x,y)=0$，但根据定理 1.1 可知，$\lim\limits_{z\to 0} f(z)$不存在.

证法二　令 $z=r(\cos\theta+\mathrm{i}\sin\theta)$，则 $f(z)=\dfrac{r\cos\theta}{r}=\cos\theta$，当 z 沿不同的射线 $\arg z=\theta$ 趋于零时，$f(z)$趋于不同的值. 例如 z 沿正实轴 $\arg z=0$ 趋于零时，$f(z)\to 1$；沿 $\arg z=\dfrac{\pi}{2}$趋于零时，$f(z)\to 0$. 故$\lim\limits_{z\to 0} f(z)$不存在.

例 1.16　设 $f(z)=\dfrac{1}{2\mathrm{i}}\left(\dfrac{z}{\bar{z}}-\dfrac{\bar{z}}{z}\right)$，$(z\neq 0)$，试证当 $z\to 0$ 时 $f(z)$的极限不存在.

证　令 $z=x+\mathrm{i}y$，则

$$f(z)=\frac{1}{2\mathrm{i}}\left(\frac{z}{\bar{z}}-\frac{\bar{z}}{z}\right)=\frac{2xy}{x^2+y^2}$$

由此得

$$u(x,y)=\frac{2xy}{x^2+y^2},v(x,y)=0,$$

让 z 沿着直线 $y=kx$ 趋于零，有

$$\lim_{\substack{x\to 0\\ y=kx}} u(x,y)=\lim_{\substack{x\to 0\\ y=kx}}\frac{2xy}{x^2+y^2}=\frac{2k}{1+k^2}$$

显然，它随着 k 的不同而不同，所以$\lim\limits_{\substack{x\to 0\\ y\to 0}} u(x,y)$不存在，故 $z\to 0$ 时 $f(z)$的极限不存在.

二、复变函数的连续性

复变函数 $f(z)$在点 z_0 连续的定义与一元实函数 $f(x)$在点 x_0 连续的定义类似，即

定义 1.3　设函数 $f(z)$在点 z_0 的某个邻域内有定义. $\lim\limits_{z\to z_0} f(z)=f(z_0)$，则称 $f(z)$在点 z_0 处连续，z_0 称为它的连续点.

若 $f(z)$在区域 D 内处处连续，则称 $f(z)$在 D 内连续.

由定理 1.1 可直接得到下面定理.

定理 1.3　一个复变函数 $f(z)=u(x,y)+\mathrm{i}v(x,y)$在点 $z_0=x_0+\mathrm{i}y_0$ 连续的充分必要条件是其实部 $u(x,y)$和虚部 $v(x,y)$在点(x_0,y_0)都连续.

证　设 $f(z)=u(x,y)+\mathrm{i}v(x,y)$，$f(z_0)=u(x_0,y_0)+\mathrm{i}v(x_0,y_0)$，$f(z)$在点 z_0 连续是指 $z\to z_0$ 时有 $f(z)\to f(z_0)$，由定理 1.2，该极限等价于

$$\lim_{\substack{x\to x_0\\ y\to y_0}} u(x,y)=u(x_0,y_0)\text{且}\lim_{\substack{x\to x_0\\ y\to y_0}} v(x,y)=v(x_0,y_0)$$

即 $u(x,y)$ 和 $v(x,y)$ 在点 (x_0,y_0) 都连续.

例如，$f(z)=\ln(x^2+y^2)+\mathrm{i}(x^2-y^2)$，$u(x,y)=\ln(x^2+y^2)$ 在复平面内除原点外处处连续，$v(x,y)=x^2-y^2$ 在复平面内处处连续. 故 $f(z)$ 在复平面内除原点外处处连续.

同一元实函数一样，由定义 1.3 可以验证幂函数 $z^n(n=1,2,\cdots)$ 和复常数 C 在整个复平面处处连续，并且利用定理 1.2 同样可以推出.

定理 1.4 对于在同一个区域内连续的两个函数，其和、差、积和商仍然在该区域内(对于商的情形要除去分母为零的点)连续. 另外连续函数的复合函数也仍然是连续函数.

由该定理可以看出，复多项式函数

$$P(z)=c_0z^n+c_1z^{n-1}+\cdots+c_{n-1}z+c_n$$

在整个复平面连续. 同样两个多项式的商为有理分式函数，它在除去分母为零的点连续.

还应当指出，所谓函数 $f(z)$ 在曲线 C 上 z_0 点处连续的意义是指

$$\lim_{z\to z_0}f(z)=f(z_0),z\in C$$

在闭曲线包括曲线端点在内的曲线段上连续的函数 $f(z)$，在曲线上是有界的. 即存在 $M>0$，在曲线上恒有

$$|f(z)|\leqslant M$$

由上可得，若 $f(z)=u(x,y)+\mathrm{i}v(x,y)$ 在有界闭区域 $\overline{D}$ 连续，则 $|f(z)|=\sqrt{u^2+v^2}$ 在 $\overline{D}$ 上也连续. 又二元连续函数 $|f(z)|$ 在 $\overline{D}$ 上连续必有界，故存在 $M>0$ 使当 $z\in\overline{D}$ 时恒有 $|f(z)|\leqslant M$.

例 1.17 证明：如果 $f(z)$ 在 z_0 连续，那么 $\overline{f(z)}$ 在 z_0 也连续.

证 设 $f(z)=u(x,y)+\mathrm{i}v(x,y)$，则 $\overline{f(z)}=u(x,y)-\mathrm{i}v(x,y)$，由 $f(z)$ 在 z_0 连续，知 $u(x,y)$ 和 $v(x,y)$ 在 (x_0,y_0) 也都连续，于是 $u(x,y)$ 和 $-v(x,y)$ 也在 (x_0,y_0) 处连续，故 $\overline{f(x)}$ 在 z_0 连续.

本 章 小 结

本章主要介绍复数与复变函数的基本概念，复数的概念和性质在中学数学中已学过，比较容易理解. 复变函数的极限理论与实函数的极限理论相似，但由于复变函数理论是建立在复数域或复平面上的，因此与实函数的理论又有所不同，应注意二者之间的相同点和不同点.

本章主要知识结构如图 1.11 所示.

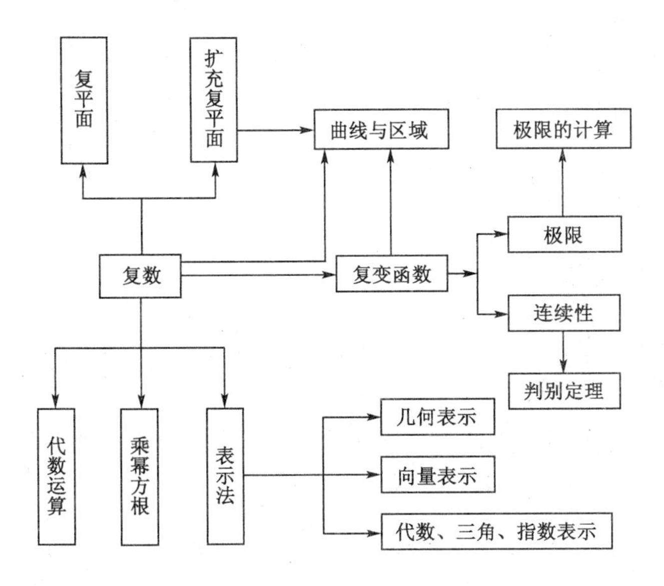

图 1.11　本章主要知识结构

习　　题

A 组

1. 用复数的代数形式 $a+\mathrm{i}b$ 表示下列复数.

(1) $e^{-\mathrm{i}\pi/4}$;　　(2) $\dfrac{3+5\mathrm{i}}{7\mathrm{i}+1}$;

(3) $(2+\mathrm{i})(4+3\mathrm{i})$;　　(4) $\dfrac{1}{\mathrm{i}}+\dfrac{3}{1+\mathrm{i}}$.

2. 求下列各复数的实部和虚部($z=x+\mathrm{i}y$).

(1) $\dfrac{1}{\mathrm{i}}-\dfrac{3\mathrm{i}}{1-\mathrm{i}}$;　　(2) z^3;

(3) $\left(\dfrac{-1+\mathrm{i}\sqrt{3}}{2}\right)^3$;　　(4) $\dfrac{z-a}{z+a}(a\in R)$;

(5) $\dfrac{\mathrm{i}}{(\mathrm{i}-1)(\mathrm{i}-2)}$;　　(6) i^n.

3. 求下列复数的模和共轭复数.

(1) -3;　　(2) $-2+\mathrm{i}$;

(3) $(2+\mathrm{i})(3+2\mathrm{i})$； (4) $\frac{1+\mathrm{i}}{2}$.

4. 将下列复数表示为指数形式或三角形式.

(1) $\frac{3+5\mathrm{i}}{7\mathrm{i}+1}$； (2) i；

(3) $-8\pi(1+\sqrt{3}\mathrm{i})$； (4) $\left(\cos\frac{2\pi}{9}+\mathrm{i}\sin\frac{2\pi}{9}\right)^3$；

(5) -1； (6) $-1+\sqrt{3}\mathrm{i}$；

(7) $r(\sin\theta+\mathrm{i}\cos\theta)$； (8) $1-\cos\theta+\mathrm{i}\sin\theta(0\leqslant\theta\leqslant 2\pi)$.

5. 求下列各式的值.

(1) $(\sqrt{3}-\mathrm{i})^5$； (2) $(1+\mathrm{i})^{100}+(1-\mathrm{i})^{100}$；

(3) $\frac{(1-\sqrt{3}\mathrm{i})(\cos\theta+\mathrm{i}\sin\theta)}{(1-\mathrm{i})(\cos\theta-\mathrm{i}\sin\theta)}$； (4) $\frac{(\cos 5\varphi+\mathrm{i}\sin 5\varphi)^2}{(\cos 3\varphi-\mathrm{i}\sin 3\varphi)^3}$；

(5) $\sqrt[3]{\mathrm{i}}$； (6) $\sqrt{1+\mathrm{i}}$.

6. 计算.

(1) i 的三次根； (2) -1 的三次根；

(3) $\sqrt{3}+\sqrt{3}\mathrm{i}$ 的平方根.

7. 设 $z_1=\frac{1+\mathrm{i}}{\sqrt{2}}$，$z_2=\sqrt{3}-\mathrm{i}$，试用三角形式表示 z_1z_2 与 $\frac{z_1}{z_2}$.

8. 求解下列方程.

(1) $(z+\mathrm{i})^5=1$； (2) $z^4+a^4=0(a>0)$.

9. 证明下列各题.

(1) 设 $z=x+\mathrm{i}y$，则 $\frac{|x|+|y|}{\sqrt{2}}\leqslant|z|\leqslant|x|+|y|$；

(2) 对任意复数 z_1，z_2，有 $|z_1+z_2|^2=|z_1|^2+|z_2|^2+2\mathrm{Re}\, z_1\overline{z_2}$.

10. 下列参数方程表示什么曲线？(其中 t 为实参数)

(1) $z=(1+\mathrm{i})t$； (2) $z=a\cos t+\mathrm{i}b\sin t$；

(3) $z=t+\frac{\mathrm{i}}{t}$.

11. 指出下列各式中点 z 所确定的平面图形，并作出草图.

(1) $\arg z=\pi$； (2) $|z-1|=|z|$；

(3) $1<|z+\mathrm{i}|<2$； (4) $\mathrm{Re}\, z>\mathrm{Im}\, z$.

12. 证明复平面上的圆周方程可表示为 $z\bar{z}+a\bar{z}+\bar{a}z+c=0$，其中 a 为复常数，c 为实常数.

13. 函数 $w=\frac{1}{z}$ 把 z 平面上的曲线 $x=1$ 和 $x^2+y^2=4$ 分别映成 w 平面中的什么曲线?

14. 指出下列各题中点 z 的轨迹或所表示的点集,并作图.

(1) $|z-z_0|=r(r>0)$;　(2) $|z-z_0|\geqslant r$;

(3) $|z-1|+|z-3|=8$;　(4) $|z+\mathrm{i}|=|z-\mathrm{i}|$;

(5) $\arg(z-\mathrm{i})=\frac{\pi}{4}$.

15. 作出下列不等式所确定的区域的图形,并指出是有界还是无界,单连通还是多连通?

(1) $2<|z|<3$;　(2) $\alpha<\arg z<\beta(0<\alpha<\beta<2\pi)$;

(3) $\left|\frac{z-3}{z-2}\right|>1$;　(4) $|z-2|-|z+2|>1$;

(5) $|z-1|<4|z+1|$.

16. 计算 $\lim\limits_{z\to 1+i}(1+z^2+2z^4)$.

17. 证明函数 $f(z)=\frac{\bar{z}}{z}$ 在 $z\to 0$ 时极限不存在.

B 组

18. 设 $z=\mathrm{e}^{\mathrm{i}\frac{2\pi}{n}}$, $n\geqslant 2$. 证明:$1+z+\cdots+z^{n-1}=0$.

19. 证明:辐角主值函数 $\arg z$ 在原点及负实轴上不连续.

20. 设 $|z|\leqslant 1$,试写出使 $|z^n+a|$ 达到最大的 z 的表达式,其中 n 为正整数,a 为复数.

21. 设 $z,w\in C$,证明:$|z+w|\leqslant|z|+|w|$.

第二章 解析函数

解析函数是复变函数的主要研究对象,它有许多重要性质和应用.所谓解析函数是指在某个区域内处处可导的函数,因此本章先讨论复变函数导数的概念、求导法则及其可导的条件,然后介绍复变函数在一点解析的概念和条件以及常见初等函数的解析性,它们是这一章的重点.

第一节 导数的概念及其求导法则

一、复变函数的导数

1. 导数的定义

复变函数的导数定义与一元实函数的导数类似,即

定义 2.1 设函数 $w=f(z)$ 定义域为区域 D, z_0 为 D 中一点, $z_0+\Delta z\in D$. 若极限

$$\lim_{\Delta z\to 0}\frac{f(z_0+\Delta z)-f(z_0)}{\Delta z}$$

存在,则称 $f(z)$ 在点 z_0 可导,称其极限值为 $f(z)$ 在点 z_0 的导数,记为 $f'(z_0)$ 或 $\left.\frac{\mathrm{d}w}{\mathrm{d}z}\right|_{z_0}$;于是有

$$f'(z_0)=\left.\frac{\mathrm{d}w}{\mathrm{d}z}\right|_{z_0}=\lim_{\Delta z\to 0}\frac{f(z_0+\Delta z)-f(z_0)}{\Delta z}$$

或

$$f'(z_0)=\left.\frac{\mathrm{d}w}{\mathrm{d}z}\right|_{z_0}=\lim_{z\to z_0}\frac{f(z)-f(z_0)}{z-z_0},$$

如果 $f(z)$ 在区域 D 内处处可导,则称 $f(z)$ 在区域 D 内可导.

应当注意,定义中 $z_0+\Delta z\to z_0$ 的方式是任意的,定义中极限值存在的要求与 $z_0+\Delta z\to z_0$ 的方式无关.也就是说,当 $z_0+\Delta z$ 在区域 D 中以任何方式趋于 z_0 时,比值 $\frac{f(z_0+\Delta z)-f(z_0)}{\Delta z}$ 都趋于同一个数.这个限制比一元实变函数的限制要严格得多,从而使可导的复变函数具有许多独特的性质和应用.

例 2.1 求 $f(z)=z^2$ 的导数.

解　因为

$$\lim_{\Delta z\to 0}\frac{f(z+\Delta z)-f(z)}{\Delta z}=\lim_{\Delta z\to 0}\frac{(z+\Delta z)^2-z^2}{\Delta z}=\lim_{\Delta z\to 0}(2z+\Delta z)=2z$$

所以

$$(z^2)'=2z$$

同样的方法,由导数定义可以得到,若在区域 D 内 $f(z)=C$(常数),则 $f'(z)=0$. 对幂函数 $f(z)=z^n(n=1,2,\cdots)$,仍然有 $f'(z)=nz^{n-1}$ 处处成立.

2. 可导与连续

若 $f(z)$ 在 z_0 处可导,由定义知,对于任意的 $\varepsilon>0$,存在 $\delta>0$,当 $0<|\Delta z|<\delta$ 时,有

$$\left|\frac{f(z_0+\Delta z)-f(z_0)}{\Delta z}-f'(z_0)\right|<\varepsilon$$

令

$$\rho(\Delta z)=\frac{f(z_0+\Delta z)-f(z_0)}{\Delta z}-f'(z_0)$$

那么

$$\lim_{\Delta z\to 0}\rho(\Delta z)=0$$

由此得

$$f(z_0+\Delta z)-f(z_0)=f'(z_0)\Delta z+\rho(\Delta z)\Delta z \tag{2.1}$$

所以

$$\lim_{\Delta z\to 0}f(z_0+\Delta z)=f(z_0)$$

即 $f(z)$ 在 z_0 处连续.

因此,复变函数在 z_0 处可导必在 z_0 处连续;但是反之不成立,即在 z_0 连续的函数不一定可导. 读者可以使用导数的定义去验证 $f(z)=\bar{z}=x-y\mathrm{i}$ 在复平面内处处连续,但是处处不可导.

3. 求导法则

由于复变函数导数的定义在叙述形式上与一元实函数情形完全一致,因此同样可以证明下列求导法则仍然成立.

若函数 $f(z)$ 和 $g(z)$ 在区域 D 内处处可导,则称它们在 D 内可导. 这时它们的和、差、积、商在 D 内也可导(商的情形要除去使分母为零的点),并且有

(1) $[f(z)\pm g(z)]'=f'(z)\pm g'(z)$;

(2) $[f(z)g(z)]'=f'(z)g(z)+f(z)g'(z)$,且当 $g(z)$ 为复常数 c 时有

$$[cf(z)]'=cf'(z);$$

(3) $\left[\dfrac{f(z)}{g(z)}\right]'=\dfrac{f'(z)g(z)-f(z)g'(z)}{[g(z)]^2}$, $g(z)\neq 0$;

(4) 复合函数求导公式　若函数 $w=f(\xi)$ 和 $\xi=\varphi(z)$ 分别在区域 G 和 D 内可导,且 $\xi=\varphi(z)$ 将 D 映射为 D^* 使 $D^*\subset G$,则复合函数 $w=f[\varphi(z)]$ 在 D 内可

导，且有

$$\frac{dw}{dz}=f'(\xi)\varphi'(z)\text{（其中 }\xi=\varphi(z)\text{）；}$$

(5) 反函数求导公式 $f'(z)=\frac{1}{\varphi'(w)}$，其中 $w=f(z)$ 与 $z=\varphi(w)$ 是两个互为反函数的单值函数，且 $\varphi'(w)\neq 0$.

例 2.2 求下列函数在可导点处的导数.

(1) $f(z)=z^3-2z+2i$；(2) $g(z)=\frac{z}{(z^2+1)}$.

解 (1) 由求导数的四则运算法则，$f(z)$ 在整个复平面处处可导且有

$$f'(z)=3z^2-2$$

(2) 同理 $g(z)$ 在 $z\neq\pm i$ 的点可导，且有

$$g'(z)=\frac{1-z^2}{(1+z^2)^2}$$

二、微分的定义

和导数的情形一样，复函数的微分概念在形式上与一元实函数的微分概念类似.

设函数 $w=f(z)$ 在点 z_0 可导，则由式(2.1)可知

$$\Delta w=f(z_0+\Delta z)-f(z_0)=f'(z_0)\Delta z+\rho(\Delta z)\Delta z$$

其中 $\lim\limits_{\Delta z\to 0}\rho(\Delta z)=0$，因此 $\rho(\Delta z)\Delta z$ 是 Δz 高阶无穷小，而 $f'(z_0)\Delta z$ 为 Δw 的线性部分. 于是同一元实函数微分的定义类似，有下面定义：

定义 2.2 若函数 $w=f(z)$ 在点 z_0 的某邻域内有定义，且对该邻域内的任意点 $z=z_0+\Delta z$，若函数的改变量 Δw 可表示为 $\Delta w=f(z_0+\Delta z)-f(z_0)=f'(z_0)\Delta z+\rho\Delta z$，则称函数 $w=f(z)$ 在点 z_0 处可微，其中 $f'(z_0)\Delta z$ 为 Δw 的线性主部，称为该函数在点 z_0 处的微分，记为

$$dw|_{z=z_0}=f'(z_0)\Delta z=f'(z_0)dz$$

其中 dz 为自变量的微分，它等于自变量的改变量 Δz.

同一元实函数的微分一样，$w=f(z)$ 在点 z_0 处可微也等价于它在点 z_0 处可导；因此，函数 $w=f(z)$ 在某点的可导与可微是等价的.

如果 $f(z)$ 在区域 D 内处处可微，则称 $f(z)$ 在 D 内可微.

三、函数在一点可导的充分必要条件

定理 2.1 设函数 $f(z)=u(x,y)+iv(x,y)$ 定义在区域 D 内，则 $f(z)$ 在 D 内一点 $z=x+iy$ 处可导的充分必要条件是：$u(x,y)$ 与 $v(x,y)$ 在点 (x,y) 可微，并且在该点满足柯西-黎曼(**Cauchy-Riemann**)方程

$$\frac{\partial u}{\partial x}=\frac{\partial v}{\partial y},\ \frac{\partial u}{\partial y}=-\frac{\partial v}{\partial x}.$$

证 必要性

设函数 $f(z)=u(x,y)+\mathrm{i}v(x,y)$ 定义在区域 D 内，并且在 D 内一点 $z=x+\mathrm{i}y$ 可导. 由式(2.1)可知，对于充分小的 $|\Delta z|>0$，有

$$f(z+\Delta z)-f(z)=f'(z)\Delta z+\rho(\Delta z)\Delta z，其中\lim_{\Delta z\to 0}\rho(\Delta z)=0.$$

令

$$f(z+\Delta z)-f(z)=\Delta u+\mathrm{i}\Delta v, f'(z)=a+\mathrm{i}b, \Delta z=\Delta x+\mathrm{i}\Delta y, \rho(\Delta z)=\rho_1+\mathrm{i}\rho_2.$$

由上式得

$$\begin{aligned}\Delta u+\mathrm{i}\Delta v &=(a+\mathrm{i}b)(\Delta x+\mathrm{i}\Delta y)+(\rho_1+\mathrm{i}\rho_2)(\Delta x+\mathrm{i}\Delta y)\\ &=(a\Delta x-b\Delta y+\rho_1\Delta x-\rho_2\Delta y)+\\ &\quad \mathrm{i}(b\Delta x+a\Delta y+\rho_2\Delta x+\rho_1\Delta y).\end{aligned}$$

从而就有

$$\Delta u=a\Delta x-b\Delta y+\rho_1\Delta x-\rho_2\Delta y,$$
$$\Delta v=b\Delta x+a\Delta y+\rho_2\Delta x+\rho_1\Delta y.$$

由于 $\lim\limits_{\Delta z\to 0}\rho(\Delta z)=0$，所以 $\lim\limits_{\substack{\Delta x\to 0\\ \Delta y\to 0}}\rho_1=0$，$\lim\limits_{\substack{\Delta x\to 0\\ \Delta y\to 0}}\rho_2=0$. 因此得知 $u(x,y)$ 和 $v(x,y)$ 在 (x,y) 可微，而且满足方程

$$a=\frac{\partial u}{\partial x}=\frac{\partial v}{\partial y}, -b=\frac{\partial u}{\partial y}=-\frac{\partial v}{\partial x}.$$

这就是函数 $f(z)=u(x,y)+\mathrm{i}v(x,y)$ 在区域 D 内一点 $z=x+\mathrm{i}y$ 可导的必要条件.

方程

$$\frac{\partial u}{\partial x}=\frac{\partial v}{\partial y},\ \frac{\partial u}{\partial y}=-\frac{\partial v}{\partial x} \tag{2.2}$$

称为柯西-黎曼方程.

充分性

由于

$$\begin{aligned}f(z+\Delta z)-f(z)&=u(x+\Delta x,y+\Delta y)-u(x,y)+\mathrm{i}[v(x+\Delta x,y+\Delta y)-u(x,y)]\\ &=\Delta u+\mathrm{i}\Delta v\end{aligned}$$

又因为 $u(x,y)$ 和 $v(x,y)$ 在点 (x,y) 可微，可知

$$\Delta u=\frac{\partial u}{\partial x}\Delta x+\frac{\partial u}{\partial y}\Delta y+\varepsilon_1\Delta x+\varepsilon_2\Delta y,$$

$$\Delta v=\frac{\partial v}{\partial x}\Delta x+\frac{\partial v}{\partial y}\Delta y+\varepsilon_3\Delta x+\varepsilon_4\Delta y,$$

这里
$$\lim_{\substack{\Delta x\to 0\\ \Delta y\to 0}}\varepsilon_k=0 \qquad (k=1,2,3,4)$$

因此 $f(z+\Delta z)-f(z)$
$$=\left(\frac{\partial u}{\partial x}+\mathrm{i}\,\frac{\partial v}{\partial x}\right)\Delta x+\left(\frac{\partial u}{\partial y}+\mathrm{i}\,\frac{\partial v}{\partial y}\right)\Delta y+(\varepsilon_1+\mathrm{i}\varepsilon_3)\Delta x+(\varepsilon_2+\mathrm{i}\varepsilon_4)\Delta y.$$

根据柯西-黎曼方程
$$\frac{\partial u}{\partial y}=-\frac{\partial v}{\partial x},\ \frac{\partial v}{\partial y}=\frac{\partial u}{\partial x},$$

所以 $f(z+\Delta z)-f(z)=\left(\frac{\partial u}{\partial x}+\mathrm{i}\,\frac{\partial v}{\partial x}\right)(\Delta x+\mathrm{i}\Delta y)+(\varepsilon_1+\mathrm{i}\varepsilon_3)\Delta x+(\varepsilon_2+\mathrm{i}\varepsilon_4)\Delta y.$

或 $\dfrac{f(z+\Delta z)-f(z)}{\Delta z}=\dfrac{\partial u}{\partial x}+\mathrm{i}\,\dfrac{\partial v}{\partial x}+(\varepsilon_1+\mathrm{i}\varepsilon_3)\dfrac{\Delta x}{\Delta z}+(\varepsilon_2+\mathrm{i}\varepsilon_4)\dfrac{\Delta y}{\Delta z}.$

因为 $\left|\frac{\Delta x}{\Delta z}\right|\leqslant 1,\left|\frac{\Delta y}{\Delta z}\right|\leqslant 1$，故当 $\Delta z\to 0$ 时，根据无穷小量乘有界量仍为无穷小量，上式右端的最后两项都趋于零. 因此
$$f'(z)=\lim_{\Delta z\to 0}\frac{f(z+\Delta z)-f(z)}{\Delta z}=\frac{\partial u}{\partial x}+\mathrm{i}\,\frac{\partial v}{\partial x}.$$
这就是说，函数 $f(z)=u(x,y)+\mathrm{i}v(x,y)$ 在点 $z=x+\mathrm{i}y$ 处可导.

推论 若函数 $f(z)=u(x,y)+\mathrm{i}v(x,y)$ 在点 $z=x+\mathrm{i}y$ 处四个一阶偏导连续，且满足柯西-黎曼方程，则 $f(z)$ 在 z 处可导.

由定理证明过程可得到函数 $f(z)=u(x,y)+\mathrm{i}v(x,y)$ 在点 $z=x+\mathrm{i}y$ 处的导数公式：
$$f'(z)=\frac{\partial u}{\partial x}+\mathrm{i}\,\frac{\partial v}{\partial x}=\frac{\partial v}{\partial y}-\mathrm{i}\,\frac{\partial u}{\partial y}. \tag{2.3}$$

例 2.3 判断函数 $f(z)=x^2-y^2+2xy\mathrm{i}$ 的可导性，并求其导数.

解 设 $u=x^2-y^2$，$v=2xy$，
$$\frac{\partial u}{\partial x}=2x=\frac{\partial v}{\partial y},\frac{\partial v}{\partial x}=2y=-\frac{\partial u}{\partial y}$$
在复平面上处处成立，且这四个偏导数连续，即 u,v 在复平面上处处可微，则 $f(z)$ 在复平面上处处可导，且
$$f'(z)=\frac{\partial u}{\partial x}+\mathrm{i}\,\frac{\partial v}{\partial x}=2x+2y\mathrm{i}=2z.$$

第二节 解析函数

一、解析函数的概念

复变函数的主要研究对象是解析函数. 首先给出一点解析的概念.

定义 2.3　若函数 $f(z)$在点 z_0 以及 z_0 的某个邻域内处处可导,则称它在点 z_0 **解析**.若函数 $f(z)$在 z_0 不解析,则称 z_0 为它的**奇点**.

如果函数 $f(z)$在区域 D 内每一点解析时,则称它在 D 内解析的(**全纯的**或**正则的**).

由定义可知,函数在区域内解析和区域内可导是等价的.但是函数在一点处解析和在一点处可导是两个不等价的概念.就是说函数在一点处解析则在该点一定可导,但是函数在一点可导,不一定在该点处解析.函数在一点处解析比在该点处可导的要求高得多.

由于复函数在区域 D 内解析等价于在该区域内可导,因此将区域内 D 解析问题可以转化为该区域内函数可导的问题.而函数在区域内可导指的是函数在该区域内任一点可导,所以根据函数在区域内解析的定义及函数在一点可导的条件,就可得到判断函数在区域 D 内解析的一个充分必要条件.

定理 2.2　函数 $f(z)=u(x,y)+\mathrm{i}v(x,y)$在其定义区域 D 内解析的充分必要条件是:$u(x,y)$与 $v(x,y)$在 D 内可微,并且满足$\frac{\partial u}{\partial x}=\frac{\partial v}{\partial y}$, $\frac{\partial u}{\partial y}=-\frac{\partial v}{\partial x}$.

例 2.4　判定函数 $f(z)=x^3+\mathrm{i}y^3$ 在哪些点可导?在哪些点解析?

解　由题易知,$u=x^3$,$v=y^3$,它们的偏导数分别为

$$\frac{\partial u}{\partial x}=3x^2,\frac{\partial u}{\partial y}=0,\frac{\partial v}{\partial x}=0,\frac{\partial v}{\partial y}=3y^2$$

这四个偏导数都连续,所以 $u(x,y)$和 $v(x,y)$处处可微,且由柯西-黎曼方程

$$\frac{\partial u}{\partial x}=3x^2=3y^2=\frac{\partial v}{\partial y},\frac{\partial v}{\partial x}=-\frac{\partial u}{\partial y}=0$$

可得

$$y=x \text{ 或 } y=-x$$

因此,函数 $f(z)$只在 $y=x$ 和 $y=-x$ 两条直线上可导;但是按照复变函数在一点解析的定义,它处处不解析.

由该例可以看出,函数的可导点不一定是它的解析点.而函数的解析点一定是它可导的点,反之不真.

由于当 $f(z)$在点 z_0 解析时,它一定在该点的某个邻域内可导,该邻域也是区域,因此它在该邻域处处解析,点 z_0 是内点.于是有复变函数不会只在有限个点或一条曲线上解析,它的全体解析点的集合一定是开集.

二、解析函数的运算性质

由复变函数的求导法则和区域内解析与可导的等价性可得到下面定理.

定理 2.3　在区域 D 内解析的两个函数的和、差、积、商(除分母为零的点)

在 D 内解析. 解析函数的复合函数仍然是解析函数.

例 2.5 设 $f(z)$ 在区域 D 内解析，试证当 $f'(z)=0(z\in D)$ 时，它在 D 内为复常数.

证 因为 $f'(z)=\frac{\partial u}{\partial x}+\mathrm{i}\frac{\partial v}{\partial x}$，且 $\frac{\partial u}{\partial x}=\frac{\partial v}{\partial y},\frac{\partial v}{\partial x}=-\frac{\partial u}{\partial y}$. 于是在 D 内恒有

$$\frac{\partial u}{\partial x}=\frac{\partial v}{\partial y}=0,\frac{\partial v}{\partial x}=-\frac{\partial u}{\partial y}=0.$$

即 $\mathrm{d}u=0$ 且 $\mathrm{d}v=0$，u 和 v 在 D 内为常数，故 $f(z)=u+\mathrm{i}v$ 在 D 内为复常数.

例 2.6 设 $f(z)=\mathrm{e}^x(\cos y+\mathrm{i}\sin y)$，证明函数 $f(z)$ 处处可导，且有 $f'(z)=f(z)$.

证 由 $f(z)=\mathrm{e}^x(\cos y+\mathrm{i}\sin y)$，则有

$$\frac{\partial u}{\partial x}=\mathrm{e}^x\cos y=\frac{\partial v}{\partial y},\frac{\partial u}{\partial y}=-\mathrm{e}^x\sin y=-\frac{\partial v}{\partial x},$$

这四个偏导数处处连续，从而 $u(x,y)$ 和 $v(x,y)$ 处处可微；它们又处处满足柯西-黎曼方程，于是由定理 2.1，函数 $f(z)$ 处处可导，且有

$$f'(z)=\frac{\partial u}{\partial x}+\mathrm{i}\frac{\partial v}{\partial x}=\mathrm{e}^x(\cos y+\mathrm{i}\sin y)=f(z).$$

例 2.7 试证明函数 $f(z)=|z|$ 处处不可导.

证 记 $z=x+\mathrm{i}y$，则函数的实部和虚部分别为

$$u(x,y)=\sqrt{x^2+y^2},v(x,y)=0,$$

且有
$$\frac{\partial u}{\partial x}=\frac{x}{\sqrt{x^2+y^2}},\frac{\partial u}{\partial y}=\frac{y}{\sqrt{x^2+y^2}},\frac{\partial v}{\partial x}=\frac{\partial v}{\partial y}=0.$$

其中 $\frac{\partial u}{\partial x}$ 和 $\frac{\partial u}{\partial y}$ 在坐标原点不存在，其柯西-黎曼方程处处不成立. 因此该函数处处不可导.

例 2.8 设函数 $f(z)=x^2+axy+by^2+\mathrm{i}(cx^2+dxy+y^2)$，问常数 a,b,c,d 取何值时，$f(z)$ 在平面内处处解析？

解 由于

$$\frac{\partial u}{\partial x}=2x+ay\quad \frac{\partial u}{\partial y}=ax+2by$$

$$\frac{\partial v}{\partial x}=2cx+dy\quad \frac{\partial v}{\partial y}=dx+2y$$

从而要使

$$\frac{\partial u}{\partial x}=\frac{\partial v}{\partial y},\frac{\partial v}{\partial x}=-\frac{\partial u}{\partial y}$$

只需

$$2x+ay=dx+2y, 2cx+dy=-ax-2by$$

因此，当 $a=2, b=-1, c=-1, d=2$ 时，此函数处处解析.

第三节 初等解析函数

本节将讨论几个基本初等函数，即指数函数、对数函数、幂函数、三角函数、双曲函数以及反三角函数和反双曲函数的解析性. 所谓复初等函数是指由这些基本初等函数经过有限次四则运算和复合运算所得的函数，它们是一元实初等函数有关定义的推广，又都是解析函数，故称之为初等解析函数.

一、指数函数(Exponential function)

定义 2.4 对任何复数 $z=x+\mathrm{i}y$，定义复指数函数为 $\mathrm{e}^z=\mathrm{e}^x(\cos y+\mathrm{i}\sin y)$.

当 z 只取实数 x(此时 $y=0$)时，$\mathrm{e}^z=\mathrm{e}^x$，因此上式是实变量指数函数的推广. 当 $x=0$ 时，有 $\mathrm{e}^{\mathrm{i}y}=\cos y+\mathrm{i}\sin y$.

性质 对任意复数 z 有

(1) 函数 $w=\mathrm{e}^z$ 在整个复平面解析，并有 $(\mathrm{e}^z)'=\mathrm{e}^z$；

(2) 对任意复数 $z_1=x_1+\mathrm{i}y_1, z_2=x_2+\mathrm{i}y_2$，$\mathrm{e}^{z_1}\mathrm{e}^{z_2}=\mathrm{e}^{z_1+z_2}$，$\dfrac{\mathrm{e}^{z_1}}{\mathrm{e}^{z_2}}=\mathrm{e}^{z_1-z_2}$；

(3) $\mathrm{e}^z=\mathrm{e}^{z+2k\pi\mathrm{i}}(k=0,\pm1,\pm2,\cdots)$.

性质(3)表明，将定义域推广到复数域后，指数函数 $w=\mathrm{e}^z$ 具有周期性特征，它是以 $2\pi\mathrm{i}$ 为基本周期的周期函数.

二、对数函数(Logarithm function)

同一元实函数情形一样，指数函数的反函数是对数函数. 于是所谓复数 z 的对数函数是指满足方程 $\mathrm{e}^w=z$ 的复数 w，记为 $w=\mathrm{Ln}\, z$，即有

$$w=\mathrm{Ln}\, z \Leftrightarrow \mathrm{e}^w=z$$

设 $w=u+\mathrm{i}v, z=r\mathrm{e}^{\mathrm{i}\theta}$，则

$$\mathrm{e}^w=\mathrm{e}^{u+v\mathrm{i}}=\mathrm{e}^u\mathrm{e}^{v\mathrm{i}}=z=r\mathrm{e}^{\mathrm{i}\theta},$$

即

$$\mathrm{e}^u=r, v=\theta+2k\pi \quad (k=0,\pm1,\pm2,\cdots)$$

求出其全部实数 u 和 v 的值为

$$u=\ln r=\ln|z|, v=\theta+2k\pi=\mathrm{Arg}\, z$$

因此

$$w=\mathrm{Ln}\, z=\ln|z|+\mathrm{i}\mathrm{Arg}\, z$$

或

$$\mathrm{Ln}\, z=\ln|z|+\mathrm{i}(2k\pi+\arg z) \quad \text{其中}(k=0,\pm1,\pm2,\cdots)$$

显然,对数函数 $w=\text{Ln } z$ 是多值函数.可以看出,$z=0$ 在复数域内仍然无对数,因此对数的定义域为 $z\neq 0$.

当 $k=0$ 时,对数对应的单值分支,即复数 z 的对数主值,记为 $\ln z$.于是有

$$\ln z=\ln|z|+\text{i}\arg z$$

当复数取正实数 x 时,有 $\ln z=\ln x$,因此对数主值是正实数对数在复数域的推广.

对于非零复数 z_1 和 z_2,下列对数性质仍然成立

$$\text{Ln}(z_1z_2)=\text{Ln } z_1+\text{Ln } z_2,\text{Ln}\left(\frac{z_1}{z_2}\right)=\text{Ln } z_1-\text{Ln } z_2$$

事实上,

$$\begin{aligned}\text{Ln}(z_1z_2)&=\ln|z_1z_2|+\text{iArg}(z_1z_2)=\ln|z_1|+\ln|z_2|+\text{iArg } z_1+\text{iArg } z_2\\&=\text{Ln } z_1+\text{Ln } z_2\end{aligned}$$

$$\begin{aligned}\text{Ln}\left(\frac{z_1}{z_2}\right)&=\ln\left|\frac{z_1}{z_2}\right|+\text{iArg}\left(\frac{z_1}{z_2}\right)=\ln|z_1|-\ln|z_2|+\text{iArg } z_1-\text{iArg } z_2\\&=\text{Ln } z_1-\text{Ln } z_2\end{aligned}$$

应该注意的是,等式:

$$\ln(z_1z_2)=\ln z_1+\ln z_2$$

$$\ln\left(\frac{z_1}{z_2}\right)=\ln z_1-\ln z_2$$

不再成立.

例 2.9 设 $z_1=-1+\text{i}$,$z_2=-1-\text{i}$,试计算 $\ln z_1$,$\ln z_2$ 和 $\ln\frac{z_1}{z_2}$.

解

$$\ln z_1=\ln|-1+\text{i}|+\text{i}\arg(-1+\text{i})=\ln\sqrt{2}+\frac{3\pi}{4}\text{i}$$

$$\ln z_2=\ln|-1-\text{i}|+\text{i}\arg(-1-\text{i})=\ln\sqrt{2}-\frac{3\pi}{4}\text{i},$$

$$\ln\left(\frac{z_1}{z_2}\right)=\ln(-\text{i})=\ln|-\text{i}|+\arg(-\text{i})=-\frac{1}{2}\pi\text{i}$$

显然,在该例中,$\ln\left(\frac{z_1}{z_2}\right)\neq\ln z_1-\ln z_2$.

因此上述多值对数的性质,对对数主值不一定成立.

例 2.10 设 $z_1=-1+\text{i}$,计算 $\text{Ln } z_1$.

解 $\text{Ln } z_1=\ln|-1+\text{i}|+\text{i}[\arg(-1+\text{i})+2k\pi]$

$$=\ln\sqrt{2}+\left(\frac{3\pi}{4}+2k\pi\right)\text{i}(k=0,\pm1,\pm2,\cdots).$$

三、幂函数(Power function)

定义 2.5　设 α 为复常数,$z\neq0$,定义幂函数为 $w=z^{\alpha}=e^{\alpha \mathrm{Ln}\, z}$.

由于 $\mathrm{Ln}\, z=\ln|z|+\mathrm{i}(2k\pi+\arg z)$是多值的,因此一般情况下 z^{α} 也是多值的.

(1) 当 α 为任一整数时,由于

$$z^{\alpha}=e^{\alpha \mathrm{Ln}\, z}=e^{\alpha[\ln|z|+\mathrm{i}(2k\pi+\arg z)]}=e^{\alpha(\ln|z|+\mathrm{i}\arg z)+\mathrm{i}2\alpha k\pi}=e^{\alpha \ln z}$$

z^{α} 是单值函数.

(2) 当 α 为有理数$\dfrac{p}{q}$(既约分数)时,由于

$$z^{\alpha}=e^{\frac{p}{q}\mathrm{Ln}\, z}=e^{\frac{p}{q}[\ln|z|+\mathrm{i}(2k\pi+\arg z)]}=e^{\frac{p}{q}(\ln|z|+\mathrm{i}\arg z)+\mathrm{i}2\frac{p}{q}k\pi}=e^{\frac{p}{q}\ln z+\frac{p}{q}\cdot \mathrm{i}2k\pi}$$

z^{α} 具有 q 个值,即当 $k=0,1,2,\cdots,(q-1)$时相应的各个值.

特别的,如果 $\alpha=\dfrac{1}{n}$,有

$$z^{\frac{1}{n}}=e^{\frac{1}{n}(\ln|z|+\mathrm{i}\arg z+\mathrm{i}2k\pi)}=|z|^{\frac{1}{n}}e^{\frac{\mathrm{i}(\arg z+\mathrm{i}2k\pi)}{n}}$$

由此可以看出 $z^{\frac{1}{n}}=\sqrt[n]{z}$ 有 n 个不同值($k=0,1,2,\cdots,n-1$),即为复数方根公式.

(3) 当 α 为无理数或虚数(非实复数)时,z^{α} 有无穷多个值,可表示为

$$z^{\alpha}=e^{\alpha(\mathrm{Ln}\, z+\mathrm{i}2k\pi)}\quad(z\neq0)(k=0,\pm1,\pm2,\cdots)$$

例 2.11　计算$(-1+\mathrm{i})^{\mathrm{i}}$ 的值.

解　由幂函数定义得

$$(-1+\mathrm{i})^{\mathrm{i}}=e^{\mathrm{i}\mathrm{Ln}(-1+\mathrm{i})}=e^{\mathrm{i}[\ln|-1+\mathrm{i}|+\mathrm{i}\arg(-1+\mathrm{i})+\mathrm{i}2k\pi]}=e^{\mathrm{i}\ln\sqrt{2}-\frac{3}{4}\pi-2k\pi}$$

$$=e^{-2k\pi-\frac{3\pi}{4}}\left(\cos\frac{\ln 2}{2}+\mathrm{i}\sin\frac{\ln 2}{2}\right)\ (k=0,\pm1,\pm2,\cdots)$$

四、三角函数(Triangle function)和双曲函数(Hyperbolic function)

由 Euler 公式有

$$e^{\mathrm{i}y}=\cos y+\mathrm{i}\sin y$$

$$e^{-\mathrm{i}y}=\cos y-\mathrm{i}\sin y$$

把这两个公式相加和相减,分别得到

$$\cos y=\frac{e^{\mathrm{i}y}+e^{-\mathrm{i}y}}{2},\sin y=\frac{e^{\mathrm{i}y}-e^{-\mathrm{i}y}}{2\mathrm{i}}$$

将此两式推广到自变量取复数值的情形,定义

$$\cos z=\frac{e^{\mathrm{i}z}+e^{-\mathrm{i}z}}{2},\sin z=\frac{e^{\mathrm{i}z}-e^{-\mathrm{i}z}}{2\mathrm{i}}$$

同理对任意复数 z 可以定义其正切和余切为

$$\tan z=\frac{\sin z}{\cos z},\ \cot z=\frac{\cos z}{\sin z}$$

当 z 为实数 x 时上式也成立，因此上述定义是对应一元实函数情形的推广.

其双曲函数的定义与一元实函数情形相同，即其双曲正弦、双曲余弦、双曲正切和双曲余切分别定义为

$$\sinh z=\frac{1}{2}(\mathrm{e}^{z}-\mathrm{e}^{-z}),\ \cosh z=\frac{1}{2}(\mathrm{e}^{z}+\mathrm{e}^{-z})$$

$$\tanh z=\frac{\sinh z}{\cosh z},\coth z=\frac{\cosh z}{\sinh z}$$

另外由上述定义可以直接看出，三角函数与双曲函数具有如下关系：

$$\cosh(\mathrm{i}z)=\cos z,$$

$$\cos(\mathrm{i}z)=\cosh z,$$

$$\sinh(\mathrm{i}z)=\mathrm{i}\sin z,$$

$$\sin(\mathrm{i}z)=\mathrm{i}\sinh z.$$

很容易验证 $\cos z$ 和 $\cosh z$ 为偶函数，其他三个三角函数和双曲函数为奇函数，又因

$$\mathrm{e}^{z+2\pi\mathrm{i}}=\mathrm{e}^{z}\ \text{且}\ \mathrm{e}^{z\pm\pi\mathrm{i}}=-\mathrm{e}^{z}$$

所以 $\sin z$ 和 $\cos z$ 仍然是周期为 2π 的周期函数，即

$$\sin(z+2\pi)=\sin z,\quad \cos(z+2\pi)=\cos z$$

读者利用函数 $\sin z$ 和 $\cos z$ 的定义可以直接验证下列三角公式仍然成立.

$$\sin(z_1+z_2)=\sin z_1\cos z_2+\cos z_1\sin z_2$$

$$\cos(z_1+z_2)=\cos z_1\cos z_2-\sin z_1\sin z_2$$

从这两个公式出发可以推出其他实函数情形的三角公式许多都成立. 如将 $z_1=z_2=z,z_1=\frac{\pi}{2}$分别代入 $\sin(z_1+z_2)$中可得

$$\sin 2z=2\sin z\cos z,\sin\left(\frac{\pi}{2}+z_2\right)=\cos z_2$$

在 $\cos(z_1+z_2)$中令 $z_1=-z_2=z$

$$\sin^2 z+\cos^2 z=1$$

另外，从上述三角函数和双曲函数的定义可以看出，函数 $\sin z$、$\cos z$、$\sinh z$ 和 $\cosh z$ 在整个复平面解析，其他四个函数在除去分母为零的点解析，其求导公式仍然成立，如

$$(\sin z)'=\cos z,$$

$$(\cos z)'=-\sin z,$$

$$(\sinh z)'=\cosh z,$$

$$(\cosh z)'=\sinh z,$$

$$(\tan z)'=\left(\frac{\sin z}{\cos z}\right)'=\frac{\cos^2 z+\sin^2 z}{\cos^2 z}=\frac{1}{\cos^2 z}$$

注意：上述函数与对应实函数也存在着一些不同之处，例如在复数范围内不等式$|\sin z|\leqslant 1$和$|\cos z|\leqslant 1$不再成立．事实上，令$z=\mathrm{i}y\to\infty$有$|\sin(\mathrm{i}y)|=\frac{|\mathrm{e}^{y}-\mathrm{e}^{-y}|}{2}\to\infty$且$\cos(\mathrm{i}y)=\frac{|\mathrm{e}^{y}+\mathrm{e}^{-y}|}{2}\to\infty$．

五、反三角函数(Arc triangle function)和反双曲函数(Arc hyperbolic function)

反三角函数和反双曲函数都可以用对数函数表示，因为对数函数是指数函数的反函数，而三角函数和双曲函数都可以用指数函数表示．

如反正弦函数$w=\mathrm{Arcsin}\, z$，其中w为所给复数z的反正弦，函数w可取满足方程$z=\sin w$的任何复数值，即有

$$w=\mathrm{Arcsin}\, z\Leftrightarrow \sin w=\frac{1}{2\mathrm{i}}(\mathrm{e}^{\mathrm{i}w}-\mathrm{e}^{-\mathrm{i}w})=z$$

即方程

$$(\mathrm{e}^{\mathrm{i}w})^2-2\mathrm{i}z\mathrm{e}^{\mathrm{i}w}-1=0$$

解出$\mathrm{e}^{\mathrm{i}w}$得

$$\mathrm{e}^{\mathrm{i}w}=\mathrm{i}z+\sqrt{1-z^2}$$

两端取多值对数，求出其全部w的值为

$$w=\mathrm{Arcsin}\, z=-\mathrm{i}\mathrm{Ln}(\mathrm{i}z+\sqrt{1-z^2})$$

同理可得

$$\mathrm{Arccos}\, z=-\mathrm{i}\mathrm{Ln}(z+\sqrt{z^2-1})$$

$$\mathrm{Arctan}\, z=-\frac{\mathrm{i}}{2}\mathrm{Ln}\left(\frac{1+\mathrm{i}z}{1-\mathrm{i}z}\right)$$

$$\mathrm{Arcsh}\, z=\mathrm{Ln}(z+\sqrt{z^2+1})$$

$$\mathrm{Arcch}\, z=\mathrm{Ln}(z+\sqrt{z^2-1})$$

$$\mathrm{Arcth}\, z=\frac{1}{2}\mathrm{Ln}\left(\frac{1+z}{1-z}\right)$$

例 2.12　求下列函数的奇点．

(1) $\frac{1}{\mathrm{e}^z+2}$;　　(2) $\frac{1}{\cos z+5}$.

解　(1) 其奇点为所给函数的非解析点，它们为方程$\mathrm{e}^z+2=0$的解，因此其奇点为

$$z=\mathrm{Ln}(-2)=\ln 2+\mathrm{i}\pi+\mathrm{i}2k\pi \quad (k=0,\pm 1,\pm 2,\cdots)$$

(2) 其奇点为方程 $\cos z+5=0$ 的解，即 $z=\mathrm{Arccos}(-5)$，于是得其全部奇点为

$$z=-\mathrm{i}\mathrm{Ln}(-5\pm\sqrt{25-1})=\mathrm{i}\ln|5\pm\sqrt{24}|+\pi+2k\pi \quad (k=0,\pm 1,\pm 2,\cdots)$$

本章小结

(1) 复变函数的导数定义与一元实变函数的导数定义在形式上完全一样，它们的一些求导公式与求导法则也一样，然而复变函数极限存在要求与 z 趋于零的方式无关，这表明它在一点可导的条件比实变函数严格得多.

(2) 复变函数导数与解析函数的概念以及可导与解析的判别方法，如图 2.1 所示.

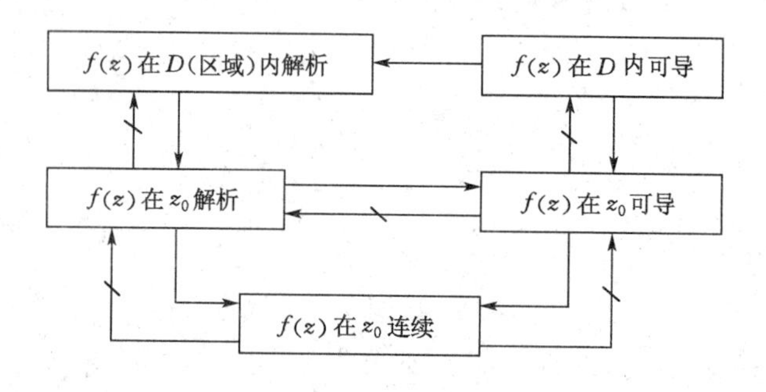

图 2.1

(3) 复初等函数是一元实初等函数在复变范围内的自然推广，它既保持了后者的某些基本性质，又有一些与后者不同的特性. 如：

① 指数函数具有周期性(基本周期为 $2\pi\mathrm{i}$)；

② 负数无对数的结论不再成立；

③ 三角正弦与余弦不再具有有界性；

④ 双曲正弦与余弦都是周期函数.

附　录

1. 柯西(Augustin Louis Cauchy，1789—1857)，19 世纪前半世纪的法国数学家. 1789 年 8 月 21 日生于巴黎；1857 年 5 月 23 日卒于塞纳省索. 1805 年柯西进入高等工业学校学习，安培是他的一位老师. 他原来打算成为土木工

程师,但是他的身体很差,他的朋友拉格朗日和拉普拉斯劝他转向不要求身体特别好的纯粹数学.大学毕业后当土木工程师,因数学上的成就被推荐为科学院院士,同时任工科大学教授.后来在巴黎大学任教授,一直到逝世.柯西的研究是多方面的.在代数学上,他有行列式论和群论的创始性的功绩;在理论物理学、光学、弹性理论等方面,也有显著的贡献.在分析学方面,他给出了分析学一系列基本概念的严格定义,连续、导数、微分、积分、无穷级数的和等概念也建立在较为坚实的基础上.

柯西在1821年提出 ε 方法(后来又改成 δ),即所谓极限概念的算术化,把整个极限过程用一系列不等式来刻画,使无穷的运算化成一系列不等式的推导.后来维尔斯特拉斯将 ε 和 δ 联系起来,完成了 ε—δ 方法.

柯西还证明了复变函数论的主要定理以及在实变数和复变数的情况下微分方程解的存在定理,这些都是很重要的.他的全集26卷,仅次于欧拉,居第二位.

2. 黎曼(Georg Friedrich Bernhard Riemann,1826—1866),德国数学家.1846年入哥廷根大学,成为Gauss晚年的学生.1851年以论文《复变函数论的基础》取得博士学位,Gauss在审阅这篇论文时给予了极高的评价.1854年黎曼写出了将函数表示成三角级数的一篇重要论文,同年另一篇论文开辟了几何学的新领域.1859年黎曼成为哥廷根大学教授,同年提出著名的Riemann函数.黎曼是世界数学史上最具独创精神的数学家之一.黎曼的著作不多,但却异常深刻,极富于对概念的创造与想象.黎曼在其短暂的一生中为数学的众多领域作了许多奠基性、创造性的工作,为世界数学建立了丰功伟绩.

黎曼是复变函数论的奠基人之一,是黎曼几何的创始人.同时,他建立了现在微积分教科书所讲的黎曼积分的概念,给出了这种积分存在的必要充分条件,他开创了用复数解析函数研究数论问题的先例,取得了跨世纪的成果.黎曼不但对纯数学作出了划时代的贡献,他也十分关心物理及数学与物理世界的关系,他写了一些关于热、光、磁、气体理论、流体力学及声学方面的有关论文,在数学物理、微分方程等其他领域取得了丰硕的成果.

黎曼的一生是短暂的,不到40个年头.他没有时间获得像欧拉和柯西那么多的数学成果.但他工作的优异质量和深刻的洞察能力令世人惊叹.对于他的贡献,人们是这样评价的:“黎曼把数学向前推进了几代人的时间”.

习　　题

A 组

1. 指出下列函数的解析区域和奇点,并求出可导点的导数.

(1) $(z-1)^5$;　　(2) z^3+2iz;

(3) $\dfrac{1}{z^2+1}$;　　(4) $z+\dfrac{1}{z+3}$.

2. 下列函数在何处求导?并求其导数.

(1) $f(z)=xy^2+x^2y\mathrm{i}$;　　(2) $f(z)=x^2+y^2\mathrm{i}$;

(3) $f(z)=x^3-3xy^2+\mathrm{i}(3x^2y-y^3)$;

(4) $f(z)=(z-1)^{n-1}$(n 为正整数);

(5) $f(z)=\dfrac{1}{z}$;　　(6) $f(z)=\dfrac{z+2}{(z+1)(z^2+1)}$;

(7) $f(z)=\dfrac{3z+8}{5z-7}$;　　(8) $f(z)=\dfrac{x+y}{x^2+y^2}+\mathrm{i}\,\dfrac{x-y}{x^2+y^2}$.

3. 设 $f(z)=my^3+nx^2y+\mathrm{i}(x^3+lxy^2)$在 z 平面上解析,求 m,n,l 的值.

4. 试证下列函数在 z 平面上解析,并求其导数.

(1) $f(z)=x^3+3x^2y\mathrm{i}-3xy^2-y^3\mathrm{i}$;

(2) $f(z)=\mathrm{e}^x(x\cos y-y\sin y)+\mathrm{i}\mathrm{e}^x(y\cos y+x\sin y)$.

5. 证明:若 $f(z)$解析,则有$\left(\dfrac{\partial}{\partial x}|f(z)|\right)^2+\left(\dfrac{\partial}{\partial y}|f(z)|\right)^2=|f'(z)|^2$.

6. 证明区域 D 内满足下列条件之一的解析函数必为常数.

(1) $f'(z)=0$;　　(2) $\overline{f(z)}$解析;

(3) $\mathrm{Re}\,f(z)=$常数;　　(4) $\mathrm{Im}\,f(z)=$常数;

(5) $|f(z)|=$常数;　　(6) $\arg f(z)=$常数.

7. 计算下列各值.

(1) $\cos(\pi+5\mathrm{i})$;　　(2) $\sin(1-5\mathrm{i})$;

(3) $\tan(3-\mathrm{i})$;　　(4) $|\sin z|^2$;

(5) $\arcsin \mathrm{i}$;　　(6) $\arctan(1+2\mathrm{i})$;

(7) $(1+\mathrm{i})^{1-\mathrm{i}}$;　　(8) $(-3)^{\sqrt{5}}$;

(9) $1^{-\mathrm{i}}$；　　(10) $\left(\dfrac{1-\mathrm{i}}{\sqrt{2}}\right)^{1+\mathrm{i}}$.

8. 计算下列各值.

(1) $\mathrm{e}^{-\frac{\pi}{2}\mathrm{i}}$；　　(2) $\ln(-\mathrm{i})$；

(3) $\ln(-3+4\mathrm{i})$；　　(4) $\sin \mathrm{i}$；

(5) $(1+\mathrm{i})^{\mathrm{i}}$；　　(6) $27^{\frac{2}{3}}$；

(7) $\ln(-2+3\mathrm{i})$；　　(8) $\ln(3-\sqrt{3}\mathrm{i})$.

9. 设 $z=r\mathrm{e}^{\mathrm{i}\theta}$，求 $\mathrm{Re}[\mathrm{Ln}(z-1)]$.

10. 解下列方程.

(1) $\mathrm{e}^{z}=1+\sqrt{3}\mathrm{i}$；　　(2) $\ln z=\dfrac{\pi}{2}\mathrm{i}$；

(3) $\sin z+\cos z=0$；　　(4) $\sinh z=\mathrm{i}$；

(5) $\sin z=2$；　　(6) $z-\mathrm{Ln}(1+\mathrm{i})=0$.

11. 用对数计算公式直接验证.

(1) $\mathrm{Ln}\, z^{2}\neq 2\mathrm{Ln}\, z$；　　(2) $\mathrm{Ln}\sqrt{z}\neq\dfrac{1}{2}\mathrm{Ln}\, z$.

12. 证明 $\overline{\sin z}=\sin\bar{z}$，$\overline{\cos z}=\cos\bar{z}$.

13*. 已知平面流场的复势 $f(z)$ 为

(1) $(z+\mathrm{i})^{2}$；　　(2) z^{2}；

(3) $\dfrac{1}{z^{2}+1}$.

试求流动的速度及流线和等势线方程.

B 组

14. 证明罗比塔法则：若 $f(z)$ 及 $g(z)$ 在 z_0 点解析，且 $f(z_0)=g(z_0)=0$，$g'(z_0)\neq 0$，则 $\lim\limits_{z\to z_0}\dfrac{f(z)}{g(z)}=\dfrac{f'(z_0)}{g'(z_0)}$，并由此求极限 $\lim\limits_{z\to 0}\dfrac{\sin z}{z}$；$\lim\limits_{z\to 0}\dfrac{\mathrm{e}^{z}-1}{z}$.

15. 设 $|z|\leqslant R$，证明 $|\sin z|\leqslant\cosh R$，$|\cos z|\leqslant\cosh R$.

16. 证明 $|\mathrm{Im}\, z|\leqslant|\sin z|\leqslant\mathrm{e}^{|\mathrm{Im}\, z|}$（即 $|y|\leqslant|\sin z|\leqslant\mathrm{e}^{|y|}$）.

17. 设 $f(z)=\begin{cases}\dfrac{x^{3}-y^{3}+\mathrm{i}(x^{3}+y^{3})}{x^{2}+y^{2}} & z\neq 0.\\ 0 & z=0.\end{cases}$

求证：(1) $f(z)$ 在 $z=0$ 处连续；(2) $f(z)$ 在 $z=0$ 处满足柯西-黎曼方程；(3) $f'(0)$ 不存在.

18. 设区域 D 位于上半平面，D_1 是 D 关于 x 轴的对称区域，若 $f(z)$ 在区域

D 内解析，求证 $F(z)=\overline{f(\overline{z})}$ 在区域 D_1 内解析.

19. 设 z 沿通过原点的放射线趋于∞点，试讨论 $f(z)=z+e^z$ 的极限.

20. 试讨论函数 $f(z)=|z|+\ln z$ 的连续性与可导性.

21. 证明当 $y\to\infty$ 时，$|\sin(x+iy)|$ 和 $|\cos(x+iy)|$ 都趋于无穷大.

第三章　复变函数的积分

积分在复变函数的研究中占有重要的地位. 本章首先介绍复变函数积分的概念、性质及其计算公式，然后重点讨论解析函数的Cauchy积分定理、Cauchy积分公式和高阶导数公式. 这些定理和公式深刻地描述了解析函数所具有的独特而优美的性质，也为解析函数的积分计算提供了新的简便方法，并且由它们还可以推出解析函数与调和函数的关系. 最后介绍解析函数及其积分的一个重要应用——平面调和场及其复势.

第一节　复积分的概念及其性质

复变函数的积分，是一元实函数的定积分在复平面上的推广. 定积分的积分区间可看作实轴上的有向直线段，推广到复平面上其积分路径通常是该平面的一条有向曲线，因此一元复变函数的积分通常是指函数 $f(z)$ 沿复平面内某一条有向曲线的积分.

一、复变函数积分的概念

同一元实函数的定积分定义非常类似，也可分三步来叙述. 只是定义中用到曲线弧的长度，于是可叙述为：

设函数 $w=f(z)$ 定义在区域 D 内，C 为区域 D 内起点为 A 终点为 B 的一条光滑曲线. 设 C 的两个端点为 A 与 B，如果把从 A 到 B 的方向作为 C 的正方向，那么从 B 到 A 的方向就是 C 的负方向，并把它记作 C^-.

1. 分割

把曲线 C 任意分成 n 个弧段，设分点为 $A=z_0,z_1,z_2,\cdots,z_n=B$，记该划分为 T，在每个弧段 $\overset{\frown}{z_{k-1}z_k}(k=1,2,\cdots,n)$ 上任意取一个点 ξ_k，如图3.1所示.

2. 求和

$$S_n(T)=\sum_{k=1}^{n}f(\xi_k)(z_k-z_{k-1})=\sum_{k=1}^{n}f(\xi_k)\Delta z_k$$

3. 取极限

设上述 n 段小弧的最大长度为 λ，且令

$$I=\lim_{\lambda\to 0}S_n(T)$$

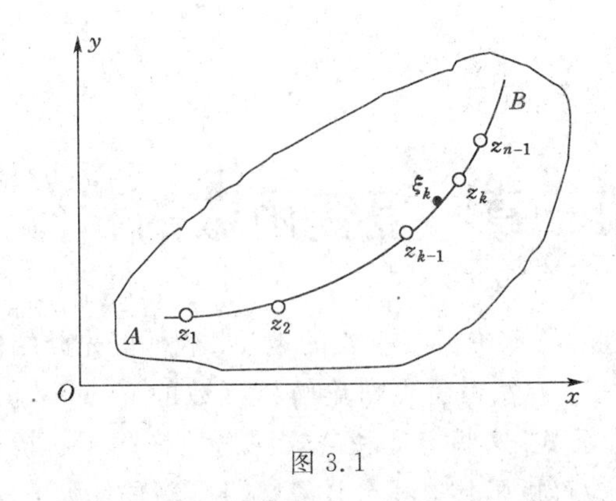

图 3.1

如果不论对 C 的划分和任意 ξ_k 的取法如何，当 $\lambda\to 0$ 时，上述和式的极限存在且唯一，则称该极限值为函数 $f(z)$ 沿曲线 C 的积分，记作

$$\int_C f(z)\mathrm{d}z = \lim_{\lambda\to 0}\sum_{k=1}^{n} f(\xi_k)\Delta z_k \tag{3.1}$$

其中 C 称为积分路径，$f(z)$ 为被积函数，z 为积分变量.

二、复积分的存在性及其一般计算公式

设光滑曲线 C 由参数方程

$$z=z(t)=x(t)+\mathrm{i}y(t)\quad(\alpha\leqslant t\leqslant\beta)$$

给定，其正方向为参数增加的方向，参数 α 及 β 对应于起点和终点，并且 $z'(t)\neq 0$，$\alpha<t<\beta$.

如果 $f(z)=u(x,y)+\mathrm{i}v(x,y)$ 在 C 上分段连续，则有

$$\int_C f(z)\mathrm{d}z = \int_C u\mathrm{d}x - v\mathrm{d}y + \mathrm{i}\int_C v\mathrm{d}x + u\mathrm{d}y \tag{3.2}$$

式(3.2)给出了积分计算的一种方法(证明略).

注意：

(1) 为了简便，今后无特殊声明，所谓积分路径都是指光滑或逐段光滑的有向曲线，并且用 C^- 来表示曲线 C 的负向曲线.

(2) 如果 C 为简单闭合曲线，则 $f(z)$ 沿 C 的积分也可记为 $\oint_C f(z)\mathrm{d}z$.

(3) $\int_C f(z)\mathrm{d}z$ 可以通过两个二元实函数的对坐标的曲线积分来计算.

利用关系式 $\int_C f(z)\mathrm{d}z = \int_C u\mathrm{d}x - v\mathrm{d}y + \mathrm{i}\int_C v\mathrm{d}x + u\mathrm{d}y$ 计算函数 $f(z)$ 沿曲线 C 的积分，需要计算两个二元实函数对坐标的曲线积分，通常很麻烦. 下面对曲线 C 为光滑曲线的情形，化简该公式为更简单的形式.

定理 3.1　若 C 为有向光滑曲线，其参数方程为 $z=z(t)=x(t)+\mathrm{i}y(t)(\alpha\leqslant t\leqslant\beta)$，则 $z'(t)=x'(t)+\mathrm{i}y'(t)$，其在区间 $[\alpha,\beta]$ 上连续且不等于零，即当 $f(z)$ 在 C 上连续时有计算公式

$$\int_C f(z)\mathrm{d}z=\int_\alpha^\beta f[z(t)]z'(t)\mathrm{d}t=\int_\alpha^\beta f[z(t)]\mathrm{d}z(t) \tag{3.3}$$

证　根据曲线积分的计算方法，将 C 的参数方程 $x=x(t)$ 且 $y=y(t)(\alpha\leqslant t\leqslant\beta)$ 代入 $\int_C f(z)\mathrm{d}z=\int_C u\mathrm{d}x-v\mathrm{d}y+\mathrm{i}\int_C v\mathrm{d}x+u\mathrm{d}y$ 右端的两个积分的计算公式中，可化简为

$$\begin{aligned}\int_C f(z)\mathrm{d}z&=\int_\alpha^\beta\{u[x(t),y(t)]x'(t)-v[x(t),y(t)]y'(t)\}\mathrm{d}t+\\&\quad\mathrm{i}\int_\alpha^\beta\{v[x(t),y(t)]x'(t)+u[x(t),y(t)]y'(t)\}\mathrm{d}t\\&=\int_\alpha^\beta\{u[x(t),y(t)]+\mathrm{i}v[x(t),y(t)]\}\{x'(t)+iy'(t)\}\mathrm{d}t\\&=\int_\alpha^\beta f[z(t)]\mathrm{d}z(t)\end{aligned}$$

即

$$\int_C f(z)\mathrm{d}z=\int_\alpha^\beta f[z(t)]z'(t)\mathrm{d}t=\int_\alpha^\beta f[z(t)]\mathrm{d}z(t)$$

用该式计算复积分比较简便，可用于计算一般的复积分.

例 3.1　设 C 为正向圆周 $|z-z_0|=r$，n 为整数，试证

$$I_n=\oint_C\frac{\mathrm{d}z}{(z-z_0)^{n+1}}=\begin{cases}2\pi\mathrm{i}, & n=0\\0, & n\neq 0\end{cases}$$

证　C 的参数方程为 $z=z_0+re^{\mathrm{i}t}(0\leqslant t\leqslant 2\pi)$（图 3.2），显然有 $\mathrm{d}z=r\mathrm{i}e^{\mathrm{i}t}\mathrm{d}t$，

$$\oint_C\frac{\mathrm{d}z}{(z-z_0)^{n+1}}=\int_0^{2\pi}\frac{\mathrm{i}re^{\mathrm{i}t}}{r^{n+1}\mathrm{e}^{\mathrm{i}(n+1)t}}\mathrm{d}t=\int_0^{2\pi}\frac{\mathrm{i}}{r^n\mathrm{e}^{\mathrm{i}nt}}\mathrm{d}t=\frac{\mathrm{i}}{r^n}\int_0^{2\pi}\mathrm{e}^{-nt\mathrm{i}}\mathrm{d}t$$

当 $n\neq 0$ 时，得

$$I_n=\frac{i}{r^n}\int_0^{2\pi}\mathrm{e}^{-\mathrm{i}nt}\mathrm{d}t=\frac{\mathrm{i}}{-\mathrm{i}nr^n}\mathrm{e}^{-\mathrm{i}nt}\Big|_0^{2\pi}=0;$$

当 $n=0$ 时，有

$$I_0=\mathrm{i}\int_0^{2\pi}\mathrm{d}t=2\pi\mathrm{i}$$

这个结果在后面积分计算中经常用到，可作为积分公式来使用，它的特点是与积分路线圆周的中心和半径无关，应记住.

三、复积分的简单性质

复积分的定义与一元实函数定积分的定义类似，同定积分的情形一样，可以

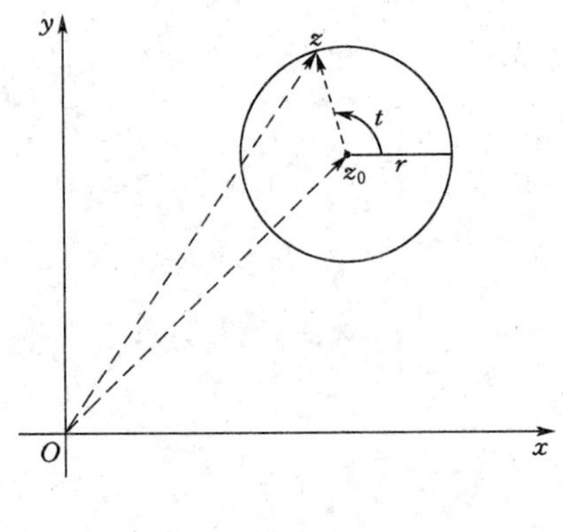

图 3.2

从积分的定义证明下面积分的性质.

若复变函数 $f(z)$ 和 $g(z)$ 沿其积分路径 C 可积,则有

(1) $\int_C kf(z)\mathrm{d}z = k\int_C f(z)\mathrm{d}z$,其中 k 为常数.

(2) $f(z)\pm g(z)$ 沿 C 可积,且有 $\int_C [f(z)\pm g(z)]\mathrm{d}z = \int_C f(z)\mathrm{d}z \pm \int_C g(z)\mathrm{d}z$.

(3) $\int_{C^-} f(z)\mathrm{d}z = -\int_C f(z)\mathrm{d}z$.

(4)(复积分对积分路径的可加性)若函数 $f(z)$ 沿曲线 $C_k(k=1,2,\cdots,n)$ 可积,且 $C = C_1 + C_2 + \cdots + C_n$,则 $f(z)$ 沿 C 可积且有

$$\int_C f(z)\mathrm{d}z = \sum_{k=1}^{n}\int_{C_k} f(z)\mathrm{d}z.$$

(5)(积分的估值性质)若曲线 C 长为 L,$f(z)$ 沿 C 可积且在 C 上满足 $|f(z)| \leqslant M$,则有

$$\left|\int_C f(z)\mathrm{d}z\right| \leqslant \int_C |f(z)|\,\mathrm{d}s \leqslant ML$$

事实上,$|\Delta z_k|$ 是 z_k 与 z_{k-1} 两点之间的距离,Δs_k 是这两点之间的弧段的长度,所以

$$\left|\sum_{k=1}^{n} f(\xi_k)\Delta z_k\right| \leqslant \sum_{k=1}^{n}|f(\xi_k)\Delta z_k| \leqslant \sum_{k=1}^{n}|f(\xi_k)|\Delta s_k$$

两端取极限,得

$$\left|\int_C f(z)\mathrm{d}z\right| \leqslant \int_C |f(z)|\,\mathrm{d}s$$

又因为

$$\sum_{k=1}^{n} |f(\xi_k)| \Delta s_k \leqslant M\sum_{k=1}^{n}\Delta s_k = ML$$

综上所述，可得

$$\left|\int_C f(z)\mathrm{d}z\right| \leqslant \int_C |f(z)|\mathrm{d}s \leqslant ML$$

例 3.2　估计 $I=\oint_{|z-\mathrm{i}|=r}\frac{z+\mathrm{i}}{z-\mathrm{i}}\mathrm{d}z(r>0)$ 的值.

解　在圆周 $|z-\mathrm{i}|=r$ 有

$$\left|\frac{z+\mathrm{i}}{z-\mathrm{i}}\right|=\frac{|z-\mathrm{i}+2\mathrm{i}|}{r}\leqslant\frac{1}{r}(|z-\mathrm{i}|+2)=1+\frac{2}{r}$$

在圆周 $|z-\mathrm{i}|=r$ 的长 $L=2\pi r$，于是得

$$\left|\oint_{|z-\mathrm{i}|=r}\frac{z+\mathrm{i}}{z-\mathrm{i}}\mathrm{d}z\right| \leqslant 2\pi r(1+\frac{2}{r}) = 2\pi(r+2).$$

例 3.3　设点 A 和 B 分别为 $z_1=\mathrm{i}$ 和 $z_2=1+\mathrm{i}$. 试计算积分 $\int_C |z|^2\mathrm{d}z$ 的值，其中 C 为

(1) 点 $z=0$ 到 z_2 的直线段 $\overline{OB}$；

(2) 点 $z=0$ 到 z_1 再到 z_2 的折线 $\overline{OAB}$(图 3.3).

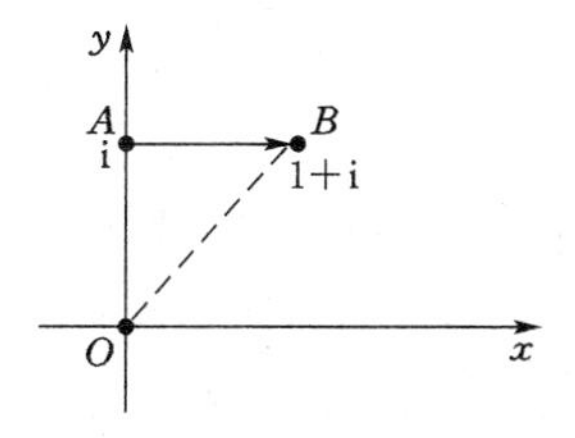

图 3.3

解　(1) 直线段 $\overline{OB}$ 的复数方程形式为 $z=(1+\mathrm{i})x(0\leqslant x\leqslant 1)$，在它上有 $\mathrm{d}z=(1+\mathrm{i})\mathrm{d}x$，$|z|^2=2x^2$. 于是得

$$\int_{\overline{OB}} |z|^2\mathrm{d}z = \int_0^1 2x^2(1+\mathrm{i})\mathrm{d}x = \frac{2}{3}(1+\mathrm{i})$$

(2) 直线段 $\overline{OA}$ 的复数方程形式为 $z=\mathrm{i}y(0\leqslant y\leqslant 1)$，在它上有 $\mathrm{d}z=\mathrm{i}\mathrm{d}y$ 且 $|z|^2=y^2$. 于是得

$$I_1=\int_{\overline{OA}} |z|^2\mathrm{d}z = \int_0^1 \mathrm{i}y^2\mathrm{d}y = \frac{\mathrm{i}}{3}$$

直线段 $\overline{AB}$ 的复数方程形式为 $z=x+\mathrm{i}(0\leqslant x\leqslant 1)$，在它上有 $\mathrm{d}z=\mathrm{d}x$，$|z|^2=x^2+1$，

于是得

$$I_2=\int_{\overline{AB}}|z|^2\mathrm{d}z=\int_0^1(x^2+1)\mathrm{d}x=\frac{4}{3}$$

然后由复积分对积分路径的可加性可得

$$\int_{\overline{OAB}}|z|^2\mathrm{d}z=I_1+I_2=\frac{1}{3}(4+\mathrm{i})$$

从该例可以看出，函数 $f(z)=|z|^2$ 从 $z=0$ 到点 B 的积分与所选取的积分路径有关. 在什么条件下复变函数的积分与路径无关呢?

第二节　复合闭路定理与原函数

由上一节复积分与实积分的关系式可以看出，该复积分与路径无关的充要条件是其右端的两个对坐标的曲线积分都与路径无关. 二元实函数对坐标的曲线积分中曾经给出下列有关结论.

一、复积分与其积分路径无关的条件

对于式

$$\int_C f(z)\mathrm{d}z=\int_C u\mathrm{d}x-v\mathrm{d}y+\mathrm{i}\int_C v\mathrm{d}x+u\mathrm{d}y$$

右端的两个曲线积分，上述条件等式应当分别为

$$u_x=v_y\quad u_y=-v_x\quad ((x,y)\in D)$$

这是函数 $f(z)$ 在单连域 D 解析的必要条件(柯西-黎曼方程). 我们自然会问，$f(z)$ 在上述区域 D 内解析是否能保证它沿 D 内的任何简单闭路的积分为零? 回答是肯定的，可严格叙述为：

定理 3.2[柯西-古萨(Cauchy-Goursat)定理]　设函数 $f(z)$ 在单连通区域 D 内解析，则 $f(z)$ 在 D 内沿任意一条简单的闭曲线 C 的积分

$$\oint_C f(z)\mathrm{d}z=0.$$

注意：若 C 是区域 D 的边界，$f(z)$ 在 D 内解析，在闭区域 $\overline{D}$ 上连续，那么定理依然成立.

例 3.4　计算积分 $\oint_{|z|=1}\frac{1}{2z-3}\mathrm{d}z$.

解　函数 $\frac{1}{2z-3}$ 在 $|z|\leqslant 1$ 解析，根据柯西-古萨定理，有

$$\oint_{|z|=1}\frac{1}{2z-3}\mathrm{d}z=0.$$

例 3.5　计算积分

$$I=\int_{|z|=1}\frac{\cos[\sin(e^{z}+z^{10}+z^{9}+2z+i)]}{z^{2}+2z+5}dz$$

解　显然被积函数的奇点为 $z=-1\pm 2i$,它们在圆周 $|z|=1$ 的外部. 于是被积函数在闭区域 $|z|\leqslant 1$ 上解析,所以 $I=0$.

二、复合闭路定理

设函数 $f(z)$ 在多连通域 D 内解析,设 C 及 C_1 为 D 内任意两条简单闭曲线(正向为逆时针方向),C_1 在 C 的内部,而且以 C 及 C_1 为边界的区域 D_1 全含于 D. 作两条不相交弧 $\overset{\frown}{AA'}$ 及 $\overset{\frown}{BB'}$,为了讨论方便,添加字符 E,E',F,F',显然 $AEBB'E'A'A$ 与 $AA'F'B'BFA$ 均为闭合曲线(图 3.4).

由

$$\oint_{AEBB'E'A'A}f(z)dz=0\quad \oint_{AA'F'B'BFA}f(z)dz=0$$

将上面两式相加,得

$$\oint_{C}f(z)dz+\oint_{C_1^-}f(z)dz+\oint_{\overset{\frown}{AA'}}f(z)dz+\oint_{\overset{\frown}{A'A}}f(z)dz+\oint_{\overset{\frown}{B'B}}f(z)dz+\oint_{\overset{\frown}{BB'}}f(z)dz=0,$$

即

$$\oint_{C}f(z)dz+\oint_{C_1^-}f(z)dz=0,$$

或

$$\oint_{C}f(z)dz=\oint_{C_1}f(z)dz. \tag{3.4}$$

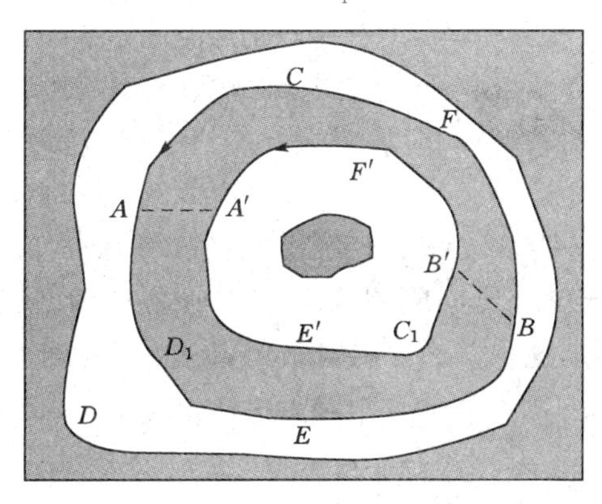

图 3.4

上式表明:解析函数积分的积分路径作不经过被积函数奇点的连续变形,其积分值保持不变. 解析函数积分的这种性质称为闭路变形原理.

定理 3.3(复合闭路定理)　设 C 为多连通域 D 内的一条简单闭曲线,C_1,

$C_2,\cdots,C_n$ 是在 C 内的简单闭曲线，它们互不包含也互不相交，并且以 $C,C_1,C_2,\cdots,C_n$ 为边界的区域全含于 D（图 3.5），如果 $f(z)$ 在 D 内解析，那么

(1) $\oint_C f(z)\mathrm{d}z=\sum_{k=1}^{n}\oint_{C_k}f(z)\mathrm{d}z$，其中 C 及 C_k 取正向.

(2) $\oint_\Gamma f(z)=0$，其中 $\Gamma=C+C_1^-+C_2^-+\cdots+C_n^-$.

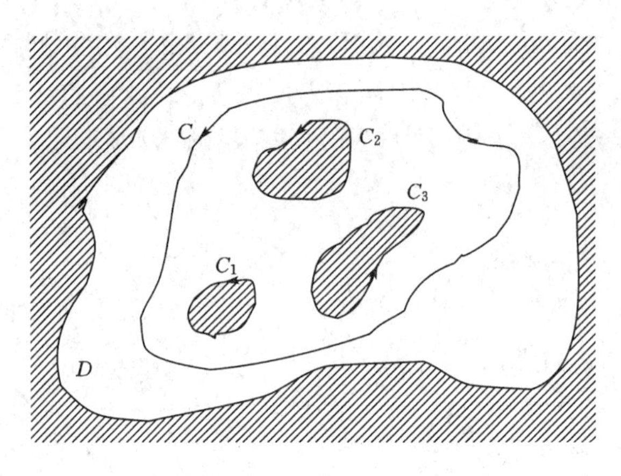

图 3.5

例 3.6　设 C 为任意简单闭路，z_0 为 C 内部任意一定点，试证对任意整数 n 有

$$I_n=\oint_C\frac{\mathrm{d}z}{(z-z_0)^{n+1}}=\begin{cases}0, & n\neq 0;\\ 2\pi\mathrm{i}, & n=0.\end{cases}$$

证　在 C 的内部作一个正向圆周 $C_1:|z-z_0|=r$，由复合闭路定理可得

$$I_n=\oint_{C_1}\frac{\mathrm{d}z}{(z-z_0)^{n+1}}=\begin{cases}0, & n\neq 0;\\ 2\pi\mathrm{i}, & n=0.\end{cases}$$

该例利用上述闭路变形原理，把函数沿各种各样简单闭路的积分简化为沿圆周上的积分来计算，这种方法常用到.

例 3.7　设 C 为正向圆周 $|z|=5$，计算积分 $I=\oint_C\frac{2z}{z^2+4}\mathrm{d}z$.

解　显然 $\frac{2z}{z^2+4}=\frac{1}{z-2\mathrm{i}}+\frac{1}{z+2\mathrm{i}}$，$\pm 2\mathrm{i}$ 都在曲线 C 内，

$$I=\oint_C\frac{1}{z-2\mathrm{i}}\mathrm{d}z+\oint_C\frac{1}{z+2\mathrm{i}}\mathrm{d}z=2\pi\mathrm{i}+2\pi\mathrm{i}=4\pi\mathrm{i}$$

三、原函数与不定积分

定理 3.4（复积分与其积分路径的无关性）　若函数 $f(z)$ 在单连域 D 内解

析,则它在D内从定点z_0到动点z的积分值与在D内所取路径无关,而只与动点z有关.

这时,在D内其积分值为z的单值函数,可简记为

$$F(z)=\int_{z_0}^{z}f(z)\mathrm{d}z$$

同一元实函数的上限为变量的定积分类似,该式给出了被积函数与它的原函数之间的关系,并且还提供了利用原函数来计算复变函数积分的简便方法.下面介绍有关概念和定理.

定理 3.5　如果$f(z)$在单连续通域B内处处解析,那么函数$F(z)=\int_{z_0}^{z}f(z)\mathrm{d}z$必为$B$内的一个解析函数,并且$F'(z)=f(z)$.

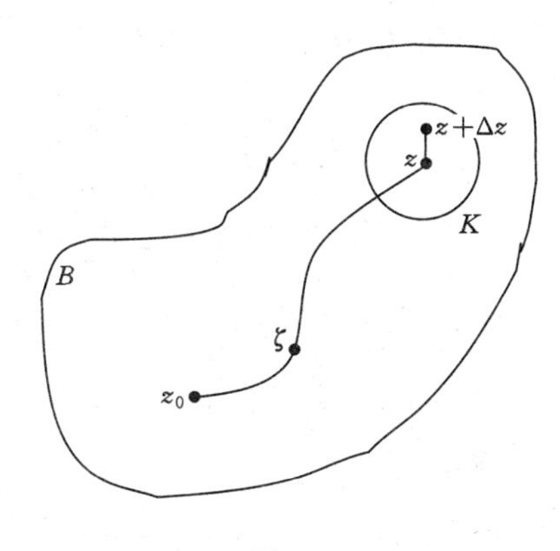

图 3.6

证　我们从导数的定义出发来证.设z为B内任意一点,以z为中心作一含于B内的小圆K.取$|\Delta z|$充分小使$z+\Delta z$在K内(图 3.6).

$$F(z+\Delta z)-F(z)=\int_{z_0}^{z+\Delta z}f(\zeta)\mathrm{d}\zeta-\int_{z_0}^{z}f(\zeta)\mathrm{d}\zeta.$$

由于积分与线路无关,因此积分$\int_{z_0}^{z+\Delta z}f(\zeta)\mathrm{d}\zeta$的积分线路可取先从$z_0$到$z$,然后再从$z$沿直线段到$z+\Delta z$,从而$z_0$到$z$的积分路线取得跟$\int_{z_0}^{z}f(\zeta)\mathrm{d}\zeta$的积分路线相同.于是有

$$F(z+\Delta z)-F(z)=\int_{z}^{z+\Delta z}f(\zeta)\mathrm{d}\zeta.$$

又因

$$\int_{z}^{z+\Delta z}f(z)\mathrm{d}\zeta=f(z)\int_{z}^{z+\Delta z}\mathrm{d}\zeta=f(z)\Delta z,$$

从而有

$$\frac{F(z+\Delta z)-F(z)}{\Delta z}-f(z)=\frac{1}{\Delta z}\int_{z}^{z+\Delta z}f(\zeta)\mathrm{d}\zeta-f(z)$$

$$=\frac{1}{\Delta z}\int_{z}^{z+\Delta z}[f(\zeta)-f(z)]\mathrm{d}\zeta.$$

因为 $f(z)$ 在 B 内解析，所以 $f(z)$ 在 B 内连续. 因此对于任意给定的正数 $\varepsilon>0$，总可以找到一个 $\delta>0$，使得对于满足 $|\zeta-z|<\delta$ 的一切 ζ 都在 K 内，也就是当 $|\Delta z|<\delta$ 时，总有

$$|f(\zeta)-f(z)|<\varepsilon.$$

根据积分的估值性质

$$\left|\frac{F(z+\Delta z)-F(z)}{\Delta z}-f(z)\right|=\frac{1}{|\Delta z|}\left|\int_{z}^{z+\Delta z}[f(\zeta)-f(z)]\mathrm{d}\zeta\right|$$

$$\leqslant\frac{1}{|\Delta z|}\int_{z}^{z+\Delta z}|f(\zeta)-f(z)|\mathrm{d}\zeta$$

$$\leqslant\frac{1}{|\Delta z|}\cdot\varepsilon\cdot|\Delta z|=\varepsilon$$

这就是说
$$\lim_{\Delta z\to 0}\left|\frac{F(z+\Delta z)-F(z)}{\Delta z}-f(z)\right|=0,$$

即

$$F'(z)=f(z).$$

这个定理跟微积分学中的对变上限积分的求导定理完全类似. 在此基础上，我们也可以得出类似于微积分学中的基本定理和牛顿-莱布尼兹公式. 先引入原函数的概念.

定义 3.1 如果函数 $F(z)$ 在区域 B 内的导数等于 $f(z)$，即 $F'(z)=f(z)$，那么称 $F(z)$ 为 $f(z)$ 在区域 B 内的原函数.

定理 3.5 表明 $F(z)=\int_{z_0}^{z}f(\zeta)\mathrm{d}\zeta$ 是 $f(z)$ 的一个原函数.

容易证明，$f(z)$ 的任何两个原函数相差一个常数. 设 $G(z)$ 和 $H(z)$ 是 $f(z)$ 的任何两个原函数，那么

$$[G(z)-H(z)]'=G'(z)-H'(z)=f(z)-f(z)\equiv 0,$$

所以
$$G(z)-H(z)=c,\ c \text{ 为任意常数}.$$

由此可知，如果函数 $f(z)$ 在区域 B 内有一个原函数 $F(z)$，那么它就有无穷多个原函数，而且具有一般表达式 $F(z)+c$，c 成为任意常数.

与实函数积分类似，$f(z)$ 的原函数的一般表达式 $F(z)+c$（其中 c 成为任意常数）为 $f(z)$ 的不定积分，记作

$$\int f(z)dz = F(z) + c.$$

利用任意两个原函数之差为一常数这一性质，我们可以推得跟牛顿-莱布尼兹公式类似的解析函数的积分计算公式.

定理 3.6［牛顿-莱布尼兹(Newton-Leibniz)公式］ 若 $f(z)$ 在 D 内解析，且 $F(z)$ 是函数 $f(z)$ 的一个原函数，则对 D 内的任意定点 z_1 和 z_2

$$\int_{z_1}^{z_2} f(z)\mathrm{d}z = F(z)\Big|_{z_1}^{z_2} = F(z_2) - F(z_1)$$

证 已知 $F(z)$ 是 $f(z)$ 的一个原函数，而由上面引理可得 $\int_{z_1}^{z} f(z)\mathrm{d}z$ 也是 $f(z)$ 的一个原函数，则

$$\int_{z_1}^{z} f(z)\mathrm{d}z = F(z) + C \tag{3.5}$$

取 $z = z_1$，得

$$0 = F(z_1) + C$$

得 $C = -F(z_1)$，代入式(3.5)

$$\int_{z_1}^{z_2} f(z)\mathrm{d}z = F(z_2) - F(z_1) \tag{3.6}$$

例 3.8 求 $\int_0^{2+\mathrm{i}} z^3\mathrm{d}z$.

解 因为 z^3 在 z 平面上解析，$\frac{z^4}{4}$ 为 z^3 的一个原函数，因此

$$\int_0^{2+\mathrm{i}} z^3\mathrm{d}z = \frac{z^4}{4}\Big|_0^{2+\mathrm{i}} = \frac{1}{4}(2+\mathrm{i})^4.$$

例 3.9 求 $\int_a^b z\cos z^2\mathrm{d}z$.

解 因为 $z\cos z^2$ 在平面上解析，且 $\frac{1}{2}\sin z^2$ 为它的一个原函数，故

$$\int_a^b z\cos z^2\mathrm{d}z = \frac{1}{2}\sin z^2\Big|_a^b = \frac{1}{2}(\sin b^2 - \sin a^2).$$

复积分的计算及其理论研究，还需要把 Cauchy 积分定理的积分路径推广到更复杂的情形.

第三节　Cauchy 积分公式和高阶导数公式

Cauchy 积分公式和高阶导数公式是复变函数论中最重要的积分公式，它们在解析函数理论研究中起着非常关键的作用，也为许多解析函数沿闭路积分的

计算提供了最简便的方法.

一、解析函数的 Cauchy 积分公式

定理 3.7(柯西积分公式) 如果 $f(z)$ 在区域 D 内处处解析,C 为 D 内的任何一条正向简单闭曲线,它的内部完全含于 D,z_0 为 C 内的任一点,那么

$$f(z_0)=\frac{1}{2\pi i}\oint_C \frac{f(z)}{z-z_0}dz. \tag{3.7}$$

证 由于 $f(z)$ 在 z_0 连续,任意给定 $\varepsilon>0$,必有一个 $\delta(\varepsilon)>0$,当 $|z-z_0|<\delta$ 时,$|f(z)-f(z_0)|<\varepsilon$. 设以 z_0 为中心、R 为半径的圆周 $K:|z-z_0|=R$ 全部在 C 的内部,且 $R<\delta$(图 3.7),那么

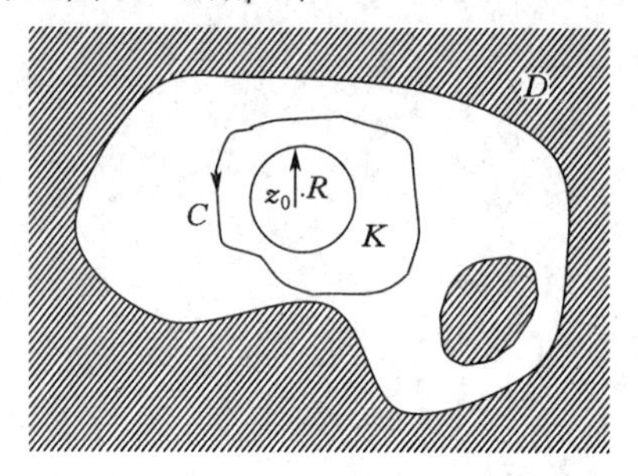

图 3.7

$$\oint_C \frac{f(z)}{z-z_0}dz=\oint_K \frac{f(z)}{z-z_0}dz=\oint_K \frac{f(z_0)}{z-z_0}dz+\oint_K \frac{f(z)-f(z_0)}{z-z_0}dz$$
$$=2\pi i f(z_0)+\oint_K \frac{f(z)-f(z_0)}{z-z_0}dz \tag{3.8}$$

而

$$\left|\oint_K \frac{f(z)-f(z_0)}{z-z_0}dz\right|\leqslant\oint_K \frac{|f(z)-f(z_0)|}{|z-z_0|}ds<\frac{\varepsilon}{R}\oint_K ds=2\pi\varepsilon.$$

这表明不等式左端积分的模可以任意小,只要 R 足够小就行了. 根据闭路变形原理,该积分的值与 R 无关,所以只有在对所有的 R 积分值为零时才有可能. 因此,由式(3.8)即得所要证的式(3.7).

如果 $f(z)$ 在简单闭曲线 C 所围成的区域内及 C 上解析,那么式(3.7)仍然成立.

式(3.7)称为柯西积分公式. 通过这个公式就可以把一个函数在 C 内部任一点的值用它在边界上的值来表示. 换句话说,如果 $f(z)$ 在区域边界上的值一经确定,那么它在区域内部任一点处的值也就确定. 这是解析函数的又一特征. 柯西积分公式不但提供了计算某些复变函数沿闭路积分的一种方法,而且给出了解析函数的一个积分表达式,成为研究解析函数的有力工具之一.

如果 C 是圆周 $z = z_0 + Re^{i\theta}$，那么柯西积分公式成为

$$f(z_0) = \frac{1}{2\pi}\int_0^{2\pi} f(z_0 + Re^{i\theta})\,d\theta.$$

这就是说，解析函数在其圆心处的值等于它在圆周上的平均值，这个公式也称为**平均值公式**.

例 3.10　求下列积分(沿圆周正向)的值.

(1) $\dfrac{1}{2\pi i}\oint_{|z|=4}\dfrac{\sin z}{z}dz$；　　(2) $\oint_{|z|=4}\left(\dfrac{1}{z+1}+\dfrac{2}{z-3}\right)dz$.

解　由柯西积分公式得

(1) $\dfrac{1}{2\pi i}\oint_{|z|=4}\dfrac{\sin z}{z}dz = \sin z\,|_{z=0} = 0$；

(2) $$\oint_{|z|=4}\left(\frac{1}{z+1}+\frac{2}{z-3}\right)dz = \oint_{|z|=4}\frac{dz}{z+1}+\oint_{|z|=4}\frac{2dz}{z-3} = 2\pi i\cdot 1 + 2\pi i\cdot 2 = 6\pi i.$$

例 3.11　设 C 为正向曲线 $x^2+y^2=3$，已知 $f(z)=\oint_C\dfrac{3\xi^2+7\xi+1}{\xi-z}d\xi$，求 $f'(1+i)$.

解　令 $\varphi(\xi)=3\xi^2+7\xi+1$，则它在 z 平面上解析，由柯西积分公式，在 $|z|<\sqrt{3}$ 内

$$f(z)=\oint_{|z|=\sqrt{3}}\frac{\varphi(\xi)}{\xi-z}d\xi = 2\pi i\varphi(z) = 2\pi i(3z^2+7z+1)$$

所以

$$f'(z) = 2\pi i(6z+7)$$

而点 $1+i$ 在 $|z|<\sqrt{3}$ 内，故

$$f'(1+i) = 2\pi i[6(1+i)+7] = 2\pi(-6+13i).$$

二、解析函数的高阶导数定理

高等数学中，我们知道，一个实变函数在某一区间上可导，但是在该区间上不一定存在高阶导数. 但是复变函数中，一个解析函数不仅有一阶导数，而且有任意阶导数，它的值也可以用函数在边界上的值通过积分来表示. 这一点跟实变函数完全不同.

关于解析函数的高阶导数有下面的定理.

定理 3.8　解析函数 $f(z)$ 的导数仍为解析函数，它的 n 阶导数为：

$$f^{(n)}(z_0) = \frac{n!}{2\pi i}\oint_C\frac{f(z)}{(z-z_0)^{n+1}}dz.\ (n=1,2,\cdots) \tag{3.9}$$

其中 C 为在函数 $f(z)$ 的解析区域 D 内围绕 z_0 的任何一条正向简单闭曲线，而且

它的内部完全包含于 D.

证　设 z_0 为 D 内任意一点，先证 $n=1$ 的情形，即

$$f'(z_0)=\frac{1}{2\pi i}\oint_C \frac{f(z)}{(z-z_0)^2}dz.$$

根据定义

$$f'(z_0)=\lim_{\Delta z\to 0}\frac{f(z_0+\Delta z)-f(z_0)}{\Delta z},$$

从柯西积分公式得

$$f(z_0)=\frac{1}{2\pi i}\oint_C \frac{f(z)}{z-z_0}dz,$$

$$f(z_0+\Delta z)=\frac{1}{2\pi i}\oint_C \frac{f(z)}{z-(z_0+\Delta z)}dz,$$

从而有

$$\begin{aligned}\frac{f(z_0+\Delta z)-f(z_0)}{\Delta z}&=\frac{1}{2\pi i\Delta z}\left[\oint_C \frac{f(z)}{z-z_0-\Delta z}dz-\oint_C \frac{f(z)}{z-z_0}dz\right]\\&=\frac{1}{2\pi i}\oint_C \frac{f(z)}{(z-z_0)(z-z_0-\Delta z)}dz\\&=\frac{1}{2\pi i}\oint_C \frac{f(z)}{(z-z_0)^2}dz+\frac{1}{2\pi i}\oint_C \frac{\Delta z f(z)}{(z-z_0)^2(z-z_0-\Delta z)}dz.\end{aligned}$$

设后一个积分为 I，那么

$$|I|=\frac{1}{2\pi}\left|\oint_C \frac{\Delta z f(z)dz}{(z-z_0)^2(z-z_0-\Delta z)}\right|\leqslant\frac{1}{2\pi}\oint_C \frac{|\Delta z||f(z)|ds}{|z-z_0|^2|z-z_0-\Delta z|}.$$

因为 $f(z)$ 在 C 上是解析的，所以在 C 上连续，连续必有界，则在 C 上是有界的. 由此可知必存在一个正数 M，使得在 C 上有 $|f(z)|\leqslant M$. 设 d 为从 z_0 到曲线 C 上各点的最短距离(图 3.8)，并取 $|\Delta z|$ 适当得小，使其满足 $|\Delta z|<\frac{1}{2}d$，那么就有

$$|z-z_0|\geqslant d,\qquad \frac{1}{|z-z_0|}\leqslant\frac{1}{d};$$

$$|z-z_0-\Delta z|\geqslant|z-z_0|-|\Delta z|>\frac{d}{2},\qquad \frac{1}{|z-z_0-\Delta z|}<\frac{2}{d}.$$

所以

$$|I|<|\Delta z|\frac{ML}{\pi d^3},$$

这里 L 为 C 的长度. 如果 $\Delta z\to 0$，那么 $I\to 0$，从而得

$$f'(z_0)=\lim_{\Delta z\to 0}\frac{f(z_0+\Delta z)-f(z_0)}{\Delta z}=\frac{1}{2\pi i}\oint_C \frac{f(z)}{(z-z_0)^2}dz. \tag{3.10}$$

这表明了 $f(z)$ 在 z_0 的导数可以由式(3.7)的右端在积分号下对 z_0 求导而得.

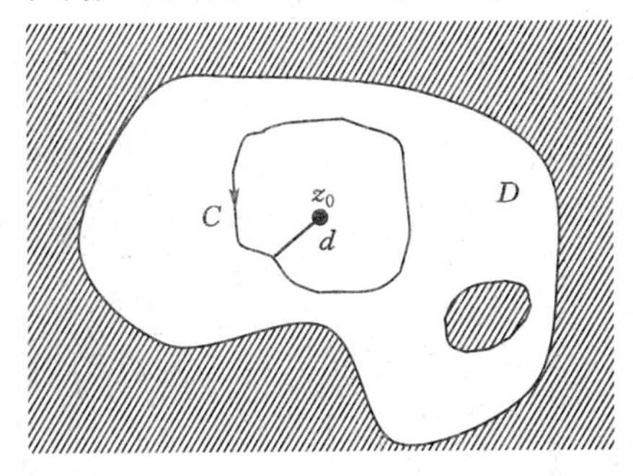

图 3.8

我们再利用式(3.10)以及推出式(3.10)的方法去求极限:

$$\lim_{\Delta z \to 0} \frac{f'(z_0 + \Delta z) - f'(z_0)}{\Delta z},$$

便可得到

$$f''(z_0) = \frac{2!}{2\pi i} \oint_C \frac{f(z)}{(z - z_0)^3} dz.$$

到这里我们已经证明了一个解析函数的导数仍然是解析函数. 依此类推, 用数学归纳法可以证明:

$$f^{(n)}(z_0) = \frac{n!}{2\pi i} \oint_C \frac{f(z)}{(z - z_0)^{n+1}} dz.$$

当 $n = 0$ 时, 高阶导数公式即为柯西积分公式. 高阶导数公式的作用, 不在于通过积分来求导, 而在于通过求导来求积分. 从高阶导数公式, 可以得到一个非常有用的公式

$$\oint_C \frac{f(z)}{(z - z_0)^{n+1}} dz = \frac{2\pi i}{n!} f^{(n)}(z_0) \quad (n = 0, 1, 2, \cdots)$$

用它可以求解积分.

例 3.12　计算下列积分值, 其中圆周取正向.

(1) $\oint_{|z-1|=1} \frac{dz}{(z^3 - 1)^2}$; (2) $\oint_{|z-1|=1} \frac{\cos z}{z^3 - 1} dz$; (3) $\oint_{|z|=2} \frac{e^z dz}{(z - i)^{100}}$.

解　(1) 函数 $\frac{1}{(z^3 - 1)^2}$ 在复平面上有三个奇点, 其中只有奇点 $z = 1$ 在圆 $|z - 1| = 1$ 的内部, 而其他两个奇点都在左半平面, 从而在该圆周的外部. 于是

函数将被积函数写成 $\frac{1}{(z^3 - 1)^2} = \frac{\frac{1}{(z^2 + z + 1)^2}}{(z - 1)^2}$, $\frac{1}{(z^2 + z + 1)^2}$ 在闭圆域 $|z - 1| \leqslant 1$

内解析，由高阶导数公式可得

$$\oint_{|z-1|=1}\frac{\mathrm{d}z}{(z^3-1)^2}=\oint_{|z-1|=1}\frac{\frac{1}{(z^2+z+1)^2}}{(z-1)^2}\mathrm{d}z$$

$$=\frac{2\pi i}{1!}\left[\frac{1}{(z^2+z+1)^2}\right]'\Bigg|_{z=1}=\frac{-4\pi i}{9}.$$

(2) 同理由$\frac{\cos z}{z^3-1}=\frac{\frac{\cos z}{z^2+z+1}}{z-1}$，而$\frac{\cos z}{z^2+z+1}$在圆周$|z-1|=1$上及其内部解析，由柯西积分公式得

$$\oint_{|z-1|=1}\frac{\cos z}{z^3-1}\mathrm{d}z=\oint_{|z-1|=1}\frac{\frac{\cos z}{z^2+z+1}}{z-1}\mathrm{d}z$$

$$=2\pi i\frac{\cos z}{z^2+z+1}\Bigg|_{z=1}=\frac{2\pi i\cos 1}{3}$$

(3) 函数 e^z 在圆周 $|z|=2$ 及其内部解析，$z_0=i$ 在圆 $|z|=2$ 的内部. 于是由高阶导数公式得

$$\oint_{|z|=2}\frac{e^z\mathrm{d}z}{(z-i)^{100}}=\frac{2\pi i}{99!}(e^z)^{(99)}\Bigg|_{z=i}=\frac{2\pi i}{99!}(\cos 1+i\sin 1)$$

例 3.13 计算$\int_C\frac{\cos z}{(z-i)^3}\mathrm{d}z$，其中 C 是绕点 i 的简单正向闭曲线.

解 因为 $\cos z$ 在 z 平面上解析，得

$$\int_C\frac{\cos z}{(z-i)^3}\mathrm{d}z=\frac{2\pi i}{2!}(\cos z)''|_{z=i}=-\pi i\cos i=-\pi i\cdot\frac{e+e^{-1}}{2}$$

第四节　解析函数与调和函数

解析函数的实部和虚部都是调和函数，为了深入说明该结论，首先需要介绍调和函数和共轭调和函数的概念.

一、解析函数与调和函数关系

定义 3.2 若二元实变函数 $u=u(x,y)$ 在平面区域 D 内有二阶连续偏导数，并且满足 Laplace 方程

$$\frac{\partial^2 u}{\partial x^2}+\frac{\partial^2 u}{\partial y^2}=0$$

则称 $u=u(x,y)$ 在 D 内为调和函数.

调和函数在诸如流体力学和电磁场理论等实际问题中都有重要的应用. 下面讨论调和函数和解析函数的关系.

定理 3.9　若函数 $f(z)=u(x,y)+\mathrm{i}v(x,y)$ 在区域 D 内解析，则 $u=u(x,y)$ 和 $v=v(x,y)$ 在 D 内都是调和函数.

证　设 $f(z)=u(x,y)+\mathrm{i}v(x,y)$ 是 D 内解析函数，那么

$$\frac{\partial u}{\partial x}=\frac{\partial v}{\partial y},\frac{\partial u}{\partial y}=-\frac{\partial v}{\partial x}$$

从而
$$\frac{\partial^2 u}{\partial x^2}=\frac{\partial^2 v}{\partial y\partial x},\quad \frac{\partial^2 u}{\partial y^2}=-\frac{\partial^2 v}{\partial x\partial y},$$

根据解析函数高阶导数定理，u 与 v 具有任意阶的连续导数. 所以

$$\frac{\partial^2 v}{\partial y\partial x}=\frac{\partial^2 v}{\partial x\partial y}$$

从而

$$\frac{\partial^2 u}{\partial x^2}+\frac{\partial^2 u}{\partial y^2}=0$$

同理

$$\frac{\partial^2 v}{\partial x^2}+\frac{\partial^2 v}{\partial y^2}=0$$

因此 u 与 v 都是调和函数.

注意：

(1) 在区域 D 内两个调和函数 u 和 v 构成的 $f(z)=u+\mathrm{i}v$ 不一定解析，比如 $u=x,v=-y$ 都是平面上的调和函数，但是构成的复函数 $u+v\mathrm{i}=x-y\mathrm{i}=\bar{z}$ 处处不解析.

(2) 设 $u=u(x,y)$ 和 $v=v(x,y)$ 在 D 内都是调和函数，并且满足柯西-黎曼方程

$$\frac{\partial u}{\partial x}=\frac{\partial v}{\partial y},\frac{\partial u}{\partial y}=-\frac{\partial v}{\partial x}$$

则称 v 是 u 的**共轭调和函数**. 应当注意的是：在 D 内，当 $v(x,y)$ 是 $u(x,y)$ 的共轭调和函数时，$u(x,y)$ 不一定是 $v(x,y)$ 的共轭调和函数. 例如函数 $f_1(z)=z=x+\mathrm{i}y$ 的 $u_1=x,v_1=y$ 在整个平面都是调和函数，且 $v_1=y$ 是 $u_1=x$ 的共轭调函数；可是 $f_2(z)=\mathrm{i}\bar{z}=y+\mathrm{i}x$ 处处不解析，$u_2=y$ 和 $v_2=x$ 不满足柯西-黎曼方程，所以 $v_2=x$ 不是 $u_2=y$ 的共轭调和函数.

定理 3.10　函数 $f(z)=u(x,y)+\mathrm{i}v(x,y)$ 在区域 D 内解析的充分必要条件是 $v(x,y)$ 是 $u(x,y)$ 的共轭调和函数.

(证明略)

二、已知实部(虚部)求解析函数的表达式

解析函数和调和函数存在上述的关系，使我们可以借助于解析函数的理论

解决调和函数的问题.在已知一个调和函数 u(或 v),那么就可以利用柯西-黎曼方程求出它的共轭调和函数 v(或 u),从而构成一个解析函数 $f(z)=u+\mathrm{i}v$.首先介绍一种偏积分法.

例 3.14 已知 $u=\dfrac{x}{x^2+y^2}$ 在右半平面 $\mathrm{Re}\,z>0$ 是调和函数,求在该半平面解析的函数 $f(z)=u+\mathrm{i}v$.

解 由于 u 已知,要求解析函数 $f(z)$,只需要求出 v 即可.先由柯西-黎曼方程一个条件得

$$\frac{\partial v}{\partial x}=-\frac{\partial u}{\partial y}=\frac{2xy}{(x^2+y^2)^2},$$

两端关于 x 积分得

$$v=\int\frac{2xy}{(x^2+y^2)^2}\mathrm{d}x=\frac{-y}{x^2+y^2}+g(y)$$

两边对 y 求导,

$$\frac{\partial v}{\partial y}=\frac{y^2-x^2}{(x^2+y^2)^2}+g'(y),$$

再由柯西-黎曼方程另一个条件得

$$\frac{\partial v}{\partial y}=\frac{\partial u}{\partial x}=\frac{y^2-x^2}{(x^2+y^2)^2}$$

将上面所得两个 $\dfrac{\partial v}{\partial y}$ 比较有

$$v_y=\frac{y^2-x^2}{(x^2+y^2)^2}+g'(y)=\frac{y^2-x^2}{(x^2+y^2)^2}$$

于是得 $g'(y)=0$,即 $g(y)=c$,即得

$$v=-\frac{y}{x^2+y^2}+c$$

所求

$$f(z)=u+\mathrm{i}v=\frac{x}{(x^2+y^2)}+(-\frac{y}{x^2+y^2}+c)\mathrm{i}$$

下面给出另外一种方法:已知调和函数 $u(x,y)$[或已知 $v(x,y)$],由解析函数的导数仍为解析函数,且由公式

$$f'(z)=u_x+\mathrm{i}v_x=u_x-\mathrm{i}u_y$$

可计算出所求函数导函数,再把 $u_x-\mathrm{i}u_y$ 还原成 z 的函数(即用 z 来表示),然后将其积分,通常更简便.

例 3.15 已知调和函数 $u=x^3-3xy^2$,求解析函数 $f(z)=u+v\mathrm{i}$.

解 由柯西-黎曼方程和解析函数的求导公式可得

$$f'(z) = u_x + \mathrm{i}v_x = u_x - \mathrm{i}u_y = 3(x^2 - y^2) + 6\mathrm{i}xy = 3z^2,$$

则

$$f(z) = \int_0^z 3z^2 \mathrm{d}z + \mathrm{i}c = z^3 + c\mathrm{i}$$

其中 c 为任意实常数.

第五节　平面调和场及其复势*

解析函数及其积分在实际中有广泛的应用,它与流体力学、电磁学、热力学等科学技术的研究和发展有着密切的联系. 本节只对平面向量场为调和场的情形简要介绍平面向量场中的解析函数,即平面向量场的复势,并且讨论它在平面流速场和平面静电场中的应用. 首先介绍有关概念.

一、平面向量场的旋度和散度与平面调和场

设 D 为 xOy 平面的区域,$\boldsymbol{i}$ 和 $\boldsymbol{j}$ 分别为 x 轴和 y 轴方向上的单位向量,若平面向量 $\boldsymbol{A} = A_x\boldsymbol{i} + A_y\boldsymbol{j}$ 的坐标 A_x 和 A_y 分别为定义在 D 内的二元实函数 $A_x = A_x(x,y)$ 和 $A_y = A_y(x,y)$,则 $\boldsymbol{A}$ 在 D 的每个点处给出了一个平面向量. 则称 $\boldsymbol{A}$ 在 D 内构成一个平面向量场,记为

$$\boldsymbol{A} = A_x(x,y)\boldsymbol{i} + A_y(x,y)\boldsymbol{j} \qquad (x,y) \in D$$

用复数 w 来表示向量 $\boldsymbol{A}$,并且记 $A_x(x,y) = u(x,y)$ 和 $A_y(x,y) = v(x,y)$,则该向量场还可用复变函数表示,即

$$f(z) = u(x,y) + \mathrm{i}v(x,y),(x,y) \in D \tag{3.11}$$

当 $\boldsymbol{A}$ 为流体的速度向量时(对理想的不可压缩流体而言),式(3.11)表示一个定常的流速场(其速度与时间 t 无关);当 $\boldsymbol{A}$ 为静电场的电场强度时,它表示一个静电场. 显然平面流速场和平面静电场都可以用复变函数来表示.

1. 平面向量场的环量和通量

设 C 为上述区域 D 内任一条正向光滑简单闭曲线,记 C 围成的有界闭区域为 D_0,$\mathrm{d}s = \sqrt{(\mathrm{d}x)^2 + (\mathrm{d}y)^2}$,则 C 的每一点 (x,y) 处的切向量 $\boldsymbol{\tau}$(指向与 C 的方向一致)可表示为

$$\boldsymbol{\tau} = \frac{\mathrm{d}x}{\mathrm{d}s}\boldsymbol{i} + \frac{\mathrm{d}y}{\mathrm{d}s}\boldsymbol{j} = \cos\alpha\boldsymbol{i} + \sin\alpha\boldsymbol{j}$$

并且指向 C 的外侧的法向量 $\boldsymbol{n}$ 可表示为

$$\boldsymbol{n} = \cos\left(\alpha - \frac{\pi}{2}\right)\boldsymbol{i} + \sin\left(\alpha - \frac{\pi}{2}\right)\boldsymbol{j} = \sin\alpha\boldsymbol{i} - \cos\alpha\boldsymbol{j} = \frac{\mathrm{d}y\boldsymbol{i} - \mathrm{d}x\boldsymbol{j}}{\mathrm{d}s}$$

于是在 C 上任一点 (x,y) 处向量 $\boldsymbol{A}$ 可分解为

$$\boldsymbol{A}=(A\cdot\tau)\boldsymbol{\tau}+(A\cdot n)\boldsymbol{n}=\frac{(A_x\mathrm{d}x+A_y\mathrm{d}y)\boldsymbol{\tau}+(-A_y\mathrm{d}x+A_x\mathrm{d}y)\boldsymbol{n}}{\mathrm{d}s}$$

并且定义该向量场沿曲线 C 的环量 P_C 为

$$P_C=\oint_C(\boldsymbol{A}\cdot\boldsymbol{\tau})\mathrm{d}s=\oint_C A_x\mathrm{d}x+A_y\mathrm{d}y \tag{3.12}$$

其中 $A_x=A_x(x,y)$ 和 $A_y=A_y(x,y)$ 在区域 D 内连续. 这时还称积分

$$Q_C=\oint_C(\boldsymbol{A}\cdot\boldsymbol{n})\mathrm{d}s=\oint_C -A_y\mathrm{d}x+A_x\mathrm{d}y$$

为向量场 $\boldsymbol{A}$ 从 C 的内部到外部通过曲线 C 的通量.

2. 向量场的旋度与散度和无旋场与无源场

若上述 $D_0\subset D$, $A_x=A_x(x,y)$ 和 $A_y=A_y(x,y)$ 的一阶偏导数在 D 内都连续,则利用曲线积分的 Green 公式可得

$$P_C=\oint_C A_x\mathrm{d}x+A_y\mathrm{d}y=\iint_{D_0}\left(\frac{\partial A_y}{\partial x}-\frac{\partial A_x}{\partial y}\right)\mathrm{d}x\mathrm{d}y \tag{3.13}$$

$$Q_C=\oint_C -A_y\mathrm{d}x+A_x\mathrm{d}y=\iint_{D_0}\left(\frac{\partial A_x}{\partial x}+\frac{\partial A_y}{\partial y}\right)\mathrm{d}x\mathrm{d}y \tag{3.14}$$

二重积分式(3.13)和式(3.14)的被积函数分别反映了向量场 $\boldsymbol{A}$ 在 D 内各点所产生的旋流量和散发量的大小. 向量场 $\boldsymbol{A}$ 的旋度(Rotation)是向量,在 D 内可表示为

$$\mathbf{rot}\,\boldsymbol{A}=\left(\frac{\partial A_y}{\partial x}-\frac{\partial A_x}{\partial y}\right)\boldsymbol{K}=\begin{vmatrix}\dfrac{\partial}{\partial x} & \dfrac{\partial}{\partial y}\\ A_x & A_y\end{vmatrix}\boldsymbol{K}$$

其中 $\boldsymbol{K}$ 为 z 轴方向上的单位向量;而向量场 $\boldsymbol{A}$ 的散度(Divergence)为标量(即数量),在 D 内各点的值可表示为

$$\mathrm{div}\,\boldsymbol{A}=\frac{\partial A_x}{\partial x}+\frac{\partial A_y}{\partial y}=\nabla\cdot\boldsymbol{A}$$

其中,∇为二维 Hamilton 算子,$\nabla=\boldsymbol{i}\dfrac{\partial}{\partial x}+\boldsymbol{j}\dfrac{\partial}{\partial y}$.

流速场是最常见最直观的向量场,向量场的许多术语和概念是仿照流速场给出的,如我们可以定义:

若在上述区域 D 内恒有 $\mathbf{rot}\,\boldsymbol{A}=0$,则称向量场 $\boldsymbol{A}$ 为无旋场或有势场;若在 D 内恒有 $\mathrm{div}\,\boldsymbol{A}=0$,则称 $\boldsymbol{A}$ 为无源场或管形场. 无源无旋场又称为调和场,当 D 为多连域时,上述正向闭路 C 的内部可能只有一个点 M_0 不属于 D 且使 $\mathrm{div}\,\boldsymbol{A}$(旋度 $\mathbf{rot}\,\boldsymbol{A}$)不为零或不存在,这时通量 Q_C(环量 P_C)可能不为零. 当 Q_C 不为零时,其通量只是由点 M_0 产生的,称点 M_0 为该向量场的源点,Q_C 为 M_0 的源强度,且当

$Q_C > 0$ 时称点 M_0 为正源，当 $Q_C < 0$ 时称点 M_0 为负源或汇也称为洞；同样当 $P_C \neq 0$ 时，称点 M_0 为它的涡点，P_C 的值为点 M_0 的涡强度.

另外，若向量场 **A** 是由单连域 D 给出的无旋场或无源场，则在 D 内分别存在函数 $P = P(x,y)$ 和 $Q = Q(x,y)$，使在 D 内恒有

$$dP = A_x dx + A_y dy, \quad dQ = -A_y dx + A_x dy \tag{3.15}$$

其中 $P(x,y)$ 和 $Q(x,y)$ 可分别表示为

$$P(x,y) = \int_{(x_0,y_0)}^{(x,y)} A_x dx + A_y dy + c_1 \tag{3.16}$$

$$Q(x,y) = \int_{(x_0,y_0)}^{(x,y)} -A_y dx + A_x dy + c_2 \tag{3.17}$$

这里(x_0,y_0)为在 D 内的某个定点，c_1 和 c_2 为实常数. 并且仿照流速场中的术语，称上述 $P(x,y)$ 为有势场的势函数或位函数；又称 $Q(x,y)$ 为无源场的流函数，并且称势函数的等值线 $P(x,y) = c$ 为等势线或等位线. 在流速场中流函数的等值线 $Q(x,y) = c$ 为流体的流线，流线上各点处的切线斜率为 $k = -\dfrac{Q_x'}{Q_y'} = \dfrac{A_y}{A_x}$，其切向量平行于在该点处的速度向量 $\mathbf{A} = A_x\boldsymbol{i} + A_y\boldsymbol{j}$，于是流线就是其流体流动的轨迹方程.

说明　当上述向量场 **A** 为静电场的电场强度时，若 D 内没有带电的物体，则它是一个调和场，这时，由式(3.17)给出的函数 $Q = Q(x,y)$ 的等值线就是静电场的电力线，因此称函数 $Q = Q(x,y)$ 为力函数；另外，物理学中的静电场的电场强度 $\mathbf{A} = A_x\boldsymbol{i} + A_y\boldsymbol{j}$ 与其电势(即电位)$P = P(x,y)$ 的关系是由等式 $dP = -(A_x dx + A_y dy)$ 给出的，为了与实际应用一致，在静电场中的势函数应当修改为

$$P(x,y) = -\int_{(x_0,y_0)}^{(x,y)} A_x dx + A_y dy + c_1 \tag{3.18}$$

其中常数 c_1 可由所给零电位的位置来确定，如选定 $P(x_0,y_0) = 0$，则有 $c_1 = 0$.

二、平面调和场的复势及其有关等式

为了用复变函数理论研究平面调和场，首先需要引入复位函数，即复势的概念.

设 $\mathbf{A} = A_x\boldsymbol{i} + A_y\boldsymbol{j}$ 是在某个领域 D 内给出的平面调和场，其中 A_x 和 A_y 在 D 内的一阶偏导数都连续.

所谓该调和场的复势是指在 D 内解析的函数 $F(z) = \varphi(x,y) + i\psi(x,y)$，其中 $\varphi(x,y)$ 和 $\psi(x,y)$ 只是该调和场的势函数或流函数(在静电场中为力函数)，且 $\varphi(x,y) - \psi(x,y)$ 不为常数[其差为常数时，可由柯西-黎曼方程推出 $F(z)$ 为常数，不必讨论].

当上述调和场为流速场时，其势函数 $P=P(x,y)$ 和流函数 $Q=Q(x,y)$ 显然在 D 内可微，且满足柯西-黎曼方程

$$P_x'(x,y)=A_x=Q_y'(x,y),P_y'(x,y)=A_y=-Q_x'(x,y)$$

这时函数 $P(x,y)+\mathrm{i}Q(x,y)$ 在 D 内解析，其复势为

$$F(z)=P(x,y)+\mathrm{i}Q(x,y) \tag{3.19}$$

可得关系式

$$A=f(z)=A_x+A_y\mathrm{i}=P_x'-Q_x'\mathrm{i}=\overline{F'(z)} \tag{3.19a}$$

另外，可以看出，函数 $Q(x,y)-\mathrm{i}P(x,y)=-\mathrm{i}F(z)$ 在 D 内也解析. 于是由复势的定义可知，在 D 内满足

$$\mathrm{d}P=-(A_x\mathrm{d}x+A_y\mathrm{d}y),\mathrm{d}Q=-A_y\mathrm{d}x+A_x\mathrm{d}x \tag{3.20}$$

这时其复势为

$$F(z)=Q(x,y)+\mathrm{i}P(x,y) \tag{3.20a}$$

则

$$A=A_x+A_y\mathrm{i}=-P_x'-Q_x'\mathrm{i}=-\mathrm{i}\,\overline{F'(z)} \tag{3.20b}$$

由以上分析可以看出，平面调和场的势函数和流函数（或力函数）都是某个解析函数的实部或虚部，它们都是调和函数，且两者的等值线互相正交.

显然，当 $\boldsymbol{A}$ 为静电场的电场强度时，式(3.20b) 给出了其复势 $F(z)$ 与电场强度的关系.

三、平面流速场和静电场的复势求法及其应用

求已知平面流速场和静电场的复势，可分别从关系式(3.19a) 和式(3.20b) 求出复势的导数 $F'(z)$，积分之就可得到平面流速场的复势(3.19) 和静电场的复势(3.20a). 然后由复势可写出平面流速场的流线和等位线方程以及平面静电场的电力线和等位线方程及其电位.

上述求解过程把曲线积分的计算简化为求解析函数的原函数问题，避免了计算两个对坐标曲线积分的麻烦. 下面举例说明之.

例 3.16 已知流速场 $\boldsymbol{A}=\dfrac{x}{x^2+y^2}\boldsymbol{i}+\dfrac{y}{x^2+y^2}\boldsymbol{j}$，求该平面流速场的复势，并且写出其流线方程和等位线方程.

解 函数 $A_x=\dfrac{x}{x^2+y^2},A_y=\dfrac{y}{x^2+y^2}$，对应 A 的复变函数表示为

$$f(z)=\frac{1}{\bar{z}},\overline{f(z)}=\frac{1}{z}$$

其复势为

$$F(z)=\int_1^z\overline{f(z)}\mathrm{d}z+c_1+\mathrm{i}c_2=\ln z+c_1+\mathrm{i}c_2;$$

其势函数和流函数分别为

$$P(x,y)=\operatorname{Re}F(z)=\frac{1}{2}\ln(x^2+y^2)+c_1,$$

$$Q(x,y)=\operatorname{Im}F(z)=\arg z+c_2;$$

其等位线和流线方程分别为

$$x^2+y^2=r^2(\text{中心在原点的圆周族},r>0)$$

$$\arg z=\alpha(\text{倾角为}\,\alpha\,\text{的射线族},-\pi<\alpha\leqslant\pi)$$

另外，该函数场除去坐标原点外都有定义，容易验证它在不包含原点的平面区域 D 内为调和场，并有

$$2\pi i=\oint_{|z|=1}\frac{1}{z}dz=\oint_{|z|=1}A_x dx+A_y dy+i\oint_{|z|=1}-A_y dx+A_x dy$$

这表明，该速度场沿正向圆周 $|z|=1$ 的环量 $P=0$，穿出圆周 $|z|=1$ 的通量 $Q=2\pi$，因此点 $z=0$ 为其源点(正源)，其源强度为 $Q=2\pi$.

注意　该速度场的定义域D为除去坐标原点的整个平面，它是定义在D内的调和场，其复势函数只在单连域 $-\pi<\arg z<\pi$ 内解析，在 D 内处处有定义，因此其势函数 $P(x,y)$ 和流函数 $Q(x,y)$ 在 D 也有定义，由此可以看出，当 D 为都连域时，其复势函数的解析区域可能不是 D，可是它在 D 内有定义，不会给有关问题的求解带来麻烦.

例 3.17　求下列复势所给出的流速场，并且讨论流速场的性质，其中 $h>0$.

(1) $F_1(z)=-\dfrac{1}{h}\ln z$；　(2) $F_2(z)=\dfrac{1}{h}\ln(z+h)$；　(3) $F_3(z)=\dfrac{1}{z}$.

解　(1) 由式(3.19)和式(3.19a)，其流速场可表示为

$$f_1(z)=\overline{F_1{}'(z)}=\frac{-1}{h\bar{z}},\boldsymbol{A}_1=\frac{-1}{h}\left(\frac{x}{x^2+y^2}\boldsymbol{i}+\frac{y}{x^2+y^2}\boldsymbol{j}\right)$$

显然其等势线和流线与例 3.16 相同；由于该速度向量与例 3.16 中的速度向量 $\boldsymbol{A}$ 具有关系 $A_1=-\dfrac{A}{h}$，因此同样可得，点 $z=0$ 为源点(负源)，其源强度为 $Q_1=-\dfrac{2\pi}{h}$，因此该源点为其流速场的汇或洞.

(2) 同上可得

$$f_2(z)=\overline{F_2{}'(z)}=\frac{1}{h(\bar{z}+h)},\boldsymbol{A}_2=\frac{(x+h)\boldsymbol{i}+y\boldsymbol{j}}{h[(x+h)^2+y^2]}$$

其等势线为圆周族 $(x+h)^2+y^2=r^2(0<r<\infty)$，其流线为射线族 $\arg(z+h)=\alpha(-\pi<\alpha\leqslant\pi)$，并且点 $z=-h$ 为源点，其源强度为 $Q_2=\dfrac{2\pi}{h}$.

(3) 由式(3.19)和式(3.19a),其速度场可表示为

$$f_3(z)=\overline{F_3{}'(z)}=-\left(\frac{1}{\bar{z}}\right)^2=\frac{-1}{(x^2+y^2)^2}(x^2-y^2+\mathrm{i}2xy)$$

$$\boldsymbol{A}_3=\frac{1}{(x^2+y^2)^2}[(y^2-x^2)\boldsymbol{i}-2xy\boldsymbol{j}]$$

其等势线和流线族可分别表示为

$$x=c(x^2+y^2)\text{ 和 }y=c(x^2+y^2)$$

其中 c 为任意实常数,显然只有点 $z=0$ 可能是流速场的源点和涡点,可是沿正向圆周 $|z|=1$ 的环量 P_C 和穿出该圆周的通量 Q_C 可以表示为

$$P_C+\mathrm{i}Q_C=\oint_{|z|=1}-\frac{1}{z^2}\mathrm{d}z=\oint_{|z|=1}\overline{f_3(z)}\mathrm{d}z=0$$

即有

$$P_C=\oint_{|z|=1}A_x\mathrm{d}x+A_y\mathrm{d}y=0,Q_C=\oint_{|z|=1}-A_y\mathrm{d}x+A_x\mathrm{d}y=0$$

从表面上看,点 $z=0$ 既不是源点,也不是涡点.可是 $z=0$ 和 $z=-h$ 分别是前面复势 $F_1(z)$ 和 $F_2(z)$ 所给流速场的负源与正源,且当 $h\to 0$ 时有 $Q_1\to\infty$,$Q_2\to\infty$,还有

$$F_3(z)=\frac{1}{z}=\lim_{h\to 0^+}\frac{\ln(z+h)-\ln z}{h}=\lim_{h\to 0^+}[F_1(z)+F_2(z)],$$

于是流速场 A_3 作为上述 A_1 与 A_2 的叠加的极限情形,$z=0$ 可看作该流速场的正源与负源之叠加,其正源与负源的源强度之和为零.这种点也称为偶极子(其正、负源的强度都无穷).

例 3.18 设平面静电场的电场强度为 $A=\dfrac{(x+\mathrm{i}y)}{(x^2+y^2)}$,求其复势及其等位线和电力线方程,并且讨论该静电场的性质.

解 该静电场也可以表示为

$$f(z)=\frac{(x+\mathrm{i}y)}{(x^2+y^2)}=\frac{1}{\bar{z}}$$

静电场中的复势满足式(3.20a)和式(3.20b),于是其复势 $F(z)$ 为

$$F(z)=-\int_1^z\frac{\mathrm{i}}{z}\mathrm{d}z+c_2+c_1\mathrm{i}=-\mathrm{i}\ln z+c_2+c_1\mathrm{i},$$

其电位 $P(x,y)$ 和力函数 $Q(x,y)$ 满足 $F(z)=Q(x,y)+\mathrm{i}P(x,y)$,

$$P(x,y)=-\frac{1}{2}\ln(x^2+y^2)+c_1,$$

$$Q(x,y)=\arg z+c_2$$

其中 c_1 和 c_2 为实常数,c_1 可由零电位的位置给出,如取 $P(0,1)=0$,有 $c_1=0$.

显然其等位线和电力线方程分别与例 3.16 中的等位线和流线方程相同，并且该静电场沿正向圆周 $|z|=1$ 的环量 P_C 和穿出该圆周的通量 Q_C 满足

$$Q_C + \mathrm{i}P_C = -\mathrm{i}\oint_{|z|=1}\frac{1}{z}\mathrm{d}z = 2\pi$$

于是 $P_C=0, Q_C=2\pi$，点 $z=0$ 为源点. 可是应当注意，该电场不只是由坐标原点处的点电荷产生的，而是由一条均匀带电的无限长直线给出的，该直线过坐标原点且垂直于 xOy 平面. 事实上，设该直线上任意一点 M 的坐标为 $(0,0,h)$，其电荷的线密度 $\sigma=\frac{1}{2}$，取介电系数 $\varepsilon=1$，则该直线上点 M 处的微元 $\mathrm{d}h$ 的带电量为 $\sigma\mathrm{d}h$，在 xOy 面上点 $(x,y,0)$ 的电场强度为

$$\mathrm{d}\boldsymbol{E} = \frac{\sigma\mathrm{d}h}{(x^2+y^2+h^2)^{\frac{3}{2}}}(x\boldsymbol{i}+y\boldsymbol{j}-hk),$$

该带电直线在点 $(x,y,0)$ 处的电场强度为

$$\boldsymbol{E} = \int_{-\infty}^{\infty}\frac{\sigma(x\boldsymbol{i}+y\boldsymbol{j}-hk)}{(x^2+y^2+h^2)^{\frac{3}{2}}}\mathrm{d}h \quad (x^2+y^2\neq 0).$$

利用奇、偶函数的积分性质，且令 $\tan t=\frac{h}{\sqrt{x^2+y^2}}$ 可得

$$\boldsymbol{E} = 2\sigma\int_0^{\infty}\frac{x\boldsymbol{i}+y\boldsymbol{j}}{(x^2+y^2+h^2)^{\frac{3}{2}}}\mathrm{d}h = \frac{x\boldsymbol{i}+y\boldsymbol{j}}{x^2+y^2}\int_0^{\frac{\pi}{2}}\frac{\mathrm{d}t}{(1+\tan^2 t)^{\frac{3}{2}}\cos^2 t} = \frac{x\boldsymbol{i}+y\boldsymbol{j}}{x^2+y^2}.$$

本章小结

复变函数的积分(简称复积分)是研究解析函数的一个重要工具. 解析函数的许多重要性质都要利用复变函数的积分来证明的，例如，要证明“解析函数的导函数连续”及“解析函数的各阶导数存在”这些表面上看来只与微分学有关的命题，一般均要使用复积分.

本章的重点是柯西积分定理、柯西积分公式及其推论，它们是复变函数论的基本定理和基本公式，以后各章都直接地或间接地与它们有关联.

重点知识包括：

(1) 路径积分

复变函数的积分可分解为 2 个线积分；

一般情况下，积分与路径有关.

(2) Cauchy 积分定理

在单连通区域内解析，则积分与路径无关，完全由起点和终点决定；

在复连通区域内解析，则回路积分等于沿回路里所有内边界线积分之和.

(3) Cauchy 积分公式

$$f(z_0)=\frac{1}{2\pi \mathrm{i}}\oint_C \frac{f(z)}{z-z_0}\mathrm{d}z.$$

(4) 高阶导数公式

$$f^{(n)}(z_0)=\frac{n!}{2\pi \mathrm{i}}\oint_C \frac{f(z)}{(z-z_0)^{n+1}}\mathrm{d}z\,(n=1,2,\cdots).$$

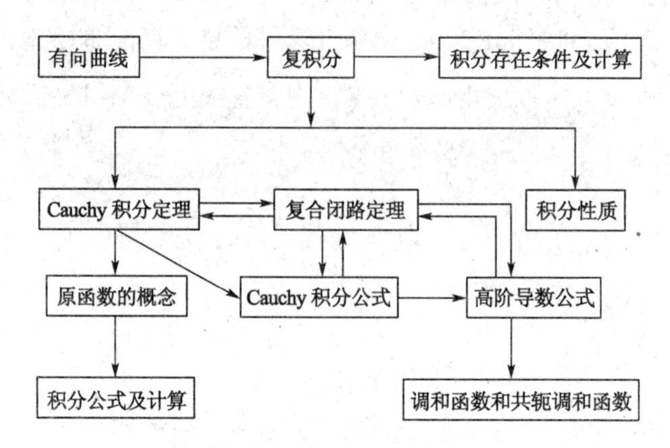

图 3.9　知识结构图

习　　题

A 组

1. 计算积分$\int_C (x-y+\mathrm{i}x^2)\mathrm{d}z$,其中 C 为从原点到 $1+\mathrm{i}$ 的直线段.

2. 积分$\int_C (x^2+\mathrm{i}y)\mathrm{d}z$,其中 C 为

(1) 沿 $y=x$ 从 0 到 $1+\mathrm{i}$;　　(2) 沿 $y=x^2$ 从 0 到 $1+\mathrm{i}$.

3. 计算积分$\int_C |z|\mathrm{d}z$,其中积分路径 C 为

(1) 从点 $-\mathrm{i}$ 到点 i 的直线段;

(2) 沿单位圆周 $|z|=1$ 的左半圆周,从点 $-\mathrm{i}$ 到点 i;

(3) 沿单位圆周 $|z|=1$ 的右半圆周,从点 $-\mathrm{i}$ 到点 i.

4. 计算积分$\int_C \mathrm{e}^z\mathrm{d}z$,其中 C 为

(1) 从 0 到 1 再到 $1+\mathrm{i}$ 的折线;　　(2) 从 0 到 $1+\mathrm{i}$ 的直线.

5. 计算积分$\int_C (1-\bar{z})\mathrm{d}z$,其中积分路径 C 为

(1) 从点 0 到点 $1+\mathrm{i}$ 的直线段;

(2) 沿抛物线 $y=x^2$,从点 0 到点 $1+\mathrm{i}$ 的弧段.

6. 计算积分$\oint_C \frac{\mathrm{e}^z}{z^2+1}\mathrm{d}z$,其中 C 为

(1) $|z-\mathrm{i}|=1$;　　(2) $|z+\mathrm{i}|=1$;

(3) $|z|=2$.

7. 利用牛顿-莱布尼兹公式计算下列积分.

(1) $\int_0^{\pi+2\mathrm{i}} \cos\frac{z}{2}\mathrm{d}z$;　　(2) $\int_{-\pi\mathrm{i}}^0 \mathrm{e}^{-z}\mathrm{d}z$;

(3) $\int_1^{\mathrm{i}} (2+\mathrm{i}z)^2\mathrm{d}z$;　　(4) $\int_1^{\mathrm{i}} \frac{\ln(z+1)}{z+1}\mathrm{d}z$;

(5) $\int_0^1 z\cdot\sin z\mathrm{d}z$;　　(6) $\int_1^{\mathrm{i}} \frac{1+\tan z}{\cos^2 z}\mathrm{d}z$.

8. 估计积分$\int_C \frac{1}{z^2+2}\mathrm{d}z$ 的模,其中 C 为 $+1$ 到 -1 的圆心在原点的上半圆周.

9. 用积分估计式证明:若 $f(z)$ 在整个复平面上有界,则正整数 $n>1$ 时,$\lim\limits_{R\to+\infty}\int_{C_R} \frac{f(z)}{z^n}\mathrm{d}z=0$,其中 C_R 为圆心在原点、半径为 R 的正向圆周.

10. 通过分析被积函数的奇点分布情况说明下列积分为 0 的原因,其中积分曲线 C 皆为 $|z|=1$.

(1) $\oint_C \frac{\mathrm{d}z}{(z+2)^2}$;　　(2) $\oint_C \frac{\mathrm{d}z}{z^2+2z+4}$;

(3) $\oint_C \frac{\mathrm{d}z}{z^2+2}$;　　(4) $\oint_C \frac{\mathrm{d}z}{\cos z}$;

(5) $\oint_C z\mathrm{e}^z\mathrm{d}z$.

11. 计算$\oint_C \frac{\mathrm{d}z}{z^2-a^2}$,其中 C 为不经过 $\pm a$ 的任一简单正向闭曲线.

12. 计算下列各积分.

(1) $\oint_{|z|=1} \frac{1}{\left(z-\frac{\mathrm{i}}{2}\right)(z+2)}\mathrm{d}z$;　　(2) $\oint_{|z-2\mathrm{i}|=\frac{3}{2}} \frac{\mathrm{e}^{\mathrm{i}z}}{z^2+1}\mathrm{d}z$;

(3) $\oint_{|z|=\frac{3}{2}} \frac{\mathrm{d}z}{(z^2+1)(z^2+4)}$;　　(4) $\oint_{|z-2|=2} \frac{z}{z^4-1}\mathrm{d}z$;

(5) $\oint_{|z|=2}\dfrac{1}{z^2-1}\sin\dfrac{\pi}{4}z\mathrm{d}z$；　　　　(6) $\oint_{|z|=2}\dfrac{z^{2n}}{(z-1)^n}\mathrm{d}z$，$n$ 为正整数.

13. 设 $v=\mathrm{e}^{px}\sin y$，求 p 的值使得 v 为调和函数.

14. 已知 $u+v=x^2-y^2+2xy-5x-5y$，试确定解析函数

$$f(z)=u+\mathrm{i}v.$$

15. 由下列各已知调和函数求解析函数 $f(z)=u+\mathrm{i}v$.

(1) $u=x^2+xy-y^2$，$f(\mathrm{i})=-1+\mathrm{i}$；

(2) $v=\dfrac{y}{x^2+y^2}$，$f(2)=0$；

(3) $v=\arctan\dfrac{y}{x}$，$(x>0)$；

(4) $u=\mathrm{e}^x(x\cos y-y\sin y)$，$f(0)=0$.

16. 计算积分 $\oint_C\dfrac{1}{(z-1)^3(z+1)^3}\mathrm{d}z$，其中积分路径 C 为

(1) 中心位于点 $z=1$，半径为 $R<2$ 的正向圆周；

(2) 中心位于点 $z=-1$，半径为 $R<2$ 的正向圆周(图 3.10).

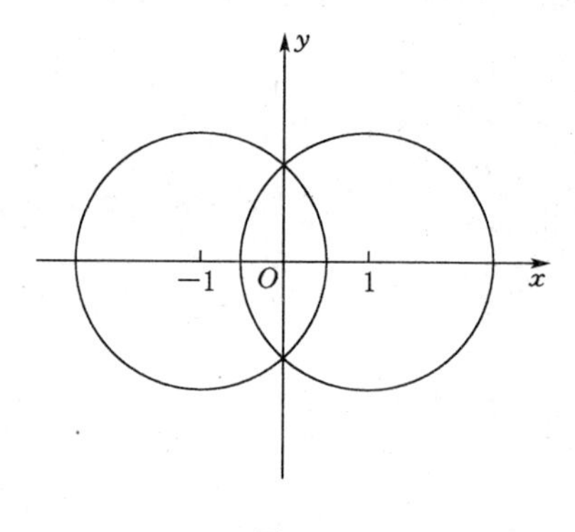

图 3.10

17. 验证下列函数为调和函数.

(1) $u=x^3-6x^2y-3xy^2+2y^3$；　　　(2) $u=\mathrm{e}^x\cos y+1$.

18. 证明：函数 $u=x^2-y^2$，$v=\dfrac{x}{x^2+y^2}$ 都是调和函数，但 $f(z)=u+\mathrm{i}v$ 不是解析函数.

B 组

19. 积分 $\oint_{|z|=1}\dfrac{1}{z+2}\mathrm{d}z$ 的值是什么？并由此证明 $\int_0^{\pi}\dfrac{1+2\cos\theta}{5+4\cos\theta}\mathrm{d}\theta=0$.

20. 设 $f(z)$、$g(z)$ 都在简单闭曲线 C 上及 C 内解析，且在 C 上 $f(z)=g(z)$，证明在 C 内也有 $f(z)=g(z)$.

21. 设 $f(z)$ 在单连通区域 D 内解析，且 $|f(z)-1|<1$，证明

(1) 在 D 内 $f(z)\neq 0$；

(2) 对于 D 内任一简单闭曲线 C，皆有 $\oint_C \frac{f'(z)}{f(z)}dz=0$.

22. 求双曲线 $y^2-x^2=c$（$c\neq 0$ 为常数）的正交（即垂直）曲线族.

23. 设在 $|z|\leqslant 1$ 上 $f(z)$ 解析，且 $|f(z)|\leqslant 1$，证明 $|f'(0)|\leqslant 1$.

24. 若 $f(z)$ 在闭圆盘 $|z-z_0|\leqslant R$ 上解析，且 $|f(z)|\leqslant M$，试证明柯西不等式 $|f^{(n)}(z_0)|\leqslant \frac{n!}{R^n}M$，并由此证明刘维尔定理：在整个复平面上有界且处处解析的函数一定为常数.

25. 设 $p(z)=(z-a_1)(z-a_2)\cdots(z-a_n)$，其中 $a_i(i=1,2,\cdots,n)$ 各不相同，闭路 C 不通过 $a_1,a_2,\cdots,a_n$，证明积分 $\frac{1}{2\pi i}\oint_C \frac{p'(z)}{p(z)}dz$ 等于位于 C 内的 $p(z)$ 的零点的个数.

26. 试证明下述定理（无界区域的柯西积分公式）：设 $f(z)$ 在闭路 C 及其外部区域 D 内解析，且 $\lim\limits_{z\to\infty}f(z)=A\neq\infty$，则 $\frac{1}{2\pi i}\int_C \frac{f(\xi)}{\xi-z}d\xi=\begin{cases}-f(z)+A, & z\in D,\\ f(z), & z\in G.\end{cases}$ 其中 G 为 C 所围内部区域.

第四章　级　数

本章首先介绍复数列和复数项级数收敛的概念及其判别法，以及幂级数的有关概念和性质. 接着讨论了解析函数的泰勒级数和洛朗级数展开定理及其展开式的求法，它们是研究解析函数的性质和计算其积分的重要工具. 这两类级数在解决各种实际问题中有着广泛的应用. 学习本章可以结合《高等数学》的级数部分，用对比的方式进行学习.

第一节　复数项级数和幂级数

一、复数列的收敛性及其判别法

设 $\alpha_1, \alpha_2, \cdots, \alpha_n, \cdots$ 为一个复数列，其通项为 $\alpha_n = a_n + \mathrm{i}b_n$，可简记该复数列为 $\{\alpha_n\}$.

定义 4.1　设 $\{\alpha_n\}$ 为一个复数列且 $A = a + b\mathrm{i}$ 为复常数. 若对任意正数 ε 都存在对应的正整数 N，使当 $n > N$ 时恒有 $|\alpha_n - A| < \varepsilon$，则称该复数列收敛且其极限为 A，记为

$$\lim_{n\to\infty}\alpha_n = A \text{ 或 } \alpha_n \to A(n \to \infty)$$

反之称它是发散的.

由于 $\alpha_n \to A \Leftrightarrow |\alpha_n - A| = \sqrt{(a_n - a)^2 + (b_n - b)^2} \to 0 \Leftrightarrow a_n \to a$ 且 $b_n \to b$，于是得

定理 4.1　复数列 $\{\alpha_n\}(n = 1, 2, \cdots)$ 收敛于 $A = a + b\mathrm{i}$ 的充要条件是

$$\lim_{n\to\infty} a_n = a, \lim_{n\to\infty} b_n = b$$

或写成 $\alpha_n \to A \Leftrightarrow a_n \to a$ 且 $b_n \to b\ (n \to \infty)$.

证明(略).

例 4.1　下列数列是否收敛？如果收敛，求出其极限.

(1) $\alpha_n = \dfrac{2n\mathrm{i}}{n+1}$；　　(2) $\alpha_n = \mathrm{e}^{\pi n\mathrm{i}}$.

解　(1) 因 $\alpha_n = a_n + \mathrm{i}b_n = \dfrac{2n\mathrm{i}}{n+1}$，则 $a_n = 0, b_n = \dfrac{2n}{n+1}$.

而
$$\lim_{n\to\infty}a_n = 0, \lim_{n\to\infty}b_n = \lim_{n\to\infty}\frac{2n}{n+1} = 2$$

所以数列 $\alpha_n = \dfrac{n\mathrm{i}}{n+1}$ 收敛,且 $\lim\limits_{n\to\infty}\alpha_n = 2\mathrm{i}$.

(2) 因 $\alpha_n = \mathrm{e}^{n\pi\mathrm{i}} = \cos(n\pi) + \mathrm{i}\sin(n\pi)$,则 $a_n = \cos(n\pi)$,$b_n = \sin(n\pi) = 0$,而当 $n\to\infty$ 时数列 $\{\alpha_n\}$ 发散,所以 α_n 发散.

二、复数项级数的收敛性及其判别法

1. 级数收敛的定义

设 $\{\alpha_n\} = \{a_n + \mathrm{i}b_n\}(n = 1,2,\cdots)$ 为一复数列,表达式
$$\sum_{n=1}^{\infty}\alpha_n = \alpha_1 + \alpha_2 + \cdots + \alpha_n + \cdots$$
称为**无穷级数**,其最前面 n 项的和
$$S_n = \alpha_1 + \alpha_2 + \cdots + \alpha_n$$
称为级数的部分和.

若该部分和数列 $\{S_n\}$ 收敛,其极限为 S,则称级数 $\sum\limits_{n=1}^{\infty}\alpha_n$ **收敛**,并且极限 $\lim\limits_{n\to\infty}S_n = S$ 称为该级数的**和**,记为
$$\sum_{n=1}^{\infty}\alpha_n = \alpha_1 + \alpha_2 + \cdots + \alpha_n + \cdots = S$$
若部分和数列 $\{S_n\}$ **发散**,则称级数 $\sum\limits_{n=1}^{\infty}\alpha_n$ 发散.

2. 级数收敛性判别

定理 4.2　级数 $\sum\limits_{n=1}^{\infty}\alpha_n$ 收敛的充要条件是其实部级数 $\sum\limits_{n=1}^{\infty}a_n$ 和虚部级数 $\sum\limits_{n=1}^{\infty}b_n$ 都收敛.

对于实数项级数,其收敛的必要条件为当 $n\to\infty$ 时,其通项趋向于零.对于上述实部级数和虚部级数而言,它们都收敛时一定有 $a_n\to 0$ 且 $b_n\to 0(n\to\infty)$,从而有 $\alpha_n\to 0(n\to\infty)$,于是由定理 4.2 得

定理 4.3　若级数 $\sum\limits_{n=1}^{\infty}\alpha_n$ 收敛,则 $\lim\limits_{n\to\infty}\alpha_n = 0$;反之不真.

注意

(1) 条件 $\lim\limits_{n\to\infty}\alpha_n = 0 \Leftrightarrow \lim\limits_{n\to\infty}|\alpha_n| = 0$.

(2) 该条件只是级数 $\sum\limits_{n=1}^{\infty}\alpha_n$ 收敛的必要条件,不是充分条件,如调和级数

$\sum_{n=1}^{\infty}\frac{1}{n}$ 发散，其通项 $\alpha_n=\frac{1}{n}\to 0(n\to\infty)$，该定理的应用是利用其逆否命题来判别所给级数发散. 即有

推论 若当 $n\to\infty$ 时 α_n 不趋向于零，则级数 $\sum_{n=1}^{\infty}\alpha_n$ 发散.

另外，同实数项级数一样有下面定理成立.

定理 4.4 若级数 $\sum_{n=1}^{\infty}|\alpha_n|$ 收敛，则级数 $\sum_{n=1}^{\infty}\alpha_n$ 必收敛.

证 由于 $|a_n|\leqslant|\alpha_n|=\sqrt{a_n^2+b_n^2}$，同理 $|b_n|\leqslant|\alpha_n|$ $(n=1,2,\cdots)$，而正项级数 $\sum_{n=1}^{\infty}|\alpha_n|$ 收敛，由高等数学中正项级数的比较审敛法可以推出级数 $\sum_{n=1}^{\infty}|a_n|$ 和 $\sum_{n=1}^{\infty}|b_n|$ 也都收敛，故 $\sum_{n=0}^{\infty}a_n$ 和 $\sum_{n=0}^{\infty}b_n$ 也都收敛. 于是由定理 4.2 可知，$\sum_{n=1}^{\infty}\alpha_n$ 收敛.

定义 4.2 如果 $\sum_{n=1}^{\infty}|\alpha_n|$ 收敛，则称级数 $\sum_{n=1}^{\infty}\alpha_n$ **绝对收敛**；如果 $\sum_{n=1}^{\infty}\alpha_n$ 收敛，而 $\sum_{n=1}^{\infty}|\alpha_n|$ 不收敛，则称 $\sum_{n=1}^{\infty}\alpha_n$ 为**条件收敛**.

由于 $\sum_{n=1}^{\infty}|\alpha_n|$ 本身是一个正项级数，所以关于 $\sum_{n=1}^{\infty}|\alpha_n|$ 敛散性的判断，可以使用高等数学中正项级数相关的敛散性判定法去判断.

例 4.2 判别下列级数的收敛性.

(1) $\sum_{n=1}^{\infty}\left(\frac{1}{n^2}+\frac{2}{n}\mathrm{i}\right)$； (2) $\sum_{n=1}^{\infty}\left(\frac{\mathrm{i}}{3}\right)^n$；

(3) $\sum_{n=1}^{\infty}\left(\frac{-n+\mathrm{i}}{n^2}\right)(-1)^n$； (4) $\sum_{n=1}^{\infty}\left(\frac{n-\mathrm{i}}{n+\mathrm{i}}\right)^n$.

解 (1) 因 $\sum_{n=1}^{\infty}a_n=\sum_{n=1}^{\infty}\frac{1}{n^2}$ 收敛，而 $\sum_{n=1}^{\infty}b_n=\sum_{n=1}^{\infty}\frac{2}{n}$ 发散. 故原级数发散.

(2) $\sum_{n=1}^{\infty}\left|\left(\frac{\mathrm{i}}{3}\right)^n\right|=\sum_{n=1}^{\infty}\frac{1}{3^n}$，而 $\sum_{n=1}^{\infty}\frac{1}{3^n}$ 收敛，故级数 $\sum_{n=1}^{\infty}\left(\frac{\mathrm{i}}{3}\right)^n$ 收敛，且绝对收敛.

(3) 因为 $\sum_{n=1}^{\infty}a_n=\sum_{n=1}^{\infty}(-1)^{n+1}\frac{1}{n}$，$\sum_{n=1}^{\infty}b_n=\sum_{n=1}^{\infty}(-1)^n\frac{1}{n^2}$，两个均为交错级数，根据交错级数判别法可知它们都收敛，于是由定理 4.2 得 $\sum_{n=1}^{\infty}\left(\frac{-n+\mathrm{i}}{n^2}\right)(-1)^n$ 收敛.

接下来判别该级数是否绝对收敛.

由于
$$\left|\left(\frac{-n+\mathrm{i}}{n^2}\right)(-1)^n\right| = \frac{\sqrt{n^2+1}}{n^2} > \frac{1}{n},$$
而 $\sum_{n=1}^{\infty}\frac{1}{n}$ 发散,所以 $\sum_{n=1}^{\infty}\left|\left(\frac{-n+\mathrm{i}}{n^2}\right)(-1)^n\right|$ 发散.

综上所述,$\sum_{n=1}^{\infty}\left(\frac{-n+\mathrm{i}}{n^2}\right)(-1)^n$ 条件收敛.

(4) 由 $\lim_{n\to\infty}|\alpha_n| = 1 \neq 0$,由定理 4.3 的推论,该级数发散.

三、幂级数及其收敛半径

幂级数是一般函数项级数的特殊情形.

1. 幂级数的概念

设 $f_n(z)$ 为一复变函数序列,其中各项在区域 D 内有定义,所谓**函数项级数**是指和式
$$\sum_{n=1}^{\infty} f_n(z) = f_1(z) + f_2(z) + \cdots + f_n(z) + \cdots$$
它的部分和 $S_n(z)$ 是指其前 n 项和
$$S_n(z) = f_1(z) + f_2(z) + \cdots + f_n(z)$$
若区域 D 内某一点 z_0 使数项级数
$$\sum_{n=1}^{\infty} f_n(z_0) = f_1(z_0) + f_2(z_0) + \cdots + f_n(z_0) + \cdots$$
收敛,则称该函数项级数在点 z_0 收敛,其收敛点所构成的集合 D_0 为该级数的收敛域($D_0 \subset D$ 不一定是区域).这时,对任意 $z \in D_0$ 可记
$$S(z) = \sum_{n=1}^{\infty} f_n(z),$$
其中 $S(z)$ 为级数 $\sum_{n=1}^{\infty} f_n(z)$ 的**和函数**.

常见的函数项级数有幂级数、三角级数和洛朗级数等.

所谓**幂级数**是指级数的通项为幂函数 $f_n(z) = c_n(z-z_0)^n (n = 0,1,2,\cdots)$ 的情形,即级数
$$\sum_{n=0}^{\infty} c_n(z-z_0)^n = c_0 + c_1(z-z_0) + \cdots + c_n(z-z_0)^n + \cdots,$$
为了简便,下面只讨论 $z_0 = 0$ 的情形,即
$$\sum_{n=0}^{\infty} c_n z^n = c_0 + c_1 z + \cdots + c_n z^n + \cdots,$$
其所有结果可用变量替换 $\xi = z + z_0$ 推广到一般幂级数的情形.

例 4.3 求幂级数 $\sum_{n=0}^{\infty} z^n$ 的收敛域及其和函数.

解 其部分和为

$$S_n(z) = 1 + z + \cdots + z^{n-1} = \frac{1-z^n}{1-z} \ (z \neq 1)$$

对 $|z| \geqslant 1$,由于当 $n \to \infty$ 时,其通项的模 $|z|^n$ 不趋向零,因此其幂级数在圆 $|z| = 1$ 及其外部处处发散;对 $|z| < 1$, $\lim\limits_{n\to\infty} z^n \to 0$,从而 $\lim\limits_{n\to\infty} S_n(z) = \frac{1}{1-z}$,这时该级数不仅收敛而且绝对收敛,于是

$$\sum_{n=0}^{\infty} z^n = \begin{cases} \frac{1}{1-z}, & |z| < 1 \\ \text{发散}, & |z| \geqslant 1 \end{cases}$$

在一般情况下,幂级数 $\sum_{n=0}^{\infty} c_n z^n$ 是否存一个圆周 $|z| = R$,它在该圆外部发散且在其内部绝对收敛呢?回答是肯定的,且称 $|z| = R$ 为该幂级数的收敛圆,R 为其收敛半径.下面更深入地讨论这个问题.

2. 幂级数收敛半径的存在性及其求法

阿贝尔(Abel)引理 如果级数 $\sum_{n=0}^{\infty} c_n z^n$ 在点 $z = z_0 (z_0 \neq 0)$ 处收敛,那么当 $|z| < |z_0|$ 时幂级数绝对收敛;如果幂级数在 z_0 处发散,那么当 $|z| > |z_0|$ 时幂级数发散.

该引理的证明与实数项幂级数情形类似.

证 设级数 $\sum_{n=0}^{\infty} c_n z_0^n$ 收敛,根据收敛级数的级数一般项极限为零,得 $\lim\limits_{n\to\infty} c_n z_0^n = 0$,再根据有极限必有界,可知存在正数 M 对所有 n 恒有

$$|c_n z_0^n| \leqslant M$$

当 $|z| < |z_0|$,令 $\frac{|z|}{|z_0|} = \rho < 1$

$$|c_n z^n| = |c_n z_0^n| \left(\frac{|z|}{|z_0|}\right)^n \leqslant M\rho^n$$

由于 $\sum_{n=0}^{\infty} M\rho^n$ 为公比 $\rho < 1$ 等比级数,故收敛,从而根据正项级数比较审敛法知 $\sum_{n=0}^{\infty} |c_n z^n|$ 收敛,从而级数 $\sum_{n=0}^{\infty} c_n z^n$ 是绝对收敛的.

当级数 $\sum_{n=0}^{\infty} c_n z^n$ 在点 z_0 发散时,可用反证法证明其结论成立.事实上,若在该

圆外部有一个点 z_1 使该级数收敛，则由上面所证结果，该级数在点 z_0 也收敛，从而出现矛盾. 那么对满足 $|z|>|z_0|$ 的 z，级数必发散.

利用阿贝尔定理，不难确定幂级数的收敛范围，对于任一个幂级数来说，它的收敛情况不外乎以下三种情况：

(1) 对所有的正实数都是收敛的. 此时根据阿贝尔定理可知级数在复平面内处处绝对收敛.

(2) 对所有的正实数除 $z=0$ 外都是发散的. 这时，级数在复平面内除原点外处处发散.

(3) 既存在使级数收敛的正实数，也存在使级数发散的正实数. 此时，幂级数的收敛范围是一个圆域(这里不作严格的叙述与证明)，级数在该圆内收敛，在该圆外发散，该圆半径称为幂级数的**收敛半径**.

定理 4.5 对幂级数 $\sum\limits_{n=0}^{\infty} c_n z^n$，若以下条件之一成立.

(1) (比值法) $\lim\limits_{n\to\infty}\left|\dfrac{c_{n+1}}{c_n}\right|=\rho$；

(2) (根值法) $\lim\limits_{n\to\infty}\sqrt[n]{|c_n|}=\rho$.

则该幂级数收敛半径为

$$R=\begin{cases}\dfrac{1}{\rho}, & 0<\rho<+\infty\\ +\infty, & \rho=0\\ 0, & \rho=+\infty\end{cases}$$

证 (此处只证明比值法，根值法类似可证)

由于 $$\lim_{n\to\infty}\frac{|c_{n+1}||z|^{n+1}}{|c_n||z|^n}=\lim_{n\to\infty}\frac{|c_{n+1}|}{|c_n|}|z|=\rho|z|,$$

故知当 $|z|<\dfrac{1}{\rho}$ 时，$\sum\limits_{n=0}^{\infty}|c_n||z|^n$ 收敛. 根据定理 4.4，级数 $\sum\limits_{n=0}^{\infty}c_n z^n$ 在圆 $|z|=\dfrac{1}{\rho}$ 内收敛.

再证当 $|z|>\dfrac{1}{\rho}$ 时，级数 $\sum\limits_{n=0}^{\infty}c_n z^n$ 发散. 假设在圆 $|z|=\dfrac{1}{\rho}$ 外有一点 z_0，使级数 $\sum\limits_{n=0}^{\infty}c_n z_0^n$ 收敛. 在圆外再取一点 z_1，使 $|z_1|<|z_0|$，那么根据阿贝尔引理，级数 $\sum\limits_{n=0}^{\infty}|c_n||z_1|^n$ 必收敛. 然而 $|z_1|>\dfrac{1}{\rho}$，所以

$$\lim_{n\to\infty}\frac{|c_{n+1}||z_1|^{n+1}}{|c_n||z_1|^n}=\rho|z_1|>1$$

这与$\sum_{n=0}^{\infty}|c_n||z_1|^n$收敛相矛盾，即在圆周$|z|=\frac{1}{\rho}$外有一点$z_0$，使级数$\sum_{n=0}^{\infty}c_n z_0^n$收敛的假定不能成立．因而$\sum_{n=0}^{\infty}c_n z^n$在圆$|z|=\frac{1}{\rho}$外发散．

注意：定理 4.5 也可以用来求幂级数$\sum_{n=0}^{\infty}c_n(z-z_0)^n$的收敛半径$R$．这时其收敛圆为$|z-z_0|=R$，它在该圆内部绝对收敛、在其外部发散，在其圆周上的点既可能收敛也可能发散(对R为正实数的情形)．

例 4.4 求下列幂级数的收敛半径．

(1) $\sum_{n=1}^{\infty}\frac{z^n}{n^3}$； (2) $\sum_{n=1}^{\infty}\frac{(n!)^2}{n^n}z^n$．

解 (1)(比值法)因为

$$\lim_{n\to\infty}\frac{\left|\frac{1}{(n+1)^3}\right|}{\left|\frac{1}{n^3}\right|}=1=\rho,$$

所以收敛半径为$R=\frac{1}{\rho}=1$．

(根值法)因为

$$\lim_{n\to\infty}\sqrt[n]{\left|\frac{1}{n^3}\right|}=\lim_{n\to\infty}\sqrt[n]{\frac{1}{n^3}}=\lim_{n\to\infty}\frac{1}{\sqrt[n]{n^3}}=1=\rho,$$

所以收敛半径为$R=\frac{1}{\rho}=1$．

(2) $c_n=\frac{(n!)^2}{n^n}$，$\lim_{n\to\infty}\frac{\left|\frac{[(n+1)!]^2}{(n+1)^{n+1}}\right|}{\left|\frac{(n!)^2}{n^n}\right|}=\lim_{n\to\infty}\frac{n+1}{(1+\frac{1}{n})^n}=+\infty=\rho$，

所以收敛半径为$R=0$．

例 4.5 求幂级数$\sum_{n=1}^{\infty}\frac{1}{2^n}z^{2n}$的收敛半径．

解 幂级数$\sum_{n=1}^{\infty}\frac{1}{2^n}z^{2n}$中缺少$z$的奇次幂项，是缺项幂级数，类似于高等数学中的缺项幂级数，此处不能直接使用比值法和根值法计算收敛半径．

因为
$$\lim_{n\to\infty}\frac{\left|\frac{1}{2^{n+1}}z^{2(n+1)}\right|}{\left|\frac{1}{2^n}z^{2n}\right|}=\frac{1}{2}|z|^2$$

故当$\frac{1}{2}|z|^2<1$，即$|z|<\sqrt{2}$时，级数$\sum_{n=0}^{\infty}\left|\frac{1}{2^n}z^{2n}\right|$收敛，也就是$\sum_{n=1}^{\infty}\frac{1}{2^n}z^{2n}$在$|z|<\sqrt{2}$内绝对收敛，即幂级数$\sum_{n=1}^{\infty}\frac{1}{2^n}z^{2n}$收敛半径为$\sqrt{2}$.

四、幂级数的运算性质

1. 幂级数的四则运算

对于收敛圆的圆心相同的两个复数项幂级数，它们的四则运算可以像实数项幂级数那样来进行，所得幂级数的收敛半径通常也需要根据其系数来确定.对于和、差、积所得幂级数在其公共收敛圆内显然收敛，其收敛半径不会小于所给级数的收敛半径最小的一个.如，对乘积运算

$$\left(\sum_{n=0}^{\infty}\alpha_n z^n\right)\left(\sum_{n=0}^{\infty}\beta_n z^n\right)=\sum_{n=0}^{\infty}(\alpha_n\beta_0+\alpha_{n-1}\beta_1+\cdots+\alpha_0\beta_n)z^n,$$

若上式左端两个幂级数的收敛半径分别为R_1和R_2，则其积的幂级数收敛半径$R\geqslant\min\{R_1,R_2\}$.

2. 幂级数在其收敛圆内的性质——逐项微分和积分

定理 4.6　幂级数的和函数在它的收敛圆内解析，并且可以逐项微分、逐项积分，所得每个新幂级数的收敛半径与原级数收敛半径相等.即对于

$$\sum_{n=0}^{\infty}c_n(z-z_0)^n=S(z)\ (|z-z_0|<R)$$

$$S'(z)=\sum_{n=1}^{\infty}nc_n(z-z_0)^{n-1}(|z-z_0|<R)$$

$$\int_{z_0}^{z}S(z)\mathrm{d}z=\sum_{n=0}^{\infty}\frac{c_n}{n+1}(z-z_0)^{n+1}(|z-z_0|<R)$$

第二节　泰勒(Taylor)级数

一元实函数$f(x)$在点x_0的邻域的泰勒级数展开式为

$$f(x)=\sum_{n=0}^{\infty}\frac{f^{(n)}(x_0)}{n!}(x-x_0)^n,$$

对该式成立的条件，其泰勒级数展开定理不仅假设$f(x)$在该领域内有任意阶导数，而且假定当$n\to\infty$时，在该领域内恒有余项

$$R_n(x)=f(x)-\sum_{k=0}^{n}\frac{f^{(k)}(x_0)}{n!}(x-x_0)^n\to 0$$

复变函数中，函数$f(z)$在点z_0的某邻域内有任意阶导数等价于它在该邻域内解析，省略其余项趋向于零的条件，也可证明类似的泰勒级数展开公式.

一、泰勒级数展开定理

定理 4.7(泰勒级数展开定理) 若函数 $f(z)$ 在点 z_0 的某邻域 $|z-z_0|<R$ 内解析,则它在该邻域内可展开为收敛半径等于 R 的幂级数

$$f(z)=\sum_{n=1}^{\infty}c_n(z-z_0)^n \quad (|z-z_0|=R), \tag{4.1}$$

该式称为 $f(z)$ 在点 z_0 的泰勒级数展开式,其中 c_n 为展开式的泰勒系数,可表示为

$$c_n=\frac{f^{(n)}(z_0)}{n!}=\frac{1}{2\pi\mathrm{i}}\oint_C\frac{f(z)}{(z-z_0)^{n+1}}\mathrm{d}z \quad (n=0,1,2,\cdots)$$

这里 C 为该邻域内任一条包含点 z_0 的正向简单闭曲线.

证 设 z 为圆域 $|z-z_0|<R$ 内任意一点,作正向圆周 $|z-z_0|=r$,使点 z 和曲线 C 都在 Γ 的内部(图 4.1).

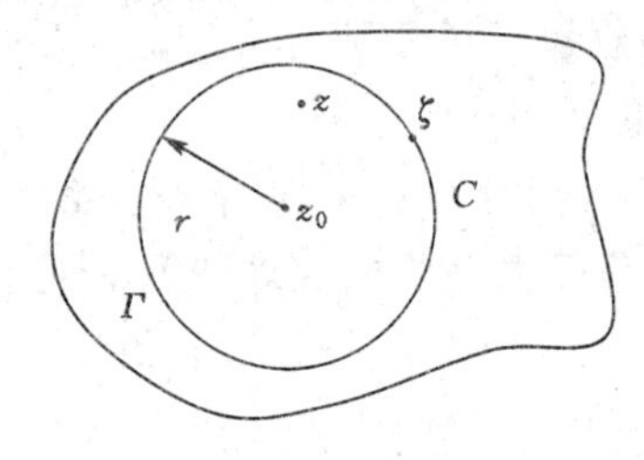

图 4.1

由于 $f(z)$ 在 Γ 上及其内部解析,因此由 Cauchy 积分公式可得

$$f(z)=\frac{1}{2\pi\mathrm{i}}\oint_\Gamma\frac{f(\zeta)}{\zeta-z}\mathrm{d}\zeta$$

又因 $f(\zeta)$ 在 Γ 上解析也一定连续,所以

$$f(z)=\sum_{n=0}^{\infty}\left(\frac{1}{2\pi\mathrm{i}}\oint_\Gamma\frac{f(\zeta)\mathrm{d}\zeta}{(\zeta-z_0)^{n+1}}\right)(z-z_0)^n,$$

再由闭路变形原理,其中 Γ 可换为曲线 C,故证等式(4.1)成立.

另外,由定理 4.6,幂级数(4.1)的和函数 $f(z)$ 在其收敛圆内解析;而 $f(z)$ 在圆周 $|z-z_0|=R$ 上有奇点 z_1,且当 $z\to z_1$ 时 $f(z)$ 极限,这表明该幂级数的和函数在点 z_1 不连续更不会解析,点 z_1 不会在其收敛圆内,故其收敛半径一定为 R.

二、基本初等函数的泰勒级数展开式

1. 直接展开法

从上面定理可以看出,若函数 $f(z)$ 在点 z_0 解析,从而在该点某个邻域内也解析,则其展开式(4.1)在该邻域内成立,并且可以利用所给函数 $f(z)$ 的奇点得

到幂级数(4.1)的收敛半径;不必像把实变函数展开成泰勒级数那样验证其幂级数的余项 $R_n(x)\to 0(n\to\infty)$,也不必再利用所得泰勒级数的系数求其收敛半径.这里所谓直接展开法是指先求出 $c_n=\dfrac{f^{(n)}(z_0)}{n!}$,然后直接利用上面所给泰勒级数展开定理写出其泰勒级数展开式(4.1)及其收敛半径.

如函数 $f(z)=\mathrm{e}^z, z_0=0$.由于函数 $f(z)$ 在整个复平面处处解析,因此它在点 $z_0=0$ 处的泰勒级数的收敛半径 $R=+\infty$.又因 $f^{(n)}(0)=1$,所以由上面定理可直接写出它在点 $z_0=0$ 处的泰勒级数展开式为

$$1^\circ\quad \mathrm{e}^z=\sum_{n=0}^{\infty}\frac{1}{n!}z^n=1+z+\frac{z^2}{2!}+\cdots+\frac{z^n}{n!}+\cdots(|z|<+\infty).$$

同样可得,下列函数在 $z_0=0$ 处的泰勒级数展开式分别为

$$2^\circ\quad \sin z=\sum_{n=0}^{\infty}\frac{(-1)^n}{(2n+1)!}z^{2n+1}(|z|<+\infty),$$

$$3^\circ\quad \cos z=\sum_{n=0}^{\infty}\frac{(-1)^n}{(2n)!}z^{2n}(|z|<+\infty),$$

$$4^\circ\quad \frac{1}{1-z}=1+z+z^2+\cdots+z^n+\cdots(|z|<1),$$

$$5^\circ\quad \ln(1+z)=\sum_{n=0}^{\infty}\frac{(-1)^n z^{n+1}}{n+1}(|z|<1),$$

$$6^\circ\quad (1+z)^\alpha=\mathrm{e}^{\alpha\ln(1+z)}(\alpha\text{ 为实常数})$$

$$=1+\sum_{n=1}^{\infty}\frac{\alpha(\alpha-1)\cdots(\alpha-n+1)}{n!}z^n(|z|<1)$$

当 $\alpha=0,1,2,\cdots$ 时,上式只有有限项,在整个复平面成立.

$$7^\circ\quad \arctan z=-\frac{\mathrm{i}}{2}\ln\frac{1+\mathrm{i}z}{1-\mathrm{i}z}=-\frac{\mathrm{i}}{2}[\ln(1+\mathrm{i}z)-\ln(1-\mathrm{i}z)]$$

$$=\sum_{n=0}^{\infty}\frac{(-1)^n z^{2n+1}}{2n+1}(z<1).$$

2. 间接展开法

这里所谓间接法是指从上述七个基本初等函数的泰勒级数展开式出发,利用幂级数的变量替换、逐项微分、逐项积分和四则运算等求出其泰勒级数展开式及其收敛圆域.

例如,对展开式 $\dfrac{1}{1-\zeta}=\sum\limits_{n=0}^{\infty}\zeta^n(|\zeta|<1)$,令变量替换 $\zeta=-z^2$,得 $\dfrac{1}{1+z^2}=\sum\limits_{n=0}^{\infty}(-1)^n z^{2n}(|z|<1)$,再进行逐项积分也可得到上面展开式 7°.

(1) 利用级数的运算(+, -, *)

如, $\sin z = \dfrac{e^{iz} - e^{-iz}}{2i} = \dfrac{1}{2i}\left(\sum\limits_{n=0}^{\infty} \dfrac{(iz)^n}{n!} - \sum\limits_{n=0}^{\infty} \dfrac{(-iz)^n}{n!}\right)$

$$= \sum_{n=0}^{\infty} (-1)^n \frac{z^{2n+1}}{(2n+1)!}(|z| < \infty)$$

如 $\dfrac{e^z}{1-z}$ 在 $z = 0$ 展开

$$\frac{e^z}{1-z} = \left(1 + z + \frac{z^2}{2!} + \frac{z^3}{3!} + \cdots\right)(1 + z + z^2 + z^3 + \cdots)(|z| < 1)$$

$$= 1 + \left(1 + \frac{1}{1!}\right)z + \left(1 + \frac{1}{1!} + \frac{1}{2!}\right)z^2 + \left(1 + \frac{1}{1!} + \frac{1}{2!} + \frac{1}{3!}\right)z^3 + \cdots$$

$$= \sum_{n=0}^{\infty}\left(\sum_{p=0}^{n} \frac{1}{p!}\right)z^n$$

(2) 逐项微分法

如: $\cos z = (\sin z)' = \left(\sum\limits_{n=0}^{\infty} (-1)^n \dfrac{z^{2n+1}}{(2n+1)!}\right)' = \sum\limits_{n=0}^{\infty}(-1)^n \dfrac{z^{2n}}{2n!}(|z| < \infty)$.

(3) 逐项积分法

如:求 $\ln(1+z)$ 在 $z = 0$ 的展开式.

$\int_0^z \dfrac{1}{1+\xi}d\xi = \ln(1+z) - \ln 1 = \ln(1+z)$(主支)(其中取 $k = 0$ 分支,即 $\ln 1 = 0$ 分支)

又 $\int_0^z \dfrac{1}{1+\xi}d\xi = \int_0^z (1 - \xi + \xi^2 - \xi^3 + \cdots)d\xi = z - \dfrac{z^2}{2} + \dfrac{z^3}{3} - \dfrac{z^4}{4} + \cdots(|z| < 1)$

则 $$\ln(1+z) \overset{\text{主支}}{=\!=\!=} \sum_{n=1}^{\infty} (-1)^{n+1} \frac{z^n}{n}(|z| < 1)$$

一般地, $\ln(1+z) = \ln|1+z| + 2k\pi i$.

(4) 级数代入法

如 $(1+z)^\alpha = e^{\alpha \mathrm{Ln}(1+z)} = e^{\alpha[\ln(1+z)+2k\pi i]} = e^{\alpha\ln(1+z)} e^{2k\pi i}$.

$$e^{\alpha\ln(1+z)} = 1 + u + \frac{u^2}{2!} + \cdots$$

$$= 1 + \left[\alpha\left(z - \frac{z^2}{2} + \frac{z^3}{3} - \cdots\right)\right] + \frac{1}{2!}\left[\alpha\left(z - \frac{z^2}{2} + \frac{z^3}{3}\right) + \cdots\right]^2 + \cdots$$

其中

$$u = \alpha\ln(1+z) = 1 + \alpha z + \frac{\alpha(\alpha-1)}{2}z^2 + \frac{\alpha(\alpha-1)(\alpha-2)}{3!}z^3 + \cdots$$

$$= 1 + \sum_{n=1}^{\infty} \frac{\alpha(\alpha-1)\cdots(\alpha-n+1)}{n!}z^n(|z| < 1)$$

故当 $k=0$ 时 $(1+z)^{\alpha}=1+\sum_{n=1}^{\infty}\frac{\alpha(\alpha-1)\cdots(\alpha-n+1)}{n!}z^n(|z|<1)$.

例 4.6　求$\frac{1}{1-z^2}$在 $z=0$ 的泰勒展开式.

解　令 $t=z^2$，则 $\frac{1}{1-z^2}=\frac{1}{1-t}=\sum_{n=0}^{\infty}t^n=\sum_{n=0}^{\infty}z^{2n}\quad(|z|<1)$

例 4.7　求$\frac{1}{(1-z)^2}$在 $z=0$ 的泰勒展开式.

解　$\frac{1}{(1-z)^2}=\frac{\mathrm{d}}{\mathrm{d}z}\left(\frac{1}{1-z}\right)=\frac{\mathrm{d}}{\mathrm{d}z}\sum_{n=0}^{\infty}z^n\quad(|z|<1)$，

因$\sum_{n=0}^{\infty}z^n$ 在 $|z|<1$ 内一致收敛于$\frac{1}{1-z}$，$\frac{\mathrm{d}}{\mathrm{d}z}\sum_{n=0}^{\infty}z^n=\sum_{n=0}^{\infty}nz^{n-1}=\sum_{n=0}^{\infty}(n+1)z^n$，

$$\frac{1}{(1-z)^2}=\sum_{n=0}^{\infty}(n+1)z^n\quad(|z|<1)$$

例 4.8　求下列函数在点 $z_0=0$ 的泰勒级数展开式，并且求其收敛半径.

(1) $f(z)=(1+z^2)^{-3}$；　　(2) $f(z)=\mathrm{e}^z\sin z$.

解　(1) $f(z)$ 的奇点只有 $z=\pm\mathrm{i}$，且当 $z\to\pm\mathrm{i}$ 时有 $f(z)\to\infty$，于是所求幂级数的收敛半径 $R=|\mathrm{i}-0|=1$. $f^{(n)}(z)$ 的计算很繁，需要用间接展开法.

令 $\zeta=-z^2$，由幂级数的微分性质可得

$$f=\frac{1}{(1-\zeta)^3}=\frac{1}{2}\left(\frac{1}{1-\zeta}\right)''=\frac{1}{2}\left(\sum_{n=0}^{\infty}\zeta^n\right)''=\frac{1}{2}\sum_{n=0}^{\infty}n(n-1)\zeta^{n-2},$$

将 $\zeta=-z^2$ 代入，得到所求展开式为

$$\frac{1}{(1+z^2)^3}=\frac{1}{2}\sum_{n=2}^{\infty}(-1)^n n(n-1)z^{2(n-2)}\quad(|z|<1).$$

(2) 由正弦函数的定义可得

$$f(z)=\frac{\mathrm{e}^z(\mathrm{e}^{\mathrm{i}z}-\mathrm{e}^{-\mathrm{i}z})}{2\mathrm{i}}=\frac{1}{2\mathrm{i}}[\mathrm{e}^{(1+\mathrm{i})z}-\mathrm{e}^{(1-\mathrm{i})z}],$$

利用函数 e^z 的泰勒级数展开式可得其展开式为

$$\begin{aligned}\mathrm{e}^z\sin z&=\frac{1}{2\mathrm{i}}\sum_{n=0}^{\infty}\frac{1}{n!}[(1+\mathrm{i})^n-(1-\mathrm{i})^n]z^n\\&=\sum_{n=0}^{\infty}\frac{1}{n!}\mathrm{Im}[(1+\mathrm{i})^n]z^n=\sum_{n=1}^{\infty}\left[\frac{1}{n!}(\sqrt{2})^n\sin\frac{n\pi}{4}\right]z^n\quad(|z|<\infty)\end{aligned}$$

$f(z)$ 处处解析，其收敛半径 $R=+\infty$.

例 4.9　求下列函数在点 $z_0=\mathrm{i}$ 处的泰勒级数展开式及其收敛半径.

(1) $f(z)=\frac{1}{z^{10}}$；

(2) $f(z) = \dfrac{1}{z(z+\mathrm{i})}$.

解 (1) 方法一：$z_1 = 0$ 为其唯一奇点并且当 $z \to 0$ 时 $f(z) \to \infty$，由本节定理，它在点 $z_0 = \mathrm{i}$ 的泰勒级数收敛半径 $R = |\mathrm{i}| = 1$；

计算 $f(\mathrm{i}) = -1, f^{(n)}(\mathrm{i}) = \dfrac{(-1)^n(n+9)!}{\mathrm{i}^{n+10}9!}$，其中 $n = 1,2,\cdots$. 于是它在点 z_0 的泰勒级数展开式为

$$z^{-10} = -\sum_{n=0}^{\infty} \frac{\mathrm{i}^n(n+9)!}{9!n!}(z-\mathrm{i})^n \quad (|z-\mathrm{i}|<1)$$

方法二：$f(z) = (z-\mathrm{i}+\mathrm{i})^{-10} = -[1+(z-\mathrm{i})/\mathrm{i}]^{-10}$，由展开式 6°，令 $\zeta = (z-\mathrm{i})/\mathrm{i}$，可看出其展开式为

$$\begin{aligned} z^{-10} &= -1 - \sum_{n=1}^{\infty} \frac{(-10)(-11)\cdots(-10-n+1)}{n!\mathrm{i}^n}(z-\mathrm{i})^n(|z-\mathrm{i}|<1) \\ &= -1 - \sum_{n=1}^{\infty} \frac{\mathrm{i}^n(n+9)!}{n!9!}(z-\mathrm{i})^n(|z-\mathrm{i}|<1) \end{aligned}$$

注意：从展开式 4° 出发，用幂级数逐项微分运算也可以得上述结果，显然很麻烦.

(2) 方法一：同样其泰勒级数的收敛半径 $R = 1$. 显然有

$$f(z) = \frac{1}{(z+\mathrm{i})z} = \frac{-\mathrm{i}(z+\mathrm{i}-z)}{(z+\mathrm{i})z} = \frac{\mathrm{i}}{z+\mathrm{i}} - \frac{\mathrm{i}}{z}$$

由展开式 4° 可得

$$\frac{\mathrm{i}}{z+\mathrm{i}} = \frac{\mathrm{i}}{z-\mathrm{i}+2\mathrm{i}} = \frac{1/2}{1+(z-\mathrm{i})/(2\mathrm{i})} = \sum_{n=0}^{\infty} \frac{(-1)^n}{2^{n+1}\mathrm{i}^n}(z-\mathrm{i})^n,$$

$$\frac{\mathrm{i}}{z} = \frac{\mathrm{i}}{z-\mathrm{i}+\mathrm{i}} = \frac{1}{1-\mathrm{i}(z-\mathrm{i})} = \sum_{n=0}^{\infty} \mathrm{i}^n (z-\mathrm{i})^n,$$

两式相减可得所求展开式 $f(z) = \sum\limits_{n=0}^{\infty} \mathrm{i}^n\left(\dfrac{1}{2^{n+1}}-1\right)(z-\mathrm{i})^n(|z-\mathrm{i}|<1)$.

方法二：用直接展开法更简便. 事实上，有

$$f^{(n)}(z) = \mathrm{i}(-1)^n n!\left(\frac{1}{(z+\mathrm{i})^{n+1}} - \frac{1}{z^{n+1}}\right),$$

于是

$$c_n = \frac{f^{(n)}(i)}{n!} = \mathrm{i}(-1)^n\left(\frac{1}{(2\mathrm{i})^{n+1}} - \frac{1}{\mathrm{i}^{n+1}}\right) = \mathrm{i}^n\left(\frac{1}{2^{n+1}}-1\right),$$

其中 $n = 0,1,2,\cdots$. 可得同样结果.

利用泰勒级数可以得到函数 $f(z)$ 在圆 $|z-z_0|<R$ 内的幂级数展开式，但这样的展开式是否唯一呢？我们可以证明其唯一性.

定理 4.7　若 $f(z)$ 在 $|z-z_0|<R$ 内解析，那么它在该圆盘内的泰勒展开式唯一.

证　设 $f(z)$ 还可展开为另一展开式

$$f(z)=\sum_{n=0}^{\infty}b_n(z-z_0)^n$$

两边逐项求导，并令 $z=z_0$ 可得到系数

$$b_n=\frac{f^n(z_0)}{n!}=a_n,(n=0,1,2,\cdots)$$

故展开式系数是唯一的.

第三节　洛朗级数

上一节中，一个在以 z_0 为中心的圆域内解析的函数 $f(z)$，可以在该圆域内展开成 $z-z_0$ 的幂级数. 如果 $f(z)$ 在 z_0 处不解析，那么在 z_0 的邻域内就不能用 $z-z_0$ 的幂级数来表示. 但是这种情况在实际问题中却经常遇到. 因此，在这一节中将讨论在以 z_0 为中心的圆环域内的解析函数的级数表示法，并以此为工具为下一章研究解析函数在孤立奇点邻域内的性质以及定义留数和计算留数奠定必要的基础.

一、双边幂级数

首先让我们探讨具有下列形式的级数：

$$\sum_{n=-\infty}^{+\infty}c_n(z-z_0)^n=\cdots+c_{-n}(z-z_0)^{-n}+\cdots c_{-1}(z-z_0)^{-1}+c_0+c_1(z-z_0)+\cdots+c_n(z-z_0)^n+\cdots,\tag{4.2}$$

其中 z_0 及 $c_n(n=0,\pm1,\pm2,\cdots)$ 都是常数.

把该级数分成两部分来考虑，即正幂项(包括常数项）部分：

$$\sum_{n=0}^{\infty}c_n(z-z_0)^n=c_0+c_1(z-z_0)+\cdots+c_n(z-z_0)^n+\cdots,\tag{4.3}$$

与负幂项部分：

$$\sum_{n=1}^{\infty}c_{-n}(z-z_0)^{-n}=c_{-1}(z-z_0)^{-1}+\cdots c_{-n}(z-z_0)^{-n}+\cdots\tag{4.4}$$

其中正幂项部分是一个通常的幂级数，它的收敛范围是一个圆域. 设它的收敛半径为 R_2，那么当 $|z-z_0|<R_2$ 时，级数收敛，当 $|z-z_0|>R_2$ 时，级数发散.

负幂项部分是一个新型的级数. 如果令 $\zeta=(z-z_0)^{-1}$，那么就得到

$$\sum_{n=1}^{\infty}c_{-n}(z-z_0)^{-n}=\sum_{n=1}^{\infty}c_{-n}\zeta^n=c_{-1}\zeta+c_{-2}\zeta^2+\cdots+c_{-n}\zeta^n+\cdots.\tag{4.5}$$

对变数ζ来说，级数(4.5)是一个通常的幂级数.设它的收敛半径为R,那么当$|\zeta|<R$时，级数收敛；当$|\zeta|>R$时，级数发散.因此，如果我们要判定级数(4.4)的范围，只需把ζ用$(z-z_0)^{-1}$代回去就可以了.如果令$\frac{1}{R}=R_1$,那么当且仅当$|\zeta|<R$时，$|z-z_0|>R_1$;当且仅当$|\zeta|>R$时，$|z-z_0|<R_1$.由此可知，级数(4.4)当$|z-z_0|>R_1$时收敛；当$|z-z_0|<R_1$时发散.

由于该双边幂级数的正幂项与负幂项分别在常数项c_0的两边，各有无穷项，因此没有首项.所以对它的敛散性我们无法像前面讨论的幂级数那样用前n项的部分和的极限来定义.对这种具有正、负幂项的双边幂级数，它的敛散性我们作如下的规定：当且仅当一个双边幂级数对应的正幂项部分与负幂项部分都收敛时，该双边幂级数才收敛.因此，当$R_1>R_2$时[图4.2(a)],正幂项部分与负幂项部分没有公共的收敛范围，所以，该双边幂级数处处发散：当$R_1<R_2$时[图4.2(b)],正幂项部分与负幂项部分的公共收敛范围是圆环域$R_1<|z-z_0|<R_2$.所以，该双边幂级数在这圆环域内收敛，在这圆环域外发散.在圆环域的边界$|z-z_0|=R_1$及$|z-z_0|=R_2$上可能有些点收敛，有些点发散.这就是说，双边幂级数的收敛域是圆环域：$R_1<|z-z_0|<R_2$.

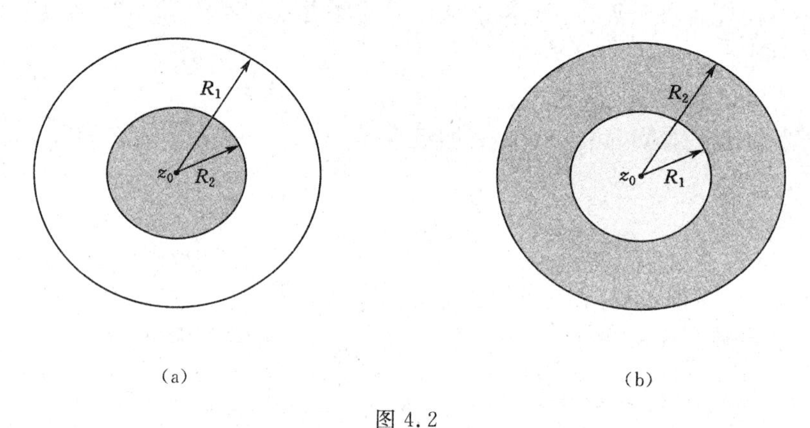

图4.2

现在我们要反过来问，在圆环域内解析的函数是否一定能展开成级数?事实上确实能这样.

二、洛朗级数

定理4.8 设$f(z)$在圆环域$R_1<|z-z_0|<R_2$内处处解析，那么

$$f(z)=\sum_{n=-\infty}^{\infty}c_n(z-z_0)^n,$$

其中

$$c_n = \frac{1}{2\pi i}\oint_C \frac{f(\zeta)}{(\zeta - z_0)^{n+1}} d\zeta \quad (n = 0, \pm 1, \pm 2, \cdots).$$

这里 C 为在圆环域内绕 z_0 的任何一条正向简单闭曲线.

证　设 z 为圆环域内的任一点,在圆环域内作以 z_0 为中心的正向圆周 C_1 与 C_2,C_2 的半径 R 大于 C_1 的半径 r,且使 z 在 C_1 与 C_2 之间(图 4.3). 于是由柯西积分公式得

$$f(z) = \frac{1}{2\pi i}\oint_{C_2} \frac{f(\zeta)}{\zeta - z} d\zeta - \frac{1}{2\pi i}\oint_{C_1} \frac{f(\zeta)}{\zeta - z} d\zeta.$$

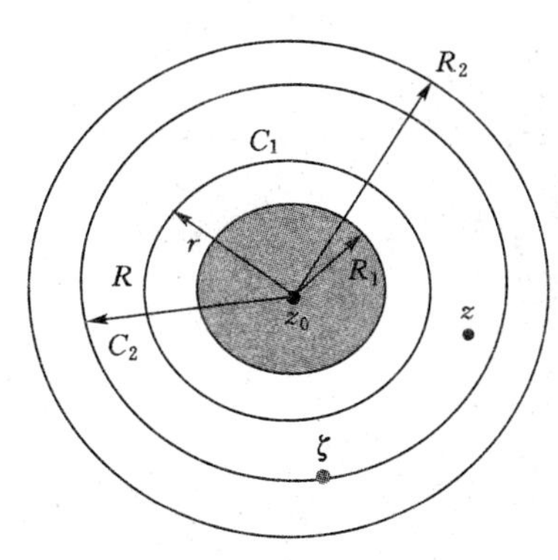

图 4.3

对于上式右端第一个积分来说,积分变量 ζ 取在圆周 C_2 上,点 z 在 C_2 的内部,所以 $\left|\frac{z - z_0}{\zeta - z_0}\right| < 1$. 又由于 $|f(\zeta)|$ 在 C_2 上连续,因此存在一个常数 M,使得 $|f(\zeta)| \leqslant M$. 跟第二节中泰勒展开式的证明一样,可以推得

$$\frac{1}{2\pi i}\oint_{C_2} \frac{f(\zeta)}{\zeta - z} d\zeta = \sum_{n=0}^{\infty}\left[\frac{1}{2\pi i}\oint_{C_2} \frac{f(\zeta)}{(\zeta - z)^{n+1}} d\zeta\right](z - z_0)^n.$$

应当指出,在这里不能对 $\frac{1}{2\pi i}\oint_{C_2} \frac{f(\zeta)}{(\zeta - z)^{n+1}} d\zeta$ 应用高阶导数公式,它不等于 $\frac{f^{(n)}(z_0)}{n!}$,因为这时函数 $f(z)$ 在 C_2 内不是处处解析的.

再来考虑第二个积分 $-\frac{1}{2\pi i}\oint_{C_1} \frac{f(\zeta)}{\zeta - z} d\zeta$. 由于积分变量 ζ 取在 C_1 上,点 z 在 C_1 的外部,所以 $\left|\frac{z - z_0}{\zeta - z_0}\right| < 1$. 因此就有

$$\frac{1}{\zeta - z} = -\frac{1}{z - z_0} \cdot \frac{1}{1 - \frac{\zeta - z_0}{z - z_0}} = -\sum_{n=1}^{\infty} \frac{(\zeta - z_0)^{n-1}}{(z - z_0)^n}$$

$$= -\sum_{n=1}^{\infty} \frac{1}{(\zeta - z_0)^{-n+1}}(z - z_0)^{-n},$$

所以

$$-\frac{1}{2\pi i}\oint_{C_1} \frac{f(\zeta)}{\zeta - z}d\zeta = \sum_{n=1}^{N-1}\left[\frac{1}{2\pi i}\oint_{C_1} \frac{f(\zeta)}{(\zeta - z_0)^{-n+1}}d\zeta\right](z - z_0)^{-n} + R_N(z),$$

其中

$$R_N(z) = \frac{1}{2\pi i}\oint_{C_1}\left[\sum_{n=N}^{\infty} \frac{(\zeta - z_0)^{n-1}f(\zeta)}{(z - z_0)^n}\right]d\zeta.$$

现在我们要证明 $\lim\limits_{N\to\infty} R_N(z) = 0$ 在 C_1 外部成立. 令

$$q = \left|\frac{\zeta - z_0}{z - z_0}\right| = \frac{r}{|z - z_0|},$$

显然 q 是与积分变量 ζ 无关的量，而且 $0 < q < 1$，因为 z 在 C_1 的外部. 由于 $|f(\zeta)|$ 在 C_1 上连续，因此存在一个正常数 M_1，使得 $|f(\zeta)| \leqslant M_1$. 于是有

$$|R_N(z)| \leqslant \frac{1}{2\pi}\oint_{C_1}\left[\sum_{n=N}^{\infty} \frac{|f(\zeta)|}{|\zeta - z_0|}\left|\frac{\zeta - z_0}{z - z_0}\right|\right]ds \leqslant \frac{1}{2\pi}\cdot\sum_{n=N}^{\infty}\frac{M_1}{r}q^n \cdot 2\pi r = \frac{M_1 q^N}{1-q}.$$

因为 $\lim\limits_{N\to\infty} q^N = 0$，所以 $\lim\limits_{N\to\infty} R_N(z) = 0$，从而有

$$-\frac{1}{2\pi i}\oint_{C_1} \frac{f(\zeta)}{\zeta - z}d\zeta = \sum_{n=1}^{\infty}\left[\frac{1}{2\pi i}\oint_{C_1} \frac{f(\zeta)}{(\zeta - z_0)^{-n+1}}d\zeta\right](z - z_0)^{-n}.$$

综上所述，我们有

$$f(z) = \sum_{n=0}^{\infty} c_n (z - z_0)^n + \sum_{n=1}^{\infty} c_{-n}(z - z_0)^{-n} = \sum_{n=-\infty}^{\infty} c_n (z - z_0)^n, \quad (4.6)$$

其中

$$c_n = \frac{1}{2\pi i}\oint_{C_2} \frac{f(\zeta)}{(\zeta - z_0)^{n+1}}d\zeta, (n = 0, 1, 2, \cdots) \quad (4.7)$$

$$c_{-n} = \frac{1}{2\pi i}\oint_{C_1} \frac{f(\zeta)}{(\zeta - z_0)^{-n+1}}d\zeta, (n = 0, 1, 2, \cdots) \quad (4.8)$$

级数(4.6)的系数由式(4.7)和式(4.8)表示，如果在圆环域内取绕 z_0 的任何一条正向简单的闭曲线 C，那么根据闭路变形原理，这两个式子可用一个式子来表示：

$$c_n = \frac{1}{2\pi i}\oint_{C} \frac{f(\zeta)}{(\zeta - z_0)^{n+1}}d\zeta, (n = 0, \pm 1, \pm 2, \cdots)$$

式(4.6)称为函数 $f(z)$ 在以 z_0 为中心的圆环域：$R_1 < |z - z_0| < R_2$ 内的洛朗展开式，它右端的级数称为 $f(z)$ 在此圆环域内的**洛朗级数**. 级数中正整次幂部分和负整次幂部分分别称为洛朗级数的解析部分和主要部分. 在许多应用中，往往需要把在某点 z_0 不解析但在 z_0 的去心邻域内解析的函数 $f(z)$ 展开成级数，

那么就利用洛朗级数来展开.

另外,一个在某一圆环域内解析的函数展开为含有正、负幂项的级数是唯一的,这个级数就是 $f(z)$ 的洛朗级数.

事实上,假定 $f(z)$ 在圆环域 $R_1<|z-z_0|<R_2$ 内不论用何种方法已展成了由正、负幂项组成的级数:$f(z)=\sum\limits_{n=-\infty}^{\infty}a_n(z-z_0)^n$,并设 C 为圆环域内任何一条环绕 z_0 的正向简单闭曲线,ζ 为 C 上任一点,那么

$$f(\zeta)=\sum_{n=-\infty}^{\infty}a_n(\zeta-z_0)^n.$$

以 $(\zeta-z_0)^{-p-1}$ 去乘上式两边,这里的 p 为任一整数,并沿 C 积分,得

$$\oint_C\frac{f(\zeta)}{(\zeta-z_0)^{p+1}}\mathrm{d}\zeta=\sum_{n=-\infty}^{\infty}a_n\oint_C(\zeta-z_0)^{n-p-1}\mathrm{d}\zeta=2\pi\mathrm{i}a_p,\tag{4.9}$$

从而

$$a_p=\frac{1}{2\pi\mathrm{i}}\oint_C\frac{f(\zeta)}{(\zeta-z_0)^{p+1}}\mathrm{d}\zeta,(p=0,\pm1,\pm2,\cdots).$$

上面的定理给出了将一个在圆环域内解析的函数展开成洛朗级数的一般方法,但这个方法在计算系数 c_n 时,往往是麻烦的.例如要把函数 $f(z)=\frac{\mathrm{e}^z}{z^2}$ 在以 $z=0$ 为中心的圆环域 $0<|z|<+\infty$ 内展开成洛朗级数时,先计算 c_n,那么就有

$$c_n=\frac{1}{2\pi\mathrm{i}}\oint_C\frac{\mathrm{e}^\zeta}{\zeta^{n+3}}\mathrm{d}\zeta,$$

其中 C 为圆环域内的任意一条简单闭曲线.

当 $n+3\leqslant0$,即 $n\leqslant-3$ 时,由于 $\mathrm{e}^z z^{-n-3}$ 在圆环域内解析,故由柯西-古萨基本定理知,$c_n=0$,即 $c_{-3}=0,c_{-4}=0,\cdots$.当 $n\geqslant-2$ 时,由高阶导数公式知

$$c_n=\frac{1}{2\pi\mathrm{i}}\oint_C\frac{\mathrm{e}^\zeta}{\zeta^{n+3}}\mathrm{d}\zeta=\frac{1}{(n+2)!}(\mathrm{e}^\zeta)^{(n+2)}\big|_{\zeta=0}=\frac{1}{(n+2)!},$$

故有

$$\frac{\mathrm{e}^z}{z^2}=\sum_{n=-2}^{\infty}\frac{z^n}{(n+2)!}=\frac{1}{z^2}+\frac{1}{z}+\frac{1}{2!}+\frac{1}{3!}z+\frac{1}{4!}z^2+\cdots.$$

一般来说,直接根据本节的定理计算系数 c_n(n 为任意整数),然后写出 $f(z)$ 在环域 D 内的洛朗级数展开式方法比较麻烦;通常用间接法求其展开式,即从已知的基本初等函数的泰勒级数展开式出发,利用变量替换、逐项微分、逐项积分运算等求出所给函数在环域 D 的洛朗级数展开式.

像上例,可以采用间接法

$$\frac{e^z}{z^2}=\frac{1}{z^2}\left(1+z+\frac{z^2}{2!}+\frac{z^3}{3!}+\frac{z^4}{4!}+\cdots\right)=\frac{1}{z^2}+\frac{1}{z}+\frac{1}{2!}+\frac{1}{3!}z+\frac{1}{4!}z^2+\cdots.$$

两种方法相比,后者则简单得多.

例 4.10 函数 $f(z)=\dfrac{1}{(z-1)(z-2)}$ 在圆域(图 4.4)

(1) $0<|z|<1$;

(2) $1<|z|<2$;

(3) $2<|z|<\infty$.

内是处处解析的,试把 $f(z)$ 在这些区域内展开成洛朗级数.

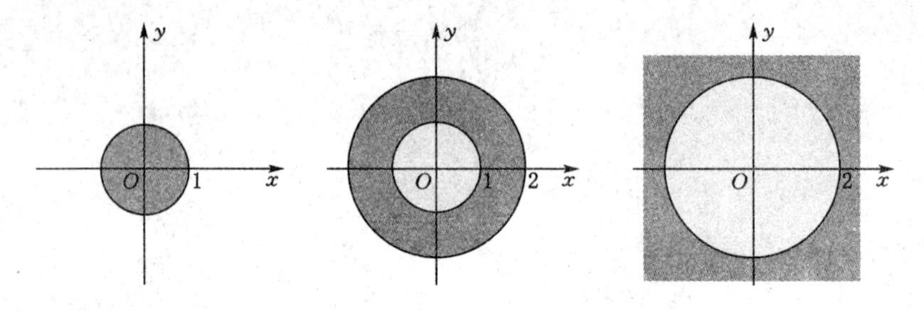

图 4.4

解 先把 $f(z)$ 表示成:

$$f(z)=\frac{1}{1-z}-\frac{1}{2-z}.$$

(1) 在 $0<|z|<1$ 内,由于 $|z|<1$,从而 $\left|\dfrac{z}{2}\right|<1$,所以

$$\frac{1}{1-z}==1+z+z^2+\cdots$$

$$\frac{1}{2-z}=\frac{1}{2}\cdot\frac{1}{1-\frac{z}{2}}=\frac{1}{2}\left(1+\frac{z}{2}+\frac{z^2}{2^2}+\cdots\right)$$

因此,有

$$f(z)=\frac{1}{1-z}-\frac{1}{2}\cdot\frac{1}{1-\frac{z}{2}}=(1+z+z^2+\cdots)-\frac{1}{2}\left(1+\frac{z}{2}+\frac{z^2}{2^2}+\cdots\right)$$

$$=\frac{1}{2}+\frac{3}{4}z+\frac{7}{8}z^2+\cdots.$$

结果中不含有 z 的负幂项,这是因为 $f(z)=\dfrac{1}{(z-1)(z-2)}$ 在 $z=0$ 处是解析的缘故.

(2) 在 $1<|z|<2$ 内：由于 $|z|>1$，从而 $\left|\frac{1}{z}\right|<1$，所以

$$\frac{1}{1-z}=-\frac{1}{z}\frac{1}{1-\frac{1}{z}}=-\frac{1}{z}\left(1+\frac{1}{z}+\frac{1}{z^2}+\cdots\right)$$

并由于此时 $|z|<2$，从而 $\left|\frac{z}{2}\right|<1$，所以此时 $\frac{1}{2-z}$ 展开式和(1) 中一样，为

$$\frac{1}{2-z}=\frac{1}{2}\cdot\frac{1}{1-\frac{z}{2}}=\frac{1}{2}\left(1+\frac{z}{2}+\frac{z^2}{2^2}+\cdots\right)$$

因此，有

$$f(z)=\frac{1}{1-z}-\frac{1}{2-z}==-\frac{1}{z}(1+\frac{1}{z}+\frac{1}{z^2}+\cdots)-\frac{1}{2}\left(1+\frac{z}{2}+\frac{z^2}{2^2}+\cdots\right)$$

$$=\cdots-\frac{1}{z^n}-\frac{1}{z^{n-1}}-\cdots-\frac{1}{z}-\frac{1}{2}-\frac{z}{4}-\frac{z^2}{8}-\cdots.$$

(3) 在 $2<|z|<\infty$ 内，由于 $|z|>2$，从而 $\left|\frac{1}{z}\right|<1$ 与 $\left|\frac{2}{z}\right|<1$ 成立，则

$$f(z)=\frac{1}{1-z}-\frac{1}{2-z}=-\frac{1}{z}\frac{1}{1-\frac{1}{z}}+\frac{1}{z}\cdot\frac{1}{1-\frac{2}{z}}$$

$$=\frac{-1}{z}\left(1+\frac{1}{z}+\frac{1}{z^2}+\cdots\right)+\frac{1}{z}\left(1+\frac{2}{z}+\frac{4}{z^2}+\cdots\right)$$

$$=\frac{1}{z^2}+\frac{3}{z^3}+\frac{7}{z^4}+\cdots.$$

例 4.11　求 $f(z)=\frac{\sin z}{z}$ 在 $z=0$ 的洛朗展开式.

解　$\sin z=z-\frac{z^3}{3!}+\frac{z^5}{5!}+\cdots=\sum_{n=0}^{\infty}\frac{(-1)^n z^{2n+1}}{(2n+1)!}\quad(|z|<\infty)$

当 $z\neq0$ 时，$f(z)=\frac{\sin z}{z}=1-\frac{z^2}{3!}+\frac{z^4}{5!}+\cdots=\sum_{n=0}^{\infty}\frac{(-1)^n z^{2n}}{(2n+1)!}(0<|z|<\infty)$.

例 4.12　分别将下列函数在指定点 z_0 的去心邻域内展开成洛朗级数.

(1) $\frac{\sin z}{z^4},z_0=0$；(2) $\frac{\sin^2 z}{z^2},z_0=0$；(3) $(z-\mathrm{i})^2\cos\frac{2}{z-\mathrm{i}},z_0=\mathrm{i}$.

解　(1) 因为

$$\sin z=\sum_{n=0}^{\infty}\frac{(-1)^n}{(2n+1)!}z^{2n+1}\quad(0<|z|<\infty)$$

所以

$$\frac{\sin z}{z^4}=\frac{1}{z^4}\sum_{n=0}^{\infty}\frac{(-1)^n}{(2n+1)!}z^{2n+1}=\sum_{n=0}^{\infty}\frac{(-1)^n}{(2n+1)!}z^{2n-3}\quad(0<|z|<\infty)$$

该展开式中只含有有限个负幂项.

(2) 利用三角公式$\sin^2 z=\dfrac{1-\cos(2z)}{2}$和 $\cos(2z)$ 的泰勒级数展开式可得

$$\frac{\sin^2 z}{z^2}=\frac{1-\cos(2z)}{2z^2}=\frac{1}{2z^2}-\frac{1}{2z^2}\sum_{n=0}^{\infty}\frac{(-1)^n(2z)^{2n}}{(2n)!}\quad(0<|2z|<\infty),$$

化简得
$$\frac{\sin^2 z}{z^2}=\sum_{n=1}^{\infty}\frac{(-1)^{n+1}}{(2n)!}2^{2n-1}z^{2n-2}\quad(0<|z|<\infty).$$

该展开式中不含有负幂项.

(3) 令 $\xi=\dfrac{2}{z-\mathrm{i}}$,利用 $\cos\xi$ 的泰勒级数展开式可得

$$\begin{aligned}(z-\mathrm{i})^2\cos\frac{2}{z-\mathrm{i}}&=(z-\mathrm{i})^2\sum_{n=0}^{\infty}\frac{(-1)^n}{(2n)!}\left(\frac{2}{z-i}\right)^{2n}\\&=\sum_{n=0}^{\infty}\frac{(-1)^n4^n}{(2n)!}(z-\mathrm{i})^{-2n+2}\quad(0<|z-\mathrm{i}|<\infty)\end{aligned}$$

该展开式中含有无穷个负幂项.

注意:从该例可以看出,函数的洛朗展开式存在三种可能性,即:不含负幂项、含有有限项负幂项、含有无穷项负幂项.

三、用洛朗级数展开式计算积分

在式(4.8)中,令 $n=1$,得

$$\oint_C f(z)\mathrm{d}z=2\pi\mathrm{i}c_{-1}$$

其中 C 为在圆环域内绕 z_0 的任何一条正向简单闭曲线. $f(z)$ 在此圆环域内解析. 此式给出了使用洛朗级数展开式计算复函数积分的一种方法.

例 4.13 求积分$\displaystyle\int_{|z|=2}\frac{z\mathrm{e}^{\frac{1}{z}}}{1-z}\mathrm{d}z$.

解 函数 $f(z)=\dfrac{z\mathrm{e}^{\frac{1}{z}}}{1-z}$ 在 $1<|z|<\infty$ 内解析, $|z|=2$ 在此圆环域内,接下来将把 $f(z)=\dfrac{z\mathrm{e}^{\frac{1}{z}}}{1-z}$ 在圆环域内展开洛朗级数.

由于 $1<|z|<\infty$,所以 $\left|\dfrac{1}{z}\right|<1$,因此将$\dfrac{z}{1-z}$展成

$$\frac{z}{1-z}=-\frac{1}{1-\frac{1}{z}}=-\left(1+\frac{1}{z}+\frac{1}{z^2}+\cdots\right)$$

所以

$$f(z)=\frac{-1}{1-\frac{1}{z}}\mathrm{e}^{\frac{1}{z}}=-\left(1+\frac{1}{z}+\frac{1}{z^2}+\cdots\right)\left(1+\frac{1}{z}+\frac{1}{2!z^2}+\cdots\right)$$

$$=-\left(1+\frac{2}{z}+\frac{5}{2z^2}+\cdots\right).$$

故 $c_{-1}=-2$,从而

$$\int_{|z|=2}\frac{z\mathrm{e}^{\frac{1}{z}}}{1-z}\mathrm{d}z=2\pi\mathrm{i}c_{-1}=-4\pi\mathrm{i}$$

本章小结

本章主要研究了解析函数表示为幂级数的方法以及解析函数的其他性质.复变函数研究的主要对象是解析函数,而幂级数与解析函数有着密切的联系,是研究解析函数在解析点邻域的性质时的一个有力工具.而且在实际计算中,把函数展开成幂级数,应用起来也比较方便.因此,幂级数在复变函数论中有着非常重要的意义.

泰勒定理给予解析函数以明确的解析表示式.解析函数的唯一性定理是解析函数的重要特征.

洛朗级数是幂级数的进一步发展.它的性质可以由幂级数的性质推导出来,而且可以得出:洛朗级数之和表示的是一个圆环内的解析函数.同幂级数一样,也研究了任意一个在圆环内解析的函数是否可以展开成洛朗级数以及如何展开的问题.洛朗级数是研究解析函数的孤立奇点的有力工具.

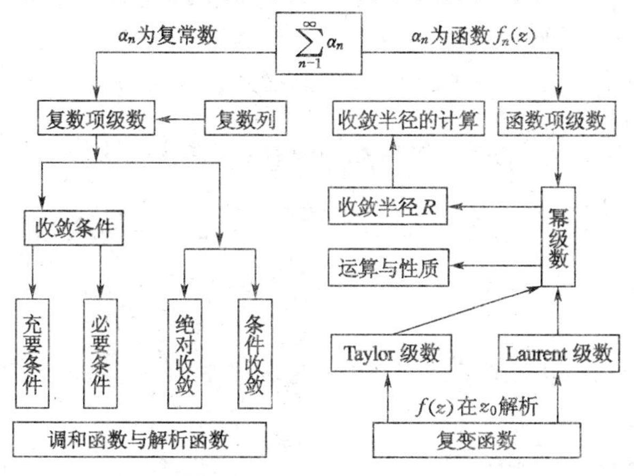

图 4.5　本章知识结构

习　　题

A 组

1. 考察下列数列是否收敛，如果收敛，求出其极限.

(1) $z_n = \mathrm{i}^n + \frac{1}{n}$；　　(2) $z_n = \left(1+\frac{\mathrm{i}}{2}\right)^{-n}$；

(3) $z_n = \left(\frac{z}{\bar{z}}\right)^n$.

2. 下列复数项级数是否收敛，是绝对收敛还是条件收敛？

(1) $\sum_{n=1}^{\infty} \frac{1+\mathrm{i}^{2n+1}}{n}$；　　(2) $\sum_{n=1}^{\infty} \left(\frac{1+5\mathrm{i}}{2}\right)^n$；

(3) $\sum_{n=1}^{\infty} \frac{\mathrm{e}^{\frac{\mathrm{i}\pi}{n}}}{n}$；　　(4) $\sum_{n=1}^{\infty} \frac{\mathrm{i}^n}{\ln n}$；

(5) $\sum_{n=0}^{\infty} \frac{\cos \mathrm{i}n}{2^n}$.

3. 试确定下列幂级数的收敛半径.

(1) $\sum_{n=0}^{\infty} (1+\mathrm{i})^n z^n$；　　(2) $\sum_{n=0}^{\infty} \frac{n!}{n^n} z^n$；

(3) $\sum_{n=1}^{\infty} \mathrm{e}^{\mathrm{i}\frac{\pi}{n}} z^n$；　　(4) $\sum_{n=1}^{\infty} \frac{2n-1}{2^n} z^{2n-2}$；

(5) $\sum_{n=0}^{\infty} \frac{(z-\mathrm{i})^n}{n^p}$；　　(6) $\sum_{n=0}^{\infty} n^p \cdot z^n$；

(7) $\sum_{n=0}^{\infty} (-\mathrm{i})^{n-1} \cdot \frac{2n-1}{2n} \cdot z^{2n-1}$；　　(8) $\sum_{n=0}^{\infty} \left(\frac{\mathrm{i}}{n}\right)^n \cdot (z-1)^{n(n+1)}$.

4. 将下列函数展开为 z 的幂级数，并指出其收敛区域.

(1) $\frac{1}{(1+z^2)^2}$；　　(2) $\frac{1}{(z-a)(z-b)} (a \neq 0, b \neq 0)$；

(3) $\cos z^2$；　　(4) $\sinh z$；

(5) $\sin^2 z$；　　(6) $\mathrm{e}^z \sin z$.

5. 求下列函数展开在指定点 z_0 处的泰勒展开式，并写出展开式成立的区域.

(1) $\frac{z}{(z+1)(z+2)}, z_0 = 2$；　　(2) $\frac{1}{z^2}, z_0 = 1$；

(3) $\dfrac{1}{4-3z}, z_0 = 1 + \mathrm{i}$;　　　　(4) $\tan z, z_0 = \dfrac{\pi}{4}$.

6. 用间接法将下列函数展开为泰勒级数,并指出其收敛性.

(1) $\dfrac{1}{2z-3}$ 分别在 $z = 0$ 和 $z = 1$ 处;

(2) $\sin^3 z$ 在 $z = 0$ 处;

(3) $\arctan z$ 在 $z = 0$ 处;

(4) $\dfrac{z}{(z+1)(z+2)}$ 在 $z = 2$ 处;

(5) $\ln(1+z)$ 在 $z = 0$ 处.

7. 讨论级数 $\sum\limits_{n=0}^{\infty}(z^{n+1} - z^n)$ 的敛散性.

8. 幂级数 $\sum\limits_{n=0}^{\infty} C_n (z-2)^n$ 能否在 $z = 0$ 处收敛而在 $z = 3$ 处发散.

9. 下列说法是否正确?为什么?

(1) 每一个幂级数在它的收敛圆周上处处收敛;

(2) 每一个幂级数的和函数在它的收敛圆内可能有奇点.

10. 若 $\sum\limits_{n=0}^{\infty} C_n z^n$ 的收敛半径为 R,求 $\sum\limits_{n=0}^{\infty} \dfrac{C_n}{b^n} z^n$ 的收敛半径.

11. 求下列级数的和函数.

(1) $\sum\limits_{n=1}^{\infty} (-1)^{n-1} \cdot nz^n$;　　　　(2) $\sum\limits_{n=0}^{\infty} (-1)^n \cdot \dfrac{z^{2n}}{(2n)!}$.

12. 将下列函数在指定的圆域内展开成洛朗级数.

(1) $\dfrac{1}{(z^2+1)(z-2)}, 1 < |z| < 2$;

(2) $\dfrac{z+1}{z^2(z-1)}, 0 < |z| < 1, 1 < |z| < +\infty$;

(3) $\dfrac{1}{(z-1)(z-2)}, 0 < |z-1| < 1, 1 < |z-2| < +\infty$;

(4) $\sin \dfrac{1}{1-z}, 0 < |z-1| < +\infty$;

(5) $\cos \dfrac{z}{z-1}, 0 < |z-1| < +\infty$.

13. 如果 c 为正向圆周 $|z| = 3$,求积分 $\oint_C f(z)\mathrm{d}z$ 的值.

(1) $f(z) = \dfrac{1}{z(z+2)}$;　　　　(2) $f(z) = \dfrac{z}{(z+1)(z+2)}$.

B 组

14. 设级数 $\sum_{n=0}^{\infty} C_n$ 收敛,而 $\sum_{n=0}^{\infty} |C_n|$ 发散,证明 $\sum_{n=0}^{\infty} C_n z^n$ 的收敛半径为 1.

15. 证明:若幂级数 $\sum_{n=0}^{\infty} a_n z^n$ 的系数满足 $\lim_{n\to\infty} \sqrt[n]{|a_n|} = \rho$,则

(1) 当 $0 < \rho < +\infty$ 时, $R = \dfrac{1}{\rho}$;

(2) 当 $\rho = 0$ 时, $R = +\infty$;

(3) 当 $\rho = +\infty$ 时, $R = 0$.

16. 复级数 $\sum_{n=1}^{\infty} a_n$ 与 $\sum_{n=1}^{\infty} b_n$ 都发散,则级数 $\sum_{n=1}^{\infty} (a_n \pm b_n)$ 和 $\sum_{n=1}^{\infty} a_n b_n$ 发散.这个命题是否成立?为什么?

17. 证明:若 $\mathrm{Re}\, a_n \geqslant 0$,且 $\sum_{n=1}^{\infty} a_n$ 和 $\sum_{n=1}^{\infty} a_n^2$ 收敛,则级数 $\sum_{n=1}^{\infty} a_n^2$ 绝对收敛.

18. 函数 $f(z) = \ln z$ 能否在圆环域 $0 < |z| < R(0 < R < +\infty)$ 内展开为洛朗级数?为什么?

19. 若 $\sum_{n=0}^{\infty} C_n z^n$ 在 z_0 点处发散,证明级数对于所有满足 $|z| > |z_0|$ 点 z 都发散.

20. 设级数 $\sum_{n=0}^{\infty} \alpha_n$ 收敛,而 $\sum_{n=0}^{\infty} |\alpha_n|$ 发散,证明 $\sum_{n=0}^{\infty} \alpha_n z^n$ 的收敛半径为 1.

21. 如果级数 $\sum_{n=0}^{\infty} c_n z^n$ 在它的收敛圆的圆周上一点 z_0 处绝对收敛,证明它在收敛圆所围的闭区域上绝对收敛.

第五章　留　　数

留数理论是复变函数最重要的内容之一.在这一章中,我们将介绍复变函数的一个重要定理——留数定理.利用这个定理去计算某些定积分.为此,先从研究解析函数在其孤立奇点处的性态出发,介绍函数在孤立奇点处的留数计算公式.

第一节　孤立奇点的分类及其性质

在这一节中,将给出孤立奇点定义,它是奇点中最简单也是最重要的一类.

一、复平面上孤立奇点的分类

奇点　所谓奇点是指函数不解析的点.

孤立奇点　如果 $f(z)$ 在 z_0 点不解析,但在 z_0 的某个去心邻域 $0<|z-z_0|<\delta$ 内处处解析,则称 z_0 为函数 $f(z)$ 的孤立奇点.

例如 $z=2$ 是函数 $\frac{1}{z-2}$ 的孤立奇点.

如果 z_0 是 $f(z)$ 的孤立奇点,则在 z_0 的某个去心邻域 $0<|z-z_0|<\delta$ 内,$f(z)$ 可展开成洛朗级数

$$\begin{aligned} f(z) &= \sum_{n=-\infty}^{+\infty} C_n (z-z_0)^n \\ &= \sum_{n=-\infty}^{-1} C_n (z-z_0)^n + \sum_{n=0}^{+\infty} C_n (z-z_0)^n \quad (0<|z-z_0|<\delta). \end{aligned}$$

这时有以下三种情况:

(1) $f(z)$ 的洛朗级数中不含 $z-z_0$ 的负幂项[即 $(z-z_0)$ 的负幂项系数 $C_n=0(n=-1,-2,\cdots)$],此时称 z_0 为 $f(z)$ 的**可去奇点**.

这时,$f(z)$ 在 z_0 的去心领域内的洛朗级数实际上就是一个普通的幂级数:

$$f(z)=\sum_{n=0}^{\infty} C_n (z-z_0)^n = C_0 + C_1(z-z_0) + \cdots C_n (z-z_0)^n + \cdots$$

例如,$z=0$ 是 $\frac{e^z-1}{z}$ 的可去奇点.因为在 $0<|z|<\infty$ 内其洛朗级数

$$\frac{e^z-1}{z}=1+\frac{z}{2!}+\cdots+\frac{z^{n-1}}{n!}+\cdots$$

中不含 z 的负幂项. 如果规定$\frac{e^z-1}{z}$在 $z=0$ 处的值为 1,则$\frac{e^z-1}{z}$在 $z=0$ 处连续,所以这个奇点是可去的.

定理 5.1　若 z_0 是函数 $f(z)$ 的可去奇点,则$\lim\limits_{z\to z_0}f(z)$ 存在.

证　如果 z_0 是 $f(z)$ 的可去奇点,按照可去奇点的定义,$f(z)$ 在 z_0 点的去心邻域内可展开洛朗级数

$$f(z)=\sum_{n=0}^{\infty}C_n(z-z_0)^n=C_0+C_1(z-z_0)+\cdots+C_n(z-z_0)^n+\cdots$$

显然$\lim\limits_{z\to z_0}f(z)=C_0$.

(2) $f(z)$ 的洛朗级数中只有有限多个 $z-z_0$ 的负幂项,且设其中关于 $(z-z_0)^{-1}$ 的最高幂为$(z-z_0)^{-m}$,此时洛朗级数形式为

$$f(z)=C_{-m}\frac{1}{(z-z_0)^m}+C_{-m+1}\frac{1}{(z-z_0)^{m-1}}+\cdots+C_{-1}\frac{1}{z-z_0}+\sum_{n=0}^{\infty}C_n(z-z_0)^n\quad(C_{-m}\neq 0)$$

则称 z_0 为 $f(z)$ 的 m **级极点**.

例如,$z=1,z=2$ 是 $f(z)=\frac{1}{(z-1)(z-2)}$ 的一级极点,因为在 $z=1$ 的去心邻域 $0<|z-1|<1$ 内,其洛朗级数

$$\frac{1}{(z-1)(z-2)}=-\frac{1}{z-1}-\sum_{n=0}^{\infty}(z-1)^n\quad(0<|z-1|<1)$$

其中 $C_{-1}=-1\neq 0$,所以 $z=1$ 是一级极点. 同理可证 $z=2$ 是 $f(z)$ 的一级极点.

定理 5.2　z_0 为函数 $f(z)$ 的 m 级极点的充分必要条件,是 $f(z)$ 可表示为 $f(z)=\frac{1}{(z-z_0)^m}g(z)$ 的形式,其中 $g(z)$ 在 z_0 点解析,且 $g(z_0)\neq 0$.

证　设 z_0 是 $f(z)$ 的 $m(\geqslant 1)$ 级极点,由定义有

$$\begin{aligned}f(z)&=C_{-m}\frac{1}{(z-z_0)^m}+\\&\cdots+C_{-1}\frac{1}{z-z_0}+C_0+C_1(z-z_0)+\cdots+C_n(z-z_0)^n+\cdots\\&=\frac{1}{(z-z_0)^m}[C_{-m}+C_{-m+1}(z-z_0)+\cdots+C_{-1}(z-z_0)^{m-1}+C_0(z-z_0)^m+\cdots]\end{aligned}$$

$$= \frac{1}{(z-z_0)^m} g(z). \quad (\text{其中 } C_{-m} \neq 0)$$

其中

$$g(z) = C_{-m} + C_{-m+1}(z-z_0) + \cdots + C_{-1}(z-z_0)^{m-1} + C_0(z-z_0)^m + \cdots$$

在 z_0 的一个邻域中收敛，所以 $g(z)$ 在该邻域中解析，且 $g(z_0) = C_{-m} \neq 0$，必要性得证.

反过来，当任何一个函数 $f(z)$ 能表示成 $\frac{1}{(z-z_0)^m}g(z)$ 的形式，且 $g(z_0) \neq 0$，那么 z_0 为函数 $f(z)$ 的 m 级极点.

定理 5.3　z_0 是 $f(z)$ 的极点的充分必要条件是，$\lim\limits_{z \to z_0} f(z) = \infty$.

证明(略).

(3) $f(z)$ 的洛朗级数中含有无穷多个 $z-z_0$ 的负幂项，则称 z_0 为 $f(z)$ 的**本性奇点**.

例如，$z=0$ 是 $f(z) = \sin\frac{1}{z}$ 的本性奇点，因为在 $0 < |z| < +\infty$ 内其洛朗级数

$$f(z) = \sin\frac{1}{z} = \frac{1}{z} - \frac{1}{3!z^3} + \frac{1}{5!z^5} + \cdots + \frac{(-1)^n}{(2n+1)!}\frac{1}{z^{2n+1}} + \cdots$$

中有无穷多项 z 的负幂次项.

定理 5.4　z_0 是 $f(z)$ 的本性奇点的充分必要条件是 $\lim\limits_{z \to z_0} f(z)$ 不存在且不为 ∞.

综上所述，如果 z_0 是函数 $f(z)$ 的可去奇点，则 $\lim\limits_{z \to z_0} f(z)$ 存在；如果 z_0 是 $f(z)$ 的极点，则 $\lim\limits_{z \to z_0} f(z) = \infty$；如果 z_0 是 $f(z)$ 的本性奇点，则 $\lim\limits_{z \to z_0} f(z)$ 不存在且不为 ∞. 我们可以利用上述极限的不同情形来判断孤立奇点的类型.

例 5.1　函数 $f(z) = \frac{2z+1}{z(z-1)^2}$ 是以 $z=0$ 为一级极点，以 $z=1$ 为二级极点.

解　由定义知，$z_1 = 0, z_2 = 1$ 为 $f(z)$ 的孤立奇点.

因为 $\frac{2z+1}{z(z-1)^2} = \frac{1}{z} \cdot \frac{2z+1}{(z-1)^2}$，而 $\frac{2z+1}{(z-1)^2}$ 在 $z_1 = 0$ 处解析而且不为零，所以 $z=0$ 为函数 $f(z)$ 的一级极点.

同理可知，$z=1$ 为二级极点.

应该指出，在判断某一个孤立奇点是函数的何种奇点时，不能只看函数的表面形式就下结论，而要做严格的判断. 例如对于函数 $\frac{\sinh z}{z^n}$ (n 是正整数)，似乎

$z=0$ 是它 的 n 级极点，其实不然，当 $n=1$ 时，$z=0$ 是可去奇点；当 $n>1$ 时，$z=0$ 是 $\frac{\sinh z}{z^n}$ 的 $(n-1)$ 级极点. 这是因为

$$\frac{\sinh z}{z^n}=\frac{1}{z^n}\left[z+\frac{z^3}{3!}+\frac{z^5}{5!}+\cdots+\frac{z^{2n+1}}{(2n+1)!}+\cdots\right]$$

$$=\frac{1}{z^{n-1}}+\frac{1}{3!}\frac{1}{z^{n-3}}+\cdots+\frac{1}{(2k-1)!}\frac{1}{z^{n-2k+1}}+\cdots$$

二、函数的零点与极点的关系

零点 设函数 $f(z)$ 在解析区域 D 内的一点 z_0 处的值为零，即 $f(z_0)=0$，则称 z_0 为解析函数 $f(z)$ 的零点.

***m* 级零点** 若不恒等于零的解析函数 $f(z)$ 可以表示成

$$f(z)=(z-z_0)^m\varphi(z)$$

其中 $\varphi(z)$ 在 z_0 点解析，且 $\varphi(z_0)\neq 0$，m 为某个正整数，则称 z_0 为 $f(z)$ 的 ***m* 级零点**.

例如 $z=1$ 与 $z=3$ 分别是函数 $f(z)=(z-1)^2(z-3)^5$ 的二级与五级零点.

如果 $f(z)$ 在 z_0 点解析，则 z_0 为 $f(z)$ 的 m 级零点的充要条件是：

$$f^{(n)}(z_0)=0,(n=0,1,2,\cdots,m-1),f^{(m)}(z_0)\neq 0$$

定理 5.5 如果 z_0 为 $f(z)$ 的 m 级极点，则 z_0 为 $\frac{1}{f(z)}$ 的 m 级零点；反之也成立.

证明(略)

例 5.2 求 $f(z)=\frac{1}{e^z-1}-\frac{1}{z}$ 的孤立奇点，并且指出其奇点的类别.

解 $z=0$ 均为 $f(z)=\frac{1}{e^z-1}-\frac{1}{z}=\frac{z-e^z+1}{z(e^z-1)}$ 分子分母的零点，它是分子 $(z-e^z+1)$ 的二级零点，也是分母 $z(e^z-1)$ 的二级零点，所以 $z=0$ 是函数 $f(z)$ 的可去奇点.

$z_k=2k\pi i(k=\pm 1,\pm 2,\cdots)$ 是分母 $z(e^z-1)$ 的一级零点，而不是分子的零点，所以 $z_k=2k\pi i(k=\pm 1,\pm 2,\cdots)$ 是 $f(z)$ 的一级极点.

例 5.3 指出函数 $f(z)=\frac{1}{e^z+1}$ 的孤立奇点，并给予分类.

解 使 $e^z+1=0$ 的点是 $f(z)$ 的奇点，这些奇点是 $z_n=(2k+1)\pi i(k=0,\pm 1,\pm 2,\cdots)$，它们都是孤立奇点，由于 $(e^z+1)'\big|_{z=z_k}=-1\neq 0$，所以，$z_k$ 均为 e^z+1 的一级零点，因此，$z_k(k=0,\pm 1,\pm 2,\cdots)$ 是 $f(z)$ 的一极极点.

例 5.4　证明 $z=0$ 是函数 $f(z)=z^2e^{\frac{1}{z}}$ 的本性奇点.

证　因为在 $0<|z|<\infty$ 内,

$$z^2e^{\frac{1}{z}}=z^2(1+z^{-1}+\frac{1}{2!}z^{-2}+\cdots+\frac{1}{n!}z^{-n}+\cdots)$$

$$=z^2+z+\frac{1}{2!}z^{-1}+\cdots+\frac{1}{n!}z^{-n+2}+\cdots$$

有无穷多个负幂项,所以 $z=0$ 是 $f(z)$ 的本性奇点.

或因为

$$\lim_{z=x\to0^+}z^2e^{\frac{1}{z}}=\lim_{x\to0^+}x^2e^{\frac{1}{x}}=+\infty,\qquad \lim_{z=x\to0^-}z^2e^{\frac{1}{z}}=\lim_{x\to0^-}x^2e^{\frac{1}{x}}=0.$$

所以 $\lim\limits_{z\to0}z^2e^{\frac{1}{z}}$ 不存在,也不为 ∞;所以 $z=0$ 是 $f(z)$ 的本性奇点.

以上讨论了有限孤立奇点类型的判断,现在我们来讨论函数在无穷远点邻域内的性质.

三、函数在无穷远点的性态

定义 5.1　如果函数 $f(z)$ 在无穷远点 $z=\infty$ 的一个去心邻域 $R<|z|<+\infty$ 内解析,则称 ∞ 为函数 $f(z)$ 的孤立奇点.

定义 5.2　设 ∞ 点是函数的孤立奇点,且 $f(z)$ 在 ∞ 点的某个邻域 $R<|z|<+\infty$ 内解析,则在此邻域内 $f(z)$ 可展开成洛朗级数

$$f(z)=\sum_{n=-\infty}^{\infty}C_nz^n=\sum_{n=-\infty}^{0}C_nz^n+\sum_{n=1}^{\infty}C_nz^n\quad(R<|z|<+\infty)$$

作变换 $z=\frac{1}{t}$,记 $f(z)=f(\frac{1}{t})=\varphi(t)$,此时 z 平面上的 $z=\infty$ 映为 t 平面上的 $t=0$ 点,z 平面上 ∞ 点的邻域 $R<|z|<\infty$ 映为 t 平面上以 $z=0$ 为中心的去心邻域 $0<|t|<\frac{1}{R}$(如果 $R=0$,规定 $\frac{1}{R}=\infty$),所以 $t=0$ 是 $\varphi(t)$ 的孤立奇点.其洛朗级数式变为

$$\varphi(t)=\sum_{n=0}^{+\infty}C_{-n}t^n+\sum_{n=1}^{\infty}C_nt^{-n}\quad\left(0<|t|<\frac{1}{R}\right)$$

此时,右边第二个级数 $\sum\limits_{n=1}^{\infty}C_nt^{-n}$ 是 $\varphi(t)$ 在 $t=0$ 的去心邻域 $0<|t|<\frac{1}{R}$ 中洛朗级数的负幂项部分,所以 $t=0$ 是函数 $\varphi(t)$ 的可去奇点、m 级极点、本性奇点,就对应了 $z=\infty$ 是函数 $f(z)$ 的可去奇点、m 级极点、本性奇点.

因此,有以下结论:

(1) 如果在 ∞ 处洛朗级数不含正幂项,则称 $z=\infty$ 为 $f(z)$ 的可去奇点.

(2) 如果在 ∞ 处洛朗级数含有有限个正幂项,则 $z=\infty$ 称为 $f(z)$ 的 m 级

极点.

(3) 如果在 ∞ 处洛朗级数含有无穷多项正幂项,则称 $z=\infty$ 为 $f(z)$ 的本性奇点.

定理 5.6 设函数 $f(z)$ 在区域 $R<|z|<+\infty$ 内解析,那么 $z=\infty$ 是 $f(z)$ 的可去奇点、极点、本性奇点的充分必要条件是:$\lim\limits_{z\to\infty}f(z)=c$(常数)、$\lim\limits_{z\to\infty}f(z)=\infty$、$\lim\limits_{z\to\infty}f(z)$ 不存在也不为 ∞.

例 5.5 验证 $z=\infty$ 是函数 $f(z)=e^{\frac{1}{z}}$ 的可去奇点.

解 因为 $f(z)=e^{\frac{1}{z}}$ 在 ∞ 的邻域 $0<|z|<+\infty$ 解析,它的洛朗级数

$$f(z)=e^{\frac{1}{z}}=1+\frac{1}{z}+\frac{1}{2!z^2}+\cdots+\frac{1}{n!z^n}+\cdots\quad(0<|z|<+\infty)$$

中不含有 z 的正幂部分,所以 $z=\infty$ 是函数 $f(z)=e^{\frac{1}{z}}$ 的可去奇点.

例 5.6 求出下列函数的奇点(包括 ∞ 点),并确定其类别.

(1) $f(z)=\dfrac{z-1}{z(z^2+4)^2}$; (2) $f(z)=\dfrac{1-\cos z}{z^k}$($k$ 为正整数).

解 (1) $z=0$ 为一级极点;$z=\pm 2i$ 为二级极点;

$z=\infty$ 为可去奇点$\left(因为\lim\limits_{z\to\infty}\dfrac{z-1}{z(z^2+4)^2}=0\right)$.

(2) $$\frac{1-\cos z}{z^k}=\frac{1}{z^k}\left\{1-\left[1-\frac{z^2}{2!}+\frac{z^4}{4!}+\cdots+(-1)^n\frac{z^{2n}}{(2n)!}+\cdots\right]\right\}$$
$$=\frac{1}{z^k}\left[\frac{z^2}{2!}-\frac{z^4}{4!}+\cdots+(-1)^{n-1}\frac{z^{2n}}{(2n)!}+\cdots\right]$$
$$(0<|z|<+\infty).$$

可见,当 $k>2$ 时,$z=0$ 是 $f(z)$ 的 $k-2$ 级极点;

当 $0<k\leqslant 2$ 时,$z=0$ 是 $f(z)$ 的可去奇点;

$z=\infty$ 是本性奇点.

第二节 留数定理与留数计算

一、留数的定义

如果函数 $f(z)$ 在 z_0 的邻域内解析,那么根据柯西-古萨基本定理

$$\oint_C f(z)\mathrm{d}z=0,$$

其中 C 为 z_0 邻域内的任意一条简单闭曲线.

但是,如果 z_0 为 $f(z)$ 的一个孤立奇点,那么沿在 z_0 的某个去心邻域 $0<$

$|z-z_0|<R$ 内包含 z_0 的任意一条正向简单闭曲线 C 的积分

$$\oint_C f(z)\mathrm{d}z$$

一般就不等于零. 因此将函数 $f(z)$ 在此邻域内展开成洛朗级数

$$f(z) = \cdots + c_{-m}(z-z_0)^{-m} + \cdots + c_{-1}(z-z_0)^{-1} + c_0 + c_1(z-z_0) + \cdots + c_n(z-z_0)^n + \cdots$$

后，再对此展开式得两端沿 C 逐项积分，则有

$$\oint_C f(z)\mathrm{d}z = \cdots + c_{-m}\oint_C \frac{1}{(z-z_0)^m}\mathrm{d}z + \cdots + c_{-1}\oint_C \frac{1}{z-z_0}\mathrm{d}z + c_0\oint_C \mathrm{d}z + c_1\oint_C z-z_0\,\mathrm{d}z + \cdots$$

由于

$$I_n = \oint_C \frac{\mathrm{d}z}{(z-z_0)^{n+1}} = \begin{cases} 2\pi\mathrm{i}, n=0 \\ 0, \quad n\neq 0 \end{cases}$$

于是，右端各项的积分除留下 $c_{-1}(z-z_0)^{-1}$ 的一项等于 $2\pi\mathrm{i}c_{-1}$ 外，其余各项的积分都等于零，所以

$$\oint_C f(z)\mathrm{d}z = 2\pi\mathrm{i}c_{-1}.$$

我们把(留下的)这个积分值除以 $2\pi\mathrm{i}$ 后所得的数称为 $f(z)$ 在 z_0 的**留数**，记作 $\mathrm{Res}[f(z),z_0]$，即

$$\mathrm{Res}[f(z),z_0] = \frac{1}{2\pi\mathrm{i}}\oint_C f(z)\mathrm{d}z.$$

从而有

$$\mathrm{Res}[f(z),z_0] = c_{-1}$$

也就是说，$f(z)$ 在 z_0 的留数就是 $f(z)$ 在以 z_0 为中心的圆环域内的洛朗级数中负幂项 $c_{-1}(z-z_0)^{-1}$ 的系数.

二、留数定理

留数定义说明了若一个函数在闭曲线及其内部仅有一个孤立奇点，那么函数在闭曲线上的积分将可用它在奇点处的留数来表示. 若把该式与多连通区域柯西积分公式的推广定理联系起来，我们就可以讨论在闭曲线内部有有限个孤立奇点的函数在边界上的积分问题了，这就是下面将介绍的基本定理 —— 留数定理.

定理 5.7(留数定理)　设函数 $f(z)$ 在区域 D 内除有限个奇点 $z_1, z_2, \cdots, z_n$ 外处处解析，则

$$\oint_C f(z)\mathrm{d}z = 2\pi\mathrm{i}\sum_{k=1}^{n}\mathrm{Res}[f(z),z_k]. \tag{5.1}$$

其中 C 是 D 内包围诸奇点的一条正向简单闭曲线.

证 在 C 内,作 n 个以 $z_k(k=1,2,\cdots,n)$ 为中心、$r_k(k=1,2,\cdots,n)$ 为半径的互不包含、互不相交的小圆 C_k: $|z-z_k|=r_k(k=1,2,\cdots,n)$(图 5.1).

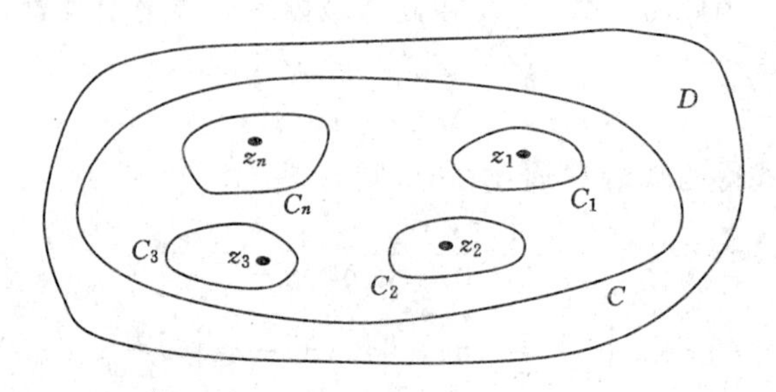

图 5.1

根据复合闭路定理有

$$\oint_C f(z)\mathrm{d}z=\sum_{k=1}^{n}\oint_{C_k} f(z)\mathrm{d}z=\oint_{C_1} f(z)\mathrm{d}z+\oint_{C_2} f(z)\mathrm{d}z+\cdots+\oint_{C_n} f(z)\mathrm{d}z.$$

等式两端同时除以 $2\pi\mathrm{i}$,得

$$\begin{aligned}\frac{1}{2\pi\mathrm{i}}\oint_C f(z)\mathrm{d}z&=\frac{1}{2\pi\mathrm{i}}\oint_{C_1} f(z)\mathrm{d}z+\frac{1}{2\pi\mathrm{i}}\oint_{C_2} f(z)\mathrm{d}z+\cdots+\frac{1}{2\pi\mathrm{i}}\oint_{C_n} f(z)\mathrm{d}z\\&=\mathrm{Res}[f(z),z_1]+\mathrm{Res}[f(z),z_2]+\\&\quad\cdots+\mathrm{Res}[f(z),z_n]\\&=\sum_{k=1}^{n}\mathrm{Res}[f(z),z_k]\end{aligned}$$

三、留数计算

留数的计算,除了求其在奇点处洛朗级数展开式中负一次幂的系数 C_{-1} 方法外,还可以使用下面方法进行计算.

(1) 如果函数 $f(z)$ 在 z_0 的邻域内解析,$\oint_C f(z)\mathrm{d}z=0$,则可以认为 $\mathrm{Res}[f(z),z_0]=0$.

(2) 如果 z_0 为函数 $f(z)$ 的孤立奇点,分三种情形讨论:

情形一,如果 z_0 为函数 $f(z)$ 的可去奇点,则其洛朗级数展开式中不含负幂项,所以 $C_{-1}=0$ 即 $\mathrm{Res}[f(z),z_0]=0$.

情形二,如果 z_0 为函数 $f(z)$ 的本性奇点,我们只能进行洛朗展开,在洛朗级数中找出 $(z-z_0)^{-1}$ 的系数 C_{-1}.

情形三,如果 z_0 为函数 $f(z)$ 的 m 级极点,这是我们讨论的重点,下面给出三个计算规则:

规则 Ⅰ　当 z_0 为 $f(z)$ 一级极点时,那么

$$\operatorname{Res}[f(z),z_0]=\lim_{z\to z_0}(z-z_0)f(z).$$

规则 Ⅱ　设 z_0 是函数 $f(z)$ 的 m 级极点,则

$$\operatorname{Res}[f(z),z_0]=\frac{1}{(m-1)!}\lim_{z\to z_0}\frac{\mathrm{d}^{m-1}}{\mathrm{d}z^{m-1}}[(z-z_0)^m f(z)].$$

证　已知 z_0 是函数 $f(z)$ 的 m 级极点,则在 z_0 点的某个去心邻域 $0<|z-z_0|<R$ 内

$$f(z)=C_{-m}\frac{1}{(z-z_0)^m}+\cdots+C_{-1}\frac{1}{z-z_0}+C_0+C_1(z-z_0)+\cdots+C_n(z-z_0)^n+\cdots.$$

式中 $C_{-m}\neq 0$,所以

$$(z-z_0)^m f(z)=C_{-m}+C_{-m+1}(z-z_0)+\cdots+C_{-1}(z-z_0)^{m-1}+C_0(z-z_0)^m+\cdots,$$

于是

$$\lim_{z\to z_0}\frac{\mathrm{d}^{m-1}}{\mathrm{d}z^{m-1}}[(z-z_0)^m f(z)]=(m-1)!C_{-1}$$

因此有

$$C_{-1}=\frac{1}{(m-1)!}\lim_{z\to z_0}\frac{\mathrm{d}^{m-1}}{\mathrm{d}z^{m-1}}[(z-z_0)^m f(z)].$$

显然,规则 Ⅰ 是规则 Ⅱ($m=1$ 时)的特殊情形.

规则 Ⅲ　若 $f(z)=\dfrac{P(z)}{Q(z)}$,其中 $P(z)$ 与 $Q(z)$ 在点 z_0 解析,且 $P(z_0)\neq 0$,$Q(z_0)=0$,而 $Q'(z_0)\neq 0$[即 z_0 为 $f(z)$ 的一级极点],则

$$\operatorname{Res}[f(z),z_0]=\frac{P(z_0)}{Q'(z_0)}$$

证　很显然,由 $Q(z_0)=0$,而 $Q'(z_0)\neq 0$ 可知,z_0 为 $Q(z)$ 的一级零点,则根据零点和极点的关系可知,z_0 为$\dfrac{1}{Q(z)}$的一级零点,而 $P(z)$ 在点 z_0 解析,且 $P(z_0)\neq 0$,所以可得 z_0 为 $f(z)=\dfrac{P(z)}{Q(z)}$ 的一级极点.根据规则 Ⅰ,

$$\operatorname{Res}[f(z),z_0]=\lim_{z\to z_0}\left[(z-z_0)\frac{P(z)}{Q(z)}\right]=\lim_{z\to z_0}\frac{P(z)}{\dfrac{Q(z)-Q(z_0)}{z-z_0}}=\frac{P(z)}{Q'(z_0)}.$$

例 5.7　求函数 $f(z)=\dfrac{1}{z^3-z^5}$ 在有限奇点处的留数.

解　$f(z)=\dfrac{1}{z^3-z^5}$ 在复平面上有三个孤立奇点,分别为 $z=-1$、$z=1$ 和

$z=0$. 其中 $z=-1$ 和 $z=1$ 是 $f(z)$ 的一级极点；$z=0$ 是 $f(z)$ 的三级极点.

由规则 Ⅲ $\quad \operatorname{Res}[f(z),-1]=\left.\dfrac{1}{(z^3-z^5)'}\right|_{z=-1}=-\dfrac{1}{2}$.

$$\operatorname{Res}[f(z),1]=\left.\frac{1}{(z^3-z^5)'}\right|_{z=1}=-\frac{1}{2}$$

由规则 Ⅱ

$$\operatorname{Res}[f(z),0]=\frac{1}{2}\lim_{z\to 0}\frac{\mathrm{d}^2}{\mathrm{d}z^2}\left[z^3\frac{1}{z^3-z^5}\right]=\frac{1}{4}\left.\left(\frac{1}{1-z}+\frac{1}{1+z}\right)''\right|_{z=0}=1.$$

上述 $f(z)$ 在 $z=0$ 处的留数，也可由函数 $f(z)=\dfrac{1}{z^3-z^5}$ 在 $z=0$ 的去心邻域 $0<|z|<1$ 内的洛朗级数中直接去找：

$$\frac{1}{z^3-z^5}=\frac{1}{z^3}\frac{1}{1-z^2}=\frac{1}{z^3}(1+z^2+z^4+\cdots)$$

$$=\frac{1}{z^3}+\frac{1}{z}+z+\cdots+z^{2n-3}+\cdots\quad(0<|z|<1)$$

所以

$$\operatorname{Res}\left[\frac{1}{z^3-z^5},0\right]=1.$$

这个结果和使用规则 Ⅱ 得到的结果是相同的.

例 5.8 求函数 $f(z)=\dfrac{\sinh z}{z^n}$($n$ 为正整数) 在奇点处的留数.

解 由于 $f(z)=\dfrac{\sinh z}{z^n}$

$$=\frac{1}{z^n}\left[z+\frac{z^3}{3!}+\cdots+\frac{z^{2k-1}}{(2k-1)!}+\cdots\right](0<|z|<+\infty).$$

当 $n=1$ 时，$z=0$ 是 $\dfrac{\sinh z}{z}$ 的可去奇点.

当 $n\geqslant 2$ 时，$z=0$ 是 $\dfrac{\sinh z}{z^n}$ 的 $(n-1)$ 级极点.

显然当 n 是奇数时，洛朗级数中 $\dfrac{1}{z}$ 系数为零；当 n 是偶数时，$n=2k$. 此时洛朗级数中 $\dfrac{1}{z}$ 项的系数为 $\dfrac{1}{(2k-1)!}$，即为 $\dfrac{1}{(n-1)!}$，所以有

$$\operatorname{Res}\left[\frac{\sinh z}{z^n};0\right]=\begin{cases}\dfrac{1}{(n-1)!}; & \text{当 } n \text{ 是偶数时；}\\ 0; & \text{当 } n \text{ 是奇数时.}\end{cases}$$

在该题中，如果运用高阶极点的规则 Ⅱ 求留数，就要对 $\dfrac{\sinh z}{z}$ 求 $n-1$ 阶的

导数；当 n 越大时，计算就越麻烦，所以应该视题而选择适当的方法.

例 5.9　计算积分$\oint_C \frac{z\mathrm{e}^z}{z^2-1}\mathrm{d}z$，$C$ 为正向圆周：$|z|=2$.

解　由于 $f(z)=\frac{z\mathrm{e}^z}{z^2-1}$ 有两个一级极点 $+1$、-1，而这两个极点都在圆周 $|z|=2$ 内，所以

$$\oint_C \frac{z\mathrm{e}^z}{z^2-1}\mathrm{d}z = 2\pi\mathrm{i}\{\mathrm{Res}[f(z),1]+\mathrm{Res}[f(z),-1]\},$$

由规则 Ⅰ，得

$$\mathrm{Res}[f(z),1]=\lim_{z\to 1}(z-1)\frac{z\mathrm{e}^z}{z^2-1}=\lim_{z\to 1}\frac{z\mathrm{e}^z}{z+1}=\frac{\mathrm{e}}{2},$$

$$\mathrm{Res}[f(z),-1]=\lim_{z\to -1}(z+1)\frac{z\mathrm{e}^z}{z^2-1}=\lim_{z\to -1}\frac{z\mathrm{e}^z}{z-1}=\frac{\mathrm{e}^{-1}}{2}.$$

因此

$$\oint_C \frac{z\mathrm{e}^z}{z^2-1}\mathrm{d}z = 2\pi\mathrm{i}\left(\frac{\mathrm{e}}{2}+\frac{\mathrm{e}^{-1}}{2}\right)=2\pi\mathrm{i}\cosh 1,$$

我们也可以用规则 Ⅲ 来求留数：

$$\mathrm{Res}[f(z),1]=\left.\frac{z\mathrm{e}^z}{2z}\right|_{z=1}=\frac{\mathrm{e}}{2};$$

$$\mathrm{Res}[f(z),-1]=\left.\frac{z\mathrm{e}^z}{2z}\right|_{z=-1}=\frac{\mathrm{e}^{-1}}{2}.$$

这比用规则 Ⅰ 要简单些.

例 5.10　计算积分$\oint_C \frac{z}{z^4-1}\mathrm{d}z$，$C$ 为正向圆周：$|z|=2$.

解　被积函数$\oint_C \frac{z}{z^4-1}$ 有四个一级极点 ± 1、$\pm \mathrm{i}$ 都在圆周 $|z|=2$ 内，所以

$$\oint_C \frac{z}{z^4-1}\mathrm{d}z = 2\pi\mathrm{i}\{\mathrm{Res}[f(z),1]+\mathrm{Res}[f(z),-1]+\mathrm{Res}[f(z),\mathrm{i}]+\mathrm{Res}[f(z),-\mathrm{i}]\}.$$

由规则 Ⅲ，$\frac{P(z)}{Q'(z)}=\frac{z}{4z^3}=\frac{1}{4z^2}$，故

$$\oint_C \frac{z}{z^4-1}\mathrm{d}z = 2\pi\mathrm{i}\left\{\frac{1}{4}+\frac{1}{4}-\frac{1}{4}-\frac{1}{4}\right\}=0.$$

例 5.11　计算积分$\oint_C \frac{\mathrm{e}^z}{z(z-1)^2}\mathrm{d}z$，$C$ 为正向圆周：$|z|=2$.

解　$z=0$ 为被积函数的一级极点，$z=1$ 为二级极点，而

$$\operatorname{Res}[f(z),0]=\lim_{z\to 0}z\cdot\frac{e^z}{z\,(z-1)^2}=\lim_{z\to 0}\frac{e^z}{(z-1)^2}=1.$$

$$\operatorname{Res}[f(z),1]=\frac{1}{(2-1)!}\lim_{z\to 1}\frac{d}{dz}\left[(z-1)^2\frac{e^z}{z\,(z-1)^2}\right]$$

$$=\lim_{z\to 1}\frac{d}{dz}\left(\frac{e^z}{z}\right)=\lim_{z\to 1}\frac{e^z(z-1)}{z^2}=0.$$

所以

$$\oint_C\frac{e^z}{z\,(z-1)^2}dz=2\pi i\{\operatorname{Res}[f(z),0]+\operatorname{Res}[f(z),1]\}=2\pi i(1+0)=2\pi i.$$

四、在无穷远点的留数

设函数 $f(z)$ 在圆环域 $R<|z|<+\infty$ 内解析，C 为这圆环域内绕原点的任何一条正向简单闭曲线，那么积分

$$\frac{1}{2\pi i}\oint_{C^-}f(z)dz$$

的值与 C 无关，我们称此值为 $f(z)$ 在 ∞ 点的留数，记作

$$\operatorname{Res}[f(z),\infty]=\frac{1}{2\pi i}\oint_{C^-}f(z)dz.$$

这里积分路线的方向是负的(顺时针的方向).

将
$$c_{-1}=\frac{1}{2\pi i}\oint_C f(z)dz,$$

代入上式得

$$\operatorname{Res}[f(z),\infty]=-c_{-1},$$

这就是说，$f(z)$ 在 ∞ 点的留数等于它在 ∞ 点的去心领域 $R<|z|<+\infty$ 内洛朗展开式中 z^{-1} 的系数的变号.

定理 5.8 如果函数 $f(z)$ 在扩充复平面内只有有限个孤立奇点，那么 $f(z)$ 在所有各奇点(包括 ∞ 点)的留数的总和必等于零.

证 除 ∞ 点外，设 $f(z)$ 的有限个奇点为 $z_k(k=1,2,\cdots,n)$. 又设 C 为一条绕原点的并将 $z_k(k=1,2,\cdots,n)$ 包含在它内部的正向简单闭曲线，那么根据留数定理与在无穷远点的留数定义，就有

$$\operatorname{Res}[f(z),\infty]+\sum_{k=1}^{n}\operatorname{Res}[f(z),z_k]=\frac{1}{2\pi i}\oint_{C^-}f(z)dz+\frac{1}{2\pi i}\oint_C f(z)dz=0.$$

关于在无穷远点的留数计算，有以下的规则：

规则四 $\operatorname{Res}[f(z),\infty]=-\operatorname{Res}\left[f\left(\frac{1}{z}\right)\cdot\frac{1}{z^2},0\right]$

证 取 C 为半径足够大的正向圆周：$|z|=\rho$.

令 $z=\frac{1}{\zeta}$,并设 $z=\rho e^{i\theta}$,$\zeta=re^{i\varphi}$,那么 $\rho=\frac{1}{r}$,$\theta=-\varphi$,于是有

$$\begin{aligned}\text{Res}[f(z),\infty]&=\frac{1}{2\pi i}\oint_{C^-}f(z)dz=\frac{1}{2\pi i}\int_0^{-2\pi}f(\rho e^{i\theta})\rho ie^{i\theta}d\theta\\&=-\frac{1}{2\pi i}\int_0^{2\pi}f\left(\frac{1}{re^{i\varphi}}\right)\frac{i}{re^{i\varphi}}d\varphi\\&=-\frac{1}{2\pi i}\int_0^{2\pi}f\left(\frac{1}{re^{i\varphi}}\right)\frac{1}{(re^{i\varphi})^2}d(re^{i\varphi})\\&=-\frac{1}{2\pi i}\oint_{|\zeta|=\frac{1}{\rho}}f\left(\frac{1}{\zeta}\right)\frac{1}{\zeta^2}d\zeta\quad\left(|\zeta|=\frac{1}{\rho}\text{ 为正向}\right).\end{aligned}$$

由于 $f(z)$ 在 $\rho<|z|<+\infty$ 内解析,从而 $f\left(\frac{1}{\zeta}\right)$在 $0<|\zeta|<\frac{1}{\rho}$ 内解析,因此 $f\left(\frac{1}{\zeta}\right)\frac{1}{\zeta^2}$ 在 $|\zeta|<\frac{1}{\rho}$ 内除 $\zeta=0$ 外没有其他奇点.由留数定理,得

$$\frac{1}{2\pi i}\oint_{|\zeta|=\frac{1}{\rho}}f\left(\frac{1}{\zeta}\right)\frac{1}{\zeta^2}d\zeta=\text{Res}\left[f\left(\frac{1}{\zeta}\right)\frac{1}{\zeta^2},0\right].$$

例 5.12　计算积分$\oint_C\frac{z}{z^4-1}dz$,C 为正向圆周:$|z|=2$.

解　函数$\frac{z}{z^4-1}$ 在 $|z|=2$ 的外部,除 ∞ 点外没有其他奇点.

$$\begin{aligned}\oint_C\frac{z}{z^4-1}dz&=-2\pi i\text{Res}[f(z),\infty]=2\pi i\text{Res}\left[f\left(\frac{1}{z}\right)\frac{1}{z^2},0\right]\\&=2\pi i\text{Res}\left[\frac{z}{1-z^4},0\right]=0.\end{aligned}$$

第三节　留数在定积分中的应用

使用留数定理来计算定积分是计算定积分的一个有效的方法.留数定理使用时候要特别注意三点,第一,被积函数要转化为复变函数,第二,积分曲线闭合,第三,积分曲线上不能含有 $f(z)$ 的奇点.

情形一:形如$\int_0^{2\pi}R(\sin x,\cos x)dx$ 的积分,其中 $R(\cos x,\sin x)$ 表示关于 $\cos x$ 与 $\sin x$ 的有理函数且 $R(\cos x,\sin x)$ 在$[0,2\pi]$上连续.

令 $e^{ix}=z$,则 $dx=\frac{dz}{iz}$

$$\cos x=\frac{e^{ix}+e^{-ix}}{2}=\frac{z^2+1}{2z}$$

$$\sin x = \frac{e^{ix} - e^{-ix}}{2i} = \frac{z^2 - 1}{2iz}$$

其次，当 x 由 0 连续地变动到 2π 时，则 z 连续地在周围 $C: |z| = 1$ 上变动一周，故有

$$\int_0^{2\pi} R(\cos x, \sin x) dx = \oint_{|z|=1} R\left(\frac{z^2+1}{2z}, \frac{z^2-1}{2iz}\right) \frac{dz}{iz}$$

经过变形，将其转化为单位圆上的复函数积分，可对其使用留数定理进行计算.

例 5.13 求 $\int_0^{2\pi} \frac{dx}{1 - 2p\cos x + p^2} (0 < p < 1)$ 的值.

解 令 $e^{ix} = z$，则 $dz = ie^{ix}dx, dx = \frac{1}{iz}dz, \cos x = \frac{e^{ix} + e^{-ix}}{2} = \frac{z^2+1}{2z}$

$$\int_0^{2\pi} \frac{dx}{1 - 2p\cos x + p^2} = \frac{-1}{i} \oint_{|z|=1} \frac{dz}{pz^2 - (p^2+1)z + p}$$

$$= \frac{-1}{ip} \oint_{|z|=1} \frac{1}{\left(z - \frac{1}{p}\right)(z - p)} dz$$

由于 $0 < p < 1$，故在 $|z| \leqslant 1$ 内，被积函数只有一个极点 $z = p$，于是

$$\int_0^{2\pi} \frac{dx}{1 - 2p\cos x + p^2} = \frac{-1}{ip} \cdot 2\pi i \text{Res}\left[\frac{1}{\left(z - \frac{1}{p}\right)(z - p)}, p\right]$$

$$= \frac{-2\pi}{p} \lim_{z \to p} \left[(z - p) \frac{1}{\left(z - \frac{1}{p}\right)(z - p)}\right] = \frac{2\pi}{1 - p^2}$$

如图 5.2 所示，对于实积分 $\int_a^b f(x)dx$，变量 x 定义在闭区间 $[a, b]$（线段 l_1），此区间应是回路 $l = l_1 + l_2$ 的一部分. 实积分要变为回路积分，则实函数必须解析延拓到复平面上包含回路的一个区域中，而实积分成为回路积分的一部分：

$$\oint_l f(z)dz = \int_a^b f(x)dx + \int_{l_2} f(z)dz$$

即

$$\int_a^b f(x)dx = \oint_l f(z)dz - \int_{l_2} f(z)dz$$

在实际应用中，l_2 一般取成半圆，这样 $\oint_l f(z)dz$ 就可以使用留数定理来计算了.

情形二：形如 $\int_{-\infty}^{+\infty} R(x)dx$ 的积分，其中 $R(x)$ 是 x 的有理函数，而分母的次数至少比分子的次数高二次，并且 $R(z)$ 在实轴上没有孤立奇点时，积分是存在的.

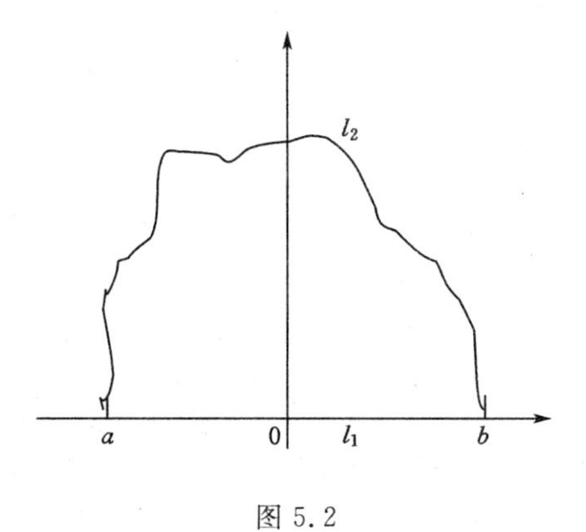

图 5.2

不是一般性，设

$$R(z)=\frac{z^n+a_1z^{n-1}+a_2z^{n-2}+\cdots+a_n}{z^m+b_1z^{n-1}+b_2z^{n-2}+\cdots+b_m},m-n\geqslant 2$$

为一已约分式.

取积分路线如图 5.3 所示，其中 C_R 是以原点为中心、R 为半径的在上半平面的半圆周. 取 R 适当大，使 $R(z)$ 所有的在上半平面内的极点 z_k 都包在该积分路线内. 根据留数定理，得

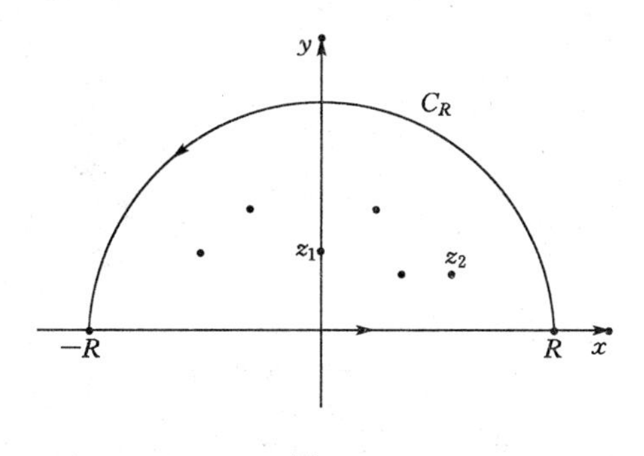

图 5.3

$$\int_{-R}^{R}R(x)\mathrm{d}x+\int_{C_R}R(z)\mathrm{d}z=2\pi\mathrm{i}\sum\mathrm{Res}[R(z),z_k]$$

这个等式，不因 C_R 的半径 R 不断增大而变化.

因为

$$|R(z)|=\frac{1}{|z|^{m-n}}\frac{|1+a_1z^{-1}+\cdots+a_nz^{-n}|}{|1+b_1z^{-1}+\cdots+b_mz^{-m}|}\leqslant\frac{1}{|z|^{m-n}}\frac{1+|a_1z^{-1}+\cdots+a_nz^{-n}|}{1-|b_1z^{-1}+\cdots+b_mz^{-m}|}$$

而当 $|z|$ 充分大时，总可使

$$|a_1z^{-1}+\cdots+a_nz^{-n}|<\frac{1}{10},\ |b_1z^{-1}+\cdots+b_mz^{-m}|<\frac{1}{10}$$

由于 $m-n\geqslant 2$,故有

$$|R(z)|\leqslant\frac{1}{|z|^{m-n}}\frac{1+\frac{1}{10}}{1-\frac{1}{10}}<\frac{2}{|z|^2}$$

因此,在半径 R 充分大的 C_R 上,有

$$\left|\int_{C_R}R(z)\mathrm{d}z\right|\leqslant\int_{C_R}|R(z)|\,\mathrm{d}s\leqslant\frac{2}{R^2}\cdot\pi R=\frac{2\pi}{R}$$

所以,当 $R\to+\infty$ 时,$\int_{C_R}R(z)\mathrm{d}z\to 0$,从而得

$$\int_{-\infty}^{+\infty}R(x)\mathrm{d}x=2\pi\mathrm{i}\sum\mathrm{Res}[R(z),z_k]$$

例 5.14 求$\int_{-\infty}^{+\infty}\frac{1}{(1+x^2)^2}\mathrm{d}x$ 的值.

解 这里 $m=4,n=0,m-n=4\geqslant 2$,令

$$R(z)=\frac{1}{(1+z^2)^2}=\frac{1}{(z+\mathrm{i})^2(z-\mathrm{i})^2},$$

并且实轴上 $R(z)$ 没有孤立奇点,因此积分是存在的.函数 $R(z)$ 有两个二级极点,分别为 $-\mathrm{i}$ 和 i,其中 i 在上半平面内.

选取积分路径如图 5.4 所示.

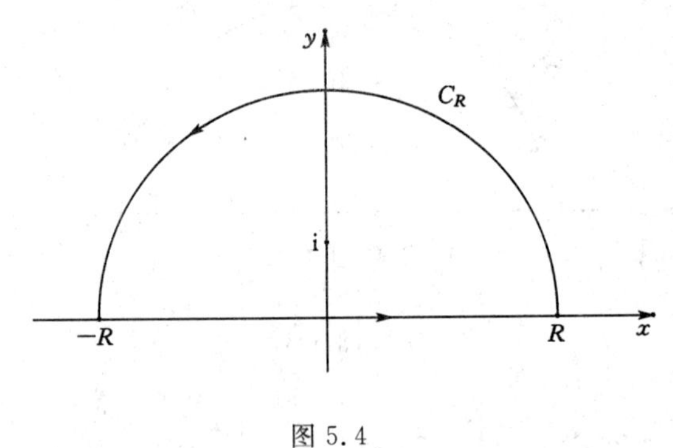

图 5.4

则

$$\int_{-R}^{R}R(x)\mathrm{d}x+\int_{C_R}R(z)\mathrm{d}z=2\pi\mathrm{i}\sum_{k=1}^{n}\mathrm{Res}[R(z),z_k]$$

而

$$\lim_{R\to+\infty}\int_{C_R}f(z)\mathrm{d}z=0$$

因此

$$\int_{-\infty}^{+\infty}\frac{1}{(1+x^2)^2}dx=2\pi i\text{Res}\left[\frac{1}{(z+i)^2(z-i)^2},i\right]$$

$$=2\pi i\cdot\frac{1}{(2-1)!}\lim_{z\to i}\left[\frac{1}{(z+i)^2(z-i)^2}\cdot(z-i)^2\right]'$$

$$=2\pi i\cdot\lim_{z\to i}\left[\frac{1}{(z+i)^2}\right]'=2\pi i\cdot\frac{1}{4i}=\frac{\pi}{2}$$

情形三：形如$\int_{-\infty}^{+\infty}R(z)e^{i\alpha x}dx$的积分($\alpha>0$).

其中$R(x)$是x的有理函数，而分母的次数至少比分子的次数高一次，并且$R(z)$在实轴上没有孤立奇点时，积分是存在的.

约当(Jordan)引理　设$R(z)$在半径圆周$C_R:z=Re^{i\theta}(0<\theta<\pi,R$充分大)上连续，且$\forall z\in C_R$均有$\lim\limits_{R\to+\infty}R(z)=0$，则$\lim\limits_{R\to+\infty}\int_{C_R}R(z)e^{iaz}dz=0$.

类似于情形二，

$$\int_{-R}^{R}R(x)e^{iax}dx+\int_{C_R}R(z)e^{iaz}dz=2\pi i\sum\text{Res}[R(z)e^{iaz},z_k]$$

由约当引理可得，$\lim\limits_{R\to+\infty}\int_{C_R}R(z)e^{iaz}dz=0$，故

$$\int_{-\infty}^{+\infty}R(x)e^{iax}dx=2\pi i\sum\text{Res}[R(z)e^{iaz},z_k]$$

例 5.15　求$\int_{-\infty}^{+\infty}\frac{e^{ix}}{x^2+a^2}dx(a>0)$.

解　令$R(z)=\frac{1}{z^2+a^2}$，积分路径如图5.3所示，则$R(z)$在C_R内只有一个一级极点$z=ai$，对于$\forall z\in C_R$，显然有

$$\int_{-\infty}^{+\infty}\frac{e^{ix}}{x^2+a^2}dx=\lim_{k\to+\infty}\int_{-R}^{R}\frac{e^{ix}}{x^2+a^2}dx+\lim_{R\to+\infty}\int_{C_R}F(z)e^{iz}dz$$

$$=2\pi i\text{Res}\left[\frac{e^{iz}}{z^2+a^2},ai\right]=\frac{\pi}{ae^a}$$

例 5.16　求$\int_0^{+\infty}\frac{\cos x}{x^2+1}dx$.

解　由于对任意$R>0$均有

$$\int_0^R\frac{\cos x}{x^2+1}dx=\int_0^R\frac{e^{ix}+e^{-ix}}{2(x^2+1)}dx=\frac{1}{2}\int_{-R}^{R}\frac{e^{ix}}{x^2+1}dx.$$

令$R(x)=\frac{1}{z^2+1}$，则$R(z)$在C_R内只有一个一级极点$z=i$. 由留数定理有

$$\int_0^{+\infty}\frac{\cos x}{x^2+1}\mathrm{d}x=\frac{1}{2}\lim_{R\to+\infty}\left[\int_{-R}^{R}\frac{\mathrm{e}^{\mathrm{i}x}}{(x^2+1)}\mathrm{d}x+\int_{C_R}\frac{\mathrm{e}^{\mathrm{i}z}}{x^2+1}\mathrm{d}z\right]$$

$$=\frac{1}{2}\cdot 2\pi\mathrm{i}\mathrm{Res}\left[\frac{\mathrm{e}^{\mathrm{i}z}}{z^2+1}\cdot\mathrm{i}\right]=\frac{\pi}{2\mathrm{e}}$$

例 5.17 计算 $I=\int_0^{+\infty}\frac{x\sin mx}{x^4+a^4}\mathrm{d}x(m>0,a>0)$.

解 被积函数为偶函数,所以

$$I=\int_0^{+\infty}\frac{x\sin mx}{x^4+a^4}\mathrm{d}x=\frac{1}{2}\int_{-\infty}^{+\infty}\frac{x\sin mx}{x^4+a^4}\mathrm{d}x=\frac{1}{2}\mathrm{Im}\int_{-\infty}^{+\infty}\frac{x\mathrm{e}^{\mathrm{i}mx}}{x^4+a^4}\mathrm{d}x,$$

设函数关系式为 $f(z)=\frac{z\mathrm{e}^{\mathrm{i}mz}}{z^4+a^4}$,它共有四个一级极点,即

$$a_k=a\mathrm{e}^{\frac{\pi+2k\pi}{4}\mathrm{i}}(k=0,1,2,3)$$

得
$$\mathop{\mathrm{Res}}_{z=a_k}[f(z)]=\left.\frac{z\mathrm{e}^{\mathrm{i}mz}}{z^4+a^4}\right|_{z=a_k}(k=0,1,2,3),$$

因为 $a>0$,所以 $f(z)$ 在上半面只有两个一级极点 a_0 及 a_1,于是

$$\int_{-\infty}^{+\infty}\frac{x\mathrm{e}^{\mathrm{i}mx}}{x^4+a^4}\mathrm{d}x=2\pi\mathrm{i}\sum_{\mathrm{Im}\,a_k>0}\mathrm{Res}\left[\frac{z\mathrm{e}^{\mathrm{i}mz}}{z^4+a^4},a_k\right]=\frac{\pi\mathrm{i}}{a^2}\mathrm{e}^{-\frac{ma}{\sqrt{2}}}\sin\frac{ma}{\sqrt{2}},$$

故 $I=\int_0^{+\infty}\frac{x\sin mx}{x^4+a^4}\mathrm{d}x=\frac{1}{2}\mathrm{Im}\int_{-\infty}^{+\infty}\frac{x\mathrm{e}^{\mathrm{i}mx}}{x^4+a^4}\mathrm{d}x=\frac{\pi\mathrm{i}}{2a^2}\mathrm{e}^{-\frac{ma}{\sqrt{2}}}\sin\frac{ma}{\sqrt{2}}.$

本章小结

本章主要研究了留数理论的基础——留数基本定理以及其在定积分计算中的应用.所研究的主要内容,就其实质来说是解析函数积分理论的继续,而第三章的柯西定理与柯西积分公式则可以认为是留数基本定理的特例.留数的积分表达形式在解析函数的积分计算中具有重要的价值.

对于函数在其极点的留数计算问题,可以转化为求导数和极限问题加以解决.

留数理论为计算某些类型的实变量函数的定积分和广义积分提供极为有效的方法,尤其是对那些计算复杂或者无法用传统方法计算的定积分,尤为实用.即使对于用普通方法可以求解的定积分,如果利用留数理论计算,则往往比较简洁方便.

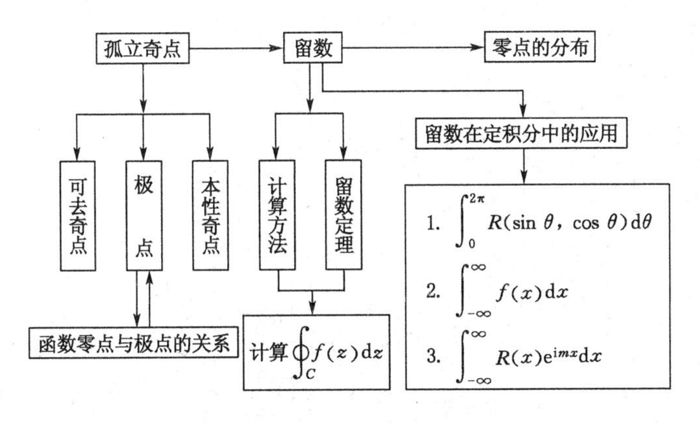

图 5.5　本章知识结构

习　　题

A 组

1. 判断 $z=0$ 是否为下列函数的孤立奇点，并确定奇点的类型.

(1) $\mathrm{e}^{1/z}$；　　(2) $\dfrac{1-\cos z}{z^2}$.

2. 下列函数有些什么奇点？如果是极点，指出其级数.

(1) $\dfrac{\sin z}{z^3}$；　　(2) $\dfrac{1}{z^2(\mathrm{e}^z-1)}$；

(3) $\dfrac{1}{\sin z^2}$.

3. 判定 $z=\infty$ 是下列各函数的什么奇点？

(1) e^{1/z^2}；　　(2) $\cos z-\sin z$；

(3) $\dfrac{2z}{3+z^2}$.

4. 指出下列各函数的所有零点，并说明其级数.

(1) $z\sin z$；　　(2) $z^2\mathrm{e}^{z^2}$；

(3) $\sin z(\mathrm{e}^z-1)z^2$.

5. 求下列函数的留数.

(1) $f(z)=\dfrac{\mathrm{e}^z-1}{z^5}$ 在 $z=0$ 处；　　(2) $f(z)=\mathrm{e}^{\frac{1}{z-1}}$ 在 $z=1$ 处.

6. 求下列函数在有限孤立奇点处的留数.

(1) $\dfrac{z+1}{z^2-2z}$;　　(2) $\dfrac{1+z^4}{(z^2+1)^3}$;

(3) $\dfrac{1-e^{2z}}{z^4}$;　　(4) $z^2\sin\dfrac{1}{z}$;

(5) $\cos\dfrac{1}{1-z}$;　　(6) $\dfrac{1}{z\sin z}$.

7. 利用留数计算下列积分(积分曲线均取正向).

(1) $\oint_{|z|=1}\dfrac{1}{z}dz$;　　(2) $\oint_{|z|=3}\dfrac{1}{z(z+1)}dz$;

(3) $\oint_{|z|=3}\dfrac{z}{z^2-1}dz$;　　(4) $\oint_{|z|=2}\dfrac{e^{2z}}{(z-1)^2}dz$;

(5) $\oint_{|z|=\frac{3}{2}}\dfrac{e^z}{(z-1)(z+3)^2}dz$;　　(6) $\oint_{|z|=1}\dfrac{z}{\sin z}dz$.

8. 判断 $z=\infty$ 是下列各函数的什么奇点?求出在 ∞ 的留数.

(1) $e^{\frac{1}{z^2}}$;　　(2) $\cos z-\sin z$;

(3) $\dfrac{e^z}{z^2-1}$;　　(4) $\dfrac{1}{z(z+1)^4(z-4)}$.

9. 计算下列积分.

(1) $\oint_{|z|=2}\dfrac{z^{15}}{(z^2+1)^2(z^2+2)^3}e^{\frac{1}{z}}dz$;　　(2) $\oint_{|z|=\frac{1}{2}}\dfrac{z^3}{1+z}e^{\frac{1}{z}}dz$;

(3) $\int_0^{\pi}\dfrac{\cos m\theta}{5-4\cos\theta}d\theta$;　　(4) $\int_0^{2\pi}\dfrac{\cos 3\theta}{1-2a\cos\theta+a^2}d\theta,\ |a|>1$;

(5) $\int_{-\infty}^{+\infty}\dfrac{dx}{(x^2+a^2)(x^2+b^2)},a>0,b>0$;

(6) $\int_0^{+\infty}\dfrac{x^2}{(x^2+a^2)^2}dx,a>0$.

10. 利用洛朗展开式求函数 $(z+1)^2\cdot\sin\dfrac{1}{z}$ 在 ∞ 处的留数.

11*. 计算下列积分.

(1) $\int_0^{2\pi}\dfrac{1}{5+3\sin\theta}d\theta$;　　(2) $\int_0^{+\infty}\dfrac{x^2}{1+x^4}dx$;

(3) $\int_{-\infty}^{+\infty}\dfrac{x\sin x}{1+x^2}dx$.

12. $z=0$ 是函数 $(\sin z+\sinh z-2z)^{-2}$ 的几级极点?

13. 利用对数留数计算下列积分.

(1) $\oint_{|z|=3}\tan z dz$;　　(2) $\oint_{|z|=1}\dfrac{1}{z\sin z}dz$;

(3) $\oint_{|z|=\frac{1}{2}} \frac{\sin z}{z(1-e^z)}dz$；　　(4) $\oint_{|z|=3} \tan \pi z dz$.

B 组

14. 当 $|a|>e$ 时，证明方程 $e^z-az^n=0$ 与 $-az^n=0$ 在单位圆 $|z|=1$ 内有 n 个根.

15. 证明方程 $z^4+6z+1=0$ 有三个根在环域 $\frac{1}{2}<|z|<2$ 内.

16. 讨论方程 $z^4-5z+1=0$ 在 $|z|<1$ 与 $1<|z|<2$ 内各有几个根.

17. 计算积分 $\oint_{|z|=1} \frac{1}{(z-a)^n(z-b)^n}dz$，其中 n 为正整数，$|a|\neq 1$，$|b|\neq 1$，$|a|<|b|$.

18. 证明：如果 z_0 是 $f(z)$ 的 $m(m>1)$ 级零点，那么 z_0 是 $f'(z)$ 的 $m-1$ 级零点.

第六章 共形映射*

复变函数 $w=f(z)$ 在几何上可以看作把 z 平面上的一个点集 G（定义集合）映射到 w 平面上的一个点集 G^*（函数值集合）. 对解析函数，由于它具有一些特殊的性质，所以有必要对解析函数所构成的映射作一些具体的研究. 这种映射是把比较复杂区域上所讨论的问题转化到比较简单区域上去讨论，它在数学上以及在流体力学、弹性力学、电学等学科中都有重要的应用.

本章先分析解析函数所构成的映射的特性，引出共形映射这一重要概念. 然后进一步研究分式线性函数和几个初等函数所构成的共形映射的性质.

第一节 共形映射的概念

一、解析函数导数的几何意义

设 z 平面内有一条有向连续曲线 C 可用

$$z=z(t),\alpha\leqslant t\leqslant\beta$$

表示，$z(t)$ 为连续函数，曲线的正向取为 t 增大时点 z 移动的方向.

对于 $\alpha<t_0<\beta$，如果 $z'(t_0)\neq 0$，那么表示向量 $z'(t_0)$（把起点取在 z_0，下同，不再一一说明）与 C 相切于点 $z_0=z(t_0)$，如图 6.1 所示.

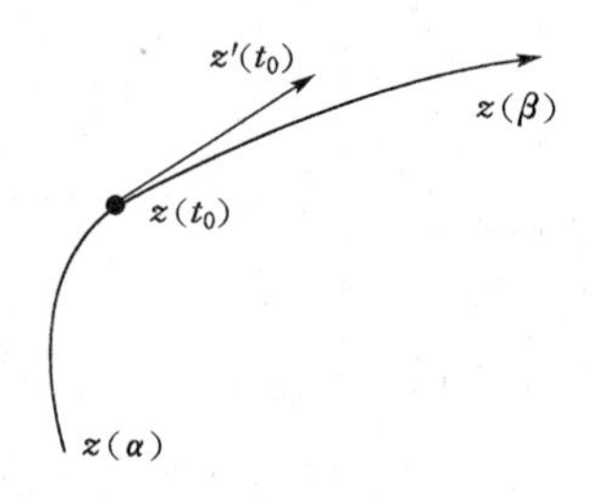

图 6.1

如果规定：$z(\alpha)$ 通过 C 上两点 p_0 与 p 的割线 p_0p 的正向对应于参数 t 增大的方向，那么这个方向与表示

$$\frac{z(t_0+\Delta t)-z(t_0)}{\Delta t}$$

的向量的方向相同，这里 $z(t_0+\Delta t)$ 与 $z(t_0)$ 分别为点 p 与 p_0 所对应的复数，如图 6.2 所示.

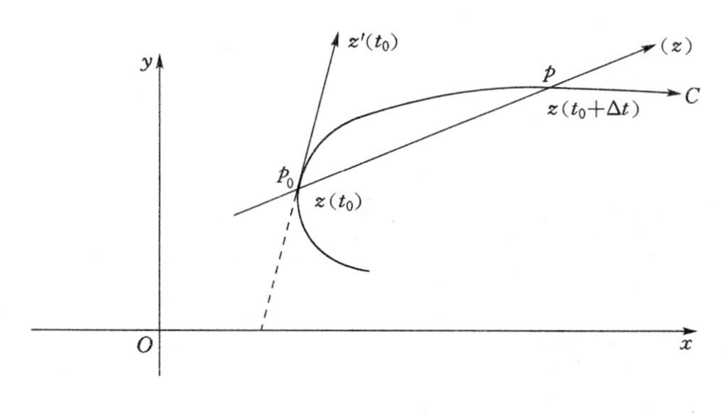

图 6.2

则可知，当点 p 沿 C 无限趋向于点 p_0 时，割线 p_0p 的极限位置就是 C 上 p_0 处的切线. 因此，表示

$$z'(t_0)=\lim_{\Delta t\to 0}\frac{z(t_0+\Delta t)-z(t_0)}{\Delta t}$$

的向量与 C 相切于点 $z_0=z(t_0)$，且方向与 C 的正向一致. 如果规定这个向量的方向作为 C 上点 z_0 处的切线的正向，那么有：

(1) $\mathrm{Arg}\, z'(t_0)$ 就是在 C 上点 z_0 处的切线的正向与 x 轴正向之间的夹角；

(2) 相交于一点的两条曲线 C_1 与 C_2 正向之间的夹角就是 C_1 与 C_2 在交点处的两条切线正向之间的夹角，如图 6.3 所示.

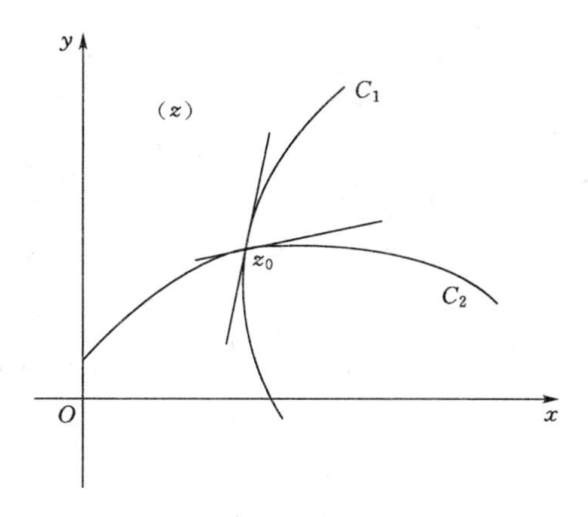

图 6.3

下面，将应用上述的论断和规定来讨论解析函数的导数的几何意义，并由此引出共形映射这一重要概念.

设函数 $w=f(z)$ 在区域 D 内解析，z_0 为 D 内的一点，且 $f'(z_0)\neq 0$. 又设 C 为 z 平面内通过点 z_0 的一条有向光滑曲线[图 6.4(a)]，其参数方程是：

$$z=z(t),\alpha\leqslant t\leqslant\beta,$$

正向规定为参数 t 增大的方向，且 $z_0=z(t_0)$，$z'(t_0)\neq 0$，$\alpha<t_0<\beta$. 这样，映射 $w=f(z)$ 就将曲线 C 映射成 w 平面内通过点 z_0 的对应点 $w_0=f(z_0)$ 的一条有向光滑曲线 Γ[图 6.4(b)]，其参数方程是

$$w=f[z(t)],\alpha\leqslant t\leqslant\beta,$$

正向规定为参数 t 增大的方向.

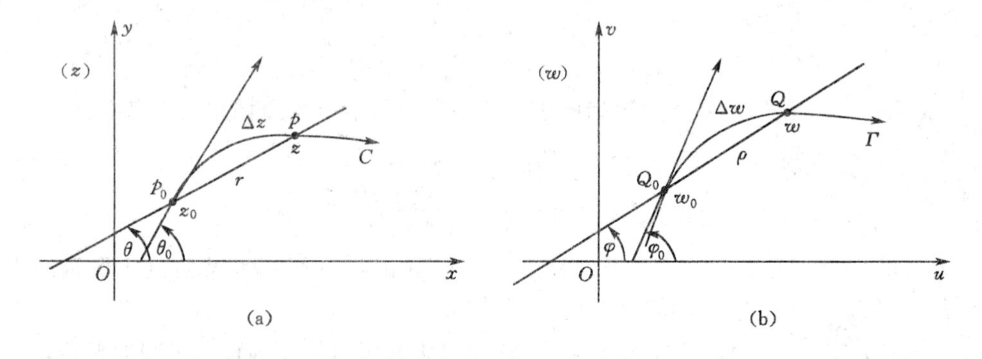

图 6.4

根据复合函数求导法则，有

$$w'(t_0)=f'(z_0)z'(t_0)\neq 0,$$

因此，由前面的论断(1)得知，在 Γ 上点 w_0 处也有切线存在，且切线的正向与 u 轴正向之间的夹角是

$$\operatorname{Arg} w'(t_0)=\operatorname{Arg} f'(z_0)+\operatorname{Arg} z'(t_0).$$

这个式子也可以写成

$$\operatorname{Arg} w'(t_0)-\operatorname{Arg} z'(t_0)=\operatorname{Arg} f'(z_0). \tag{6.1}$$

如果假定图 6.4 中的 x 轴与 u 轴、y 轴与 u 轴的正向相同，而且将原来的切线的正向与映射过后的切线的正向之间的夹角看作曲线 C 经过 $w=f(z)$ 映射后在 z_0 处的转动角，那么式(6.1)表明：

(1) 导数 $f'(z_0)\neq 0$ 的辐角 $\operatorname{Arg} f'(z_0)$ 是曲线 C 经过 $w=f(z)$ 映射后在 z_0 点的转动角；

(2) 转动角的大小与方向跟曲线 C 的形状与方向无关，所以这种映射具有

保持转动角不变的特性.

另外，通过 z_0 点的可能的曲线有无限多条，其中的每一条都具有这样的性质，即映射到 w 平面的曲线在 w_0 点都转动了一个角度 $\mathrm{Arg}\ f'(z_0)$.

现在假设曲线 C_1 与 C_2 相交于点 z_0，它们的参数方程分别是 $z=z_1(t)$ 与 $z=z_2(t)$，$\alpha\leqslant t\leqslant\beta$；并且 $z_0=z_1(t_0)=z_2(t_0')$，$z_1'(t_0)\neq 0$，$z_2'(t_0')\neq 0$，$\alpha<t_0<\beta$. 又设映射 $w=f(z)$ 将 C_1 与 C_2 分别映射为相交于点 $w_0=f(z_0)$ 的曲线 Γ_1 及 Γ_2，它们的参数方程分别是 $w=w_1(t)$ 与 $w=w_2(t)$，$\alpha\leqslant t\leqslant\beta$. 由式(6.1)，有

$$\mathrm{Arg}\ w_1'(t_0)-\mathrm{Arg}\ z_1'(t_0)=\mathrm{Arg}\ w_2'(t_0')-\mathrm{Arg}\ z_2'(t_0'),$$

即

$$\mathrm{Arg}\ w_2'(t_0')-\mathrm{Arg}\ w_1'(t_0)=\mathrm{Arg}\ z_2'(t_0')-\mathrm{Arg}\ z_1'(t_0). \tag{6.2}$$

式(6.2)两端分别为 Γ_1 与 Γ_2 及 C_1 与 C_2 之间的夹角，则式(6.2)表明：相交于点 z_0 的任何两条曲线 C_1 与 C_2 之间的夹角，在其大小和方向上都等同于经过 $w=f(z)$ 映射后跟 C_1 与 C_2 对应的曲线 Γ_1 与 Γ_2 之间的夹角(图 6.5)，所以这种映射具有保持两曲线间夹角的大小与方向不变的性质，这种性质称为**保角性**.

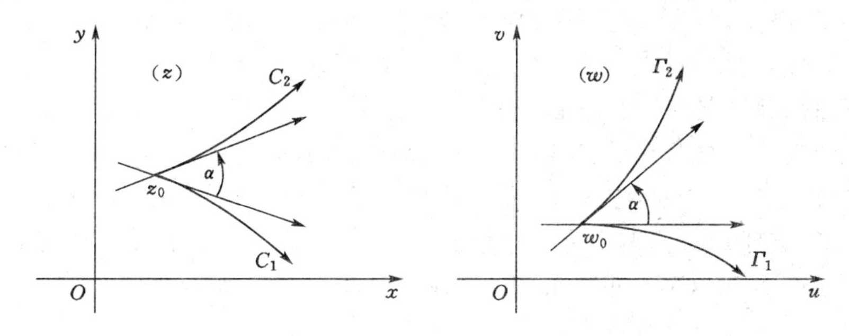

图 6.5

下面，再来解释函数 $f(z)$ 在 z_0 的导数的模 $|f'(z_0)|$ 的几何意义.

设 $z-z_0=re^{i\theta}$，$w-w_0=\rho e^{i\varphi}$，且用 Δs 表示 C 上的点 z_0 与 z 之间的一段弧长，$\Delta\sigma$ 表示 Γ 上的对应点 w_0 与 w 之间的弧长[图 6.4(b)]. 由

$$\frac{w-w_0}{z-z_0}=\frac{f(z)-f(z_0)}{z-z_0}=\frac{\rho e^{i\varphi}}{re^{i\theta}}=\frac{\Delta\sigma}{\Delta s}\cdot\frac{\rho}{\Delta\sigma}\cdot\frac{\Delta s}{r}e^{i(\varphi-\theta)}$$

得

$$|f'(z_0)|=\lim_{z\to z_0}\frac{\Delta\sigma}{\Delta s} \tag{6.3}$$

注意：$\lim\limits_{z\to z_0}\dfrac{\rho}{\Delta\sigma}=1$，$\lim\limits_{z\to z_0}\dfrac{\Delta s}{r}=1$. 这个极限值称为曲线 C 在 z_0 的伸缩率，它与曲线 C 的形状及方向无关，所以这种映射又具有伸缩率的不变性.

综上所述，有下面的定理：

定理 6.1 设函数 $w=f(z)$ 在区域 D 内解析，z_0 为 D 内的一点，且 $f'(z_0)\neq 0$，则映射 $w=f(z)$ 在 z_0 具有两个性质：

(1) 保角性. 即通过 z_0 的两条曲线间的夹角与经过映射后所得两曲线间的夹角在大小和方向上保持不变.

(2) 伸缩率的不变性. 即通过 z_0 的任何一条曲线的伸缩率均为 $|f'(z_0)|$，而与其形状和方向无关.

二、共形映射的概念

定义 6.1 设函数 $w=f(z)$ 在 z_0 的邻域内是一一映射的，在 z_0 具有保角性和伸缩率的不变性，那么称映射 $w=f(z)$ 在 z_0 是**共形的**，或者称映射 $w=f(z)$ 是**共形映射**. 如果映射 $w=f(z)$ 在 D 内的每一点都是共形的，那么称映射 $w=f(z)$ 是区域 D 内的共形映射.

根据以上所述以及定理 6.1 和定义 6.1，有：

定理 6.2 若函数 $w=f(z)$ 在 z_0 解析，且 $f'(z_0)\neq 0$，则映射 $w=f(z)$ 在 z_0 是共形的，且称 $\operatorname{Arg} f'(z_0)$ 为映射在 z_0 的**转动角**，$|f'(z_0)|$ 为**伸缩率**.

如果解析函数 $w=f(z)$ 在 D 内处处有 $f'(z_0)\neq 0$，那么称映射 $w=f(z)$ 在 D 内的共形映射.

下面来阐释定理 6.1 的几何意义.

设函数 $w=f(z)$ 在 D 内解析，$z_0\in D$，$w_0=f(z_0)$，$f'(z_0)\neq 0$. 在 D 内作一以 z_0 为其一个顶点的小三角形，在映射下，得到一个以 w_0 为其一个顶点的小曲边三角形，定理 6.1，这两个小三角形的对应角相等，对应边长度之比近似地等于 $|f'(z_0)|$，所以这两个小三角形近似地相似，如图 6.6 所示.

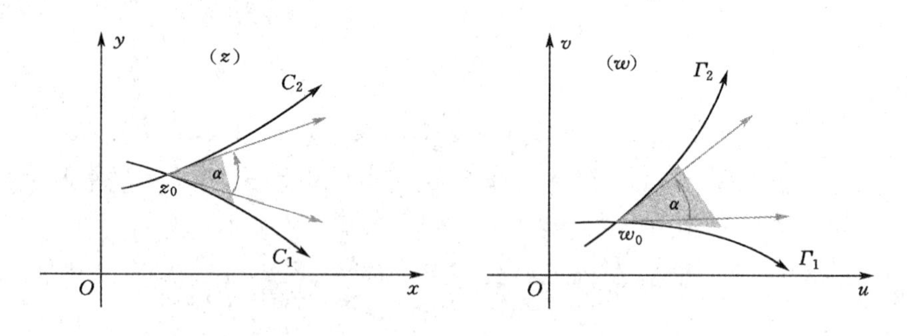

图 6.6

又因伸缩率 $|f'(z_0)|$ 是比值 $\dfrac{|f(z)-f(z_0)|}{|z-z_0|}=\dfrac{|w-w_0|}{|z-z_0|}$ 的极限，所以 $|f'(z_0)|$ 可近似地用 $\dfrac{|w-w_0|}{|z-z_0|}$ 表示，由此可以看出映射 $w=f(z)$ 也将很小的圆

$|z-z_0|=\delta$ 近似地映射成圆 $|w-w_0|=|f'(z_0)|\delta$，如图 6.7 所示.

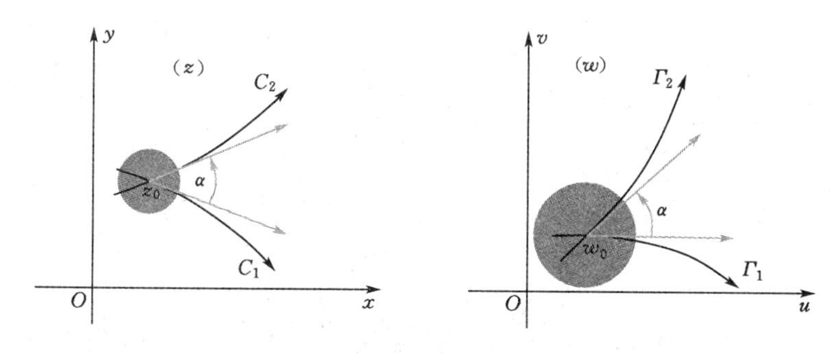

图 6.7

上述的这些几何意义是把解析函数 $w=f(z)$，当 $z\in D$，$f'(z)\neq 0$ 时所构成的映射称为共形映射的原因.

定义 6.2　对于定义在区域 D 内的映射 $w=f(z)$，如果它在 D 内任意一点具有保角性和伸缩率的不变性，则称 $w=f(z)$ 是第一类保角映射.

如果映射 $w=f(z)$ 具有伸缩率的不变性，但仅保持夹角的绝对值不变而方向相反，那么称这类映射为第二类共形映射.

例如，在第一章中已经讲过，函数 $w=\bar{z}$ 是关于实轴的对称映射. 在图中把 z 平面与 w 平面重合在一起，映射把点 z 映射成关于实轴对称的点 $w=\bar{z}$，从 z 出发夹角为 α 的两条曲线 C_1 与 C_2 被映射成夹角为 $-\alpha$ 的两条曲线 Γ_1 与 Γ_2，如图 6.8 所示.

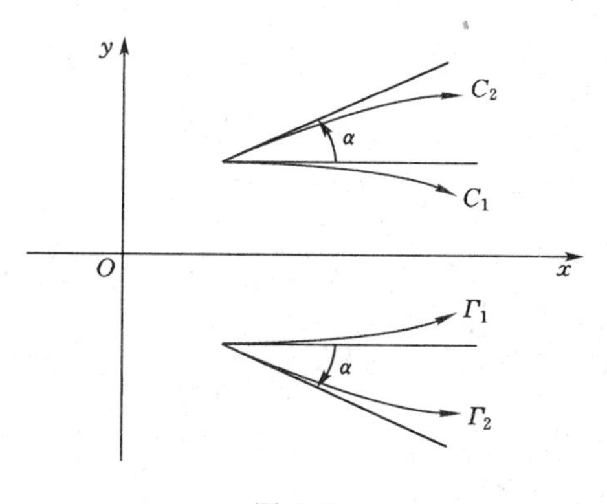

图 6.8

例 6.1　求映射 $w=f(z)=z^2+4z$ 在点 $z_0=-1+\mathrm{i}$ 处的伸缩率和旋转角，并说明它将 z 平面的哪一部分放大？哪一部分缩小？

分析　解析函数 $w=f(z)$ 的导数的几何意义表明：导数 $f'(z_0)\neq 0$ 的辐角

$\arg f'(z_0)$是过 z_0 的曲线 C 经 $w=f(z)$映射后在 z_0 处的旋转角. $|f'(z_0)|$是经映射 $w=f(z)$后曲线 C 在 z_0 的伸缩率,而且此映射具有旋转角与伸缩率的不变性. 利用此性质,只需求出 $\arg f'(z_0)$与$|f'(z_0)|$即可.

解 因 $f'(z)=2z+4$,

$$f'(z_0)=f'(-1+\mathrm{i})=2(-1+\mathrm{i})+4=2(1+\mathrm{i}),$$

故在点 $z_0=-1+\mathrm{i}$ 处的旋转角为 $\arg f'(-1+\mathrm{i})=\frac{\pi}{4}$,伸缩率为$|f'(-1+\mathrm{i})|=2\sqrt{2}$.

又因$|f'(z)|=2|z+2|=2\sqrt{(x+2)^2+y^2}$,这里 $z=x+\mathrm{i}y$,而$|f'(z)|<1$的充要条件是$(x+2)^2+y^2<\frac{1}{4}$. 故映射 $w=f(z)=z^2+4z$ 把以点 $z=-2$ 为中心、$\frac{1}{2}$为半径的圆周内部缩小,外部放大.

例 6.2 研究函数 $w=(1+\mathrm{i})z+2\mathrm{i}$ 所构成的映射.

解 先研究映射 $\zeta=(1+\mathrm{i})z$. 由于

$$|\zeta|=|1+\mathrm{i}||z|=\sqrt{2}|z|; \mathrm{Arg}\,\zeta=\mathrm{Arg}(1+\mathrm{i})+\mathrm{Arg}\,z,$$

取 $\mathrm{Arg}(1+\mathrm{i})$的主值,再把$|z|$伸长$\sqrt{2}$倍即得 ζ. 显然,这个映射把图 6.9(a)中的点 A、B、C 映射成图 6.9(b)中的点 A'、B'、C';半径为 1、2、3 的圆弧和线段 AB、AC 分别映射成半径为$\sqrt{2}$、$2\sqrt{2}$、$3\sqrt{2}$ 的圆弧和线段 $A'B'$、$A'C'$($A'B'=\sqrt{2}AB$,$A'C'=\sqrt{2}AC$);扇形 ABC 映射成扇形 $A'B'C'$,它可把原扇形旋转$\frac{\pi}{4}$并将其面积放大到原来的两倍后得到.

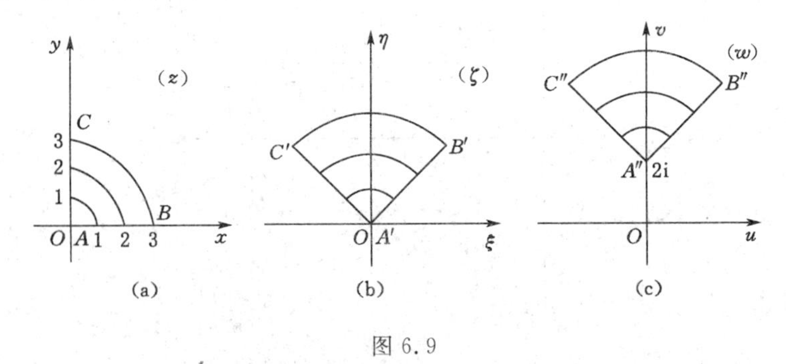

图 6.9

由此可知,映射 $w=(1+\mathrm{i})z+2\mathrm{i}$ 把扇形 ABC 映射成图 6.9(c)中的扇形 $A''B''C''$,所以这一映射是一个在旋转、伸缩之后再做平移的变换.

第二节　分式线性映射

分式线性映射是共形映射中比较简单的但又很重要的一类映射，它是由

$$w=\frac{az+b}{cz+d}\quad (ad-bc\neq 0) \tag{6.4}$$

来定义的，其中 a,b,c,d 均为常数.

为了保证映射的保角性，必须限制 $ad-bc\neq 0$，否则由于

$$\frac{\mathrm{d}w}{\mathrm{d}z}=\frac{ad-bc}{(cz+d)^2},$$

将有$\frac{\mathrm{d}w}{\mathrm{d}z}=0$，这时 $w\equiv$ 常数，它将整个 z 平面映射成 w 平面上的一点.

由式(6.4)可得 z 的 w 表达式，即逆映射：

$$z=\frac{-dw+b}{cw-a},\ (-a)(-d)-bc\neq 0.$$

所以分式线性映射的逆映射也是一个分式线性映射.

也可以把一个一般形式的分式线性映射分解成一些简单映射的复合，设

$$w=\frac{\alpha\zeta+\beta}{\gamma\zeta+\delta},$$

用除法可以把它化为

$$w=\left(\beta-\frac{\alpha\delta}{\gamma}\right)\frac{1}{\gamma\zeta+\delta}+\frac{\alpha}{\gamma}.$$

令 $\zeta_1=\gamma\zeta+\delta,\zeta_2=\frac{1}{\zeta_1}$，那么

$$w=A\zeta_2+B,(A,B\text{ 为常数})$$

因此可见，一个一般形式的分式线性映射是由下列三种特殊映射复合而成的：

① $w=z+b$；　② $w=az$；　③ $w=\frac{1}{z}$.

现在来讨论这三种映射，为了方便，暂且将 w 平面看作是与 z 平面重合的.

① $w=z+b$. 这是一个**平移映射**. 因为复数相加可以化为向量相加，所以在映射 $w=z+b$ 之下，z 沿向量 b(即复数 b 所表示的向量)的方向平行移动的一段距离 $|b|$ 后，就得到 w(图 6.10).

② $w=az,a\neq 0$. 这是一个旋转与伸长(或缩短)映射. 事实上，设 $z=re^{i\theta}$，$a=\lambda e^{i\alpha}$，那么 $w=r\lambda e^{i(\theta+\alpha)}$. 因此，把 z 先转一个角度 α，再将 $|z|$ 伸长(或缩短)到 $|a|=\lambda$ 倍后，就得到 w(图 6.11).

③ $w=\frac{1}{z}$. 这个映射可以分解为

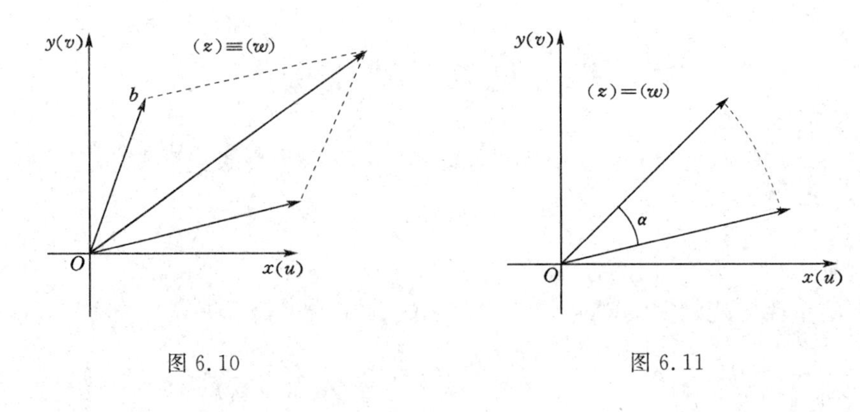

图 6.10　　　　图 6.11

$$w_1=\frac{1}{z},w=\overline{w}_1.$$

为了要用几何方法从 z 作出 w，来研究所谓关于已知圆周对称的一对对称点. 设 C 为以原点为中心、r 为半径的圆周. 在以圆心为起点的一条半直线上，如果有两点 P 与 P' 满足关系式

$$OP\cdot OP'=r^2,$$

那么就称这两点为关于这圆周的对称点.

设 P 在 C 外，从 P 做圆周 C 的切线 PT，由 T 作 OP 的垂直线 TP'，与 OP 交于 P'，那么 P 与 P' 即互为对称点(图 6.12).

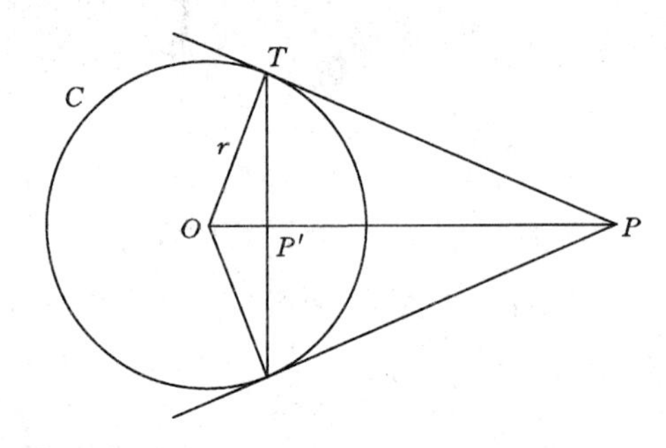

图 6.12

事实上，$\triangle OP'T\backsim\triangle OTP$. 因此，$OP':OT=OT:OP$. 即 $OP\cdot OP'=OT^2=r^2$.

规定，无穷远点的对称点是圆心 O.

如果设 $z=re^{i\theta}$，那么 $w_1=\frac{1}{\overline{z}}=\frac{1}{r}e^{i\theta}$，$w=\overline{w}_1=\frac{1}{r}e^{-i\theta}$，从而 $|w_1||z|=1$. 由此可知，z 与 w_1 关于单位圆周 $|z|=1$ 的对称点，w_1 与 w 是关于实轴的对称点. 因

此,要从 z 作出 $w=\frac{1}{z}$,应先作出点 z 关于圆周 $|z|=1$ 对称的点 w_1,然后再作出点 w_1 关于实轴对称的点,即得 w(图 6.13).

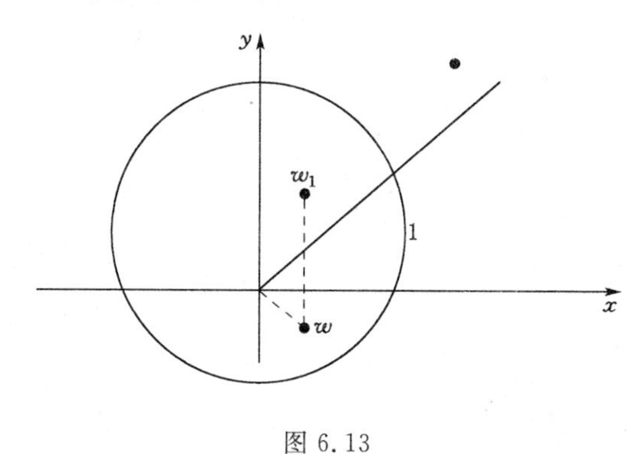

图 6.13

分式线性映射的性质.

以上讨论了如何从 z 作出映射①、②、③的对应点 w. 下面先就这三种映射讨论它们的性质,从而得出一般分式线性映射的性质.

1. 保角性

首先讨论映射③$w=\frac{1}{z}$,根据第一章关于∞的四则运算,这个映射将 $z=\infty$ 映射成 $w=0$,也就是说,当将 $z=\infty$ 时,$w=0$. 如果把 $w=\frac{1}{z}$改写成 $z=\frac{1}{w}$,可知当 $w=\infty$ 时,$z=0$,由此可见,在扩充复平面上映射③是一一对应的. 由于当 $|z|<1$ 时,$|w|>1$;$|z|=1$ 时,$|w|=1$;$\arg z=\theta$ 时,$\arg w=-\theta$,因此,映射 $w=\frac{1}{z}$通常称为**反演变换**,又因为

$$w'=\left(\frac{1}{z}\right)'=-\frac{1}{z^2},$$

当 $z\neq0,z\neq\infty$ 时,$w'\neq0$ 是解析函数,所以除去 $z=0$ 与 $z=\infty$,映射 $w=\frac{1}{z}$是共形的,至于在 $z=0$ 与 $z=\infty$ 处是否共形的问题,就关系到如何理解两条曲线在无穷远点∞处夹角的含义问题. 如果规定:两条伸向无穷远的曲线在无穷远点∞处的夹角,等于它们在映射 $\zeta=\frac{1}{z}$下所映成的通过原点 $\zeta=0$ 处的两条象曲线的夹角,那么映射 $w=\frac{1}{z}=\zeta$ 在 $\zeta=0$ 处解析,且 $w'(\zeta)|_{\zeta=0}=1\neq0$,所以映射 $w=\zeta$ 在 $\zeta=0$ 处,即映射 $w=\frac{1}{z}$在 $z=\infty$ 处是共形的. 再由 $z=\frac{1}{w}$知在 $w=\infty$ 处映射

$z=\frac{1}{w}$是共形的，也就是说在 $z=0$ 处映射 $w=\frac{1}{z}$是共形的，所以映射 $w=\frac{1}{z}$在扩充复平面上是处处共形的，为一共形映射.

其次，对①与②的复合映射 $w=az+b(a\neq 0)$ 进行讨论. 显然，这个映射在扩充复平面上是一一对应的. 又因为 $w'=(az+b)'=a\neq 0$，所以当 $z\neq\infty$时，映射是共形的. 为了证明在 $z\neq\infty$处它也是共形的，令

$$\zeta=\frac{1}{z},\eta=\frac{1}{w}.$$

这时映射 $w=az+b$ 成为

$$\eta=\frac{\zeta}{a+b\zeta}.$$

它在 $\zeta=0$ 处解析，且有 $\eta'(\zeta)|_{\zeta=0}=\left.\frac{a}{(a+b\zeta)^2}\right|_{\zeta=0}=\frac{1}{a}\neq 0$，因而在 $\zeta=0$ 处是共形的，即 $w=az+b$ 在 $z=\infty$处是共形的. 所以，映射 $w=az+b(a\neq 0)$在扩充复平面上是处处共形的，为一共形映射.

由于分式线性映射是由上述三种映射复合而成的，因此，有下面的定理.

定理 6.3　分式线性映射在扩充复平面是一一对应的，且具有保角性.

2. 保圆性

还要指出，映射 $w=az+b$ 与 $w=\frac{1}{z}$都具有将圆周映射成圆周的性质.

据上所论，映射 $w=az+b(a\neq 0)$是将 z 平面内的一点经过平移、旋转和伸缩而得到象点 w 的. 因此，z 平面内的一个圆周或一条直线经过映射 $w=az+b$ 所得的象曲线显然仍是一个圆周或一条直线. 如果把直线看成是半径为无穷大的圆周，那么这个映射在扩充复平面上把圆周映射成圆周. 这个性质称为**保圆性**.

下面来阐明映射 $w=\frac{1}{z}$也具有保圆性. 为此，令

$$z=x+\mathrm{i}y,w=\frac{1}{z}=u+\mathrm{i}v.$$

将 $z=x+\mathrm{i}y$ 代入 $w=\frac{1}{z}$，得

$$u=\frac{x}{x^2+y^2},v=\frac{-y}{x^2+y^2},$$

或

$$x=\frac{u}{u^2+v^2},y=\frac{-v}{u^2+v^2},$$

因此，映射 $w=\frac{1}{z}$将方程

$$a(x^2+y^2)+bx+cy+d=0$$

变为方程式

$$d(u^2+v^2)+bu-cv+a=0.$$

当然,在这种情况下,可能是将圆周映射成圆周(当 $a\neq0,d\neq0$);圆周映射成直线(当 $a\neq0,d=0$);直线映射成圆周(当 $a=0,d\neq0$)以及直线映射成直线(当 $a=0,d=0$).这就是说,映射 $w=\frac{1}{z}$ 把圆周映射成圆周.或者说:映射 $w=\frac{1}{z}$ 具有保圆性.所以有以下定理.

定理 6.4 分式线性映射将扩充 z 平面上的圆周映射成扩充 w 平面上的圆周,即具有保圆性.

根据保圆性,容易推知:在分式线性映射下,如果给定的圆周或直线上没有点映射成无穷远点,那么它就映射成半径为有限的圆周;如果有一个点映射成无穷远点,那么它就映射成直线.

3. 保对称性

分式线性映射,除了保角性与保圆性之外,还有所谓保持对称点不变的性质,简称保对称性.

为了证明这个结论,先来阐明对称点一个重要特征,即 z_1、z_2 是关于圆周 $C:|z-z_0|=R$ 的一对对称点的充要条件是经过 z_1、z_2 的任何圆周 Γ 与 C 正交(图 6.14).

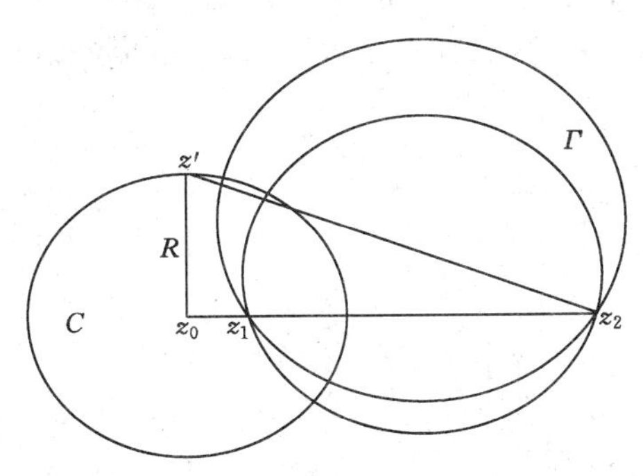

图 6.14

从 z_0 作 Γ 的切线,设切点为 z'.由平面几何学知,这条切线长度的平方 $|z'-z_0|^2$ 等于 Γ 的割线长度 $|z_2-z_0|$ 的乘积;而这一乘积根据 z_1、z_2 是关于圆周 C 的对称点的定义,又等于 R^2,所以 $|z'-z_0|=R$.这表明 z' 在 C 上,而 Γ 的切线就是 C 的半径,因此 Γ 与 C 相交.

反过来,设 Γ 是经过 z_1、z_2 且与 C 正交的一圆周,那么连接 z_1 与 z_2 的直线作为Γ的特殊情形(半径为无穷大)必与C正交,因而必过z_0.又因Γ与C于交点z'处正交,因此C的半径z_0z'就是Γ的切线,所以有

$$|z_1-z_0||z_2-z_0|=R^2,$$

即z_1与z_2是关于圆周C的一对对称点.

定理6.5 设点z_1、z_2是关于圆周C的一对对称点,那么在分式线性映射下,它们的象点w_1与w_2也是关于C的象曲线Γ的一对对称点.

证 设经过w_1与w_2的任一圆周Γ'是经过z_1与z_2的圆周Γ由分式线性映射映射过来的,由于Γ与C正交,而分式线性映射具有保角性,所以Γ'与C'(C的象)也必正交,因此,w_1与w_2是一对关于C'的对称点.

课后小结:分式线性映射是一类比较简单而又很重要的共形映射,应熟悉分式线性映射的分解和复合及其保角性、保圆性和保对称性.

第三节 唯一决定分式线性映射的条件

分式线性映射$\dfrac{az+b}{cz+d}$中含有四个常数a、b、c、d.但是,如果用这四个数中的一个去除分子和分母,就可将分式中的四个常数化为三个常数.所以上式中实际上只有三个独立的常数.因此,只需给定三个条件,就能决定一个分式线性映射.

定理6.6 在z平面上任意给定三个相异的点z_1、z_2、z_3,在w平面上任意给定三个相异的点w_1、w_2、w_3,那么就存在唯一的分式线性映射,将$z_k(k=1,2,3)$依次映射成$w_k(k=1,2,3)$.

证 设$w=\dfrac{az+b}{cz+d}(ad-bc\neq 0)$,将$z_k(k=1,2,3)$依次映射成$w_k(k=1,2,3)$,即

$$w_k=\frac{az_k+b}{cz_k+d}.\ (k=1,2,3)$$

因而有

$$w-w_k=\frac{(z-z_k)(ad-bc)}{(cz+d)(cz_k+d)},(k=1,2)$$

及

$$w_3-w_k=\frac{(z_3-z_k)(ad-bc)}{(cz_3+d)(cz_k+d)}.\ (k=1,2)$$

由此得

$$\frac{w-w_1}{w-w_2}\cdot\frac{w_3-w_2}{w_3-w_1}=\frac{z-z_1}{z-z_2}\cdot\frac{z_3-z_2}{z_3-z_1}.\qquad(6.5)$$

这就是所求的分式线性映射,这个分式线性映射是三对对应点所确定的唯

一的一个映射.如果说有另外一个分式线性映射 $w=\frac{\alpha z+\beta}{\gamma z+\delta}$ 也把 z 平面上的三个相异点 z_1、z_2、z_3 依次映射成 w 平面上的三个相异点 w_1、w_2、w_3，那么重复上面的步骤，在消去常数 $\alpha,\beta,\gamma,\delta$ 后，最后得到仍然是式(6.5).所以式(6.5)是由三对相异的对应点唯一确定的分式线性映射.

从式(6.5)可以清楚地看出，$w=w_1,w_2,w_3$ 分别与 $z=z_1,z_2,z_3$ 对应，且在这一次序下，等式的两边依次同时变为 0、∞、1.这就很容易记忆.

上述定理，说明了把三个不同的点映射成另外三个不同的点的分式线性映射是唯一存在的.所以，在两个已知圆周 C 与 C' 上，分别取定三个不同点以后，必能找到一个分式线性映射将 C 映射成 C'.但是这个映射会把 C 的内部映射成什么呢？现在就来讨论这个问题.

首先指出，在这个分式线性映射下，C 的内部不是映射成 C' 的内部，便是映射成 C' 的外部.这就是说，不可能将 C 内部的一部分映射成 C' 内部的一部分，而将 C 内部的另一部分映射成 C' 外部的一部分.其理由如下.

设 z_1、z_2 为 C 内的任意两点.用直线段把这两点连接起来.如果线段 z_1z_2 的象为圆弧 w_1w_2(或直线段)，且 w_1 在 C' 之外，w_2 在 C' 之内，那么弧 w_1w_2 必与 C' 交于一点 Q(图 6.14).Q 点在 C' 上，所以必须是 C 上某一点的象.但从假设，Q 又是 z_1z_2 上某一点的象，因而就有两个不同的点(一个在圆周 C 上，另一个在线段 z_1z_2 上)被映射为同一点.这就与分式线性映射的一一对应性相矛盾.故上述的论断是正确的.

根据上述的论断可知，在分式线性映射下，如果在 C 内任取一点 z_0，而点 z_0 的象在 C' 的内部，那么 C 的内部就映射成 C' 的内部；如果 z_0 的象在 C' 的外部，那么 C 的内部就映射成 C' 的外部.

也可以用下面的方法来处理.在 C 上取定三点 z_1、z_2、z_3，它们在 C' 上的象分别为 w_1、w_2、w_3.如果 C 依 $z_1\rightarrow z_2\rightarrow z_3$ 的绕向与 C' 依 $w_1\rightarrow w_2\rightarrow w_3$ 的绕向相同时，那么 C 的内部就映射成 C' 的内部；相反时，C 的内部就映射成 C' 的外部(图 6.15).

事实上，在过 z_1 的半径上取一点 z，线段 z_1z 的象必为正交于 C' 的圆弧 w_1w.根据保角映射的性质，当绕向相同时，w 必在 C' 内；相反时，必在 C' 外.这就说明了上述结论是正确的.

还要指出，在 C 为圆周、C' 为直线的情况下，上述分式线性映射将 C 的内部映射成 C' 的某一侧的半平面.究竟是哪一侧，由绕向来确定.其他情况，结论类似.

由前一节与这一节的讨论，可以推知在分式线性映射下：

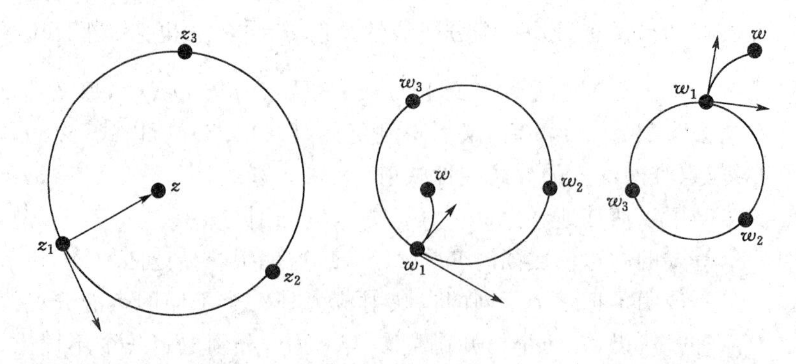

图 6.15

① 当二圆周上没有点映射成无穷远点时，这二圆周的弧所围成的区域映射成二圆弧所围成的区域；

② 当二圆周上有一个点映射成无穷远点时，这二圆周的弧所围成的区域映射成一圆弧与一直线所围成的区域；

③ 当二圆周交点中的一个映射成无穷远点时，这二圆周的弧所围成的区域映射成角形区域.

由于分式线性映射具有保圆性与保对称性，因此，在处理边界由圆周、圆弧、直线、直线段所组成的区域的共形映射问题时，分式线性映射起着十分重要的作用. 下面举几个例子.

例 6.3 求把点 $z_1=-1, z_2=0, z_3=1$ 分别映射成点 $w_1=-1, w_2=-1, w_3=1$ 的分式线性映射.

解 在 x 轴上任意取三点：$z_1=-1, z_2=0, z_3=1$ 使它们依次对应于 $|w|=1$ 上的三点：$w_1=-1, w_2=-1, w_3=1$，那么因为 $z_1\to z_2\to z_3$ 跟 $w_1\to w_2\to w_3$ 的绕向相同，从而有

$$\frac{w+1}{w+\mathrm{i}}:\frac{1+1}{1+\mathrm{i}}=\frac{z+1}{z-0}:\frac{1+1}{1-0},$$

化简，得

$$w=\frac{z-\mathrm{i}}{-\mathrm{i}z+1}$$

例 6.4 求将 $\mathrm{Im}\,z>0$ 映射成 $|w-2\mathrm{i}|<2$ 且满足条件 $w(2\mathrm{i})=2\mathrm{i}, \arg w'(2\mathrm{i})=-\frac{\pi}{2}$ 的分式线性映射.

解 容易看出，映射 $\zeta=\frac{w-2\mathrm{i}}{2}$ 将 $|w-2\mathrm{i}|<2$ 映射成 $|\zeta|<1$. 这时 $\zeta(2\mathrm{i})=0$. 但将 $\mathrm{Im}\,z>0$ 映射成 $|\zeta|<1$，且满足 $\zeta(2\mathrm{i})=0$ 的映射易知为

$$\zeta = e^{i\theta}\left(\frac{z-2i}{z+2i}\right).$$

故有

$$\frac{w-2i}{2} = e^{i\theta}\left(\frac{z-2i}{z+2i}\right).$$

由此得

$$w'(2i) = 2e^{i\theta}\frac{1}{4i},$$

$$\arg w'(2i) = \arg(2e^{i\theta}) + \arg\left(\frac{1}{4i}\right) = \theta - \frac{\pi}{2}.$$

由于已知 $\arg w'(2i) = -\frac{\pi}{2}$，从而得 $\theta=0$. 于是得所求的映射为

$$\frac{w-2i}{2} = \frac{z-2i}{z+2i} \quad 或 \quad w = 2(1+i)\frac{z-2}{z+2i}.$$

具体映射过程见图 6.16.

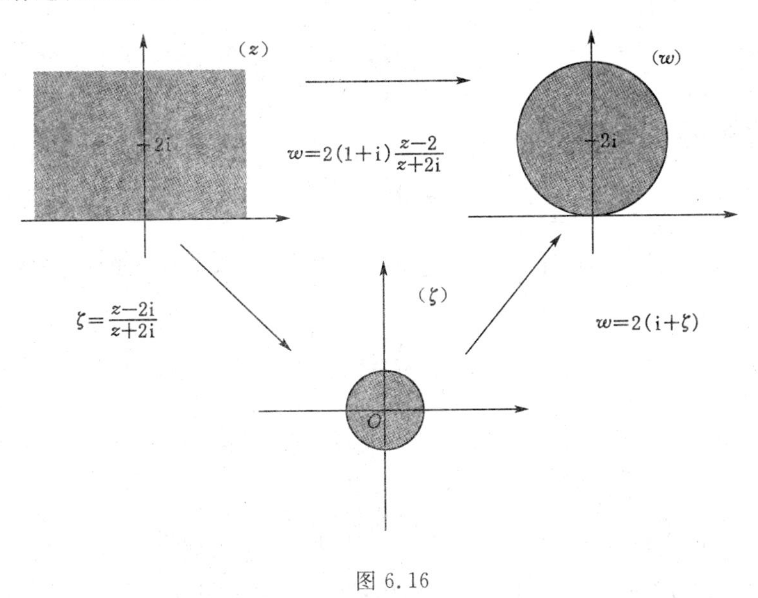

图 6.16

例 6.5　求将一半平面 $\text{Im } z>0$ 映射成单位圆 $|w|<1$ 的分式线性映射(图 6.17).

解　如果把上半平面看成是半径为无穷大的圆域，那么实轴就相当于圆域的边界圆周. 因为分式线性映射具有保圆性，因此它必能将上半平面 $\text{Im } z>0$ 映射成单位圆 $|w|<1$. 由于上半平面总有一点 $z=\lambda$ 要映射成单位圆周 $|w|=1$ 的

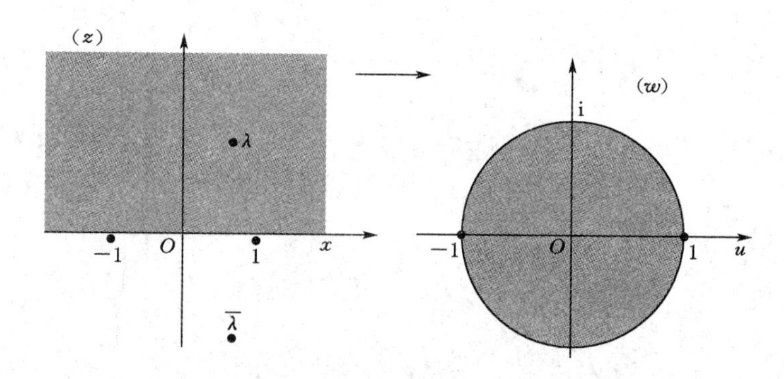

图 6.17

圆心$|w|=0$、实轴要映射在单位圆，而$z=\lambda$与$z=\bar{\lambda}$是关于实轴的一对对称点，$z=0$与$z=\infty$是关于圆周$|w|=1$对称的一对对称点，所以根据分式线性映射具有保对称点不变的性质知，$z=\bar{\lambda}$必映射成$w=\infty$. 从而所求的分式线性映射具有下列形式：

$$w=k\left(\frac{z-\lambda}{z-\bar{\lambda}}\right).$$

其中k为常数.

因为$|w|=|k|\left|\frac{z-\lambda}{z-\bar{\lambda}}\right|$，而实轴上的点$z$对应着$|w|=1$上的点，这时$\left|\frac{z-\lambda}{z-\bar{\lambda}}\right|=1$，所以$|k|=1$，即$k=e^{i\theta}$，这里$\theta$是任意数. 因此所求的分式线性映射的一般形式为

$$w=e^{i\theta}\left(\frac{z-\lambda}{z-\bar{\lambda}}\right),\quad (\mathrm{Im}\,\lambda>0) \tag{6.6}$$

反之，形如式(6.6)的分式线性映射必将上半平面$\mathrm{Im}\,z>0$映射成单位圆$|w|<1$. 这是因为当z取实数时，有

$$|w|=\left|e^{i\theta}\left(\frac{z-\lambda}{z-\bar{\lambda}}\right)\right|=|e^{i\theta}|\left|\frac{z-\lambda}{z-\bar{\lambda}}\right|=1, \tag{6.7}$$

即把实轴映射成$|w|=1$. 又因上半平面中的$z=\lambda$映射成$w=0$，所以式(6.6)必将$\mathrm{Im}\,z>0$映射成$|w|<1$.

据上所论，把上半平面映射成单位圆的映射必是具有式(6.6)形式的分式线性映射.

当然，也可以在x轴上与在单位圆周$|w|=1$上取三对不同的对应点来求.

注意：如果选取其他三对不同点，势必也能得出满足要求的、但不同于式(6.7)的分式线性映射，由此可见，把上半平面映射成单位圆的分式线性映射不

是唯一的，而是有无穷多. 这从式(6.6)中的 θ 可以任意取实数值即可明白. 式(6.7)就是取 $\lambda=\mathrm{i},\theta=-\frac{\pi}{2}$ 而得到的. 如果以 $\lambda=\mathrm{i}$、$\theta=0$ 代入式(6.7)，那么

$$w=\frac{z-\mathrm{i}}{z+\mathrm{i}},$$

这也是一个把上半平面 $\mathrm{Im}\,z>0$ 映射成单位圆 $|w|<1$，且将点 $z=\mathrm{i}$ 映射成圆心 $w=0$ 的分式线性映射.

例 6.6　求将区域 $\begin{cases}0<|z|<R\\0<\arg z<\pi\end{cases}$ 映射到 $\begin{cases}\mathrm{Im}\,z>0\\\mathrm{Re}\,z>0\end{cases}$ 的分式线性映射(图 6.18).

解　令 $z=-R\mapsto w=0;z=R\mapsto w=\infty\Rightarrow w=k\dfrac{z+R}{z-R}$.

再取 $z=0\mapsto w=1\Rightarrow w=k(-1)=1\Rightarrow k=-1\Rightarrow w=-\dfrac{z+R}{z-R}$.

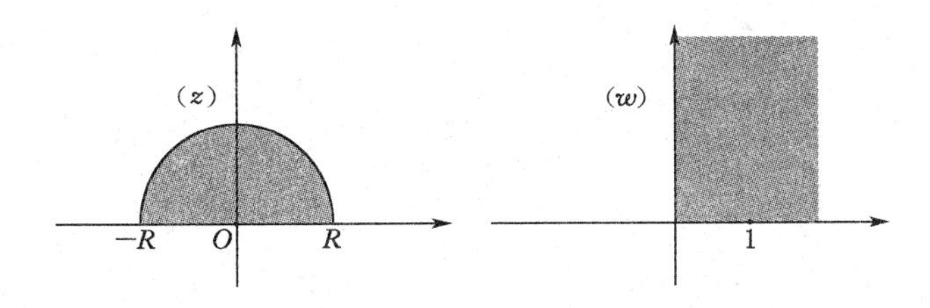

图 6.18

例 6.7　求出将圆 $|z-4\mathrm{i}|<2$ 映射成半平面 $v>u$ 的分式线性映射，并将圆心映到 -4，而圆周上的点 $2\mathrm{i}$ 映到 $w=0$.

解　由条件知，所求映射要使 $z=2\mathrm{i}$ 映成 $w=0$，故映射的一般形式为

$$w=k\frac{z-2\mathrm{i}}{cz+d}$$

另由使圆心 $z=4\mathrm{i}$ 映成 $w=-4$，由线性映射的保对称性知，$z=4\mathrm{i}$ 关于圆

$$|z-4\mathrm{i}|=2$$

的对称点 $z=\infty$，就应映成 $w=-4$ 关于 $v=u$ 的对称点 $z=4\mathrm{i}$. 即当 $z=\infty$ 时，$w=-4\mathrm{i}$，代入 $-4\mathrm{i}=k/c$，因而得 $k=-4c\mathrm{i}$，然后再代入 $-4=k\dfrac{2\mathrm{i}}{4c\mathrm{i}+d}$ 中.

$$-4=-4c\mathrm{i}\frac{2\mathrm{i}}{c(4\mathrm{i}+d/c)},$$

解得

$$d/c=-2(1+2\mathrm{i})$$

把 $k=-4c\mathrm{i},d/c=-2(1+2\mathrm{i})$ 一起代入 $w=k\dfrac{z-2\mathrm{i}}{cz+d}$，则

$$w=-4ci\frac{z-2i}{c(z+d/c)}=-4i\frac{z-2i}{z-2(1+2i)}$$

例 6.8 求将单位圆 $|z|<1$ 映射成单位圆 $|w|<1$ 的分式线性映射(图 6.19).

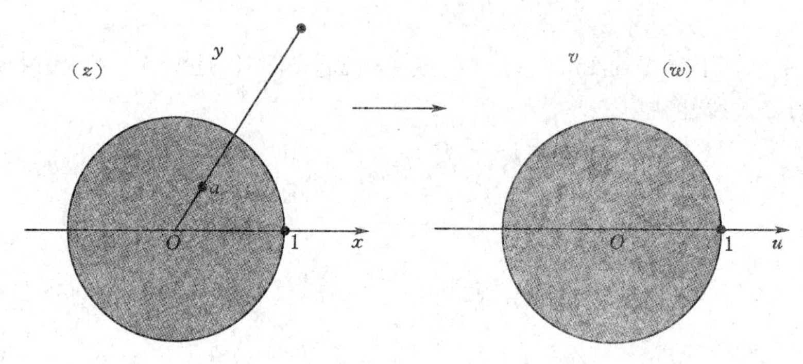

图 6.19

解 设 z 平面上单位圆 $|z|<1$ 内部的一点 a 映射成 w 平面上的单位圆 $|w|<1$ 的中心 $|w|=0$,这时与点 a 对称于单位圆周 $|z|=1$ 的点 $\frac{1}{\bar{a}}$ 应该被映射成 w 平面上的无穷远点(即与 $w=0$ 对称的点). 因此,当 $z=a$ 时,$w=0$;而当 $z=\frac{1}{\bar{a}}$ 时,$w=\infty$. 满足这些条件的分式线性映射具有如下的形式:

$$w=k\left(\frac{z-a}{z-\frac{1}{\bar{a}}}\right)=k\bar{a}\left(\frac{z-a}{\bar{a}z-1}\right)=k'\left(\frac{z-a}{1-\bar{a}z}\right),$$

其中 $k'=-k\bar{a}$.

由于 z 平面上单位圆周上的点要映成 w 平面上单位圆周上的点,所以当 $|z|=1$,$|w|=1$. 将圆周 $|z|=1$ 上的点 $z=1$ 代入上式,得

$$|k'|\left|\frac{1-a}{1-\bar{a}}\right|=|w|=1.$$

又因
$$|1-a|=|1-\bar{a}|,$$
所以
$$|k'|=1,\text{即 } k'=e^{i\varphi}.$$
这里 φ 是任意实数. 由此可知,所求将单位圆 $|z|<1$ 映射成单位圆 $|w|<1$ 的分式线性映射的一般表示式是

$$w=e^{i\varphi}\left(\frac{z-a}{1-\bar{a}z}\right). \quad (|a|<1) \tag{6.8}$$

反之,形如式(6.8)的分式线性映射必将单位圆 $|z|<1$ 映射成单位圆 $|w|<1$. 这是因为圆周 $|z|=1$ 上的点 $z=e^{i\theta}$(θ 为实数)映射成圆周 $|w|=1$ 上的点:

$$|w|=|e^{i\varphi}(\frac{e^{i\theta}-a}{1-\bar{a}e^{i\theta}})|=|e^{i\varphi}|\left|\frac{1}{e^{i\theta}}\right|\left|\frac{e^{i\theta}-a}{e^{-i\theta}-\bar{a}}\right|=1.$$

同时单位圆$|z|<1$内上一点$z=0$映射成单位圆$|w|<1$的圆心$w=0$，所以式(6.8)改将单位圆$|z|<1$映射成单位圆$|w|<1$.

例 6.9　求线性映射$w=f(z)$，它把$|z|<1$映射为$|w|<1$，使得$f\left(\frac{1}{2}\right)=0, f'\left(\frac{1}{2}\right)>0$

解　因$|z|<1$映射为$|w|<1$的映射为：

$$w=f(z)=e^{i\theta}\frac{z-a}{1-\bar{a}z}\quad(|a|<1)$$

由题设知$a=\frac{1}{2}$，所以

$$w=e^{i\theta}\frac{2z-1}{2-z}$$

于是

$$f'(z)=e^{i\theta}\frac{3}{(2-z)^2}, f'\left(\frac{1}{2}\right)=\frac{4}{3}e^{i\theta}>0$$

故$\theta=\arg f'(\frac{1}{2})=2k\pi$（$k$为整数）. 所以

$$w=\frac{2z-1}{2-z}$$

例 6.10　中心分别在$z=1$与$z=-1$，半径为$\sqrt{2}$的二圆弧所围成的区域（图6.20），在映射$w=\frac{z-i}{z+i}$下映射成什么区域？

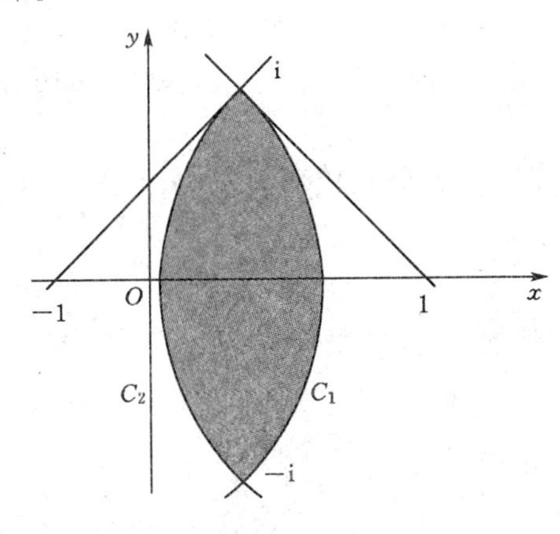

图 6.20

解　所设的两个圆弧的交点为$-i$与i，且互相正交. 交点$-i$映射成无穷远点，i映射成原点. 因此所给的区域经映射后映射成以原点为顶点的角形区域，张角等于$\frac{\pi}{2}$.

为了要确定角形域的位置，只要定出它的边上异于顶点的任何一点就可以了. 取所给圆弧C_1与正实轴的交点$z=\sqrt{2}-1$，它的对应点是

$$w=\frac{\sqrt{2}-1-i}{\sqrt{2}-1+i}=\frac{(\sqrt{2}-1-i)^2}{(\sqrt{2}-1)^2+1}=\frac{(1-\sqrt{2})+i(1-\sqrt{2})}{2-\sqrt{2}}.$$

这一点在第三象限的分角线C_1上. 由保角性知C_2映射为第二象限的分角线C_2，从而映射成的角形域如图 6.21 所示.

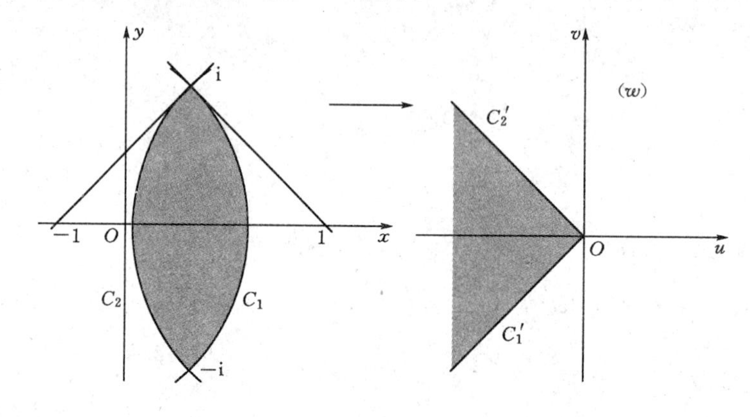

图 6.21

分式线性映射是共形映射的一个重要内容，应熟练掌握并会应用分式线性映射的各种性质寻找一些简单而典型的区域之间的共形映射；掌握上半平面到上半平面、上半平面到单位圆、单位圆到单位圆等之间的分式线性映射.

第四节　几个初等函数所构成的映射

一、幂函数

$w=z^n$（$n\geqslant 2$为自然数）在z平面内是处处可导的，它的导数是

$$\frac{dw}{dz}=nz^{n-1}$$

因而当$z\neq 0$时，

$$\frac{dw}{dz}\neq 0.$$

所以，在 z 平面内除去原点外，由 $w=z^n$ 所构成的映射是处处共形的.

为了讨论这映射在 $z=0$ 处的性质，令

$$z=re^{i\theta},w=pe^{i\varphi}$$

那么

$$p=r^n,\varphi=n\theta \tag{6.9}$$

由此可见，在 $w=z^n$ 的映射下，z 平面上的圆周 $|z|=r$ 映射成 w 平面上的圆周 $|w|=r^n$，特别是单位圆周 $|z|=1$ 映射成单位圆周 $|w|=1$；射线 $\theta=0$ 映射成射线 $\varphi=n\theta_0$；正实轴 $\theta=0$ 映射成正实轴 $\varphi=0$；角形域 $0<\theta<\theta_0\left(<\dfrac{z\pi}{n}\right)$映射成角形域 $0<\varphi<n\theta$(图 6.22).

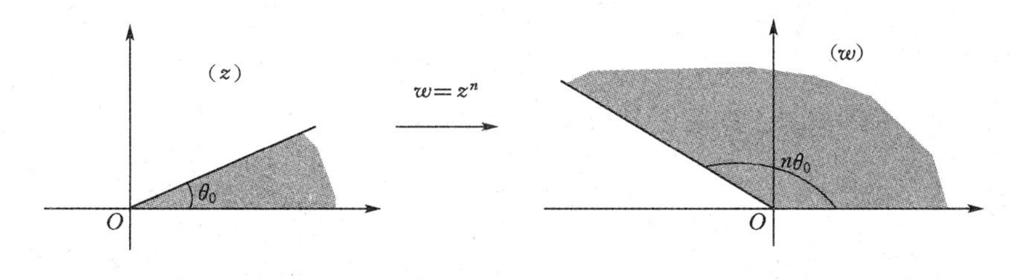

图 6.22

从这里可以看出，在 $z=0$ 处角形域的张角经过这一映射后变成了的 n 倍，因此，当 $z\geqslant 2$ 时，映射 $w=z^n$ 在 $z=0$ 处没有保角性.

显然，角形域 $0<\theta<\dfrac{2\pi}{n}$映射成沿正实轴剪开的 w 平面 $0<\varphi<2\pi$(图 6.23)，它的一边 $\theta=0$ 映射成 w 平面正实轴的上沿 $\theta=0$；另外一边 $\theta=\dfrac{2\pi}{n}$映射成 w 平面正实轴的下沿 $\varphi=2\pi$. 这样的两个域上的点在所给的映射($w=z^n$ 或 $z=\sqrt[n]{w}$)下是一一对应的.

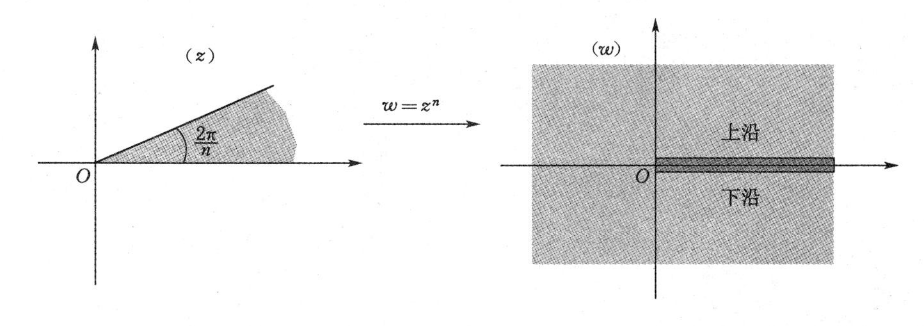

图 6.23

由幂函数 $w=z^n$ 所构成的映射的特点是:把以原点为顶点的角形域映射成以原点为顶点的角形域,但张角变成了原来的 n 倍. 因此,如果要把角形域映射成角形域,经常利用幂函数.

例 6.11 求把角形域 $0<\arg z<\dfrac{\pi}{4}$映射成单位圆$|w|<1$ 的一个映射.

解 由式(6.9)知,$\zeta=z^4$ 将所给角形域 $0<\arg z<\dfrac{\pi}{4}$映射成上半平面 $\mathrm{Im}\,\zeta>0$. 映射 $w=\dfrac{\zeta-i}{\zeta+\mathrm{i}}$将上半平面映射成单位圆$|w|<1$,如图 6.24 所示. 因此所求的映射为

$$w=\frac{z^4-\mathrm{i}}{z^4+\mathrm{i}}.$$

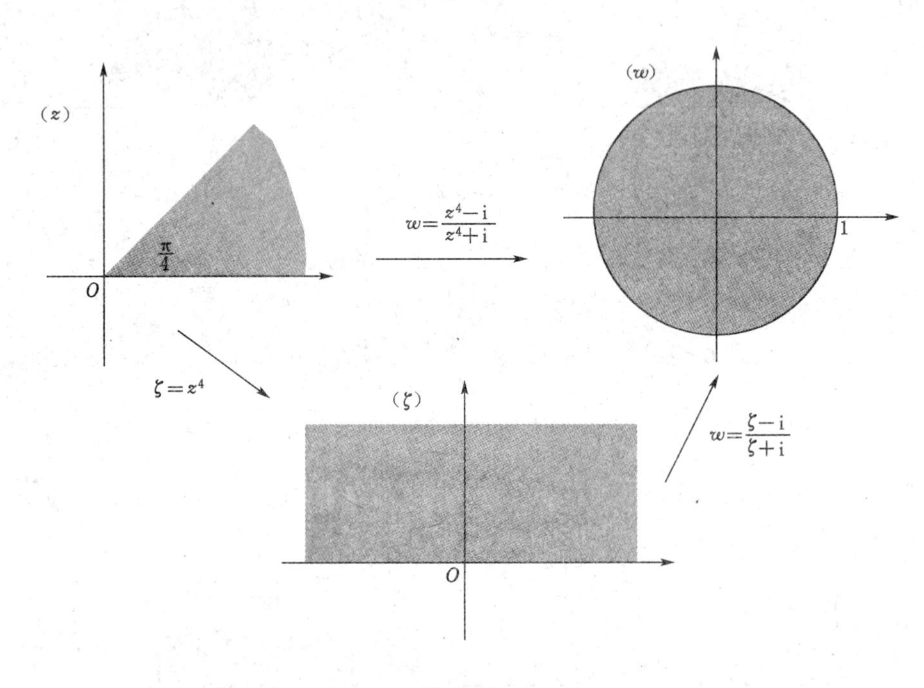

图 6.24

$$0<\arg z<\frac{\pi}{4}\xrightarrow{\zeta=z^4}\mathrm{Im}\,\zeta>0\xrightarrow{w=\frac{\zeta-\mathrm{i}}{\zeta+\mathrm{i}}}|w|<1.$$

例 6.12 求$\begin{cases}0<|z|<1\\0<\arg z<\dfrac{\pi}{2}\end{cases}$映射为单位圆$|w|<1$ 的一个映射.

解　$\begin{cases}0<|z|<1\\0<\arg z<\dfrac{\pi}{2}\end{cases}\xrightarrow{\zeta=z^2}\begin{cases}0<|\zeta|<1\\0<\arg\zeta<\pi\end{cases}\xrightarrow{t=-\frac{\zeta+1}{\zeta-1}}\begin{cases}\mathrm{Im}\,t>0\\\mathrm{Re}\,t>0\end{cases}\xrightarrow{s=t^2}\mathrm{Im}\,s>0$

$$\xrightarrow{w=\frac{s-\mathrm{i}}{s+\mathrm{i}}}|w|<1\Rightarrow w=\frac{\left(\dfrac{z^2+1}{z^2-1}\right)^2-\mathrm{i}}{\left(\dfrac{z^2+1}{z^2-1}\right)^2+\mathrm{i}}.$$

例 6.13　求把图 6.25 中由圆弧 C_1 与 C_2 所围成的交角为 α 的月牙域映射成角形域 $\varphi_0<\arg w<\varphi_0+\alpha$ 的一个映射.

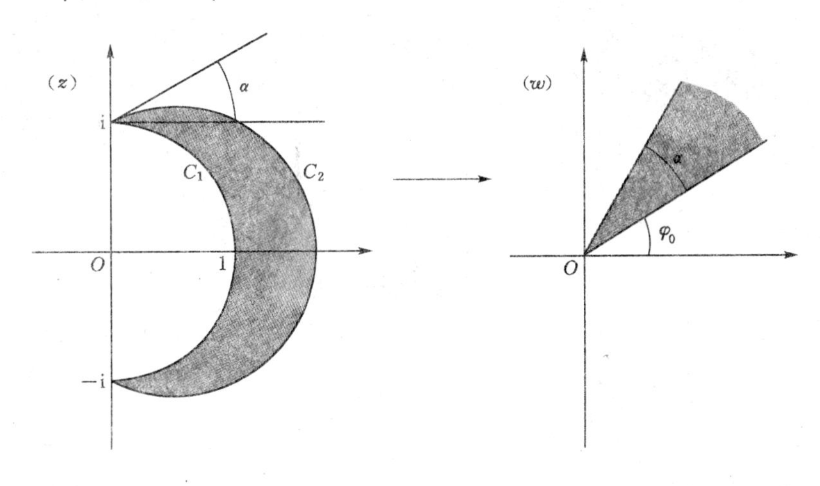

图 6.25

解　先求出把 C_1,C_2 的交点 i 与 −i 分别映射成 ζ 平面中的 $\zeta=0$ 与 $\zeta=\infty$，并使月牙域映射成角形域 $0<\arg\zeta<\alpha$ 的映射；再把该角形域通过映射 $w=\mathrm{e}^{\mathrm{i}\varphi_0}\zeta$ 转过一角度 φ_0，即得把所给月牙域映射成所给角形域的映射.

将所给月牙域映射成 ζ 平面中的角形域的映射是具有以下形式的分式线性函数：

$$\zeta=k\left(\frac{z-\mathrm{i}}{z+\mathrm{i}}\right),$$

其中 k 为待定的复常数，这个映射把 C_1 上的点 $z=1$ 映射成 $\zeta=k\left(\dfrac{1-\mathrm{i}}{1+\mathrm{i}}\right)=-\mathrm{i}k$.

取 $k=\mathrm{i}$ 使 $\zeta=1$，这样，映射 $\zeta=k\left(\dfrac{z-\mathrm{i}}{z+\mathrm{i}}\right)$ 就把 C_1 映射成 ζ 平面上的正实轴. 根据保角性，它把所给的月牙域映射成角形域 $0<\arg\zeta<\alpha$. 由此得所求的映射为

$$w=\mathrm{i}\mathrm{e}^{\mathrm{i}\varphi_0}\left(\frac{z-\mathrm{i}}{z+\mathrm{i}}\right)=\mathrm{e}^{\mathrm{i}\left(\varphi_0+\frac{\pi}{2}\right)}\left(\frac{z-\mathrm{i}}{z+\mathrm{i}}\right).$$

具体映射过程见图 6.26.

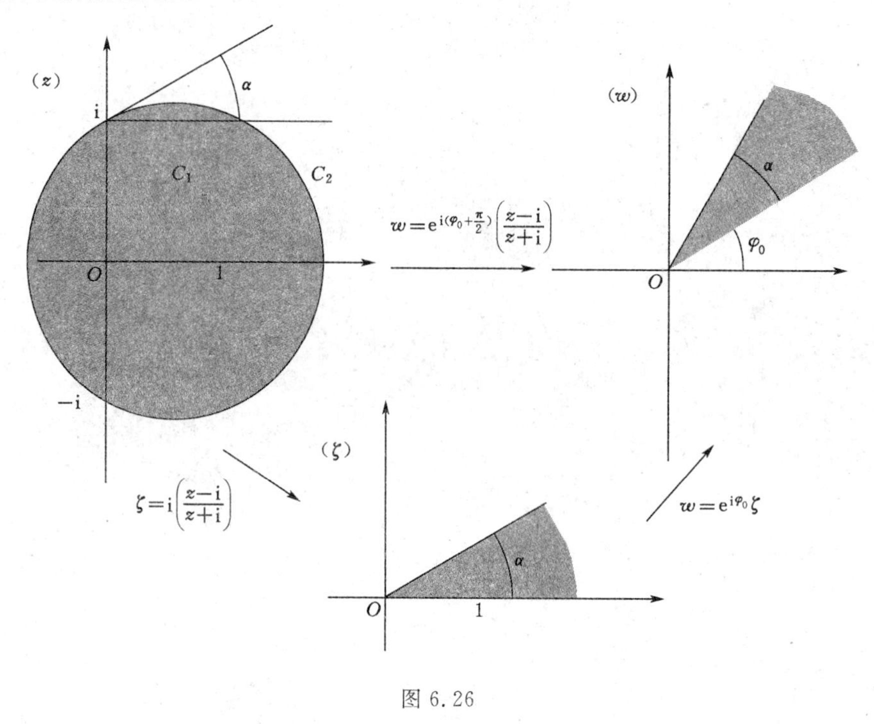

图 6.26

二、指数函数

$w=e^z$ 由于在 z 平面内

$$w'=(e^z)'=e^z\neq 0$$

所以,由 $w=e^z$ 所构成的映射是一个全平面上的共形映射.设 $z=x+iy$,$w=\rho e^{i\varphi}$,那么

$$\rho=e^x,\varphi=y, \tag{6.10}$$

由此可知:z 平面上的直线 $x=$常数被映射成 w 平面上的圆周 $\rho=$常数;而直线 $y=$常数被映射成射线 $\varphi=$常数.

当实轴 $y=0$ 平行移动到直线 $y=\alpha(0<\alpha\leqslant 2\pi)$时,带形域 $0<\mathrm{Im}\ z<\alpha$ 映射成角形域 $0<\arg w<\alpha$.特别是,带形域 $0<\mathrm{Im}\ z<2\pi$ 映射成沿正实轴剪开的 w 平面:$0<\arg w<2\pi$(图 6.27),它们之间的点是一一对应的.

由指数函数 $w=e^z$ 所构成的映射的特点是:把水平的带形域 $0<\mathrm{Im}\ z<\alpha$ $(\alpha\leqslant 2\pi)$映射成角形域 $0<\arg w<\alpha$.因此,如果要把带形域映射成角形域,常常利用指数函数.

例 6.14 映射 $w=e^z$ 将下列区域映射为什么图形.

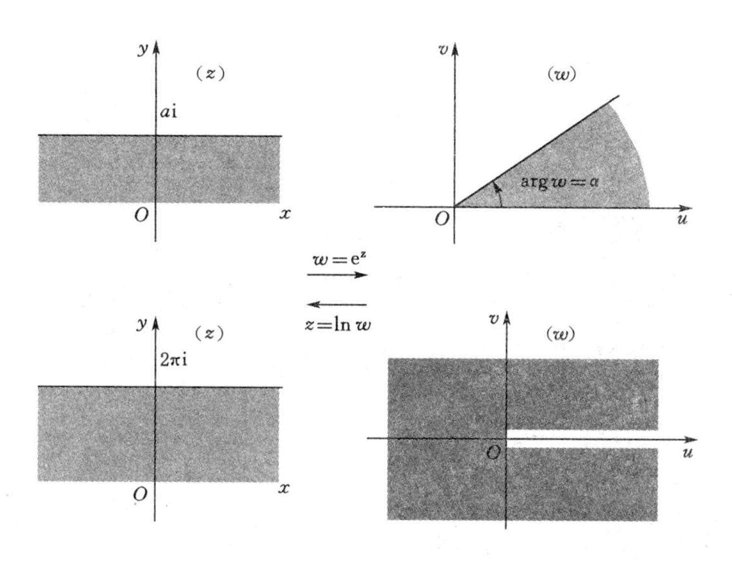

图 6.27

(1) 直线网 $\operatorname{Re} z=C_1$, $\operatorname{Im} z=C_2$;

(2) 带形区域 $\alpha<\operatorname{Im} z<\beta, 0\leqslant\alpha<\beta\leqslant 2\pi$;

(3) 半带形区域 $\operatorname{Re} z>0, 0<\operatorname{Im} z<\alpha, 0\leqslant\alpha\leqslant 2\pi$.

解　(1) 令 $z=x+\mathrm{i}y$, $\operatorname{Re} z=C_1$,

$$z=C_1+\mathrm{i}y\Rightarrow w=\mathrm{e}^{C_1}\cdot\mathrm{e}^{\mathrm{i}y},$$

$$\operatorname{Im} z=C_2,$$

则

$$z=x+\mathrm{i}C_2\Rightarrow w=\mathrm{e}^{x}\cdot\mathrm{e}^{\mathrm{i}C_2}$$

故 $w=\mathrm{e}^z$ 将直线 $\operatorname{Re} z$ 映成圆周 $\rho=\mathrm{e}^{C_1}$;直线 $\operatorname{Im} z=C_2$ 映射为射线 $\varphi=C_2$.

(2) 令 $z=x+\mathrm{i}y, \alpha<y<\beta$,则

$$w=\mathrm{e}^z=\mathrm{e}^{x+\mathrm{i}y}=\mathrm{e}^x\cdot\mathrm{e}^{\mathrm{i}y}, \alpha<y<\beta,$$

故 $w=\mathrm{e}^z$ 将带形区域 $\alpha<\operatorname{Im} z<\beta$ 映射为 $\alpha<\arg w<\beta$ 的张角为 $\beta-\alpha$ 的角形区域.

(3) 令 $z=x+\mathrm{i}y, x>0, 0<y<\alpha$, $0\leqslant\alpha\leqslant 2\pi$. 则

$$w=\mathrm{e}^z=\mathrm{e}^x\cdot\mathrm{e}^{\mathrm{i}y}(x>0, 0<y<\alpha)\Rightarrow \mathrm{e}^x>1, 0<\arg w<\alpha$$

故 $w=\mathrm{e}^z$ 将半带形区域 $\operatorname{Re} z>0, 0<\operatorname{Im} z<\alpha$, $0\leqslant\alpha\leqslant 2\pi$ 映射为

$$|w|>1, \ 0<\arg w<\alpha(0\leqslant\alpha\leqslant 2\pi).$$

例 6.15　求把带形域 $0<\operatorname{Im} z<\pi$ 映射成单位圆 $|w|<1$ 的一个映射.

解　由刚才的讨论知:映射 $\zeta=\mathrm{e}^z$ 将所给的带形域映射成 ζ 平面的上半平面 $\operatorname{Im}\zeta>0$. 而映射 $w=\dfrac{\zeta-\mathrm{i}}{\zeta+\mathrm{i}}$ 将上半平面 $\operatorname{Im}\zeta>0$ 映射成单位圆 $|w|<1$. 因此所

求的映射为 $w=\frac{e^z-i}{e^z+i}$，具体过程如图 6.28 所示.

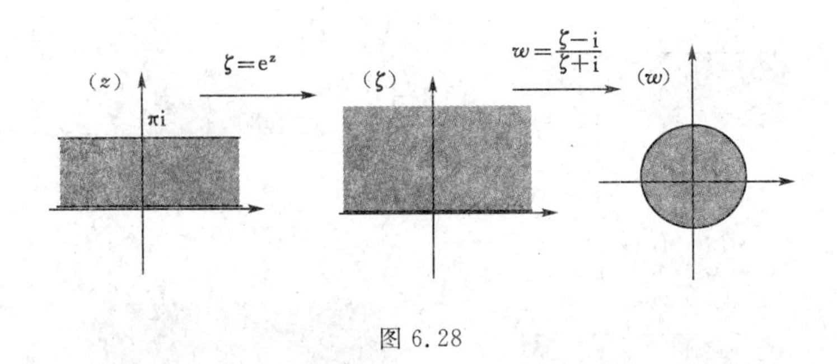

图 6.28

例 6.16 求出将割去负实轴 $-\infty<\text{Re } z\leqslant 0$，$\text{Im } z=0$ 的带形区域 $-\frac{\pi}{2}<\text{Im } z<\frac{\pi}{2}$ 映射为半带形区域 $-\pi<\text{Im } w<\pi$，$\text{Re } w>0$ 的映射.

解 用 $w_1=e^z$ 将区域映射为有割痕(0,1)的右半平面 $\text{Re } w_1>0$；再用 $w_2=\ln\frac{w_1+1}{w_1-1}$ 将半平面映射为有割痕 $(-\infty,-1]$ 的单位圆外域；又用 $w_3=i\sqrt{w_2}$ 将区域映射为去上半单位圆内部的上半平面；再用 $w_4=\ln w_3$ 将区域映射为半带形 $0<\text{Im } w_4<\pi$，$\text{Re } w_4>0$；最后用 $w=2w_4-i\pi$ 映射为所求区域，故

$$w=\ln\frac{e^z+1}{e^z-1}.$$

第五节 关于共形映射的几个一般性定理*

在本章已经证明过，解析函数在导数不为零的点处所构成的映射是共形映射. 现在再指出(但不加证明)，它的逆定理也是正确的：如果函数 $w=f(z)$ 把域 D 共形映射成域 G，那么 $w=f(z)$ 在 D 上是单值且解析的函数，它的导数在 D 上必不为零，而且它的反函数 $z=\varphi(w)$ 在 G 上也是单值且解析的函数. 下面再介绍关于共形映射理论的几个一般性定理.

定理 6.7(黎曼定理) 不论两个单连通域 B_1 与 B_2(它们的边界是由多于一个点所构成的)是怎样的，也不论这两域中的两个点 z_0(在 B_1 中)与 w_0(在 B_2 中)以及一个实数 a_0 是怎样给定的，总有一个把域 B_1 一一对应地映射成域 B_2 的共形映射 $w=f(z)$ 存在，使得

$$f(z_0)=w_0 \quad \arg f'(z_0)=a_0 \tag{6.11}$$

并且这样的共形映射是唯一的.

黎曼定理虽然并没有给出寻求这个映射函数 $w=f(z)$ 的方法，但是它肯定了这种函数总是存在的. 只要域 B_1 与 B_2 都不属于两种例外的情形：其一是扩充复平面；另一是除去一点的扩充复平面（例如，除去无穷远点的复平面）. 因为这两种情形的边界点都不多于一个. 把一个单连通域 B_1 一一对应地、共形地映射成另一个单连通域 B_2 的这种映射有无穷多个. 要想保证映射函数 $w=f(z)$ 的唯一性，黎曼定理表明，只需满足条件(6.11)就行了. 从几何意义上讲，这个条件可解释为：对域 B_1 中某一点 z_0 指出它在域 B_2 中的像 w_0，并给出在此映射下点 z_0 的无穷小邻域所转过的角度.

根据黎曼定理，要想找到将单连通域 B_1 一一对应地、共形地映射成单连通域 B_2，只要能找到将 B_1 与 B_2 分别一一对应且共形地映射成某一标准形式的区域（例如单位圆 $|z|<1$）就行了. 因为，如果 $\zeta=f(z)$ 是将 B_1 映射成 $|\zeta|<1$ 的映射，$\zeta'=F(w)$ 是将 B_2 映射成 $|\zeta'|<1$ 的映射[或者说它的反函数 $w=F^{-1}(\zeta')$ 是将 $|\zeta'|<1$ 映射成 B_2 的映射]. 由于所有这些映射都是一一对应且共形的，所以，将这些映射函数复合起来，就得到将 B_1 映射成 B_2 映射.

定理 6.8(边界对应原理)　设有由光滑闭曲线（或按段光滑闭曲线）Γ 所围成的域 D 以及在 D 内及 Γ 上解析的函数 $w=f(z)$. 假定函数 $w=f(z)$ 将 Γ 一一对应地映射成闭曲线 Γ'，Γ' 所围成的域为 D'；并且当 z 沿 Γ 移动使得域 D 留在左边时，它的对应点 w 就沿 Γ' 移动且使域 D' 也留在左边，那么 $w=f(z)$ 将 D 一一对应地、共形地映射成 D'.

应用这个原理，要想求出已给区域 D 被函数 $w=f(z)$ 映射成的区域 D'，只要沿 D 的边界绕行，并求出此边界被函数 $w=f(z)$ 映射成的封闭曲线，这个封闭曲线所围成的区域就是 D'.

第六节　施瓦茨-克里斯托费尔(Schwarz-Christoffel)映射*

在实际问题中，常常要把 z 平面的上半平面映射成 w 平面上的一个多角形区域，它的边界是由曲直线、线段或射线所组成，如图 6.29 所示.

知道，幂函数

$$w=z^n$$

有这样的性质：它把以 $z=0$ 为顶点、张角为 $\alpha(0\leqslant\alpha\leqslant 2\pi)$ 的角形域映射成以 $w=0$ 为顶点、张角为 $n\alpha$ 的角形域. 因此，映射

$$w-w_1=(z-x_1)^{\frac{\alpha_1}{\pi}} \tag{6.12}$$

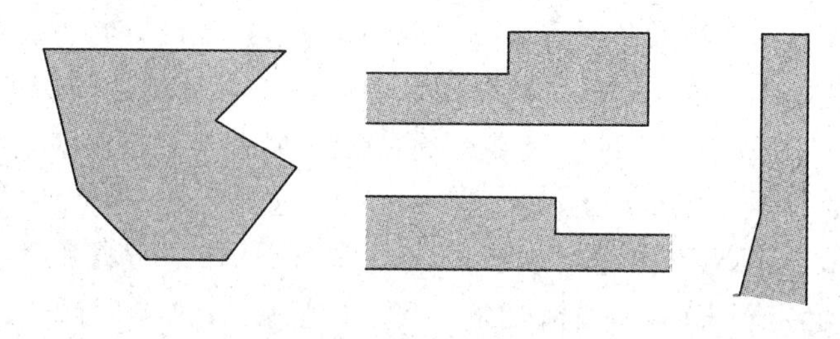

图 6.29

将 x 轴上的点 x_1 映射成 w 平面上的点 w_1，z 平面的上半平面映射成顶点在 w_1 张角为

$$\frac{\alpha_1}{\pi}\cdot\pi=\alpha_1$$

的角形域(图 6.30)

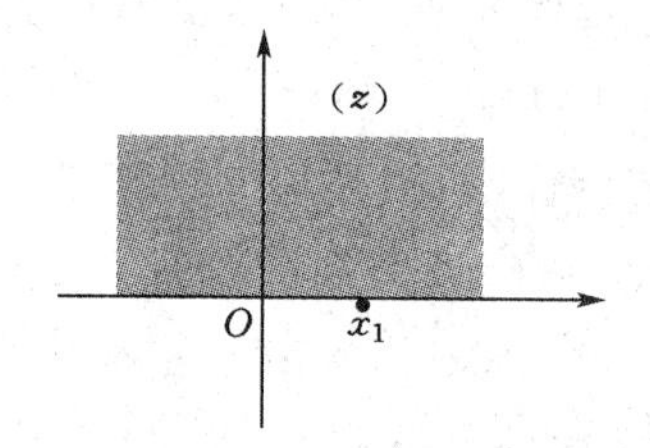

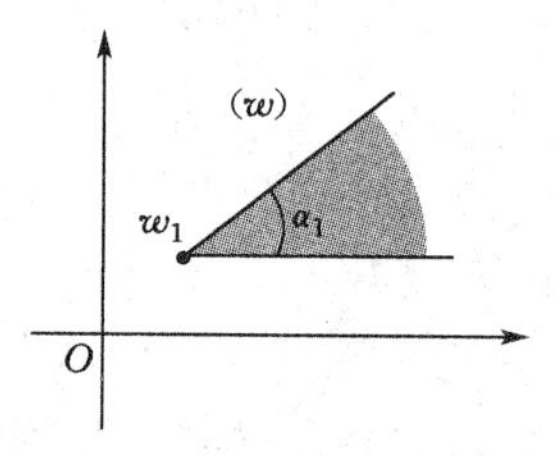

图 6.30

映射(6.12)可由方程

$$\frac{\mathrm{d}w}{\mathrm{d}z}=\frac{\alpha_1}{\pi}(z-x_1)^{\frac{\alpha_1}{\pi}-1}$$

确定. 这个角形域可以看成是一个特殊的多角形区域. 由此想到，把上半平面映射成一般的多角形区域是否能用下列方程

$$\frac{\mathrm{d}w}{\mathrm{d}z}=K(z-x_1)^{\frac{\alpha_1}{\pi}-1}(z-x_2)^{\frac{\alpha_2}{\pi}-1}\cdots(z-x_n)^{\frac{\alpha_n}{\pi}-1},\tag{6.13}$$

(其中 $K,x_1,x_2,\cdots,x_n$ 和 $\alpha_1,\alpha_2,\cdots,\alpha_n$ 都是实的常数，且 $x_1<x_2<\cdots<x_n$)来确定呢？事实正是这样，下面来验证这一点.

让 z 从 x_1 的左边沿 x 轴向右边移动，从而观察象点 w 的轨迹. 由式(6.13)得

$$\begin{aligned}\operatorname{Arg}\mathrm{d}w=&\operatorname{Arg}K+\left(\frac{\alpha_1}{\pi}-1\right)\operatorname{Arg}(z-x_1)+\left(\frac{\alpha_2}{\pi}-1\right)\operatorname{Arg}(z-x_2)+\cdots+\\&\left(\frac{\alpha_n}{\pi}-1\right)\operatorname{Arg}(z-x_n)+\operatorname{Arg}\mathrm{d}z\end{aligned}\tag{6.14}$$

很明显，在 z 没有达到 x_1 以前，上式右边的每一项都不变，所以 $\mathrm{d}w$ 的辐角也不

变，象点 w 沿一条直线移动. 但当 z 经过 x_1 时，差值 $z=x_1$ 突然从负变成正，$\operatorname{Arg}(z-x_1)$ 变化成了 $-\pi$，其他各项都不变，因此，$\operatorname{Arg}\,\mathrm{d}w$ 改变了

$$\left(\frac{\alpha_1}{\pi}-1\right)(-\pi)=\pi-\alpha_1.$$

由图 6.31(a) 显然可见，$\pi-\alpha_1$ 是 w 开始沿着多角形下一条边的方向移动所必须转过的角. 在 z 从 x_1 变到 x_2 的过程中，情况与前面说过的一样，$\mathrm{d}w$ 的辐角保持不变，因此 w 沿着直线移动. 当 z 经过 x_2 时，这时 $z-x_2$ 突然从负变到正，它的辐角改变了 $-\pi$，结果，$\operatorname{Arg}\,\mathrm{d}w$ 又改变了 $\pi-\alpha_2$，这恰巧是要得到多角形下一边的方向所必须转过的角. 依次下去，当 z 经历整个 x 轴时，w 能沿着多角

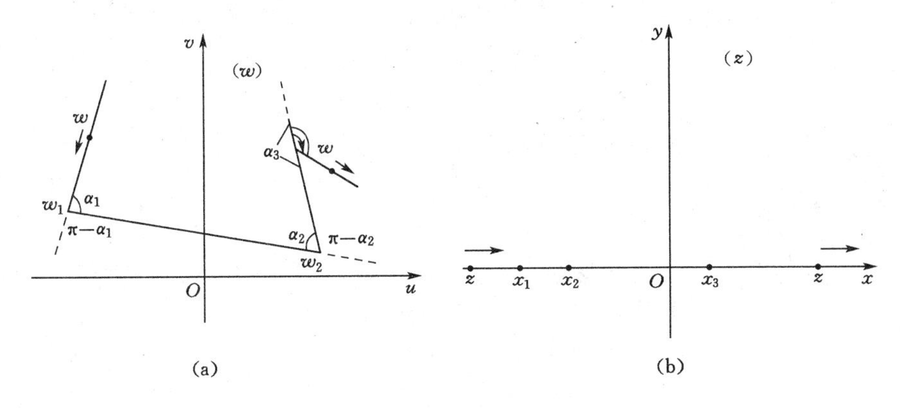

图 6.31

形的周界移动，而多角形的各边转过的角依次为 $\pi-\alpha_1, \pi-\alpha_2, \cdots, \pi-\alpha_n$. 设 $x_1, x_2, \cdots, x_n$ 所对应的点依次为 $w_1, w_2, \cdots, w_n$. 由于当 z 沿 x 轴从左向右移动时，上半平面留在它的左边，因而当 w 从 w_1 到 w_n 沿多角形周界移动时，留在它的左边的区域就是上半平面所映射成的多角形区域，而且内角依次为 $\alpha_1, \alpha_2, \cdots, \alpha_n$. 把式(6.13)积分，得

$$w=K\int\left[(z-x_1)^{\frac{\alpha_1}{1}-1}(z-x_2)^{\frac{\alpha_2}{\pi}-1}\cdots(z-x_n)^{\frac{\alpha_n}{\pi}-1}\right]\mathrm{d}z+c. \tag{6.15}$$

上式可看作由下列两式复合而成：

$$t=\int\left[(z-x_1)^{\frac{\alpha_1}{\pi}-1}(z-x_2)^{\frac{\alpha_2}{\pi}-1}\cdots(z-x_n)^{\frac{\alpha_n}{\pi}-1}\right]\mathrm{d}z, \tag{6.16}$$

$$w=Kt+c. \tag{6.17}$$

由于式(6.16)所表示的函数满足方程

$$\frac{\mathrm{d}t}{\mathrm{d}z}=(z-x_1)^{\frac{\alpha_1}{\pi}-1}(z-x_2)^{\frac{\alpha_2}{\pi}-1}\cdots(z-x_n)^{\frac{\alpha_n}{\pi}-1}$$

因而式(6.16)也表示把 z 平面的上半平面映射成 t 平面上的一个内角为 α_i($i=$

$1,2,\cdots,n$) 的多角形区域的映射.

现在,要想把上半平面映射成内角为 $\alpha_i(i=1,2,\cdots,n)$ 的一个已知多角形,那么式(6.16) 还不是所求的映射,因为它映射成的多角形只是与已给多角形有相等的对应角(图 6.32).

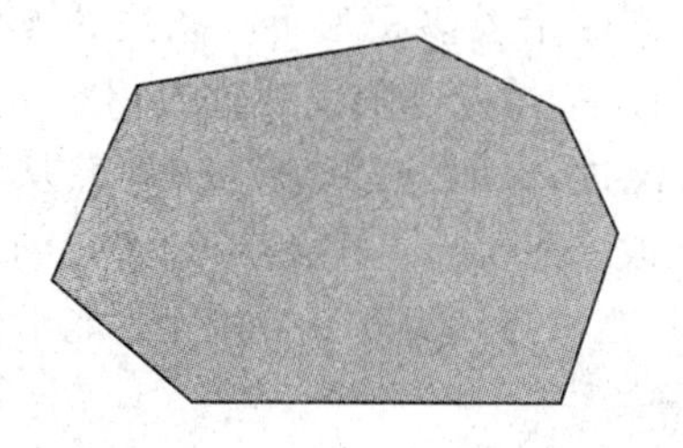
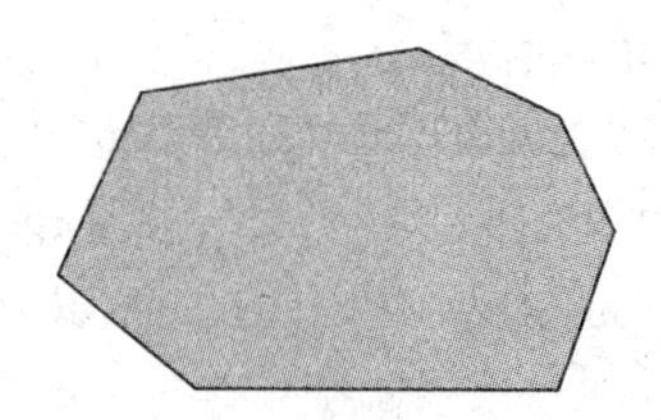

图 6.32

所以还需要做两件事:① 首先应当适当地选取 x_1 的值,使式(6.16) 把上半平面映射成的多角形与给定的多角形相似;② 经过线性变换式(6.17),使这两个多角形重合.

下面先来说明 x_1 的选取问题.知道,两个多角形相似的条件是角相等边成比例.设 $A_1A_2\cdots A_n$ 为给定的多角形,它的边长

$$A_1A_2=l_1,A_2A_3=l_2,\cdots,A_{n-1}A_n=l_{n-1},A_nA_1=l_n.$$

$A_1'A_2'\cdots A_n'$ 是由式(6.16) 把上半平面映射成的多角形,这个多角形的边长,由于 A_i' 是 x_i 的象点,所以与 x_i 的选取有关.要 $A_1A_2\cdots A_n$ 与 $A_1'A_2'\cdots A_n'$ 相似,只要下列 $n-1$ 个等式得到满足:

$$\frac{A_2'A_3'}{A_1'A_2'}=\frac{l_2}{l_1},\frac{A_3'A_4'}{A_1'A_2'}=\frac{l_3}{l_1},\cdots,\frac{A_{n-1}'A_n'}{A_1'A_2'}=\frac{l_{n-1}}{l_1},\frac{A_n'A_1'}{A_1'A_2'}=\frac{l_n}{l_1}\quad(6.18)$$

由于多角形的 α_i 都是已知的,所以这 $n-1$ 个等式中有两个(例如最后两个)可以从其他等式推出来.事实上,如果 $A_1'A_2'\cdots A_n'$ 的边中除两条(例如 $A_{n-1}'A_n'$ 和 $A_n'A_1'$)外,其余的边长都已按式(6.18) 的要求求出,那么剩下的两边可利用对应角(例如 α_{n-1} 和 α_n)相等由作图法求出.例如由 α_{n-1} 相等可作出 $A_{n-1}'A_n'$,由 α_n 相等可作出 $A_n'A_1'$.由此可知,要确定 n 个 x_i,只有 $n-3$ 个独立的等式可以利用.所以 x_i 中有三个可以任意选取.当选定 x_i 使式(6.18) 得到满足以后,式(6.16) 就把上半平面映射成与给定的多角形相似的多角形.其次,还要使这两个多角形重合.这只要借助于式(6.17) 作一定的平移、旋转、伸缩就可以做到,换句话说,式(6.17) 中的常数 K 与 c 是可以唯一确定的.

应当指出,从式(6.15) 可以看出,这个映射是用多角形的顶点的象 x_i 来表示,而不是用多角形顶点本身来表示的.但在实际问题中,知道的却是多角形的

顶点 w_i，而不是它们的象 x_i，因此用式(6.15)时，应根据实际问题的条件来选定 x_i，并且确定常数 K 与 c. 这往往需要相当的技巧，因而是比较困难的. 只能在后面结合例题来作些说明.

还需指出，有时选取 ∞ 作为多角形的一个顶点的象. 例如作为 A_n 的象，即取 $x_n=\infty$ 与 A_n 对应，这时，式(6.15)就成为

$$w=K'\int[(z-x_1)^{\frac{\alpha_1}{\pi}-1}(z-x_2)^{\frac{\alpha_2}{\pi}-1}\cdots(z-x_{n-1})^{\frac{\alpha_{n-1}}{\pi}-1}]\mathrm{d}z+c \qquad (6.19)$$

为了证明这个公式，做一个映射

$$t=-\frac{1}{z}+x_n' \qquad (6.20)$$

基中 x_n' 为一实数.

容易验证，映射(6.20)把 z 平面的上半平面映射成 t 平面的上半平面，并且把点 $x_1,x_2,x_3,\cdots,x_{n-1},x_n=\infty$ 映射成点 $x_1',x_2',x_3',\cdots,x_{n-1}',x_n'$.

这里

$$x_k'=-\frac{1}{x_k}+x_n' \text{ 或 } x_k=\frac{1}{x_n'-x_k'}. \qquad (6.21)$$

由式(6.15)知，把 tt 平面的上半平面映射成多角形区域的映射为

$$w=K_1\int[(t-x_1')^{\frac{\alpha_1}{\pi}-1}(t-x_2')^{\frac{\alpha_2}{\pi}-1}\cdots(t-x_n')^{\frac{\alpha_{n-1}}{\pi}}]\mathrm{d}t+c.$$

利用式(6.20)与式(6.21)，得到把 z 平面映射成多角形区域的映射为

$$\begin{aligned}w&=K_1\int\left[\left(\frac{1}{x_1}-\frac{1}{z}\right)^{\frac{\alpha_1}{\pi}-1}\left(\frac{1}{x_2}-\frac{1}{z}\right)^{\frac{\alpha_2}{\pi}-1}\cdots\left(-\frac{1}{z}\right)^{\frac{\alpha_n}{\pi}-1}\cdot\frac{1}{z^2}\right]\mathrm{d}z+c\\&=K'\int\left[\frac{(z-x_1)^{\frac{\alpha_1}{\pi}-1}(z-x_2)^{\frac{\alpha_2}{\pi}-1}\cdots(z-x_{n-1})^{\frac{\alpha_{n-1}}{\pi}-1}}{z^{\frac{1}{\pi}(\alpha_1+\alpha_2+\cdots+\alpha_n)-n+2}}\right]\mathrm{d}z+c,\end{aligned}$$

由于 $\alpha_1+\alpha_2+\cdots+\alpha_n=(n-2)\pi$，所以

$$w=K'\int[(z-x_1)^{\frac{\alpha_1}{\pi}-1}(z-x_2)^{\frac{\alpha_2}{\pi}-1}\cdots(z-x_{n-1})^{\frac{\alpha_{n-1}}{\pi}-1}]\mathrm{d}z+c.$$

它比式(6.15)的被积函数少了一个因子. 这时，在 $x_1,x_2,\cdots,x_{n-1}$ 中就只有两个是可以任意选择的了.

由式(6.15)或式(6.19)所给出的映射叫作施瓦茨-克里斯托费尔映射. 由式(6.13)可知，除了在 $z=x_i$ 以外，$\frac{\mathrm{d}w}{\mathrm{d}z}$ 不等于零，所以映射在除了这些点以外的上半平面：$\mathrm{Im}\,z\geqslant 0$ 是共形的.

还有重要的一点要作补充. 在实际问题中，所遇到的多角形往往是变态多角形，就是说，它的顶点有一个或几个在无穷远. 例如，A_k 在无穷远，即 $w_k=\infty$，如

图 6.33 所示.

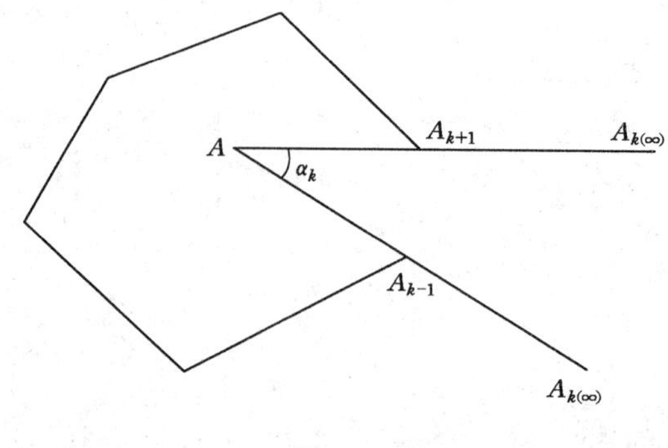

图 6.33

如果规定:在无穷远点 A_k 处两条射线的交角 α_k 等于这两条射线反向延长线在有限远交点 A 处的交角乘以 -1,那么施瓦茨-克里斯托费尔映射仍然有效,即有

$$w = K\int\left[(z-x_1)^{\frac{\alpha_1}{\pi}-1}(z-x_2)^{\frac{\alpha_2}{\pi}-1}\cdots(z-x_k)^{\frac{\alpha_k}{\pi}-1}\cdots(z-x_n)^{\frac{\alpha_{n-1}}{\pi}}\right]\mathrm{d}z + c$$

例 6.17 求把上半平面 $\operatorname{Im} z \geqslant 0$ 映射成带形 $0 \leqslant \operatorname{Im} w \leqslant \pi$ 的映射.

解 把带形看作是一个变态的四边形 $CAOBC$,首先选定对应点. 因为 x_i $(i=1,2,3,4)$ 中有三个可以任意选取,选取 $x_1=0$ 与顶点 A 对应,$x_2=1$ 与顶点 O 对应,$x_3=\infty$ 与顶点 B 对应;因此 x_4 便与顶点 C 对应. 四边形的内角 A,O,B,C 分别为 $0,\pi,0,\pi$,如下所示:

i	z_i	w_i	α_i
1	0	∞	0
2	1	0	π
3	∞	∞	0
4	x_4	πi	π

其次,把 x_1,x_2,x_3,x_4 在 x 轴上的位置排列如图 6.34 所示,使当 z 沿 x 轴从左到右顺次经过 x_4,x_1,x_2,x_3 移动时,上半平面在左手一边,对应的 w 点沿四边形的边界 $CAOBC$ 移动时,带形区域也在左手一边. 简单地说,使两个区域的绕向相同.

根据式(6.19)得所求的映射为

$$w = K\int(z-0)^{\frac{0}{\pi}-1}(z-1)^{\frac{\pi}{\pi}-1}(z-x_4)^{\frac{\pi}{\pi}-1}\mathrm{d}z + c = K\int\frac{1}{z}\mathrm{d}z + c$$

即

$$w = K\ln z + c.$$

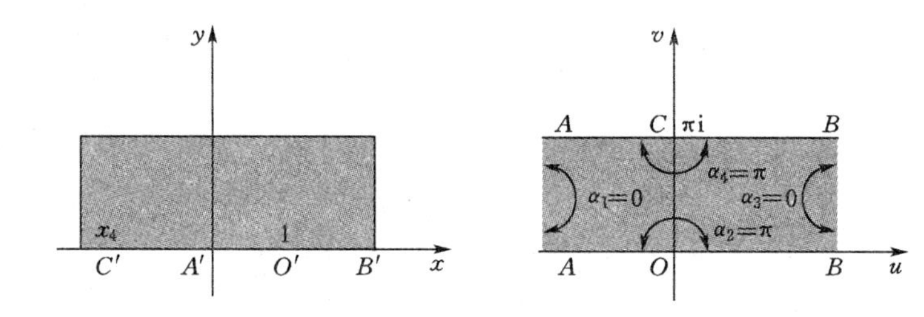

图 6.34

现在来定常数 K 与 c，同时确定 x_4.

因为当 $w=0$ 时，$z=1$，故 $c=0$，因此

$$w=K\ln z.$$

又因 w 在实轴上时，$z=x>0$，所以 K 为实数. 由于 $w=\pi\mathrm{i}$ 对应着 x_4，故有

$$\pi\mathrm{i}=K\ln x_4=K\ln|x_4|+\mathrm{i}K\arg x_4,$$

由此得
$$K\ln|x_4|=0, K\arg x_4=\pi.$$

从前一式，因 K 不能为零，所以 $\ln|x_4|=0$，即 $|x_4|=1$. x_4 不能等于 1，否则与后一式矛盾，所经 $x_4=-1$，由此得 $K=1$. 于是所求的映射为 $w=\ln z$.

从解本例可知，在解多角形映射问题时，第一步应适当选取对应点，便积分比较简单；第二步要注意区域边界的绕向；第三步在确定常数时，如无特殊声明，这些常数一般都是复数.

例 6.18 求把上半 z 平面映射成 w 平面中如图 6.35 所示的阴影部分的映射，并使 $x=0$ 对应于 A 点，$x=-1$ 对应于 B 点.

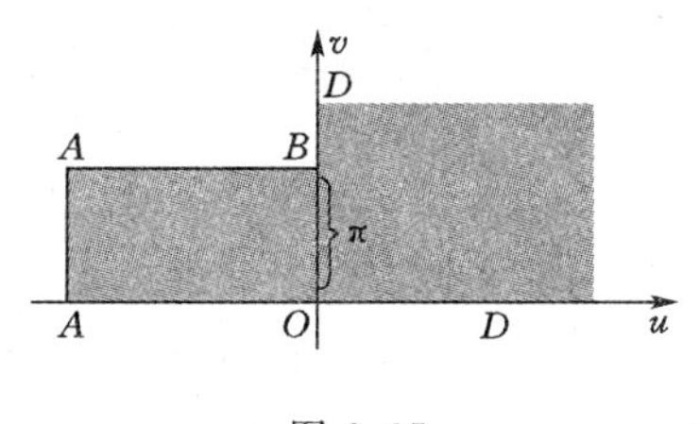

图 6.35

解 图 6.35 阴影部分区域可看作一个广义的三角形，顶点为 $A(\infty)$，$D(\infty)$，$B(\pi\mathrm{i})$，内角分别为：0、$-\dfrac{\pi}{2}$、$\dfrac{3\pi}{2}$，如果使 $x_1=0$ 与顶点 A 对应，$x_2=\infty$ 与顶点 D 对应，$x_3=-1$ 与顶点 B 对应，则由式(6.19) 得所求的映射为：

$$w=k\int\left[(z-0)^{\frac{0}{\pi}-1}(z+1)^{\frac{\frac{3\pi}{2}}{\pi}-1}\right]\mathrm{d}z+c=k\int\frac{\sqrt{1+z}}{z}\mathrm{d}z+c$$

$$= k\int\left[\frac{1}{z\sqrt{1+z}}+\frac{1}{\sqrt{1+z}}\right]\mathrm{d}z + c = k\left(\ln\frac{\sqrt{1+z}-1}{\sqrt{1+z}+1}+2\sqrt{1+z}\right)+c$$

下面来确定常数 k 和 c. 因为 $0<z<+\infty$ 时,z 平面的实轴映射成 w 平面的实轴(即广义三角形的边 AD) 并且保持相同的前进方向,所以

$$\frac{\mathrm{d}w}{\mathrm{d}z}=k\frac{\sqrt{1+z}}{z}>0,(0<z<+\infty)$$

因此,$k>0$. 又因为 $0<z<+\infty$ 时,$w(z)$ 为实数,而

$$\frac{\sqrt{1+z}-1}{\sqrt{1+z}+1}>0,2\sqrt{1+z}>0,\text{故 } c \text{ 为实数.}$$

最后,因为 $w(-1)=\pi\mathrm{i}$,由此得:$\pi\mathrm{i}=k\ln(-1)+c$,即 $\pi\mathrm{i}=k\pi\mathrm{i}+c$.

故有 $k=1,c=0$. 于是,所求映射为:

$$w=\ln\frac{\sqrt{1+z}-1}{\sqrt{1+z}+1}+2\sqrt{1+z}$$

例 6.19 求把图 6.36 中的区域(a) 映射成(b) 的映射,对应点如图 6.36 所示.

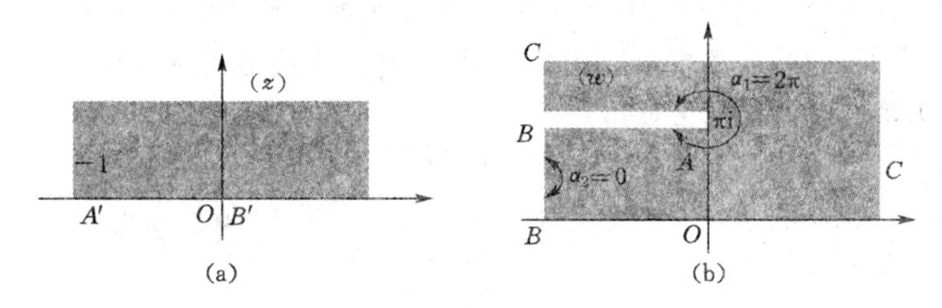

图 6.36

解 把图 6.36(b) 中的区域看作有三个顶点 C、A、B 的多角形,两个顶点 B 与 C 在无穷远. 选取取 $\tau=\infty$ 对应于顶点 C;$x=-1$ 对应于顶点 A;$x=0$ 对应于顶点 B. 这时在顶点 A,$\alpha_1=2\pi$;在 B,$\alpha_2=0$. 所以

$$w=K\int(z+1)^{\frac{2\pi}{\pi}-1}(z-0)^{\frac{0}{\pi}-1}\mathrm{d}z+c=K\int\left(1+\frac{1}{z}\right)\mathrm{d}z+c,$$

即
$$w=K(z+\ln z)+c.$$

为了定常数 K 与 c,把上式改写成

$$u+\mathrm{i}v=(k_1+\mathrm{i}k_2)(x+\mathrm{i}y+\ln|z|+\mathrm{i}\arg z)+c_1+\mathrm{i}c_2,$$

由虚部相等得

$$v=k_1y+k_2x+k_2\ln|z|+k_1\arg z+c_2 \tag{6.22}$$

当 w 沿 AB 趋于无穷,$v=\pi$,这时 z 沿负实轴趋于零,$y=0$,$\arg z=\pi$,所

以由上式得

$$\pi = \lim_{x\to 0^-}(k_1 \cdot 0 + k_2 x + k_2 \ln|x| + k_1\pi + c_2).$$

显然,为了使右边有限,k_2 必须为零,故有

$$\pi = k_1\pi + c_2. \tag{6.23}$$

又当 w 沿着有 $v=0$ 的 OB 趋于无穷时,z 沿着有 $y=0$,$\arg z=0$ 的正实轴趋于零.所以由式(6.22)得

$$0 = \lim_{x\to 0^+}(k_1 \cdot 0 + c_2) = c_2, 即\ c_2 = 0.$$

由式(6.23)得,$k_1=1$,从而 $K=k_1+\mathrm{i}k_2=1$,所以

$$w = z + \ln z + c_1.$$

最后,当 $w=\pi\mathrm{i}$ 时,$z=-1$,从上式得 $\pi\mathrm{i}=-1+\pi\mathrm{i}+c_1$,从而 $c_1=1$,因此,所求的映射为 $w=z+\ln z+1$.

例 6.20　平行板电容器中等位线与电力线的分布情况.

解　先设想平行板电容器的一种理想情形,即两块平行板无限伸展没有边缘的情形,这时电力线和等位线就是互相垂直的两族平行直线,垂直于平行板的一族平行直线是电力线;平行于平行板的一族平行直线是等位线[图 6.37(a)].

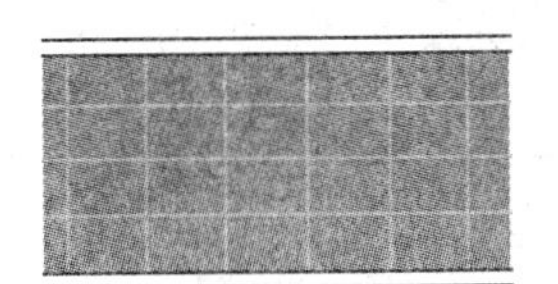

(a)

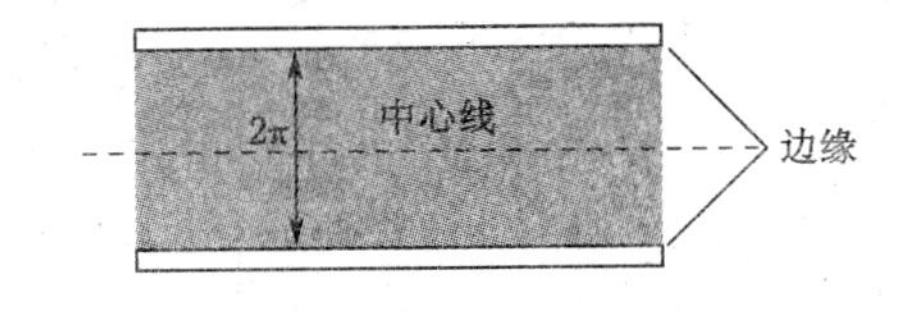

(b)

图 6.37

但是平行板电容器实际是有边缘的[图 6.37(b)],电场分布关于中心线对称.

设平行板电容器的两板之间的距离为 2π,由于电场分布对两板之间的中心线的对称性,因此只考虑中心线上方的一半带有割痕的半平面[图 6.38(a)].如果知道了 w 平面中带割痕的上半平面与 z 平面中带形区域[图 6.38(b)]之间的映射关系,那么平行板电容器的电场分布情况也就知道了.这只要通过映射将 z 平面中的两族互相垂直的平行线映射到 w 平面中去,就可得到平行板电容器的等位线和电力线.

从例 6.19 知,将 z 平面中的带形区域映射成 ζ 平面的上半平面的映射是

$$\zeta = \mathrm{e}^z;$$

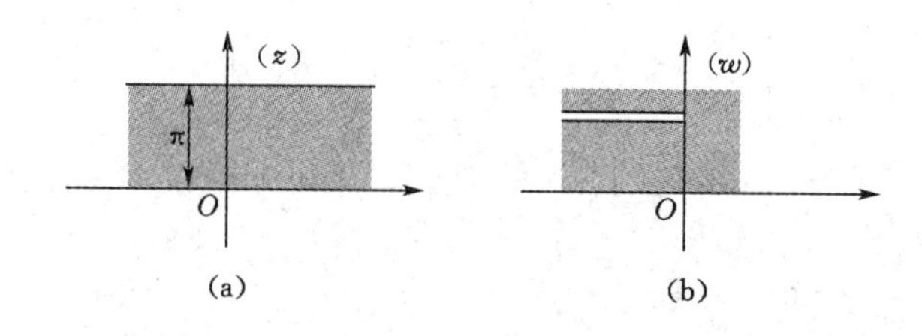

图 6.38

又从例 6.20 知,将 ζ 平面的上半平面映射成 w 平面中还割痕的一半平面的映射为

$$w=\zeta+\ln\zeta+1.$$

因此把 z 平面中的带形区域映射到 w 平面中带割痕的上半平面的映射是

$$w=z+\mathrm{e}^{z}+1.$$

把上式中的实部与虚部分离开来,得

$$\begin{cases}u=x+\mathrm{e}^{x}\cos y+1,\\ v=y+\mathrm{e}^{x}\sin y.\end{cases}$$

上式中,令 $x=$ 常数 λ,即得以 y 为参数的电力线方程:

$$\begin{cases}u=\lambda+\mathrm{e}^{\lambda}\cos y+1,\\ v=y+\mathrm{e}^{\lambda}\sin y.\end{cases}$$

令 $y=$ 常数 μ,即得以 x 为参数的等位线方程:

$$\begin{cases}u=x+\mathrm{e}^{x}\cos\mu+1,\\ v=\mu+\mathrm{e}^{x}\sin\mu.\end{cases}$$

它们的图形如图 6.39 所示.

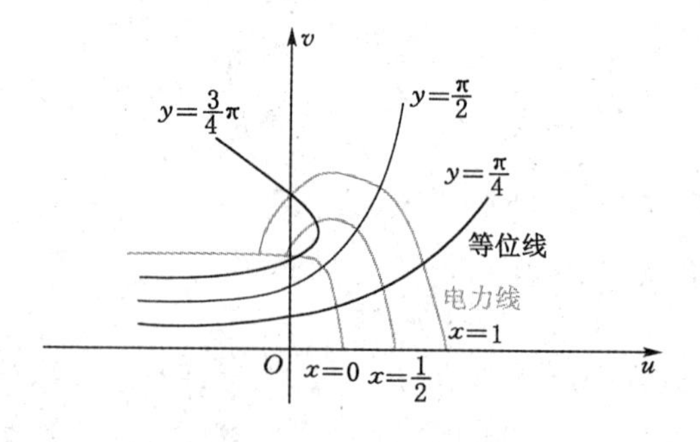

图 6.39

本章小结

(1) 解析函数导数的辐角与模的几何意义及其性质

设 $w=f(z)$ 为区域 D 内的解析函数，z_0 为 D 内的一点.

① 导数 $f'(z_0)\neq 0$ 的辐角 $\arg f'(z_0)$ 是曲线 C 经过 $w=f(z)$ 映射后在 z_0 处的转动角. 它的大小与方向跟曲线 C 的形状与方向无关. 即映射 $w=f(z)$ 具有保持转动角不变的性质.

② $|f'(z_0)|$ 是经过映射 $w=f(z)$ 后通过 z_0 的任何曲线 C 在 z_0 的伸缩率，它与曲线 C 的形状与方向无关，即映射 $w=f(z)$ 具有保伸缩率不变的性质.

(2) 共形映射(保形映射) 的概念

设 $w=f(z)$ 为区域 D 内的解析函数，z_0 为 D 内的一点. 如果 $f'(z_0)\neq 0$，那么通过 z_0 的任何两条曲线 C_1 与 C_2 之间的夹角，在其大小和方向上都等同于经过 $w=f(z)$ 映射后跟 C_1 与 C_2 对应的曲线 Γ_1 与 Γ_2 之间的夹角，即映射 $w=f(z)$ 具有保持两曲线间夹角的大小和方向不变的性质，称为保角性. 凡具有保角性和伸缩率不变性的映射称为共形映射. 之所以也称保形映射的原因是：因为映射在导数不为零的点 z_0 的邻域内，将一个任意小三角形映射成含 z_0 对应点 w_0 的一个区域内的一个曲边三角形. 这两个三角形的对应角相等(保角性)，对应边也近似呈比例(伸缩率的不变性)，因此这两个三角形近似相似. 这是保形映射名称的由来.

(3) 线性映射 $w=\dfrac{az+b}{cz+d}$ 可以看成是由下列各映射复合而成：

① $\zeta=z+b$，这是一个平移交换；

② $\eta=a\zeta$，这是一个旋转与伸缩变换；

③ $w=\dfrac{1}{\eta}$，这是一个反演变换.

由于它们在扩充平面上都是一一对应，且具有保角性、保圆性、保对称性，因此，分式线性映射也具有保角性、保圆性、保对称性. 除此而外，它还有可用三对相异的对应点唯一确定的性质：设三个相异点 z_1,z_2,z_3 对应于三个相异点 w_1，w_2,w_3，那么就唯一确定一个分式线性映射：

$$\frac{w-w_1}{w-w_2}\cdot\frac{w_3-w_2}{w_3-w_1}=\frac{z-z_1}{z-z_2}\cdot\frac{z_3-z_2}{z_3-z_1} \tag{6.24}$$

上式左端的式子，通常称为四个点 w,w_1,w_2,w_3 的交比. 因此，把上式的含义说成是分式线性映射具有保持交比不变的性质，或保交比性.

分式线性映射是共形映射一个重点内容，所以对它所具有的各种性质必须彻底弄懂、弄清，要熟练掌握并会应用．这些性质常被用来寻找一些简单而典型的区域之间的共形映射．

① 上半平面映射成上半平面的映射，它的形式是

$$w=\frac{az+b}{cz+d}$$

其中，a,b,c,d 都为实常数，且 $ad-bc>0$.

具有这一形式的映射也把下半平面映射成下半平面．求这种映射常在实轴上取定三对相异的对应点：

$$z_1<z_2<z_3,w_1<w_2<w_3$$

代入式(6.24)即得．这里 $z_i,w_i(i=1,2,3)$ 均为实数．

② 上半平面映射成单位圆内部的映射，它的形式是

$$w=\mathrm{e}^{\mathrm{i}\theta}\left(\frac{z-\lambda}{z-\bar{\lambda}}\right),$$

其中，θ 为实数，λ 为上半平面内映射成圆心 $w=0$ 的点．

③ 单位圆映射成单位圆的映射，它的形式是

$$w=\mathrm{e}^{\mathrm{i}\varphi}\left(\frac{z-a}{1-\bar{a}z}\right)\quad(|a|<1),$$

其中，φ 为实数，a 为单位圆 $|z|<1$ 内的任意一点．

(4) 几个初等函数所构成的映射

① 幂函数 $w=z^n$ 这一映射的特点是：把以原点为顶点的角形域映射成以原点为顶点的角形域，但张角的大小变成了原来的 n 倍．

② 指数函数 $w=\mathrm{e}^z$ 这一映射的特点是：把水平的带形域 $0<\mathrm{Im}\,z<\alpha(\alpha<2\pi)$ 映射成角形域 $0<\arg w<\alpha$.

把这两个函数构成的映射与分式线性映射联合起来使用可以解决一部分简单区域之间的变换问题．例如要求一个把角形域 $-\frac{\pi}{6}<\arg z<\frac{\pi}{6}$ 映射成单位圆的映射，那么可以用一个幂函数所构成的映射先将这一角形变成半平面，然后用分式线性映射再将半平面映射成单位圆．易知映射 $\zeta=z^3$ 可将 $-\frac{\pi}{6}<\arg z<\frac{\pi}{6}$ 映射成右半平面 $\mathrm{Re}\,z>0$．其次用旋转映射 $t=\mathrm{i}\zeta$ 将此右半平面映射成上半平面 $\mathrm{Im}\,z>0$．最后通过映射 $w=\frac{t-\mathrm{i}}{t+\mathrm{i}}$ 将上半平面映射成单位圆 $|w|<1$．从而得所求的映射为 $w=\frac{z^3-1}{z^3+1}$.

附 录

1. H. A. 施瓦茨(Hermann Amandus Schwarz, 1843—1921),法国数学家,生于西里西亚的赫姆斯多夫,卒于柏林. 1860 年进入柏林工业学院学习化学,后来受库默尔和魏尔斯特拉斯影响转而攻读数学. 1864 年毕业,并获哲学博士学位. 1867 年在哈雷大学任教授,1869 年任苏黎世大学教授,1875 年到哥廷根大学数学系任教. 1892 年接替他的老师魏尔斯特拉斯在柏林大学的教授职务. 任教期间当选为普鲁士科学院和巴伐利亚科学院院士.

施瓦茨的数学成就主要涉及分析学、微分方程、几何学等领域.

在分析学方面,1869 年,施瓦茨和克里斯托费尔发表了关于保形映射的某些特殊结果的定理. 这个映射被称为施瓦茨-克里斯托费尔变换,1870 年,施瓦茨与诺伊曼为黎曼映射定理寻求一个更完美的证明时,证明了一个单连通平面区域可以映射到一个圆,并强调了这一保形映射的重要性. 1873 年,施瓦茨首次严格证明了二阶偏导中两个混合偏导数存在及存在的条件. 在《纪念文集》(Festschrift, 1885) 中论证了所谓范数的"施瓦茨不等式",该式已成为函数论的重要工具.

在微分方程方面,1873 年,施瓦茨在研究二阶线性微分方程的解的结构时,引入了微分方程的单值群的概念,这是一类线性变换群. 这一工作为自守函数的研究创造了条件. 1870 年,施瓦茨在魏尔斯特拉斯提示下,就边界曲线为普遍假设的情形,采用所谓交替法,第一个证明了二维狄利克雷问题解的存在性定理.

在几何学方面,1884 年,施瓦茨对三维空间的等周问题提供了严密的解法. 1880 年,施瓦茨在给埃尔米特的信中指出,当时教科书中的曲面面积概念有问题,并举出一个著名的例子. 另外,施瓦茨与魏尔斯特拉斯一道深入地研究了微分几何中极小曲面问题,他们认为这个问题与复变函数、变分学、拓扑学都有很深的关系.

施瓦茨是继克罗内克、库默尔和魏尔斯特拉斯等人之后德国数学界的领导人之一,对 20 世纪初期的数学发展做出了重要贡献.

2. 克里斯托费尔(Christoffel, Elwin Bruno, 1829—1900),瑞士数学家. 1829 年 11 月 10 日生于亚琛附近的蒙茹瓦(今蒙绍),1900 年 3 月 15 日卒于斯拉

斯堡. 1850～1854年到柏林大学学习,1856年获博士学位后,回到蒙茹瓦独自攻读. 1859年任柏林大学讲师,1862年任瑞士苏黎世联邦工业学院教授,1869年到柏林职业学院任教,1872年任斯特拉斯堡大学教授.

克里斯托费尔在数学上的研究课题涉及数值分析、函数论、位势理论、微分方程、微分几何学、不变式理论等许多方面. 他在微分几何学中引入协变微分法及第一类和第二类克里斯托费尔符号. 这些工作成为后来张量演算的基础.

习　　题

A 组

1. 求映射 $w=\dfrac{1}{z}$ 下,下列曲线的像.

(1) $x^2+y^2=ax$　($a\neq 0$,为实数);　　(2) $y=kx$(k 为实数).

2. 下列区域在指定的映射下映成什么?

(1) $\operatorname{Im} z>0, w=(1+\mathrm{i})z$;

(2) $\operatorname{Re} z>0, 0<\operatorname{Im} z<1, w=\dfrac{\mathrm{i}}{z}$.

3. 求 $w=z^2$ 在 $z=\mathrm{i}$ 处的伸缩率和旋转角,问 $w=z^2$ 将经过点 $z=\mathrm{i}$ 且平行于实轴正向的曲线的切线方向映成 w 平面上哪一个方向?并作图.

4. 若分式线性映射 $w=\dfrac{az+b}{cz+d}$ 将圆周 $|z|=1$ 映射成直线,则 a,b,c,d 应满足什么条件?

5. 试确定映射 $w=\dfrac{z-1}{z+1}$ 作用下,下列集合的像.

(1) $\operatorname{Re} z=0$;　　(2) $|z|=2$;

(3) $\operatorname{Im} z>0$.

6. 求将上半平面 $\operatorname{Im} z>0$ 映射成 $|w|<1$ 单位圆的分式线性变换 $w=f(z)$,并满足条件

(1) $f(\mathrm{i})=0$, $\arg f'(\mathrm{i})=0$;　　(2) $f(1)=1, f(\mathrm{i})=\dfrac{1}{\sqrt{5}}$.

7. 求将 $|z|<1$ 映射成 $|w|<1$ 的分式线性变换 $w=f(z)$，并满足条件：

(1) $f\left(\frac{1}{2}\right)=0, f(-1)=1$；　　(2) $f\left(\frac{1}{2}\right)=0, \arg f'\left(\frac{1}{2}\right)=\frac{\pi}{2}$；

(3) $f(a)=a,\ \arg f'(a)=\varphi$.

8. 求将顶点在 $0,1,\mathrm{i}$ 的三角形式的内部映射为顶点依次为 $0,2,1+\mathrm{i}$ 的三角形的内部的分式线性映射.

9. 求出将圆环域 $2<|z|<5$ 映射为圆环域 $4<|w|<10$ 且使 $f(5)=-4$ 的分式线性映射.

10. 映射 $w=\mathrm{e}^z$ 将下列区域映射为什么图形？

(1) 直线网 $\mathrm{Re}\, z=C_1, \mathrm{Im}\, z=C_2$；

(2) 带形区域 $\alpha<\mathrm{Im}\, z<\beta, 0\leqslant\alpha<\beta\leqslant 2\pi$；

(3) 半带形区域 $\mathrm{Re}\, z>0, 0<\mathrm{Im}\, z<\alpha, 0\leqslant\alpha\leqslant 2\pi$.

B 组

11. 求出一个将右半平面 $\mathrm{Re}\, z>0$ 映射成单位圆 $|w|<1$ 的分式线性变换.

12. 映射 $w=\mathrm{e}^{\mathrm{i}\varphi}\cdot\dfrac{z-\alpha}{1-\alpha\cdot z}$ 将 $|z|<1$ 映射成 $|w|<1$，实数 φ 的几何意义是什么？

13. 一个解析函数，所构成的映射在什么条件下具有伸缩率和旋转角的不变性？映射 $w=z^2$ 在 z 平面上每一点都具有这个性质吗？

14. 试求所有使点 ± 1 不动的分式线性变换.

15. 求将单位圆的外部 $|z|>1$ 保形映射为全平面除去线段 $-1<\mathrm{Re}\, w<1, \mathrm{Im}\, w=0$ 的映射.

16. 求出将割去负实轴 $-\infty<\mathrm{Re}\, z\leqslant 0, \mathrm{Im}\, z=0$ 的带形区域 $-\frac{\pi}{2}<\mathrm{Im}\, z<\frac{\pi}{2}$ 映射为半带形区域 $-\pi<\mathrm{Im}\, w<\pi, \mathrm{Re}\, w>0$ 的映射.

17. 映射 $w=\cos z$ 将半带形区域 $0<\mathrm{Re}\, z<\pi, \mathrm{Im}\, z>0$ 保形映射为 ∞ 平面上的什么区域？

18. 求将上半 z 平面共形映射成上半 w 平面的分式线性变换，使符合条件：$1+\mathrm{i}=L(\mathrm{i}), 0=L(0)$.

19. 求将上半 z 平面共形映射成圆 $|w-w_0|<R$ 的分式线性变换 $w=L(z)$，使符合条件 $L(\mathrm{i})=w_0, L'(\mathrm{i})>0$.

第七章　Fourier 变换

Fourier 变换的基本思想首先由法国学者傅立叶系统提出，所以以其名字来命名以示纪念. 从现代数学的眼光来看，Fourier 变换是一种特殊的积分变换. 它能将满足一定条件的某个函数表示成三角函数（正弦或余弦函数）或者它们的积分的线性组合. 在不同的研究领域，Fourier 变换具有多种不同的形式，如连续 Fourier 变换和离散 Fourier 变换. 最初 Fourier 分析是作为热过程的解析分析的工具被提出的.

Fourier 变换在物理学、电子类学科、数论、组合数学、信号处理、概率论、统计学、密码学、声学、光学、海洋学、结构动力学等领域都有着广泛的应用（例如在信号处理中，Fourier 变换的典型用途是将信号分解成幅值分量和频率分量）.

本章首先介绍 Fourier 积分，再进一步讨论 Fourier 变换的定义和广义的 Fourier 变换；然后讨论 Fourier 变换的一些重要性质.

第一节　Fourier 积分

一、Fourier 级数

在高等数学中我们已经讨论了 Fourier 级数，知道如果周期为 $2l$ 的周期函数 $f(t)$ 满足收敛定理的条件（Dirichlet 条件），即

(1) 在一个周期内连续或只有有限个第一类间断点；

(2) 在一个周期内至多只有有限个极值点.

则 $f(t)$ 的 Fourier 展开式为

$$f(t)=\frac{a_0}{2}+\sum_{n=1}^{\infty}\left(a_n\cos\frac{n\pi t}{l}+b_n\sin\frac{n\pi t}{l}\right),t\in R \tag{7.1}$$

其中

$$a_n=\frac{1}{l}\int_{-l}^{l}f(t)\cos\frac{n\pi t}{l}\mathrm{d}t(n=0,1,2,\cdots)$$

$$b_n=\frac{1}{l}\int_{-l}^{l}f(t)\sin\frac{n\pi t}{l}\mathrm{d}t(n=1,2,3,\cdots)$$

$$C=\left\{t\mid f(t)=\frac{1}{2}[f(t^-)]+f(t^+)\right\}$$

Fourier 级数还可以用复数形式表示，在电子技术中常用这种形式.

利用 Euler 公式

$$\cos t=\frac{e^{it}+e^{-it}}{2},\sin t=\frac{e^{it}-e^{-it}}{2i}$$

式(7.1) 化为

$$\begin{aligned}f(t)&=\frac{a_0}{2}+\sum_{n=1}^{\infty}\left[\frac{a_n}{2}(e^{i\frac{n\pi t}{l}}+e^{-i\frac{n\pi t}{l}})-\frac{ib_n}{2}(e^{i\frac{n\pi t}{l}}-e^{-i\frac{n\pi t}{l}})\right]\\&=\frac{a_0}{2}+\sum_{n=1}^{\infty}\left[\frac{a_n-ib_n}{2}e^{i\frac{n\pi t}{l}}+\frac{a_n+ib_n}{2}e^{-i\frac{n\pi t}{l}}\right]\end{aligned}\tag{7.2}$$

记 $C_0=\frac{a_0}{2},\frac{a_n-ib_n}{2}=c_n,\frac{a_n+ib_n}{2}=c_{-n},(n=1,2,3,\cdots)$，则式(7.2) 就可表示为

$$c_0+\sum_{n=1}^{\infty}(c_ne^{i\frac{n\pi t}{l}}+c_{-n}e^{-i\frac{n\pi t}{l}})=(c_ne^{i\frac{n\pi t}{l}})_{n=0}+\sum_{n=1}^{\infty}(c_ne^{i\frac{n\pi t}{l}}+c_{-n}e^{-i\frac{n\pi t}{l}})$$

即得 Fourier 级数的复数形式为

$$\sum_{n=-\infty}^{\infty}c_ne^{i\frac{n\pi t}{l}}$$

其中 $c_0=\frac{a_0}{2}=\frac{1}{2l}\int_{-l}^{l}f(t)dt,$

$$\begin{aligned}c_n&=\frac{a_n-ib_n}{2}=\frac{1}{2}\left[\frac{1}{l}\int_{-l}^{l}f(t)\cos\frac{n\pi t}{l}dt-\frac{i}{l}\int_{-l}^{l}f(t)\sin\frac{n\pi t}{l}dt\right]\\&=\frac{1}{2l}\int_{-l}^{l}f(t)\left(\cos\frac{n\pi t}{l}-i\sin\frac{n\pi t}{l}\right)dt\\&=\frac{1}{2l}\int_{-l}^{l}f(t)e^{-i\frac{n\pi t}{l}}dt,(n=1,2,3,\cdots)\end{aligned}$$

$$c_{-n}=\frac{a_n+ib_n}{2}=\frac{1}{2l}\int_{-l}^{l}f(t)e^{i\frac{n\pi t}{l}}dt,(n=1,2,3,\cdots)$$

将已得的结果合并写为

$$c_n=\frac{1}{2l}\int_{-l}^{l}f(t)e^{-i\frac{n\pi t}{l}}dt,(n=0,\pm1,\pm2,\cdots)$$

这就是 Fourier 级数的复数形式. 从而 Fourier 级数的复数形式为

$$f(t)=\sum_{n=-\infty}^{\infty}\left[\frac{1}{2l}\int_{-l}^{l}f(t)e^{-i\frac{n\pi t}{l}}dt\right]e^{i\frac{n\pi t}{l}}\tag{7.3}$$

Fourier 级数的两种形式，本质上是一样的，但复数形式比较简洁，且只用一个算式计算系数.

由此可以知道 $f(t)$ 的第 n 次谐波函数

$$a_n\cos\frac{n\pi t}{l}+b_n\sin\frac{n\pi t}{l}$$

的振幅为 $$A_n=\sqrt{a_n^2+b_n^2}=2|c_n| \quad (n=0,1,2\cdots)$$

它刻画了各次谐波的振幅随频率变化的分布情况.这种分布情况在直角坐标系下的图形表示即所谓的频谱图.由于 A_n 的下标 n 取离散值,所反映诸振动随频率变化的图形呈现出不连续的状态,故这种类型的频谱称为离散谱.离散谱清楚地刻画了 $f(t)$ 是由那些频率的谐波分量叠加而成以及各谐波分量所占的比重,而这些信息恰好是系统分析必不可少的.

二、Fourier 积分

对任何一个非周期函数 $f(t)$ 都可以看成是由某个周期函数转化而来的,严格证明从略.实际上,我们做周期为 $2l$ 的函数 $f_{2l}(t)$,使其在$[-l,l)$ 之内等于 $f(t)$,在$[-l,l)$ 之外等于 0,显然当 l 越大,$f_{2l}(t)$ 与 $f(t)$ 相等的范围就越大,当 $l\to\infty$ 时,利用以上推导的周期函数 $f_{2l}(t)$ 的 Fourier 级数的复数形式式(7.3),便有

$$\begin{aligned}
f(t)&=\lim_{l\to\infty}f_{2l}(t)=\lim_{l\to\infty}\sum_{n=-\infty}^{\infty}\left[\frac{1}{2l}\int_{-l}^{l}f(t)\mathrm{e}^{-\mathrm{i}\frac{n\pi t}{l}}\mathrm{d}t\right]\mathrm{e}^{\mathrm{i}\frac{n\pi t}{l}}\\
&=\lim_{l\to\infty}\sum_{n=-\infty}^{\infty}\left[\frac{1}{2l}\int_{-l}^{l}f(t)\mathrm{e}^{-\mathrm{i}\omega t}\mathrm{d}t\right]\mathrm{e}^{\mathrm{i}\omega t}\quad\left(\omega=\frac{n\pi}{l}\right)\\
&=\lim_{\omega\to 0}\frac{1}{2\pi}\sum_{n=-\infty}^{\infty}\left\{\left[\int_{-l}^{l}f(t)\mathrm{e}^{-\mathrm{i}\omega t}\mathrm{d}t\right]\mathrm{e}^{\mathrm{i}\omega t}\right\}\frac{\pi}{l}\\
&=\frac{1}{2\pi}\int_{-\infty}^{+\infty}\left[\int_{-\infty}^{+\infty}f(t)\mathrm{e}^{-\mathrm{i}\omega t}\mathrm{d}t\right]\mathrm{e}^{\mathrm{i}\omega t}\mathrm{d}\omega
\end{aligned}\tag{7.4}$$

若记 $F(\omega)=\int_{-\infty}^{+\infty}f(t)\mathrm{e}^{-\mathrm{i}\omega t}\mathrm{d}t$,则 $f(t)=\frac{1}{2\pi}\int_{-\infty}^{+\infty}F(\omega)\mathrm{e}^{\mathrm{i}\omega t}\mathrm{d}\omega$.

定义 7.1 关于广义积分的公式

$$f(t)=\frac{1}{2\pi}\int_{-\infty}^{+\infty}\left[\int_{-\infty}^{+\infty}f(t)\mathrm{e}^{-\mathrm{i}\omega t}\mathrm{d}t\right]\mathrm{e}^{\mathrm{i}\omega t}\mathrm{d}\omega \tag{7.5}$$

称为函数 $f(t)$ 的 Fourier 积分公式,右边称为 $f(t)$ 在$(-\infty,+\infty)$ 的 Fourier 积分.

应注意以上 Fourier 积分公式的推出并不严格,只是从形式上推出来的,特别最后用到定积分的定义时,采用等分这种特殊的分割.那么对于一般非周期函数 $f(t)$ 在什么条件下能用 Fourier 积分公式表示,这就要介绍 Fourier 积分定理.

定理 7.1(Fourier 积分定理) 若 $f(t)$ 在$(-\infty,+\infty)$ 上满足以下条件:

(1) $f(t)$ 在任一有限区间上满足 Dirichlet 条件;

(2) $f(t)$ 在$(-\infty,+\infty)$ 上绝对可积,$\left(\text{即}\int_{-\infty}^{+\infty}|f(t)|\mathrm{d}t\text{ 收敛}\right)$,则有 $f(t)$

的 **Fourier** 积分公式 $f(t)=\dfrac{1}{2\pi}\int_{-\infty}^{+\infty}\left[\int_{-\infty}^{+\infty}f(t)\mathrm{e}^{-\mathrm{i}\omega t}\mathrm{d}t\right]\mathrm{e}^{\mathrm{i}\omega t}\mathrm{d}\omega$ 成立，当 t 为 $f(t)$ 的间断点时，左端的 $f(t)$ 应换为 $\dfrac{f(t+0)+f(t-0)}{2}$.

关于定理的证明比较烦琐，而且涉及较多的基础理论，在此不作要求，但要注意此定理的条件是充分非必要的，应用时应该注意它的条件.

对于非周期函数 $f(t)$，称 $F(\omega)=\int_{-\infty}^{+\infty}f(t)\mathrm{e}^{-\mathrm{i}\omega t}\mathrm{d}t$ 为 $f(t)$ 的频谱函数，其模 $|F(\omega)|$ 称为 $f(t)$ 的频谱. 它是频率 ω 的连续函数. 谱线（$|F(\omega)|$ 的图像）是连续变化的，所以称为连续谱.

例 7.1　利用函数 $f(t)=\begin{cases}1 & 0<t<2\\ 0 & \text{其他}\end{cases}$ 的 Fourier 积分公式，计算 Dirichlet 积分 $\int_0^{+\infty}\dfrac{\sin\omega}{\omega}\mathrm{d}\omega$.

解　$f(t)$ 的频谱函数为

$$F(\omega)=\int_{-\infty}^{+\infty}f(t)\mathrm{e}^{-\mathrm{i}\omega t}\mathrm{d}t=\int_0^2\mathrm{e}^{-\mathrm{i}\omega t}\mathrm{d}t=\frac{\sin 2\omega+\mathrm{i}(\cos 2\omega-1)}{\omega}$$

则 $f(t)$ 的 Fourier 积分公式为

$$\begin{aligned}f(t)&=\frac{1}{2\pi}\int_{-\infty}^{+\infty}F(\omega)\mathrm{e}^{\mathrm{i}\omega t}\mathrm{d}\omega=\frac{1}{2\pi}\int_{-\infty}^{+\infty}\frac{\sin 2\omega+\mathrm{i}(\cos 2\omega-1)}{\omega}\mathrm{e}^{\mathrm{i}\omega t}\mathrm{d}\omega\\&=\frac{1}{\pi}\int_0^{+\infty}\frac{\sin 2\omega\cos\omega t-\sin\omega t\cos 2\omega+\sin\omega t}{\omega}\mathrm{d}\omega\\&=\frac{2}{\pi}\int_0^{+\infty}\frac{\sin\omega\cos\omega(t-1)}{\omega}\mathrm{d}\omega\end{aligned}$$

令 $t=1$，可知 Dirichlet 积分为

$$\int_0^{+\infty}\frac{\sin\omega}{\omega}\mathrm{d}\omega=\frac{\pi}{2}$$

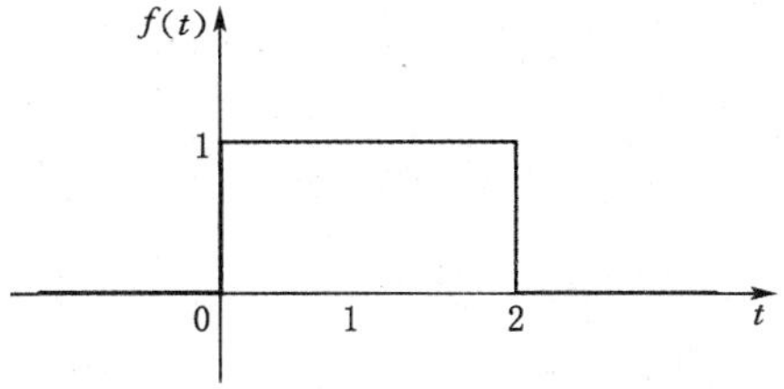

图 7.1

式(7.5) 称为函数 $f(t)$ 的 Fourier 积分公式的指数形式，但在实际应用中，

常利用 Euler 公式转化为三角形式，因为

$$f(t)=\frac{1}{2\pi}\int_{-\infty}^{+\infty}\left[\int_{-\infty}^{+\infty}f(\tau)\mathrm{e}^{-\mathrm{i}\omega\tau}\mathrm{d}\tau\right]\mathrm{e}^{\mathrm{i}\omega t}\mathrm{d}\omega=\frac{1}{2\pi}\int_{-\infty}^{+\infty}\left[\int_{-\infty}^{+\infty}f(\tau)\mathrm{e}^{\mathrm{i}\omega(t-\tau)}\mathrm{d}\tau\right]\mathrm{d}\omega$$

$$=\frac{1}{2\pi}\int_{-\infty}^{+\infty}\left[\int_{-\infty}^{+\infty}f(\tau)\cos\omega(t-\tau)\mathrm{d}\tau+\mathrm{i}\int_{-\infty}^{+\infty}f(\tau)\sin\omega(t-\tau)\mathrm{d}\tau\right]\mathrm{d}\omega$$

注意到$\int_{-\infty}^{+\infty}f(\tau)\sin\omega(t-\tau)\mathrm{d}\tau$是$\omega$的奇函数，

就有

$$\int_{-\infty}^{+\infty}\left[\int_{-\infty}^{+\infty}f(\tau)\sin\omega(t-\tau)\mathrm{d}\tau\right]\mathrm{d}\omega=0$$

从而

$$f(t)=\frac{1}{2\pi}\int_{-\infty}^{+\infty}\left[\int_{-\infty}^{+\infty}f(\tau)\cos\omega(t-\tau)\mathrm{d}\tau\right]\mathrm{d}\omega.$$

又$\int_{-\infty}^{+\infty}f(\tau)\cos\omega(t-\tau)\mathrm{d}\tau$是$\omega$的偶函数，于是就可以得到 Fourier 积分公式的三角形式

$$f(t)=\frac{1}{\pi}\int_{0}^{+\infty}\left[\int_{-\infty}^{+\infty}f(\tau)\cos\omega(t-\tau)\mathrm{d}\tau\right]\mathrm{d}\omega. \tag{7.6}$$

Fourier 积分公式还有其他形式，此处不再叙述.

第二节　Fourier 变换

一、Fourier 变换的概念

我们已经介绍了 Fourier 积分定理，知道如果某函数 $f(t)$ 满足 Fourier 积分定理的条件，则 $f(t)$ 在连续点处可以展成 Fourier 积分

$$f(t)=\frac{1}{2\pi}\int_{-\infty}^{+\infty}\left[\int_{-\infty}^{+\infty}f(t)\mathrm{e}^{-\mathrm{i}\omega t}\mathrm{d}t\right]\mathrm{e}^{\mathrm{i}\omega t}\mathrm{d}\omega$$

若记

$$F(\omega)=\int_{-\infty}^{+\infty}f(t)\mathrm{e}^{-\mathrm{i}\omega t}\mathrm{d}t$$

则

$$f(t)=\frac{1}{2\pi}\int_{-\infty}^{+\infty}F(\omega)\mathrm{e}^{\mathrm{i}\omega t}\mathrm{d}\omega$$

从上面两式不难看出，$f(t)$ 和 $F(\omega)$ 通过指定的积分运算建立了对应关系，可以互相表达，在这种意义下我们有：

定义 7.2　设函数 $f(t)$ 满足 Fourier 积分定理的条件，由广义积分

$$F(\omega)=\int_{-\infty}^{+\infty}f(t)\mathrm{e}^{-\mathrm{i}\omega t}\mathrm{d}t \tag{7.7}$$

建立的从函数 $f(t)$ 到函数 $F(\omega)$ 的映射称为 $f(t)$ 的 Fourier 变换，用字母 $\mathscr{F}$ 表

示,可记作 $F(\omega)=\mathscr{F}[f(t)]$,$F(\omega)$ 称为 $f(t)$ 的象函数;由广义积分

$$f(t)=\frac{1}{2\pi}\int_{-\infty}^{+\infty}F(\omega)\mathrm{e}^{\mathrm{i}\omega t}\,\mathrm{d}\omega \tag{7.8}$$

建立的从函数 $F(\omega)$ 到函数 $f(t)$ 的映射称为 $F(\omega)$ 的 Fourier 逆变换,用字母 $\mathscr{F}^{-1}$ 表示,可记作 $f(t)=\mathscr{F}^{-1}[F(\omega)]$,$f(t)$ 称为 $F(\omega)$ 的象原函数.

在一定的条件下,若 $F(\omega)=\mathscr{F}[f(t)]$,则 $f(t)=\mathscr{F}^{-1}[F(\omega)]$;若 $f(t)=\mathscr{F}^{-1}[F(\omega)]$,则 $F(\omega)=\mathscr{F}[f(t)]$. 即 $f(t)$ 与 $F(\omega)$ 一一对应,于是象函数 $F(\omega)$ 和象原函数 $f(t)$ 构成了一组 Fourier 变换对,$F(\omega)$ 和 $f(t)$ 称为一个 Fourier 变换对. 显然由 $f(t)$ 的 Fourier 变换得到的函数 $F(\omega)$,就是 $f(t)$ 的频谱函数,而频谱函数的模 $|F(\omega)|$ 称为 $f(t)$ 的振幅频谱(亦简称为频谱). 可见 Fourier 变换和频谱理论有非常密切的关系. 随着无线电技术、声学、振动学的发展,频谱理论也相应地得到发展,它的应用也越来越广泛. 因此,Fourier 不仅在数学领域,而且在工程技术方面都有着广泛的应用.

例 7.2　求指数衰减函数(图 7.2)$f(t)=\begin{cases}0, & t<0\\ \mathrm{e}^{-\beta t}, & t\geqslant 0\end{cases}$ 的 Fourier 变换及 Fourier 积分表达式,并作出其频谱图,其中常数 $\beta>0$.

解　根据 Fourier 变换定义,有

$$F(\omega)=\mathscr{F}[f(t)]=\int_{-\infty}^{+\infty}f(t)\mathrm{e}^{-\mathrm{i}\omega t}\,\mathrm{d}t=\int_{0}^{+\infty}\mathrm{e}^{-(\beta+\mathrm{i}\omega)t}\,\mathrm{d}t$$

$$=-\frac{1}{\beta+\mathrm{i}\omega}\mathrm{e}^{-(\beta+\mathrm{i}\omega)t}\Big|_{0}^{+\infty}=\frac{1}{\beta+\mathrm{i}\omega}$$

频谱为 $|F(w)|=\dfrac{1}{\sqrt{\beta^2+w^2}}$,其频谱图如图 7.3 所示.

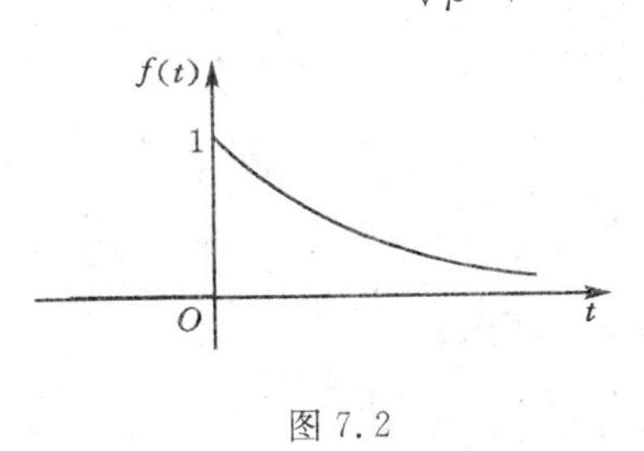

图 7.2

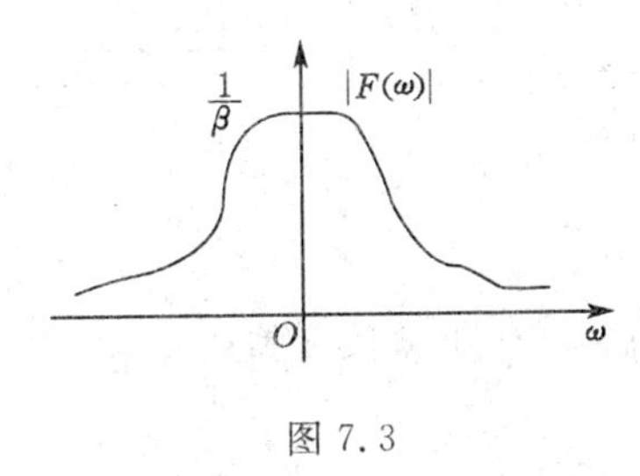

图 7.3

注意推导过程中,当 $\beta>0$ 时,有

$$-\frac{1}{\beta+\mathrm{i}\omega}\mathrm{e}^{-(\beta+\mathrm{i}\omega)t}\Big|_{t=+\infty}=-\frac{1}{\beta+\mathrm{i}\omega}\mathrm{e}^{-\beta t}(\cos\omega t-\mathrm{i}\sin\omega t)\Big|_{t=+\infty}=0$$

求函数的 Fourier 积分表达式,事实上就是求 $F(\omega)$ 的 Fourier 逆变换,由定义并结合奇、偶函数的积分性质,可得指数衰减函数的 Fourier 积分表达式为

$$f(t) = \frac{1}{2\pi}\int_{-\infty}^{+\infty} F(\omega)\mathrm{e}^{\mathrm{i}\omega t}\mathrm{d}\omega = \frac{1}{2\pi}\int_{-\infty}^{+\infty} \frac{\cos \omega t + \mathrm{i}\sin \omega t}{\beta + \mathrm{i}\omega}\mathrm{d}\omega$$

$$= \frac{1}{2\pi}\int_{-\infty}^{+\infty} \frac{\beta\cos \omega t + \omega\sin \omega t}{\beta^2 + \omega^2}\mathrm{d}\omega = \frac{1}{\pi}\int_{0}^{+\infty} \frac{\beta\cos \omega t + \omega\sin \omega t}{\beta^2 + \omega^2}\mathrm{d}\omega$$

由上述积分表示形式,可以得到一个含参量的广义积分的结果

$$\int_{0}^{+\infty} \frac{\beta\cos \omega t + \omega\sin \omega t}{\beta^2 + \omega^2}\mathrm{d}\omega = \begin{cases} 0, & t < 0 \\ \dfrac{\pi}{2}, & t = 0 \\ \pi\mathrm{e}^{-\beta t}, & t > 0. \end{cases}$$

例 7.3 验证矩形脉冲函数 $f(t) = \dfrac{\sin t}{\pi t}$ 与函数 $F(\omega) = \begin{cases} 1, & |\omega| \leqslant 1 \\ 0, & |\omega| > 1 \end{cases}$ 构成一个 Fourier 变换对.

解 因为

$$\frac{1}{2\pi}\int_{-\infty}^{+\infty} F(\omega)\mathrm{e}^{\mathrm{i}\omega t}\mathrm{d}\omega = \frac{1}{2\pi}\int_{-1}^{1} \mathrm{e}^{\mathrm{i}\omega t}\mathrm{d}\omega = \frac{\sin t}{\pi t}$$

所以象函数 $F(\omega)$ 和象原函数 $f(t)$ 构成了一个 Fourier 变换对.

例 7.4 求矩形单脉冲函数 $f(t) = \begin{cases} E, & -\dfrac{\tau}{2} < t < \dfrac{\tau}{2} \\ 0, & \text{其他} \end{cases}$ (图 7.4) 的频谱函数及 Fourier 积分公式, $E > 0$.

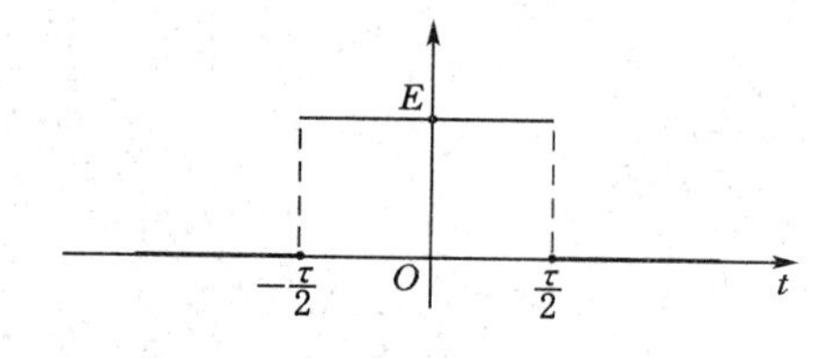

图 7.4

解 根据傅氏变换的定义, $f(t)$ 的频谱函数为

$$F(\omega) = \int_{-\infty}^{+\infty} f(t)\mathrm{e}^{-\mathrm{i}\omega t}\mathrm{d}t = \int_{-\frac{\tau}{2}}^{\frac{\tau}{2}} E\mathrm{e}^{-\mathrm{i}\omega t}\mathrm{d}t = \frac{2E}{\omega}\sin\frac{\omega\tau}{2}$$

Fourier 积分公式

$$f(t) = \frac{1}{2\pi}\int_{-\infty}^{+\infty} \frac{2E}{\omega}\sin\frac{\omega\tau}{2}\mathrm{e}^{\mathrm{i}\omega t}\mathrm{d}\omega = \frac{2E}{\pi}\int_{0}^{+\infty} \frac{1}{\omega}\sin\frac{\omega\tau}{2}\cos\omega t\,\mathrm{d}\omega$$

由上述积分表示形式,可以得到一个含参量的广义积分的结果

$$\int_0^{+\infty} \frac{1}{\omega} \sin \frac{\omega\tau}{2} \cos \omega t \mathrm{d}\omega = \begin{cases} \frac{\pi}{2}, & |t| < \frac{\tau}{2} \\ \frac{\pi}{4}, & |t| = \frac{\tau}{2} \\ 0, & |t| > \frac{\tau}{2}. \end{cases}$$

Fourier 积分存在定理的条件是 Fourier 变换存在的一种充分条件，在工程上有些非常简单的函数由于不满足 Fourier 积分存在定理的条件，Fourier 变换就不存在，例如常函数 1 就不满足 Fourier 积分存在定理的条件，这就严重限制了定义 7.2 下的 Fourier 变换的应用，因此扩充 Fourier 变换的定义是非常有意义的，而且是必要的. 这就要引入单位脉冲函数.

二、单位脉冲函数

单位脉冲函数是一个极为重要的函数，在实际问题中，人们经常考虑许多物理现象具有的脉冲性质，如电学中研究的线性电路受具有脉冲性质的电势作用后所产生的电流；力学中系统受冲击力作用后的运动情况等. 单位脉冲函数就是用来描述这类物理模型的数学工具，它不是通常意义下的普通函数，而是一个广义的函数，在物理学和工程技术问题中有广泛的应用.

例 7.5　在原来电流为零的电路中，某一瞬时(设为 $t=0$) 进入一单位电量的脉冲，试确定电路上的电流强度 $I(t)$.

解　用 $q(t)$ 表示电路中的电荷函数(图 7.5)，则

$$q(t) = \begin{cases} 0, t \neq 0 \\ 1, t = 0. \end{cases}$$

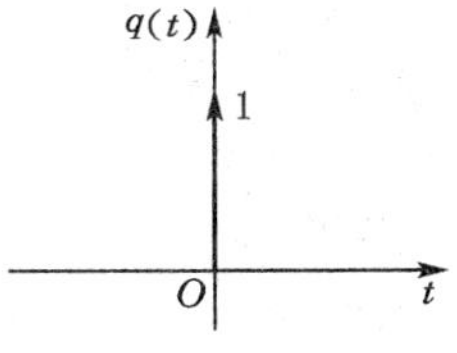

图 7.5

因为电流强度 $I(t)$ 是电荷函数 $q(t)$ 关于时间 t 的导数，则

$$I(t) = q'(t) = \lim_{\Delta t \to 0} \frac{q(t+\Delta t) - q(t)}{\Delta t} = \begin{cases} 0, & t \neq 0 \\ \infty, & t = 0. \end{cases}$$

且由于电路在 $t=0$ 以后的总电量为 $q=1$，则有

$$\int_{-\infty}^{+\infty} I(t) \mathrm{d}t = 1$$

例 7.6 对某静止的单位质量物体施加瞬时外力 $F(t)$，使其速度 $v(t)$ 突然增加一个单位，试确定外力 $F(t)$.

解 由牛顿第二定律，有

$$F(t)=ma(t)=mv'(t)=m\lim_{\Delta t\to 0}\frac{v(t+\Delta t)-v(t)}{\Delta t}=\begin{cases}0, & t\neq 0\\ \infty, & t=0.\end{cases}$$

且物体在 $t=0$ 的瞬间动量的增量为 $\int_{0^-}^{0^+}F(t)\mathrm{d}t=v(0^+)-v(0^-)=1$，则有

$$\int_{-\infty}^{+\infty}F(t)\mathrm{d}t=1$$

以上两个特殊的函数，在通常函数的定义下是找不到这样的函数的，为此我们把其加以抽象概括，引入一个新的函数，即单位脉冲函数，又称为 Dirac（狄拉克）函数或 δ 函数.

定义 7.3 称 $\delta(t-t_0)$ 为单位脉冲函数，如果它满足以下两个条件

(1) $\delta(t-t_0)=\begin{cases}0, & t\neq t_0\\ \infty, & t=t_0;\end{cases}$

(2) $\int_{-\infty}^{+\infty}\delta(t-t_0)\mathrm{d}t=1.$

由定义可以看出单位脉冲函数是一种广义的函数，它不同于我们所讲的一般意义的函数，在数学上可将单位脉冲函数定义如下：

定义 7.4 函数序列 $\delta_\varepsilon(t-t_0)=\begin{cases}0, & \text{其他}\\ \dfrac{1}{\varepsilon}, & t_0\leqslant t\leqslant t_0+\varepsilon.\end{cases}$

对于任何一个任意次可微的函数 $f(t)$，有

$$\lim_{\varepsilon\to 0}\int_{-\infty}^{+\infty}\delta_\varepsilon(t-t_0)f(t)\mathrm{d}t=\int_{-\infty}^{+\infty}\delta(t-t_0)f(t)\mathrm{d}t \tag{7.9}$$

称 $\delta(t-t_0)$ 为单位脉冲函数.

下面讨论单位脉冲函数非常重要的性质.

性质 7.1（筛选性质） 对任意一个在 $(-\infty,+\infty)$ 上连续的函数 $f(t)$，有

$$\int_{-\infty}^{+\infty}\delta(t-t_0)f(t)\mathrm{d}t=f(t_0) \tag{7.10}$$

可见 $\delta(t-t_0)$ 函数和任何连续函数的乘积在实轴上的积分都有明确意义.

证 由 $\delta(t-t_0)$ 函数的定义，

$$\int_{-\infty}^{+\infty}\delta(t-t_0)f(t)\mathrm{d}t=\lim_{\varepsilon\to 0}\int_{-\infty}^{+\infty}\delta_\varepsilon(t-t_0)f(t)\mathrm{d}t=\lim_{\varepsilon\to 0}\int_{t_0}^{t_0+\varepsilon}\frac{1}{\varepsilon}f(t)\mathrm{d}t$$

由积分中值定理，有

$$\int_{-\infty}^{+\infty}\delta(t-t_0)f(t)\mathrm{d}t=\lim_{\varepsilon\to 0}\frac{1}{\varepsilon}f(t_0+\theta\varepsilon)\varepsilon=f(t_0).$$

性质 7.2(奇偶性质)　$t_0=0$ 时的单位脉冲函数 $\delta(t)$ 为偶函数.

证　$\int_{-\infty}^{+\infty}\delta(-t)f(t)\mathrm{d}t=\int_{-\infty}^{+\infty}\delta(\tau)f(-\tau)\mathrm{d}\tau\quad(\tau=-t)$

由筛选性质

$$\int_{-\infty}^{+\infty}\delta(-t)f(t)\mathrm{d}t=\int_{-\infty}^{+\infty}\delta(\tau)f(-\tau)\mathrm{d}\tau=f(0)$$

$$\int_{-\infty}^{+\infty}\delta(t)f(t)\mathrm{d}t=f(0)$$

则

$$\int_{-\infty}^{+\infty}\delta(-t)f(t)\mathrm{d}t=\int_{-\infty}^{+\infty}\delta(t)f(t)\mathrm{d}t$$

即

$$\delta(-t)=\delta(t).$$

性质 7.3(相似性质)　设 a 为不等于零的实常数,则

$$\delta(at)=\frac{\delta(t)}{|a|}$$

证　当 $a>0$ 时,令 $at=t'$,由筛选性质,有

$$\int_{-\infty}^{+\infty}\delta(at)f(t)\mathrm{d}t=\int_{-\infty}^{+\infty}\frac{1}{a}\delta(t')f\left(\frac{t'}{a}\right)\mathrm{d}t'=\frac{1}{a}f(0)$$

当 $a<0$ 时,令 $at=t'$,由筛选性质有

$$\int_{-\infty}^{+\infty}\delta(at)f(t)\mathrm{d}t=\int_{-\infty}^{+\infty}-\frac{1}{a}\delta(t')f\left(\frac{t'}{a}\right)\mathrm{d}t'=-\frac{1}{a}f(0)$$

即

$$\int_{-\infty}^{+\infty}\delta(at)f(t)\mathrm{d}t=\frac{1}{|a|}f(0)$$

又由筛选性质有

$$\int_{-\infty}^{+\infty}\frac{\delta(t)}{|a|}f(t)\mathrm{d}t=\frac{1}{|a|}f(0)$$

故

$$\int_{-\infty}^{+\infty}\delta(at)f(t)\mathrm{d}t=\int_{-\infty}^{+\infty}\frac{\delta(t)}{|a|}f(t)\mathrm{d}t$$

即

$$\delta(at)=\frac{\delta(t)}{|a|}.$$

性质 7.4(导数性质)　对任意一个在 $(-\infty,+\infty)$ 上连续的可微函数 $f(t)$,有

$$\int_{-\infty}^{+\infty}\delta'(t)f(t)\mathrm{d}t=-\int_{-\infty}^{+\infty}\delta(t)f'(t)\mathrm{d}t=-f'(0)$$

这里单位脉冲函数的导函数 $\delta'(t)$ 是一种广义积分，在此只是形式上给出的导数的记号.

证 $$\int_{-\infty}^{+\infty}\delta'(t)f(t)\mathrm{d}t=\int_{-\infty}^{+\infty}f(t)\mathrm{d}\delta(t)=f(t)\delta(t)\Big|_{-\infty}^{+\infty}-\int_{-\infty}^{+\infty}\delta(t)f'(t)\mathrm{d}t$$

$$=-f'(0)=-\int_{-\infty}^{+\infty}\delta(t)f'(t)\mathrm{d}t.$$

性质 7.5 对任意一个在 $(-\infty,+\infty)$ 上连续的函数 $f(t)$，有

$$\delta(t-t_0)f(t)=\delta(t-t_0)f(t_0)$$

证 对任意一个在 $(-\infty,+\infty)$ 上连续的函数 $g(t)$，有

$$\int_{-\infty}^{+\infty}\delta(t-t_0)f(t)g(t)\mathrm{d}t=f(t_0)g(t_0)$$

又

$$\int_{-\infty}^{+\infty}\delta(t-t_0)f(t_0)g(t)\mathrm{d}t=f(t_0)\int_{-\infty}^{+\infty}\delta(t-t_0)g(t)\mathrm{d}t=f(t_0)g(t_0)$$

则

$$\int_{-\infty}^{+\infty}\delta(t-t_0)f(t)g(t)\mathrm{d}t=\int_{-\infty}^{+\infty}\delta(t-t_0)f(t_0)g(t)\mathrm{d}t$$

即

$$\delta(t-t_0)f(t)=\delta(t-t_0)f(t_0).$$

性质 7.6 $\delta(t)$ 函数是单位阶跃函数的导数.

证 $$\int_{-\infty}^{t}\delta(t)\mathrm{d}t=\begin{cases}\int_{-\infty}^{+\infty}\delta(t)\mathrm{d}t=1, & t>0\\ 0, & t<0.\end{cases}$$

所以当 $t\neq 0$ 时，$\int_{-\infty}^{t}\delta(t)\mathrm{d}t=u(t)$，则

$$\delta(t)=u'(t)$$

当 $t=0$ 时，

$$\delta(0)=\lim_{t\to 0^-}\frac{u(t)-u(0)}{t}=\infty$$

故 $$\delta(t)=u'(t).$$

此性质说明 $\delta(t)$ 函数可以由普通函数转化而来.

关于 $\delta(t)$ 函数的详细讨论，读者可参阅广义函数论的书籍.

三、广义 Fourier 变换

前面讨论了 Fourier 变换，要求 Fourier 积分存在定理的条件是非常强的，限制了 Fourier 变换的应用，因此要扩充 Fourier 变换，讨论广义 Fourier 变换，广义的 Fourier 变换是指涉及单位脉冲函数及其相关函数的 Fourier 变换.

由筛选性质，可得

$$\mathscr{F}[\delta(t-t_0)]=\int_{-\infty}^{+\infty}\delta(t-t_0)\mathrm{e}^{-\mathrm{i}\omega t}\mathrm{d}t=\mathrm{e}^{-\mathrm{i}\omega t}\big|_{t=t_0}=\mathrm{e}^{-\mathrm{i}\omega t_0}$$

即 $\mathscr{F}[\delta(t-t_0)]=\mathrm{e}^{-\mathrm{i}\omega t_0}$，反之，易求出 $\mathscr{F}^{-1}[\mathrm{e}^{-\mathrm{i}\omega t_0}]=\delta(t-t_0)$. 从而不难看出单位脉冲函数 $\delta(t-t_0)$ 和 $\mathrm{e}^{-\mathrm{i}\omega t_0}$ 构成了一个 Fourier 变换对，特别 $\delta(t)$ 和 1 也构成了一个 Fourie 变换对.

需要说明的是，为了方便起见，将单位脉冲函数的 Fourier 变换仍旧写成古典意义下的形式，另外，在物理学和工程技术上，有许多函数不满足 Fourier 积分定理中绝对可积的条件，即不满足条件：$\int_{-\infty}^{+\infty}|f(t)|\mathrm{d}t<+\infty$. 但是它们的广义 Fourier 变换也存在，利用单位脉冲函数及其 Fourier 变换就可以求出它们的 Fourier 变换.

例 7.7　证明 1 和 $2\pi\delta(\omega)$ 构成广义 Fourier 变换对.

证　因为 $f(t)=\dfrac{1}{2\pi}\int_{-\infty}^{+\infty}2\pi\delta(\omega)\mathrm{e}^{\mathrm{i}\omega t}\mathrm{d}\omega=\mathrm{e}^{\mathrm{i}\omega t}\big|_{\omega=0}=1.$

故 1 和 $2\pi\delta(\omega)$ 构成广义 Fourier 变换对，进一步也可证明 $\mathrm{e}^{\mathrm{i}\omega_0 t}$ 和 $2\pi\delta(\omega-\omega_0)$ 构成广义 Fourier 变换对.

例 7.8　求正弦函数 $f(t)=\sin\omega_0 t$（图 7.6）的 Fourier 变换，并作出其频谱图.

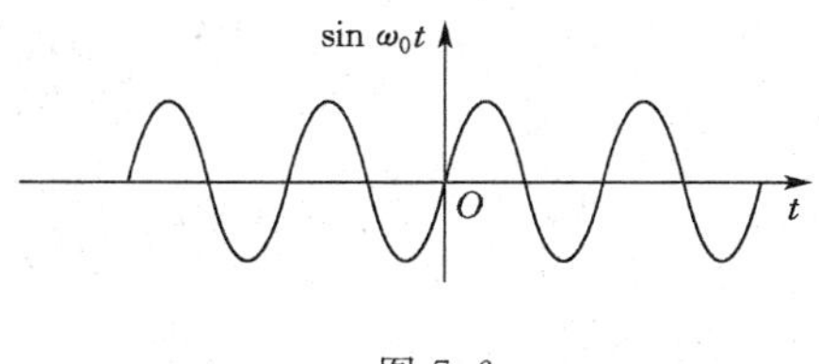

图 7.6

解　由

$$\sin\omega_0 t=\frac{\mathrm{e}^{\mathrm{i}\omega_0 t}-\mathrm{e}^{-\mathrm{i}\omega_0 t}}{2\mathrm{i}}$$

及 Fourier 变换定义，有

$$\begin{aligned}F(\omega)=\mathscr{F}[f(t)]&=\int_{-\infty}^{+\infty}\sin\omega_0 t\mathrm{e}^{-\mathrm{i}\omega t}\mathrm{d}t=\int_{-\infty}^{+\infty}\frac{\mathrm{e}^{\mathrm{i}\omega_0 t}-\mathrm{e}^{-\mathrm{i}\omega_0 t}}{2\mathrm{i}}\mathrm{e}^{-\mathrm{i}\omega t}\mathrm{d}t\\&=\frac{1}{2\mathrm{i}}\int_{-\infty}^{+\infty}[\mathrm{e}^{-\mathrm{i}(\omega-\omega_0)t}-\mathrm{e}^{-\mathrm{i}(\omega+\omega_0)t}]\mathrm{d}t=\frac{1}{2\mathrm{i}}[2\pi\delta(\omega-\omega_0)-2\pi\delta(\omega+\omega_0)]\\&=\mathrm{i}\pi[\delta(\omega+\omega_0)-\delta(\omega-\omega_0)].\end{aligned}$$

同理可求得

$$F(\omega)=\mathscr{F}[\cos\omega_0 t]=\pi[\delta(\omega-\omega_0)+\delta(\omega+\omega_0)]$$

其频谱图 $|F(\omega)|$ 如图 7.7 所示.

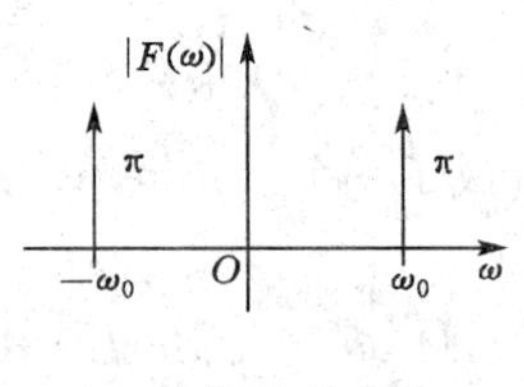

图 7.7

例 7.9 已知符号函数 $\operatorname{sgn} t=\begin{cases}-1, t<0\\1, \quad t\geqslant 0\end{cases}$ 的 Fourier 变换为 $\dfrac{2}{\mathrm{i}\omega}$，求单位阶跃函数 $u(t)=\begin{cases}0, t<0\\1, t\geqslant 0\end{cases}$ 的 Fourier 变换及其积分表达式.

解 容易知道符号函数与单位阶跃函数有如下关系

$$u(t)=\frac{1}{2}(1+\operatorname{sgn} t)$$

则有

$$\begin{aligned}F(\omega)=\mathscr{F}[u(t)]&=\frac{1}{2}\{\mathscr{F}[1]+\mathscr{F}[\operatorname{sgn} t]\}\\&=\frac{1}{2}\left[2\pi\delta(\omega)+\frac{2}{\mathrm{i}\omega}\right]=\pi\delta(\omega)+\frac{1}{\mathrm{i}\omega}.\end{aligned}$$

单位阶跃函数积分表达式为

$$\begin{aligned}u(t)&=\mathscr{F}^{-1}[F(\omega)]\\&=\frac{1}{2\pi}\int_{-\infty}^{+\infty}\left[\frac{1}{\mathrm{i}\omega}+\pi\delta(\omega)\right]\mathrm{e}^{\mathrm{i}\omega t}\,\mathrm{d}\omega\\&=\frac{1}{2}\int_{-\infty}^{+\infty}\delta(\omega)\mathrm{e}^{\mathrm{i}\omega t}\,\mathrm{d}\omega+\frac{1}{2\pi}\int_{-\infty}^{+\infty}\frac{\sin\omega t}{\omega}\mathrm{d}\omega\\&=\frac{1}{2}+\frac{1}{\pi}\int_{0}^{+\infty}\frac{\sin\omega t}{\omega}\mathrm{d}\omega.\end{aligned}$$

令 $t=1$，可以得到 Dirichlet 积分

$$\int_{0}^{+\infty}\frac{\sin\omega}{\omega}\mathrm{d}\omega=\frac{\pi}{2}$$

通过以上的例子，可以看出通过引进单位脉冲函数的重要性质，使一些在普通意义下不存在的积分，有了确定的数值. 而且利用单位脉冲函数的重要性质还可以求一些工程上常用的函数的广义 Fourier 变换对. 在今后的实际工作中，并不要求用广义积分的方法来求函数的 Fourier 变换，有现成的 Fourier 变换表可

查，本书已将工程实际中常遇到的一些函数及其 Fourier 变换列于附录 A 中，以备查询.

第三节　卷积及 Fourier 变换的性质

一、卷积

卷积是由含参变量的广义积分定义的函数，它与 Fourier 变换有密切的联系. 特别是卷积定理在 Fourier 分析的应用中，起着十分重要的作用.

定义 7.5　若函数 $f_1(t), f_2(t)$ 定义在 $(-\infty, +\infty)$，则由含参变量的广义积分定义确定的函数 $\int_{-\infty}^{+\infty} f_1(\tau) f_2(t-\tau) \mathrm{d}\tau$ 称为函数 $f_1(t)$ 与 $f_2(t)$ 的卷积，记作 $f_1(t) * f_2(t)$，即

$$\int_{-\infty}^{+\infty} f_1(\tau) f_2(t-\tau) \mathrm{d}\tau = f_1(t) * f_2(t) \tag{7.11}$$

由卷积的定义容易得到卷积的以下性质：

(1) 交换律　$f_1(t) * f_2(t) = f_2(t) * f_1(t)$；

(2) 结合律　$[f_1(t) * f_2(t)] * f_3(t) = f_1(t) * [f_2(t) * f_3(t)]$；

(3) 线性性质　$[k_1 f_1(t) + k_2 f_2(t)] * f_3(t) = k_1 f_1(t) * f_3(t) + k_2 f_2(t) * f_3(t)$；

(4) 不等式性　$|f_1(t) * f_2(t)| \leqslant |f_1(t)| * |f_2(t)|$.

例 7.10　求下列函数的卷积

$$f_1(t) = \begin{cases} 0 & t < 0 \\ \mathrm{e}^{-\alpha t} & t \geqslant 0 \end{cases}, f_2(t) = \begin{cases} 0 & t < 0 \\ \mathrm{e}^{-\beta t} & t \geqslant 0 \end{cases}; \alpha, \beta > 0, \alpha \neq \beta.$$

解　由卷积的定义有

$$\begin{aligned} f_1(t) * f_2(t) &= \int_{-\infty}^{+\infty} f_1(\tau) f_2(t-\tau) \mathrm{d}\tau \\ &= \int_{-\infty}^{0} f_1(\tau) f_2(t-\tau) \mathrm{d}\tau + \int_{0}^{t} f_1(\tau) f_2(t-\tau) \mathrm{d}\tau + \int_{t}^{+\infty} f_1(\tau) f_2(t-\tau) \mathrm{d}\tau \\ &= 0 + \int_0^t \mathrm{e}^{-\alpha\tau} \cdot \mathrm{e}^{-\beta(t-\tau)} \mathrm{d}\tau + 0 = \mathrm{e}^{-\beta t} \int_0^t \mathrm{e}^{(\beta-\alpha)\tau} \mathrm{d}\tau = \frac{1}{\beta-\alpha}(\mathrm{e}^{-\alpha t} - \mathrm{e}^{-\beta t}). \end{aligned}$$

例 7.11　求证

$$f(t) * \delta(t-t_0) = f(t-t_0) \tag{7.12}$$

证　根据卷积的定义及单位脉冲函数 $\delta(t-t_0)$ 的性质，有

$$\begin{aligned} f(t) * \delta(t-t_0) &= \int_{-\infty}^{+\infty} f(\tau) \delta(t-\tau-t_0) \mathrm{d}\tau = \int_{-\infty}^{+\infty} f(\tau) \delta[-(\tau-t+t_0)] \mathrm{d}\tau \\ &= \int_{-\infty}^{+\infty} f(\tau) \delta(\tau-t+t_0) \mathrm{d}\tau = f(t-t_0) \end{aligned}$$

定理 7.2(卷积定理) 假定 $f_1(t)$ 与 $f_2(t)$ 都满足傅氏积分定理的条件,且

$$\mathscr{F}[f_1(t)] = F_1(\omega), \mathscr{F}[f_2(t)] = F_2(\omega)$$

则

$$\mathscr{F}[f_1(t) * f_2(t)] = F_1(\omega) \cdot F_2(\omega)$$

$$\mathscr{F}^{-1}[F_1(\omega) * F_2(\omega)] = 2\pi f_1(t) \cdot f_2(t)$$

$$\mathscr{F}[f_1(t) \cdot f_2(t)] = \frac{1}{2\pi} F_1(\omega) * F_2(\omega).$$

证

$$\begin{aligned}\mathscr{F}[f_1(t) * f_2(t)] &= \int_{-\infty}^{+\infty} f_1(t) * f_2(t) \mathrm{e}^{-\mathrm{i}\omega t} \mathrm{d}t \\ &= \int_{-\infty}^{+\infty} [\int_{-\infty}^{+\infty} f_1(\tau) f_2(t-\tau) \mathrm{d}\tau] \mathrm{e}^{-\mathrm{i}\omega t} \mathrm{d}t \\ &= \int_{-\infty}^{+\infty} \int_{-\infty}^{+\infty} f_1(\tau) \mathrm{e}^{-\mathrm{i}\omega\tau} f_2(t-\tau) \mathrm{e}^{-\mathrm{i}\omega(t-\tau)} \mathrm{d}\tau \mathrm{d}t \\ &= \int_{-\infty}^{+\infty} f_1(\tau) \mathrm{e}^{-\mathrm{i}\omega\tau} \left[\int_{-\infty}^{+\infty} f_2(t-\tau) \mathrm{e}^{-\mathrm{i}\omega(t-\tau)} \mathrm{d}t\right] \mathrm{d}\tau \\ &= F_1(\omega) \cdot F_2(\omega).\end{aligned}$$

同理可类似证明 $\mathscr{F}[f_1(t) \cdot f_2(t)] = \frac{1}{2\pi} F_1(\omega) * F_2(\omega)$,卷积定理表明,两个函数卷积的傅氏变换等于这两个函数傅氏变换的乘积. 两个函数乘积的傅氏变换等于这两个函数傅氏变换的乘积除以 2π.

可以看出,在引入了卷积定理后,卷积运算转换成乘积运算. 这就使得卷积在线性系统分析中成为特别有用的方法.

推论 若 $f_k(t)(k = 1, 2, \cdots, n)$ 满足 Fourier 积分定理中条件,且

$$\mathscr{F}[f_k(t)] = F_k(\omega) \quad (k = 1, 2, \cdots, n)$$

则有

$$\mathscr{F}[f_1(t) \cdot f_2(t) \cdot \cdots \cdot f_n(t)] = \frac{1}{(2\pi)^n} F_1(\omega) * F_2(\omega) * \cdots * F_n(\omega)$$

例 7.12 求 $f(t) = \mathrm{e}^{\mathrm{i}\omega_0 t} t u(t)$ 的 Fourier 变换.

解 用卷积定理 $\mathscr{F}[f_1(t) f_2(t)] = \frac{1}{2\pi} F_1(\omega) * F_2(\omega)$ 求解.

$$\begin{aligned}\mathscr{F}[f(t)] = \mathscr{F}[\mathrm{e}^{\mathrm{i}\omega_0 t} t u(t)] &= \frac{1}{2\pi} \mathscr{F}(\mathrm{e}^{\mathrm{i}\omega_0 t}) * \mathscr{F}[t u(t)] \\ &= \frac{1}{2\pi}\left[2\pi\delta(\omega-\omega_0) * \left(-\frac{1}{\omega^2} + \mathrm{i}\pi\delta'(\omega)\right)\right] \\ &= \frac{1}{2\pi}\int_{-\infty}^{+\infty} 2\pi\delta(\omega-\omega_0) * \left(-\frac{1}{(t-\omega)^2} + \mathrm{i}\pi\delta'(t-\omega)\right) \mathrm{d}\omega \\ &= \left[-\frac{1}{(t-\omega)^2} + \mathrm{i}\pi\delta'(t-\omega)\right]\bigg|_{\omega=\omega_0}\end{aligned}$$

$$=-\frac{1}{(\omega-\omega_0)^2}+\mathrm{i}\pi\delta'(\omega-\omega_0).$$

二、Fourier 变换的性质

Fourier 变换有许多重要的性质，这一节介绍 Fourier 变换的几个重要性质，为了叙述方便起见，假定要求进行 Fourier 变换的函数的傅氏积分均存在，在证明这些性质时，不再重述这些条件.

性质 7.7(线性性质)　设 $F_1(\omega)=\mathscr{F}[f_1(t)]$，$F_2(\omega)=\mathscr{F}[f_2(t)]$，$\alpha,\beta$ 为常数，则

$$\mathscr{F}[\alpha f_1(t)+\beta f_2(t)]=\alpha F_1(\omega)+\beta F_2(\omega)$$
$$\mathscr{F}^{-1}[\alpha F_1(\omega)+\beta F_2(\omega)]=\alpha f_1(t)+\beta f_2(t)$$

线性性质表明 Fourier 变换及 Fourier 逆变换对线性运算是封闭的，这一性质可由 Fourier 变换及 Fourier 逆变换的定义直接推出.

例 7.13　求 $\alpha+\beta\sin\omega_0 t$ 的 Fourier 变换，其中 α,β,ω_0 为常数.

解　利用线性性质，可得

$$\begin{aligned}\mathscr{F}[\alpha+\beta\sin\omega_0 t]&=\alpha\mathscr{F}[1]+\beta\mathscr{F}[\sin\omega_0 t]\\&=2\pi\alpha\delta(\omega)+\mathrm{i}\beta\pi[\delta(\omega+\omega_0)-\delta(\omega-\omega_0)].\end{aligned}$$

性质 7.8(位移性质)　设 $F(\omega)=\mathscr{F}[f(t)]$，则

$$\mathscr{F}[f(t\pm t_0)]=\mathrm{e}^{\pm\mathrm{i}\omega t_0}\mathscr{F}[f(t)]$$
$$\mathscr{F}^{-1}[F(\omega\pm\omega_0)]=\mathrm{e}^{\mp\mathrm{i}\omega_0 t}f(t)$$

证　由 Fourier 变换定义，有

$$\begin{aligned}\mathscr{F}[f(t\pm t_0)]&=\int_{-\infty}^{+\infty}f(t\pm t_0)\mathrm{e}^{-\mathrm{i}\omega t}\mathrm{d}t=\int_{-\infty}^{+\infty}f(u)\mathrm{e}^{-\mathrm{i}\omega(u\mp t_0)}\mathrm{d}u\quad(t\pm t_0=u)\\&=\mathrm{e}^{\pm\mathrm{i}\omega t_0}\int_{-\infty}^{+\infty}f(u)\mathrm{e}^{-\mathrm{i}\omega u}\mathrm{d}u=\mathrm{e}^{\pm\mathrm{i}\omega t_0}\mathscr{F}[f(t)].\end{aligned}$$

Fourier 逆变换的位移性质也可类似证明，位移性质表明，时间函数 $f(t)$ 的自变量提前或延迟 t_0 后的 Fourier 变换等于 $f(t)$ 的 Fourier 变换乘以因子 $\mathrm{e}^{\mp\mathrm{i}\omega t_0}$. 利用 Euler 公式，可以得到位移性质的推论.

推论　设 $F(\omega)=\mathscr{F}[f(t)]$，则

$$\mathscr{F}[f(t)\cos\omega_0 t]=\frac{1}{2}[F(\omega+\omega_0)+F(\omega-\omega_0)],$$

$$\mathscr{F}[f(t)\sin\omega_0 t]=\frac{\mathrm{i}}{2}[F(\omega+\omega_0)-F(\omega-\omega_0)].$$

例 7.14　求函数 $g(t)=\begin{cases}E & 0<t<\tau\\0 & \text{其他}\end{cases}$ 的 Fourier 变换.

解 我们已经知道 $f(t)=\begin{cases}E & -\frac{\tau}{2}<t<\frac{\tau}{2}\\0 & 其他\end{cases}$ 的 Fourier 变换为

$$F(\omega)=\frac{2E}{\omega}\sin\frac{\omega\tau}{2}.$$

利用位移性质,即 $g(t)$ 可以看作由 $f(t)$ 在时间轴向右平移 $\frac{\tau}{2}$ 得到,即

$$g(t)=f\left(t-\frac{\tau}{2}\right)$$

所以

$$G(\omega)=\mathscr{F}[g(t)]=\mathscr{F}[f(t-\frac{\tau}{2})]=\mathrm{e}^{-\mathrm{i}\omega\frac{\tau}{2}}\mathscr{F}[f(t)]=\frac{2E}{\omega}\mathrm{e}^{-\mathrm{i}\frac{\omega\tau}{2}}\sin\frac{\omega\tau}{2}$$

且 $|G(\omega)|=|F(\omega)|=\frac{2\pi}{|\omega|}\left|\sin\frac{\omega\tau}{2}\right|$.

性质 7.9(对称性质) 设 $F(\omega)=\mathscr{F}[f(t)]$,则 $\mathscr{F}[F(\mp t)]=2\pi f(\pm\omega)$.

证 因为 $F(\omega)=\mathscr{F}[f(t)]$,则

$$f(t)=\mathscr{F}^{-1}[F(\omega)]=\frac{1}{2\pi}\int_{-\infty}^{+\infty}F(\omega)\mathrm{e}^{\mathrm{i}\omega t}\mathrm{d}\omega=\frac{1}{2\pi}\int_{-\infty}^{+\infty}F(p)\mathrm{e}^{\mathrm{i}pt}\mathrm{d}p$$

令 $t=-\omega$,得

$$f(-\omega)=\frac{1}{2\pi}\int_{-\infty}^{+\infty}F(p)\mathrm{e}^{-\mathrm{i}p\omega}\mathrm{d}p=\frac{1}{2\pi}\int_{-\infty}^{+\infty}F(t)\mathrm{e}^{-\mathrm{i}\omega t}\mathrm{d}t$$

即
$$\mathscr{F}[F(t)]=2\pi f(-\omega).$$

同理可证
$$\mathscr{F}[F(-t)]=2\pi f(\omega).$$

例 7.15 求函数 $F(\omega)=u(\omega+\omega_0)-u(\omega-\omega_0)$ 的 Fourier 逆变换 $f(t)$.

解 由对称性质,有

$$\mathscr{F}[F(t)]=2\pi f(-\omega)$$

而

$$F(t)=u(t+\omega_0)-u(t-\omega_0)\quad \mathscr{F}[u(t)]=\pi\delta(\omega)+\frac{1}{\mathrm{i}\omega}$$

所以

$$\begin{aligned}\mathscr{F}[F(t)]&=\mathrm{e}^{\mathrm{i}\omega_0\omega}\left[\pi\delta(\omega)+\frac{1}{\mathrm{i}\omega}\right]-\mathrm{e}^{-\mathrm{i}\omega_0\omega}\left[\pi\delta(\omega)+\frac{1}{\mathrm{i}\omega}\right]\\&=(\mathrm{e}^{\mathrm{i}\omega_0\omega}-\mathrm{e}^{-\mathrm{i}\omega_0\omega})\left[\pi\delta(\omega)+\frac{1}{\mathrm{i}\omega}\right]\\&=2\mathrm{i}\sin(\omega_0\omega)\left[\pi\delta(\omega)+\frac{1}{\mathrm{i}\omega}\right]\\&=2\mathrm{i}\sin(\omega_0\omega)\pi\delta(\omega)+2\mathrm{i}\sin(\omega_0\omega)\frac{1}{\mathrm{i}\omega}\end{aligned}$$

$$= 2\mathrm{i}\sin(\omega_0 0)\pi\delta(\omega) + \frac{2\sin(\omega_0\omega)}{\omega}$$

$$= \frac{2\sin(\omega_0\omega)}{\omega}$$

则

$$2\pi f(-\omega) = \frac{2\sin(\omega_0\omega)}{\omega}$$

故

$$f(t) = \frac{\sin(\omega_0 t)}{\pi t}.$$

性质 7.10(相似性质) 设 $F(\omega) = \mathscr{F}[f(t)]$,$a$ 为非零实常数,则

$$\mathscr{F}[f(at)] = \frac{1}{|a|}F\left(\frac{\omega}{a}\right)$$

证 由 $F(\omega) = \mathscr{F}[f(t)]$ 及 Fourier 变换的定义,有

$$\mathscr{F}[f(at)] = \int_{-\infty}^{+\infty} f(at)\mathrm{e}^{-\mathrm{i}\omega t}\mathrm{d}t$$

令 $s = at$,上式右边化为

$$\begin{cases} \dfrac{1}{a}\displaystyle\int_{-\infty}^{+\infty} f(s)\mathrm{e}^{-\mathrm{i}\omega\frac{s}{a}}\mathrm{d}s, a > 0 \\ \dfrac{1}{a}\displaystyle\int_{+\infty}^{-\infty} f(s)\mathrm{e}^{-\mathrm{i}\omega\frac{s}{a}}\mathrm{d}s, a < 0 \end{cases} = \frac{1}{|a|}\int_{-\infty}^{+\infty} f(s)\mathrm{e}^{-\mathrm{i}\frac{\omega}{a}s}\mathrm{d}s = \frac{1}{|a|}F\left(\frac{\omega}{a}\right)$$

即

$$\mathscr{F}[f(at)] = \frac{1}{|a|}F\left(\frac{\omega}{a}\right).$$

推论(翻转性质) 设 $F(\omega) = \mathscr{F}[f(t)]$,则 $\mathscr{F}[f(-t)] = F(-\omega)$.

例 7.16 计算 $\mathscr{F}[u(5t-2)]$.

解 方法一:先用相似性,再用平移性.

令 $g(t) = u(t-2)$,则 $g(5t) = u(5t-2)$,从而

$$\mathscr{F}[u(5t-2)] = \mathscr{F}[g(5t)] = \frac{1}{5}\mathscr{F}[g(t)]\Big|_{\frac{\omega}{5}} = \frac{1}{5}\mathscr{F}[u(t-2)]\Big|_{\frac{\omega}{5}}$$

$$= \left(\frac{1}{5}\mathrm{e}^{-\mathrm{i}2\omega}\mathscr{F}[u(t)]\right)\Big|_{\frac{\omega}{5}} = \left(\frac{1}{5}\mathrm{e}^{-\mathrm{i}2\omega}\left[\frac{1}{\mathrm{i}\omega} + \pi\delta(\omega)\right]\right)\Big|_{\frac{\omega}{5}}$$

$$= \frac{1}{5}\mathrm{e}^{-\mathrm{i}\omega\frac{2}{5}}\left(\frac{5}{\mathrm{i}\omega} + \pi\delta\left(\frac{\omega}{5}\right)\right).$$

方法二:先用平移性,再用相似性.

令 $g(t) = u(5t)$,则 $g(t - \frac{2}{5}) = u(5t-2)$,从而

$$\mathscr{F}[u(5t-2)]=\mathscr{F}\left[g\left(t-\frac{2}{5}\right)\right]=\mathrm{e}^{-\mathrm{i}\omega\frac{2}{5}}\mathscr{F}[g(t)]=\mathrm{e}^{-\mathrm{i}\omega\frac{2}{5}}(\mathscr{F}[u(5t)])$$
$$=\mathrm{e}^{-\mathrm{i}\omega\frac{2}{5}}\left(\frac{1}{5}\mathscr{F}[u(t)]\right)\bigg|_{\frac{\omega}{5}}=\frac{1}{5}\mathrm{e}^{-\mathrm{i}\omega\frac{2}{5}}\left[\frac{1}{\mathrm{i}\omega}+\pi\delta(\omega)\right]\bigg|_{\frac{\omega}{5}}$$
$$=\frac{1}{5}\mathrm{e}^{-\mathrm{i}\omega\frac{2}{5}}\left(\frac{5}{\mathrm{i}\omega}+\pi\delta\left(\frac{\omega}{5}\right)\right).$$

性质 7.11(微分性质) 如果 $f(t)$ 在 $(-\infty,+\infty)$ 上连续或只有有限个可去间断点,且当 $|t|\to+\infty$ 时 $f^{(n)}(t)\to 0$,设 $F(\omega)=\mathscr{F}[f(t)]$,则

$$\mathscr{F}[f^{(n)}(t)]=(\mathrm{i}\omega)^n F[\omega]\quad(n=1,2,3,\cdots),$$
$$\mathscr{F}^{-1}[F^{(n)}(\omega)]=(-\mathrm{i}t)^n f(t)\quad(n=1,2,3,\cdots).$$

证 由 $\delta(t)$ 函数的性质,知

$$f'(t)=\int_{-\infty}^{+\infty}\delta(\tau)f'(t-\tau)\mathrm{d}\tau$$

$$\delta'(t)*f(t)=\int_{-\infty}^{+\infty}\delta'(\tau)f(t-\tau)\mathrm{d}\tau=-\int_{-\infty}^{+\infty}\delta(\tau)f'(t-\tau)(-1)\mathrm{d}\tau$$

从而有 $\delta'(t)*f(t)=f'(t)$,利用卷积定理,可以得到

$$\mathscr{F}[f'(t)]=\mathscr{F}[\delta'(t)*f(t)]=\mathscr{F}[\delta'(t)]\mathscr{F}[f(t)]$$
$$=\int_{-\infty}^{+\infty}\delta'(t)\mathrm{e}^{-\mathrm{i}\omega t}\mathrm{d}tF(\omega)$$
$$=-\int_{-\infty}^{+\infty}\delta(t)(-\mathrm{i}\omega)\mathrm{e}^{-\mathrm{i}\omega t}\mathrm{d}tF(\omega)$$
$$=\mathrm{i}\omega F(\omega).$$

同理,有 $\delta'(t)*f'(t)=f''(t)$,则

$$\mathscr{F}[f''(t)]=(\mathrm{i}\omega)^2F(\omega),$$

依此类推,有

$$\mathscr{F}[f^{(n)}(t)]=(\mathrm{i}\omega)^n F[\omega]\quad(n=1,2,3,\cdots).$$

同样的道理,可以推出

$$\mathscr{F}^{-1}[F^{(n)}(\omega)]=(-\mathrm{i}t)^n f(t)\quad(n=1,2,3,\cdots).$$

例 7.17 已知 $\mathscr{F}[u(t)]=\pi\delta(\omega)+\frac{1}{\mathrm{i}\omega}$,求函数 $tu(t)$ 的 Fourier 变换.

解 由微分性质 $\mathscr{F}^{-1}[F'(\omega)]=-\mathrm{i}tf(t)$,有

$$\mathscr{F}[-\mathrm{i}tu(t)]=\mathscr{F}[u(t)]'=\left[\pi\delta(\omega)+\frac{1}{\mathrm{i}\omega}\right]'$$

则

$$-\mathrm{i}\mathscr{F}[tu(t)]=\pi\delta'(\omega)-\frac{1}{\mathrm{i}\omega^2}$$

即

$$\mathscr{F}[tu(t)]=\mathrm{i}\pi\delta'(\omega)-\frac{1}{\omega^2}.$$

性质 7.12(积分性质)　设 $F(\omega)=\mathscr{F}[f(t)]$，则

$$\mathscr{F}\left[\int_{-\infty}^{t}f(t)\mathrm{d}t\right]=\frac{1}{\mathrm{i}\omega}F(\omega)+\pi F(0)\delta(\omega)$$

证　我们可以把$\int_{-\infty}^{t}f(t)\mathrm{d}t$表示成 $f(t)$ 和 $u(t)$ 的卷积，即

$$\int_{-\infty}^{t}f(t)\mathrm{d}t=f(t)*u(t)$$

利用卷积定理及 $\delta(t)$ 的性质，得

$$\mathscr{F}\left[\int_{-\infty}^{t}f(s)\mathrm{d}s\right]=\mathscr{F}[f(t)*u(t)]=\mathscr{F}[f(t)]\cdot\mathscr{F}[u(t)]$$

$$=F(\omega)\left(\frac{1}{\mathrm{i}\omega}+\pi\delta(\omega)\right)=\frac{F(\omega)}{\mathrm{i}\omega}+\pi F(0)\delta(\omega)$$

需要特别说明的是利用 Fourier 变换的线性性质、微分性质及积分性质，可以将线性常系数微分方程转化成代数方程，通过求代数方程与求 Fourier 逆变换就可以求得方程的解，Fourier 变换是求解常微分方程常用方法之一，另外这一方法在求解数学物理方程(偏微分方程)也经常用到.

例 7.18　求微分方程 $ax'(t)+bx(t)+c\int_{-\infty}^{t}x(t)\mathrm{d}t=h(t)$[其中 $-\infty<t<+\infty$，a,b,c，均为常数，且$\int_{-\infty}^{+\infty}x(\tau)\mathrm{d}\tau=0$]的解.

解　设 $\mathscr{F}[x(t)]=X(\omega)$，$\mathscr{F}[h(t)]=H(\omega)$，对方程两边做 Fourier 变换得

$$a\mathscr{F}[x'(t)]+b\mathscr{F}[x(t)]+c\mathscr{F}\left[\int_{-\infty}^{t}x(t)\mathrm{d}t\right]=\mathscr{F}[h(t)]$$

应用微分性质和积分性质，可得

$$a\mathrm{i}\omega X(\omega)+bX(\omega)+\frac{c}{\mathrm{i}\omega}X(\omega)+c\pi X(0)\delta(\omega)=H(\omega)$$

又因为

$$X(0)=\lim_{\omega\to0}X(\omega)=\lim_{\omega\to0}\int_{-\infty}^{+\infty}x(\tau)\mathrm{e}^{-\mathrm{i}\omega\tau}\mathrm{d}\tau$$

$$=\int_{-\infty}^{+\infty}\lim_{\omega\to0}x(\tau)\mathrm{e}^{-\mathrm{i}\omega\tau}\mathrm{d}\tau=\int_{-\infty}^{+\infty}x(\tau)\mathrm{d}\tau=0$$

从而

$$X(\omega)=\frac{H(\omega)}{b+\mathrm{i}\left(a\omega-\frac{c}{\omega}\right)}.$$

对上式进行 Fourier 逆变换，可得

$$x(t)=\mathscr{F}^{-1}\left[\frac{H(\omega)}{b+\mathrm{i}\left(a\omega-\dfrac{c}{\omega}\right)}\right].$$

性质 7.13(乘积定理) 设 $F_1(\omega)=\mathscr{F}[f_1(t)]$,$F_2(\omega)=\mathscr{F}[f_2(t)]$,则

$$\int_{-\infty}^{+\infty}f_1(t)f_2(t)\mathrm{d}t=\frac{1}{2\pi}\int_{-\infty}^{+\infty}\overline{F_1(\omega)}F_2(\omega)\mathrm{d}\omega=\frac{1}{2\pi}\int_{-\infty}^{+\infty}F_1(\omega)\overline{F_2(\omega)}\mathrm{d}\omega$$

证

$$\begin{aligned}\int_{-\infty}^{+\infty}f_1(t)f_2(t)\mathrm{d}t&=\int_{-\infty}^{+\infty}f_1(t)\left[\frac{1}{2\pi}\int_{-\infty}^{+\infty}F_2(\omega)\mathrm{e}^{\mathrm{i}\omega t}\mathrm{d}\omega\right]\mathrm{d}t\\&=\frac{1}{2\pi}\int_{-\infty}^{+\infty}F_2(\omega)\left[\int_{-\infty}^{+\infty}f_1(t)\mathrm{e}^{\mathrm{i}\omega t}\mathrm{d}t\right]\mathrm{d}\omega\\&=\frac{1}{2\pi}\int_{-\infty}^{+\infty}F_2(\omega)\left[\int_{-\infty}^{+\infty}f_1(t)\overline{\mathrm{e}^{-\mathrm{i}\omega t}}\mathrm{d}t\right]\mathrm{d}\omega\\&=\frac{1}{2\pi}\int_{-\infty}^{+\infty}F_2(\omega)\left[\overline{\int_{-\infty}^{+\infty}f_1(t)\mathrm{e}^{-\mathrm{i}\omega t}\mathrm{d}t}\right]\mathrm{d}\omega\\&=\frac{1}{2\pi}\int_{-\infty}^{+\infty}F_2(\omega)\overline{F_1(\omega)}\mathrm{d}\omega.\end{aligned}$$

同理可以得到

$$\int_{-\infty}^{+\infty}f_1(t)f_2(t)\mathrm{d}t=\frac{1}{2\pi}\int_{-\infty}^{+\infty}F_1(\omega)\overline{F_2(\omega)}\mathrm{d}\omega.$$

若令 $f_1(t)=f_2(t)=f(t)$,则有以下推论.

推论(Parseval 等式) 设 $F(\omega)=\mathscr{F}[f(t)]$,则

$$\int_{-\infty}^{+\infty}[f(t)]^2\mathrm{d}t=\frac{1}{2\pi}\int_{-\infty}^{+\infty}|F(\omega)|^2\mathrm{d}\omega.$$

例 7.19 计算积分$\displaystyle\int_{-\infty}^{+\infty}\frac{1}{(x^2+1)(x^2+4)}\mathrm{d}x$.

解 由于

$$\mathscr{F}[\mathrm{e}^{-|t|}]=\frac{2}{1+\omega^2},\mathscr{F}[\mathrm{e}^{-2|t|}]=\frac{4}{4+\omega^2}$$

由乘积定理,有

$$\begin{aligned}\int_{-\infty}^{+\infty}\mathrm{e}^{-|t|}\mathrm{e}^{-2|t|}\mathrm{d}t&=\frac{1}{2\pi}\int_{-\infty}^{+\infty}\frac{2}{1+\omega^2}\overline{\left(\frac{4}{4+\omega^2}\right)}\mathrm{d}\omega\\&=\frac{1}{2\pi}\int_{-\infty}^{+\infty}\frac{2}{1+\omega^2}\frac{4}{4+\omega^2}\mathrm{d}\omega.\end{aligned}$$

故

$$\int_{-\infty}^{+\infty}\frac{1}{1+x^2}\frac{1}{4+x^2}\mathrm{d}x=\frac{\pi}{4}\int_{-\infty}^{+\infty}\mathrm{e}^{-|t|}\mathrm{e}^{-2|t|}\mathrm{d}t=\frac{\pi}{2}\int_{0}^{+\infty}\mathrm{e}^{-3t}\mathrm{d}t=\frac{\pi}{6}$$

第四节 离散 Fourier 变换和离散 Walsh 变换*

离散 Fourier 变换不仅具有明确的物理意义，而且便于用计算机处理. 但是，直至 20 世纪 60 年代，由于数字计算机的处理速度较低以及离散 Fourier 变换的计算量较大，离散 Fourier 变换长期得不到真正的应用，快速离散 Fourier 变换算法的提出，才得以显现出离散 Fourier 变换的强大功能，并被广泛地应用于各种数字信号处理系统中. 近年来，计算机的处理速率有了惊人的发展，同时在数字信号处理领域出现了许多新的方法，但在许多应用中始终无法替代离散 Fourier 变换及其快速算法.

一、离散 Fourier 变换

定义 7.6 设函数仅在一些离散值上给定，由

$$F(\nu) = \frac{1}{N}\sum_{\tau=0}^{N-1} f(\tau)\mathrm{e}^{-2\pi\mathrm{i}\frac{\nu}{N}\tau} \tag{7.13}$$

建立的从函数 $f(\tau)$ 到函数 $F(\nu)$ 的映射称为 $f(\tau)$ 的离散 Fourier 变换，用 DFT 表示，可记作 $F(\nu) = DFT[f(\tau)]$；由

$$f(\tau) = \sum_{\nu=0}^{N-1} F(\nu)\mathrm{e}^{2\pi\mathrm{i}\frac{\nu}{N}\tau} \tag{7.14}$$

建立的从函数 $F(\nu)$ 到函数 $f(\tau)$ 的映射称为 $F(\nu)$ 的离散 Fourier 逆变换，用 $IDFT$ 表示，可记作 $f(\tau) = IDFT[F(\nu)]$.

离散 Fourier 变换对公式表明，一个周期序列虽然是无穷长序列，但是只要知道它一个周期的内容（一个周期内信号的变化情况），其他的内容也就都知道了，所以这种无穷长序列实际上只有 N 个序列值的信息是有用的，因此周期序列与有限长序列有着本质的联系.

显然，离散 Fourier 变换有如下的矩阵方程形式 $\boldsymbol{X} = \boldsymbol{W}\boldsymbol{x}$，其中

$$\boldsymbol{X} = (F(0)\ F(1)\ \cdots\ F(N-1))^{\mathrm{T}},\boldsymbol{x} = (f(0)\ f(1)\ \cdots\ f(N-1))^{\mathrm{T}}$$

$$\boldsymbol{W} = \begin{pmatrix} 1 & 1 & 1 & \cdots & 1 \\ 1 & W_N^1 & W_N^2 & \cdots & W_N^{N-1} \\ 1 & W_N^2 & W_N^4 & \cdots & W_N^{2(N-1)} \\ \vdots & \vdots & \vdots & & \vdots \\ 1 & W_N^{(N-1)} & W_N^{2(N-1)} & \cdots & W_N^{(N-1)\times(N-1)} \end{pmatrix}$$

W_N 是 1 的 N 次方根.

类似于 Fourier 变换，离散 Fourier 变换也有许多重要的性质.

性质 7.14（线性性质） 设 $F_1(\nu) = DFT[f_1(\tau)]$，$F_2(\nu) = DFT[f_2(\tau)]$，

α,β 为常数,则

$$DFT[\alpha f_1(\tau)+\beta f_2(\tau)]=\alpha F_1(\nu)+\beta F_2(\nu)$$

$$IDFT[\alpha F_1(\nu)+\beta F_2(\nu)]=\alpha f_1(\tau)+\beta f_2(\tau)$$

性质 7.15(位移性质) 设 $F(\nu)=DFT[f(\tau)]$,则

$$DFT[f(\tau-t_0)]=\mathrm{e}^{-2\pi\mathrm{i}\frac{\nu}{N}t_0}F(\nu)$$

$$DFT[\mathrm{e}^{2\pi\mathrm{i}\frac{\nu_0}{N}\tau}f(\tau)]=F(\nu-\nu_0)$$

性质 7.16(反转性质) 设 $F(\nu)=DFT[f(\tau)]$,则

$$DFT[f(-\tau)]=F(-\nu)$$

性质 7.17(卷积定理) 设 $F_1(\nu)=DFT[f_1(\tau)],F_2(\nu)=DFT[f_2(\tau)]$,则

$$DFT[f_1(\tau)*f_2(\tau)]=NF_1(\nu)F_2(\nu)$$

注意:两个序列 $f_1(\tau),f_2(\tau)$ 的循环卷积定义为 $f_1(\tau)*f_2(\tau)=\sum\limits_{\tau'=0}^{N-1}f_1(\tau')f_2(\tau-\tau')$.

性质 7.18(乘积定理) 设 $F_1(\nu)=DFT[f_1(\tau)],F_2(\nu)=DFT[f_2(\tau)]$,则

$$DFT[f_1(\tau)f_2(\tau)]=\sum_{\nu'=0}^{N-1}F_1(\nu')F_2(\nu-\nu')$$

推论(广义 Parseval 等式) 设 $F(\nu)=DFT[f(\tau)]$,则

$$\sum_{\tau=0}^{N-1}[\mid f(\tau)\mid^2]=N\sum_{\nu=0}^{N-1}\mid F(\nu)\mid^2$$

对以上性质感兴趣的读者可自行证明.

二、快速 Fourier 变换

快速 Fourier 变换(*FFT*)是计算 *DFT* 的一种快速有效方法. 从前面的讨论中看到,有限长序列在数字技术中占有很重要的地位. 有限长序列的一个重要特点是其频域也可以离散化,即离散 Fourier 变换(*DFT*).

虽然频谱分析和 *DFT* 运算很重要,但在很长一段时间里,由于 *DFT* 运算复杂,并没有得到真正的运用,而频谱分析仍大多采用模拟信号滤波的方法解决,直到 1965 年首次提出 *DFT* 运算的一种快速算法以后,情况才发生了根本变化,人们开始认识到 *DFT* 运算的一些内在规律,从而很快地发展和完善了一套高速有效的运算方法——快速 Fourier 变换(*FFT*)算法. *FFT* 的出现,使 *DFT* 的运算大大简化,运算时间缩短一二个数量级,使 *DFT* 的运算在实际中得到广泛应用.

FFT 算法的基本思想:考察 *DFT* 与 *IDFT* 的运算发现,利用以下两个特性可减少运算量.

(1) 系数 $e^{-2\pi i\frac{\nu}{N}\tau}$ 是一个周期函数,它的周期性和对称性可用来改进运算,提高计算效率.

(2) 利用 $e^{-2\pi i\frac{\nu}{N}\tau}$ 的周期性和对称性,把长度为 N 点的大点数的 DFT 运算依次分解为若干个小点数的 DFT. 因为 DFT 的计算量正比于 N^2,N 小,计算量也就小.

FFT 算法正是基于这样的基本思想发展起来的. 它有多种形式,但基本上可分为两类:时间抽取法和频率抽取法.

考虑一个特殊情况,假定 N 是 2 的整数次方,

$$N = 2^M, M \text{ 为正整数}$$

首先将序列 $f(n)$ 分解为两组,一组为偶数项,一组为奇数项,

$$\begin{cases} f(2r) = f_1(r) \\ f(2r+1) = f_2(r) \end{cases} \quad r = 0,1,\cdots,N/2-1$$

将 DFT 运算也相应分为两组:

$$\begin{aligned} F(k) &= DFT[f(n)] = \frac{1}{N}\sum_{n=0}^{N-1} f(n)W_N^{nk} \\ &= \frac{1}{N}\sum_{\text{偶数}n=0}^{N-2} f(n)W_N^{nk} + \frac{1}{N}\sum_{\text{奇数}n=1}^{N-1} f(n)W_N^{nk} \\ &= \frac{1}{N}\sum_{r=0}^{N/2-1} f(2r)W_N^{2rk} + \frac{1}{N}\sum_{r=0}^{N/2-1} f(2r+1)W_N^{(2r+1)k} \\ &= \frac{1}{N}\sum_{r=0}^{N/2-1} f_1(r)W_N^{2rk} + W_N^k\frac{1}{N}\sum_{r=0}^{N/2-1} f_2(r)W_N^{2rk} \end{aligned}$$

因为
$$W_N^{2n} = e^{-i\frac{2\pi}{N}2n} = e^{-i\frac{2\pi}{\frac{N}{2}}n} = W_{\frac{N}{2}}^n$$

故
$$F(k) = \frac{1}{N}\sum_{r=0}^{N/2-1} f_1(r)W_{\frac{N}{2}}^{rk} + W_N^k\frac{1}{N}\sum_{r=0}^{N/2-1} f_2(r)W_{\frac{N}{2}}^{rk} = G(k) + W_N^kH(k)$$

其中
$$G(k) = \sum_{r=0}^{N/2-1} x(2r)W_{\frac{N}{2}}^{rk} \quad H(k) = \sum_{r=0}^{N/2-1} x(2r+1)W_{\frac{N}{2}}^{rk}$$

注意到,$G(k)$,$H(k)$ 有 $\frac{N}{2}$ 个点,即 $k = 0,1,\cdots,N/2-1$,还必须应用系数 W_N^k 的周期性和对称性表示 $F(k)$ 的 $\frac{N}{2} \to N-1$ 点,由 $W_{\frac{N}{2}}^{r(N/2+k)} = W_{\frac{N}{2}}^{rk}$,得

$$W_N^{\left(k+\frac{N}{2}\right)} = -W_N^k, \quad F\left(k+\frac{N}{2}\right) = G(k) - W_N^kH(k), \quad k = 0,1,\cdots,\frac{N}{2}-1$$

可见,一个 N 点的 DFT 被分解为两个 $N/2$ 点的 DFT,这两个 $N/2$ 点的 DFT 再合成为一个 N 点 DFT.

$$F(k) = G(k) + W_N^kH(k), \quad k = 0,1,\cdots,\frac{N}{2}-1$$

$$F\left(k+\frac{N}{2}\right)=G(k)-W_N^k H(k),\quad k=0,1,\cdots,\frac{N}{2}-1$$

依此类推,$G(k)$,$H(k)$ 可以继续分下去,这种按时间抽取算法是在输入序列分成越来越小的子序列上执行 DFT 运算,最后再合成为 N 点的 DFT. 我们以 $N=8=2^3$ 为例来说明这种算法(图 7.8).

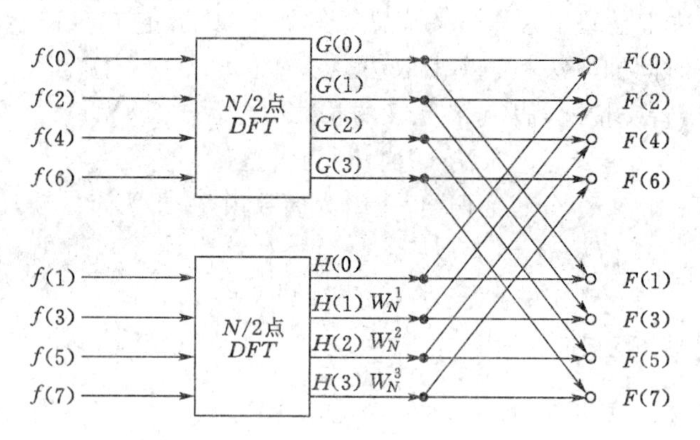

图 7.8 两个 4 点 DFT 组成 8 点 DFT

按照这个办法,继续把 $N/2$ 用 2 除,由于 $N=2M$,仍然是偶数,可以被 2 整除,因此可以对两个 $N/2$ 点的 DFT 再分别作进一步的分解. 即对 $\{G(k)\}$ 和 $\{H(k)\}$ 的计算,又可以分别通过计算两个长度为 $N/4=2$ 点的 DFT. 这样,一个 8 点的 DFT 就可以分解为四个 2 点的 DFT(图 7.9).

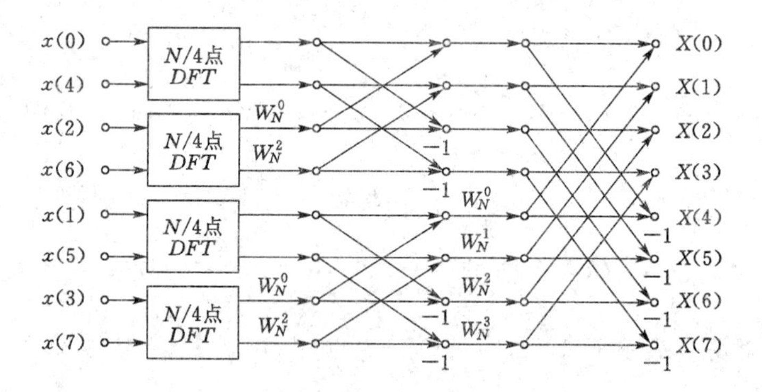

图 7.9 由四个 2 点 DFT 组成 8 点 DFT

最后剩下的是 2 点 DFT,它可以用一个蝶形结表示:

$$F(0)=f(0)+W_2^0 f(1)=f(0)+W_N^0 f(1)$$

$$F(1)=f(0)+W_2^1 f(1)=f(0)-W_N^0 f(1)$$

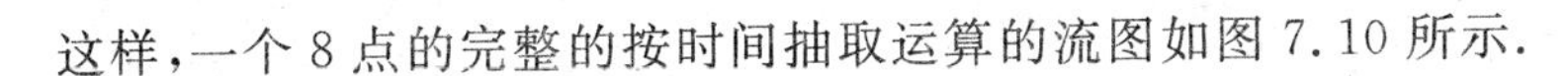

这样,一个 8 点的完整的按时间抽取运算的流图如图 7.10 所示.

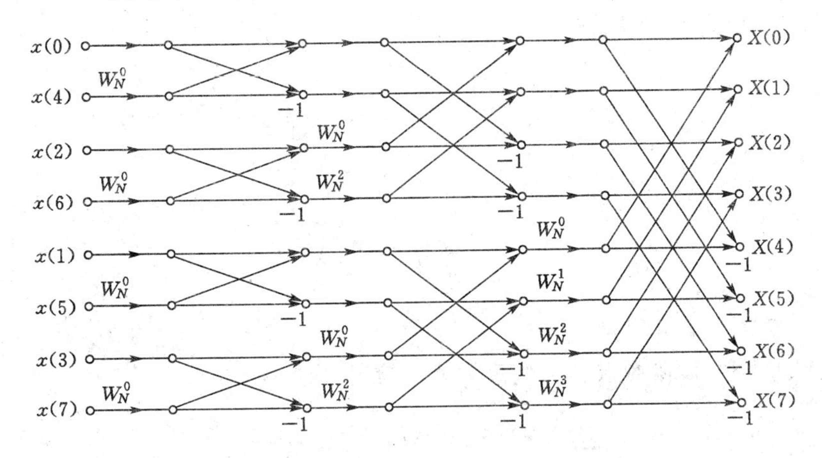

图 7.10　按时间抽取 8 点 FFT

由于这种方法每一步分解都是按输入时间序列是属于偶数还是奇数来抽取的,所以称为“按时间抽取法”或“时间抽取法”.

下面我们再介绍一种利用矩阵分解的方法,仍以 $N=8=2^3$ 为例来说明这种算法,此时离散 Fourier 变换的矩阵方程形式为

$$
\begin{pmatrix} F(0)\\ F(1)\\ F(2)\\ F(3)\\ F(4)\\ F(5)\\ F(6)\\ F(7) \end{pmatrix}
=
\begin{pmatrix}
1 & 1 & 1 & 1 & 1 & 1 & 1 & 1\\
1 & W_8^1 & W_8^2 & W_8^3 & W_8^4 & W_8^5 & W_8^6 & W_8^7\\
1 & W_8^2 & W_8^4 & W_8^6 & W_8^8 & W_8^{10} & W_8^{12} & W_8^{14}\\
1 & W_8^3 & W_8^6 & W_8^9 & W_8^{12} & W_8^{15} & W_8^{18} & W_8^{21}\\
1 & W_8^4 & W_8^8 & W_8^{12} & W_8^{16} & W_8^{20} & W_8^{24} & W_8^{28}\\
1 & W_8^5 & W_8^{10} & W_8^{15} & W_8^{20} & W_8^{25} & W_8^{30} & W_8^{35}\\
1 & W_8^6 & W_8^{12} & W_8^{18} & W_8^{24} & W_8^{30} & W_8^{36} & W_8^{42}\\
1 & W_8^7 & W_8^{14} & W_8^{21} & W_8^{28} & W_8^{35} & W_8^{42} & W_8^{49}
\end{pmatrix}
\begin{pmatrix} f(0)\\ f(1)\\ f(2)\\ f(3)\\ f(4)\\ f(5)\\ f(6)\\ f(7) \end{pmatrix}
$$

$$
=
\begin{pmatrix}
1 & 0 & 0 & 0 & 0 & 0 & 0 & 0\\
0 & 0 & 0 & 0 & 1 & 0 & 0 & 0\\
0 & 0 & 1 & 0 & 0 & 0 & 0 & 0\\
0 & 0 & 0 & 0 & 0 & 0 & 1 & 0\\
0 & 1 & 0 & 0 & 0 & 0 & 0 & 0\\
0 & 0 & 0 & 0 & 0 & 1 & 0 & 0\\
0 & 0 & 0 & 1 & 0 & 0 & 0 & 0\\
0 & 0 & 0 & 0 & 0 & 0 & 0 & 1
\end{pmatrix}
\begin{pmatrix}
1 & 1 & 0 & 0 & 0 & 0 & 0 & 0\\
1 & W_8^4 & 0 & 0 & 0 & 0 & 0 & 0\\
0 & 0 & 1 & 1 & 0 & 0 & 0 & 0\\
0 & 0 & 1 & W_8^4 & 0 & 0 & 0 & 0\\
0 & 0 & 0 & 0 & 1 & 1 & 0 & 0\\
0 & 0 & 0 & 0 & 1 & W_8^4 & 0 & 0\\
0 & 0 & 0 & 0 & 0 & 0 & 1 & 1\\
0 & 0 & 0 & 0 & 0 & 0 & 1 & W_8^4
\end{pmatrix}
$$

$$\begin{pmatrix} 1 & 0 & 1 & 0 & 0 & 0 & 0 & 0 \\ 0 & 1 & 0 & W_8^2 & 0 & 0 & 0 & 0 \\ 1 & 0 & W_8^4 & 0 & 0 & 0 & 0 & 0 \\ 0 & 1 & 0 & W_8^6 & 0 & 0 & 0 & 0 \\ 0 & 0 & 0 & 0 & 1 & 0 & 1 & 0 \\ 0 & 0 & 0 & 0 & 0 & 1 & 0 & W_8^2 \\ 0 & 0 & 0 & 0 & 1 & 0 & W_8^4 & 0 \\ 0 & 0 & 0 & 0 & 0 & 1 & 0 & W_8^6 \end{pmatrix} \begin{pmatrix} 1 & 0 & 0 & 0 & 1 & 0 & 0 & 0 \\ 0 & 1 & 0 & 0 & 0 & W_8^1 & 0 & 0 \\ 0 & 0 & 1 & 0 & 0 & 0 & W_8^2 & 0 \\ 0 & 0 & 0 & 1 & 0 & 0 & 0 & W_8^3 \\ 1 & 0 & 0 & 0 & W_8^4 & 0 & 0 & 0 \\ 0 & 1 & 0 & 0 & 0 & W_8^5 & 0 & 0 \\ 0 & 0 & 1 & 0 & 0 & 0 & W_8^6 & 0 \\ 0 & 0 & 0 & 1 & 0 & 0 & 0 & W_8^7 \end{pmatrix} \begin{pmatrix} f(0) \\ f(1) \\ f(2) \\ f(3) \\ f(4) \\ f(5) \\ f(6) \\ f(7) \end{pmatrix}$$

三、离散 Walsh 变换

定义 7.7 设函数仅在一些离散值上给定，由

$$X(K) = \frac{1}{N}\sum_{n=0}^{N-1} x(n)Wal(K,n), K = 0,1,2,\cdots,N-1 \tag{7.15}$$

建立的从函数 $x(n)$ 到函数 $X(K)$ 的映射称为 $x(n)$ 的离散 Walsh 变换，用 DWT 表示，可记作 $X(K) = DWT[x(n)]$；由

$$x(n) = \sum_{K=0}^{N-1} X(K)Wal(k,n), n = 0,1,2,\cdots,N-1 \tag{7.16}$$

建立的从函数 $X(K)$ 到函数 $x(n)$ 的映射称为 $X(K)$ 的离散 Walsh 逆变换，用 $IDWT$ 表示，可记作 $x(n) = IDWT[X(K)]$，其中 $Wal(k,n)$ 是离散的 Walsh 函数，表达式为 $Wal(k,n) = (-1)^{\sum_{r=0}^{p-1} n_{p-1-r}K_{p-1-r}}$，这里 n_{p-1-r} 为 n 的第 $p-1-r$ 位二进码，K_{p-1-r} 为 K 的第 $p-1-r$ 位二进码.

离散 Walsh 变换也有许多重要的性质.

性质 7.19(线性性质) 设 $X_1(K) = DWT[x_1(n)]$，$X_2(K) = DWT[x_2(n)]$，α,β 为常数，则

$$DWT[\alpha x_1(n) + \beta x_2(n)] = \alpha X_1(K) + \beta X_2(K)$$
$$IDWT[\alpha X_1(K) + \beta X_2(K)] = \alpha x_1(n) + \beta x_2(n)$$

性质 7.20(并元位移性质) 设 $X(K) = DWT[x(n)]$，则

$$DWT[x(n \oplus l)] = Wal(K,l)X(K)$$

$x(n \oplus l)$ 表示将时间序列 $x(n)$ 作 l 位并元位移所得序列.

性质7.21(并元时间卷积定理) 设 $X(K) = DWT[x(n)]$，$Y(K) = DWT[y(n)]$，则

$$DWT[z_{xy}(n)] = X(K)Y(K)$$

注：两个序列 $x(n)$，$y(n)$ 的并元时间卷积定义为

$$z_{xy}(n) = \frac{1}{N}\sum_{m=0}^{N-1} x(m)y(n \oplus m)$$

性质 7.22(Parseval 定理)　设 $X(K) = DWT[x(n)]$,则

$$\sum_{n=0}^{N-1} x^2(n) = N\sum_{K=0}^{N-1} X^2(K)$$

以上性质感兴趣的读者可自行证明.

本章小结

本章给出了 Fourier 变换及逆变换的定义,介绍了 Fourier 变换及逆变换的性质,同时给出了 Fourier 变换的一些应用.

(1) 首先从 Fourier 级数出发,讨论了非周期函数的 Fourier 积分公式,

$$f(t) = \frac{1}{2\pi}\int_{-\infty}^{+\infty}\left[\int_{-\infty}^{+\infty} f(t)\mathrm{e}^{-\mathrm{i}\omega t}\,\mathrm{d}t\right]\mathrm{e}^{\mathrm{i}\omega t}\,\mathrm{d}\omega$$

给出了 Fourier 积分公式成立的 Fourier 积分定理,由此公式可以计算某些高数中难以计算的反常积分.

(2) 利用 Fourier 积分公式给出了 Fourier 变换及逆变换定义,在函数 $f(t)$ 满足 Fourier 积分定理的条件,广义积分

$$F(\omega) = \mathscr{F}[f(t)] = \int_{-\infty}^{+\infty} f(t)\mathrm{e}^{-\mathrm{i}\omega t}\,\mathrm{d}t$$

为 $f(t)$ 的 Fourier 变换,

$$f(t) = \mathscr{F}^{-1}[F(\omega)] = \frac{1}{2\pi}\int_{-\infty}^{+\infty} F(\omega)\mathrm{e}^{\mathrm{i}\omega t}\,\mathrm{d}\omega,$$

称为 $F(\omega)$ 的 Fourier 逆变换.

(3) 由于 Fourier 积分存在定理的条件比较强,使得一些简单的函数不存在 Fourier 变换,影响了 Fourier 变换的应用,因此引入了 $\delta(t-t_0)$ 函数,要注意 $\delta(t-t_0)$ 是一种广义的函数,它不同我们所讲的一般意义的函数,讨论了 $\delta(t-t_0)$ 的一些性质,从而得到了广义 Fourier 变换,广义的 Fourier 变换是指涉及单位脉冲函数及其相关函数的 Fourier 变换.

(4) 给出了 Fourier 变换的一些非常重要的性质,利用性质可以计算一些函数的 Fourier 变换,特别利用 Fourier 变换的线性性质、微分性质及积分性质,可以将线性常系数微分方程转化成代数方程,通过求代数方程与求 Fourier 逆变换就可以求得方程的解,Fouricr 变换是求解常微分方程常用方法之一.

傅立叶(Jean Baptiste Joseph Fourier,1768—1830),也译作傅里叶,法国数

学家及物理学家.1768 年 3 月 21 日生于欧塞尔,1830 年 5 月 16 日卒于巴黎.

傅立叶是傅立叶级数(三角级数)的创始人,他最早使用定积分符号,改进符号法则及根数判别方法.

傅立叶 1768 年 3 月 21 日生于欧塞尔,1840 年 5 月 16 日卒于巴黎.9 岁父母双亡,被当地教堂收养,12 岁由一主教送入地方军事学校读书,17 岁(1785 年)回乡教数学.1794 到巴黎,成为高等师范学校的首批学员,次年到巴黎综合工科学校执教.1798 年随拿破仑远征埃及时任军中文书和埃及学院秘书,1801 年回国后任伊泽尔省地方长官.1817 年当选为科学院院士,1822 年任该院终身秘书,后又任法兰西学院终身秘书和理工科大学校务委员会主席.

傅立叶的主要贡献如下:

(1) 在研究热的传播时创立了一套数学理论.1807 年,他向巴黎科学院呈交《热的传播》论文,推导出著名的热传导方程,并在求解该方程时发现解函数可以由三角函数构成的级数形式表示,从而提出任一函数都可以展成三角函数的无穷级数.傅立叶级数(即三角级数)、傅立叶分析等理论均由此创始.

傅立叶变换的基本思想首先由傅立叶提出,所以以其名字来命名以示纪念.

从现代数学的眼光来看,傅立叶变换是一种特殊的积分变换.它能将满足一定条件的某个函数表示成正弦基函数的线性组合或者积分.在不同的研究领域,傅立叶变换具有多种不同的变体形式,如连续傅立叶变换和离散傅立叶变换.

(2) 1822 年在其代表作《热的分析理论》中解决了热在非均匀加热的固体中分布传播问题,成为分析学在物理中应用的最早例证之一,对 19 世纪数学和理论物理学的发展产生深远影响.

习　题

A 组

1. 求下列函数的 Fourier 积分公式.

(1) $f(t)=\begin{cases}1-t^2, & |t|<1\\ 0, & |t|>1;\end{cases}$　　(2) $f(t)=\begin{cases}-1, & -1<t<0\\ 1 & 0<t<1\\ 0, & \text{其他}.\end{cases}$

2. 求下列函数的 Fourier 变换.

(1) $f(t)=\begin{cases}1-|t|, & |t|\leqslant 1\\ 0, & |t|>1;\end{cases}$　　(2) $f(t)=\begin{cases}E, 0\leqslant t\leqslant \tau\\ 0,其他.\end{cases}$ $(E,\tau>0)$

3. 求下列函数的频谱函数.

(1) $f(t)=\begin{cases}e^{-|t|}, & |t|<1/2\\ 0, & |t|>1/2;\end{cases}$　　(2) $f(t)=\dfrac{1}{\sqrt{2\pi}\sigma}e^{-\frac{t^2}{2\sigma^2}}$.

4. 求下列函数的 Fourier 变换及其积分表达式.

(1) $f(t)=\begin{cases}\cos t, & |t|<\dfrac{\pi}{2}\\ 0, & |t|>\dfrac{\pi}{2};\end{cases}$　　(2) $f(t)=\begin{cases}1, t>0\\ 0, t<0.\end{cases}$

5. 求下列函数的 Fourier 变换,并推证下列积分结果.

(1) $f(t)=e^{-|t|}\cos t$,证明$\displaystyle\int_0^{+\infty}\frac{\omega^2+2}{\omega^4+4}\cos(\omega t)\mathrm{d}\omega=\frac{\pi}{2}e^{-|t|}\cos t$;

(2) $f(t)=\begin{cases}\sin t, & |t|\leqslant\pi\\ 0, & |t|>\pi,\end{cases}$证明$\displaystyle\int_0^{+\infty}\frac{\sin(\omega\pi)\sin(\omega t)}{1-\omega^2}\mathrm{d}\omega=\begin{cases}\dfrac{\pi}{2}\sin t, & |t|\leqslant\pi\\ 0, & |t|>\pi;\end{cases}$

(3) $f(t)=e^{-\beta|t|}\ (\beta>0)$,证明$\displaystyle\int_0^{+\infty}\frac{\cos(\omega t)}{\omega^2+\beta^2}\mathrm{d}\omega=\frac{\pi}{2\beta}e^{-\beta|t|}$.

6. 计算下列积分.

(1) $\displaystyle\int_{-\infty}^{+\infty}\delta(t)\sin(\omega_0 t)f(t)\mathrm{d}t$;　　(2) $\displaystyle\int_{-\infty}^{+\infty}\delta(t-t_0)(t^2-1)\mathrm{d}t$.

7. 求下列函数的 Fourier 逆变换.

(1) $F(\omega)=\dfrac{2}{(3+\mathrm{i}\omega)(5+\mathrm{i}\omega)}$;　　(2) $F(\omega)=\dfrac{\omega^2+10}{(9+\omega^2)(5+\mathrm{i}\omega)}$.

8. 设 $F(\omega)=\mathscr{F}[f(t)]$,证明:

$$\mathscr{F}[f(t)\cos\omega_0 t]=\frac{1}{2}[F(\omega+\omega_0)+F(\omega-\omega_0)];$$

$$\mathscr{F}[f(t)\sin\omega_0 t]=\frac{\mathrm{i}}{2}[F(\omega+\omega_0)-F(\omega-\omega_0)].$$

9. 证明翻转性质,即设 $F(\omega)=\mathscr{F}[f(t)]$,则 $\mathscr{F}[f(-t)]=F(-\omega)$.

10. 利用 Fourier 变换的性质求下列函数的 Fourier 变换.

(1) $f(t)=u(t-\tau)$;

(2) $f(t)=\dfrac{1}{2}\left[\delta(t+t_0)+\delta(t-t_0)+\delta\left(t+\dfrac{t_0}{2}\right)+\delta\left(t-\dfrac{t_0}{2}\right)\right]$;

(3) $f(t)=\cos t\sin t$;

(4) $f(t)=\sin^3 t$.

11. 设 $F(\omega)=\mathscr{F}[f(t)]$,求下列函数的 Fourier 变换.

(1) $tf(t)$;
(2) $f(1-t)$;
(3) $(t-2)f(-2t)$;
(4) $f(2t-5)$;
(5) $(1-t)f(1-t)$;
(6) $tf'(t)$.

12. 求下列函数的 Fourier 变换.

(1) $f(t)=u(t)\sin(\omega_0 t)$;
(2) $f(t)=e^{-a|t|}\ (a>0)$;
(3) $f(t)=e^{-at}u(t)\cdot\sin\omega_0 t\ (a>0)$;
(4) $f(t)=e^{-at}u(t)\cdot\cos\omega_0 t\ (a>0)$.

13. 利用乘积定理,求下列积分.

(1) $\int_{-\infty}^{+\infty}\frac{\sin^2 t}{t^2}dt$;
(2) $\int_{-\infty}^{+\infty}\frac{1}{(1+t^2)^2}dt$;
(3) $\int_{-\infty}^{+\infty}\frac{(1-\cos x)^2}{x^2}dx$;
(4) $\int_{-\infty}^{+\infty}\frac{x^2}{(1+x^2)^2}dx$.

B 组

14. 证明下列各式.

(1) $f_1(t)*f_2(t)=f_2(t)*f_1(t)$;
(2) $[f_1(t)*f_2(t)]*f_3(t)=f_1(t)*[f_2(t)*f_3(t)]$;
(3) $[k_1f_1(t)+k_2f_2(t)]*f_3(t)=k_1f_1(t)*f_3(t)+k_2f_2(t)*f_3(t)$;
(4) $|f_1(t)*f_2(t)|\leqslant|f_1(t)|*|f_2(t)|$;
(5) $e^{at}[f_1(t)*f_2(t)]=[e^{at}f_1(t)]*[e^{at}f_2(t)]$;
(6) $\frac{d}{dt}[f_1(t)*f_2(t)]=\left(\frac{df_1(t)}{dt}\right)*f_2(t)=f_1(t)*\left(\frac{df_2(t)}{dt}\right)$.

15. 求下列函数 $f_1(t)$ 与 $f_2(t)$ 的卷积.

(1) $f_1(t)=\begin{cases}0,t<0\\1,t\geqslant 0,\end{cases}f_2(t)=\begin{cases}0,\ t<0\\e^{-t},t\geqslant 0;\end{cases}$
(2) $f_1(t)=e^{-at}u(t),f_2(t)=\sin t\cdot u(t)$;
(3) $f_1(t)=e^{-t}u(t),f_2(t)=\begin{cases}\sin t,0<t<\frac{\pi}{2}\\0,\quad 其他;\end{cases}$
(4) $f_1(t)=f_2(t)=\begin{cases}0,\ |t|>1\\1,\ |t|\leqslant 1.\end{cases}$

16. 利用卷积定理求下列函数的 Fourier 变换.

(1) $f(t)=u(t)\cos(\omega_0 t)$;
(2) $f(t)=u(t-t_0)e^{i\omega_0 t}$.

17. 解积分方程.

(1) $\int_{-\infty}^{+\infty} \frac{y(\tau)}{(t-\tau)^2+a^2}\mathrm{d}\tau = \frac{1}{t^2+b^2}(0<a<b)$;

(2) $\int_{0}^{+\infty} f(\tau)\cos\omega\tau\,\mathrm{d}\tau = \frac{\sin\omega}{\omega}$.

18. 证明:若 $F(\omega)=\mathscr{F}[\mathrm{e}^{\mathrm{i}\varphi(t)}]$,其中 $\varphi(t)$ 为实函数,则

$$\mathscr{F}[\cos\varphi(t)] = \frac{1}{2}[F(\omega)+\overline{F(-\omega)}];$$

$$\mathscr{F}[\sin\varphi(t)] = \frac{1}{2\mathrm{i}}[F(\omega)-\overline{F(-\omega)}].$$

第八章　Laplace 变换

Laplace 变换理论是在 19 世纪末发展起来的. 首先是英国工程师海威赛德(Heaviside) 发明了用运算法解决当时的电工计算中出现的一些问题,但是缺乏严密的数学证明. 后来由法国数学家 Laplace 给出严格的数学定义, 称之为 Laplace 变换方法. 此后,Laplace 变换在电学、力学、通讯等众多的工程技术与科学研究领域中得到广泛的应用,尤其是在研究电路系统的瞬态过程和自动调节等理论中 Laplace 变换是一个常用的数学工具. Laplace 变换的实质仍然是积分运算,但因为它对象原函数的要求比 Fourier 变换要弱,因此 Laplace 变换的应用更广泛.

本章首先介绍 Laplace 变换的定义、存在性定理和一些重要性质;然后讨论求 Laplace 逆变换的方法;最后用例子说明如何用这些方法求解常系数微分方程和积分方程.

第一节　Laplace 变换的概念

一、从 Fourier 变换到 Laplace 变换

上一章已经指出,在古典意义下 Fourier 变换存在的条件是 $f(t)$ 在任何一个有限区间满足 Dirichlet 条件, 并且在$(-\infty, +\infty)$ 区间上绝对可积[即 $\int_{-\infty}^{+\infty} |f(t)| \mathrm{d}t < \infty$]. 这个条件是相当强的,许多常见的初等函数,例如常函数、多项式、正弦和余弦等都不能满足这个要求. 另外,在物理、线性控制等实际应用中,许多以时间 t 为自变量的函数,往往当 $t<0$ 时没有实际意义,或者不需要知道 $t<0$ 的情况. 像这样的函数都不能作 Fourier 变换,因此 Fourier 变换在实际应用中受到了很大的限制. 鉴于上述及其他更多的理由,Laplace 变换应运而生.

为了解决上述问题,人们发现对于任意一个函数 $f(t)$,经过适当的改造能够克服上述问题,使其满足古典意义下的傅氏变换. 首先我们将 $f(t)$ 乘以单位阶跃函数 $u(t)$,得到

$$\int_{-\infty}^{+\infty} f(t)u(t)\mathrm{e}^{-\mathrm{i}\omega t}\mathrm{d}t = \int_{0}^{+\infty} f(t)\mathrm{e}^{-\mathrm{i}\omega t}\mathrm{d}t$$

可以使积分区间由$(-\infty,+\infty)$变为$[0,+\infty)$，这样当$t<0$时，$f(t)$在没有定义或者不需要知道的情况下解决了. 此时我们仍没有解决在$[0,+\infty)$上绝对可积条件的限制. 为此我们考虑用指数衰减函数$e^{-\beta t}(\beta>0)$再乘$f(t)u(t)$，即

$$g(t)=f(t)u(t)e^{-\beta t}\quad(\beta>0)$$

这样极有可能使$g(t)$满足在$(-\infty,+\infty)$绝对可积的条件，即

$$\int_{-\infty}^{+\infty}|g(t)|\,dt=\int_{0}^{+\infty}|f(t)|\,e^{-\beta t}dt<\infty$$

如果条件得到满足，就可对$g(t)$作 Fourier 变换，得到

$$\mathscr{F}[g(t)]=\int_{-\infty}^{+\infty}f(t)u(t)e^{-\beta t}e^{-i\omega t}dt=\int_{0}^{+\infty}f(t)e^{-(\beta+i\omega)t}dt$$
$$=\int_{0}^{+\infty}f(t)e^{-st}dt\quad(s=\beta+i\omega)$$

这样在 Fourier 变换下，$g(t)$变成一个函数

$$F(s)=\int_{0}^{+\infty}f(t)e^{-st}dt\quad(\mathrm{Re}\,s>0)$$

同时形成一个从$f(t)$到$F(s)$的新变换，这是由实函数$f(t)$通过一种新的变换得到的复变函数，这种变换就是本节要介绍的 Laplace 变换. 即$f(t)(t\geqslant 0)$的 Laplace 变换，实际上就是$f(t)u(t)e^{-\beta t}$的 Fourier 变换.

二、Laplace 变换的定义

定义 8.1　设$f(t)$为定义在$[0,+\infty)$上的函数，积分$\int_{0}^{+\infty}f(t)e^{-st}dt$（$s$是复参变量）在复平面上某一域内收敛，则由这个积分

$$F(s)=\int_{0}^{+\infty}f(t)e^{-st}dt\tag{8.1}$$

建立的从$f(t)$到$F(s)$的映射称为函数$f(t)$的 Laplace 变换，简称为$f(t)$的拉氏变换，并记为$\mathscr{L}[f(t)]$，即

$$F(s)=\mathscr{L}[f(t)]=\int_{0}^{+\infty}f(t)e^{-st}dt$$

$F(s)$称为$f(t)$的象函数，$f(t)$称为$F(s)$的象原函数.

若$F(s)$为$f(t)$的 Laplace 变换，则称$f(t)$为$F(s)$的 Laplace 逆变换，记为

$$f(t)=\mathscr{L}^{-1}[F(s)]$$

例 8.1　求单位阶跃函数（图 8.1）

$$u(t)=\begin{cases}0, t<0\\1, t\geqslant 0\end{cases}$$

的 Laplace 变换.

解　根据 Laplace 变换的定义，有

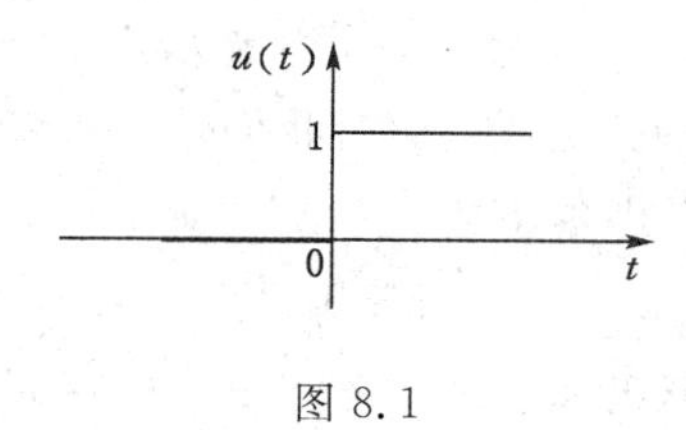

图 8.1

$$F(s)=\mathscr{L}[u(t)]=\int_0^{+\infty}\mathrm{e}^{-st}\,\mathrm{d}t=-\frac{1}{s}\mathrm{e}^{-st}\Big|_0^{+\infty}=\frac{1}{s}-\frac{1}{s}\mathrm{e}^{-st}\Big|_{t\to+\infty}$$

显然在 $t\to+\infty$ 时,当且仅当 $\mathrm{Re}\,s>0$ 时,上式有意义,故

$$F(s)=\mathscr{L}[u(t)]=\frac{1}{s}\quad(\mathrm{Re}\,s>0)$$

由于在 Laplace 变换中只考虑自变量在 $[0,+\infty)$ 内的情况,所以有

$$\mathscr{L}[1]=\frac{1}{s}\quad(\mathrm{Re}\,s>0).$$

例 8.2 求指数函数 $f(t)=\mathrm{e}^{at}$(a 为复数)的 Laplace 变换.

解 根据 Laplace 变换的定义,有

$$F(s)=\mathscr{L}[f(t)]=\int_0^{+\infty}\mathrm{e}^{at}\mathrm{e}^{-st}\,\mathrm{d}t=\int_0^{+\infty}\mathrm{e}^{-(s-a)t}\,\mathrm{d}t$$

同样当且仅当 $\mathrm{Re}(s-a)>0$ 时,上式积分收敛,故

$$F(s)=\mathscr{L}[f(t)]=\frac{1}{s-a}\quad(\mathrm{Re}\,s>\mathrm{Re}\,a)$$

三、Laplace 变换的存在定理

由前面的论述及例题可以看出,虽然 Laplace 变换存在的条件比 Fourier 变换存在的条件弱得多,但是并非任何一个函数都可以进行 Laplace 变换. 为此,我们还有必要来讨论 Laplace 变换的存在条件.

定理 8.1(Laplace 变换存在定理) 若函数 $f(t)$ 在区间 $[0,+\infty)$ 上满足下列条件:

(1) 在任何有限区间内分段连续;

(2) 当 $t\to\infty$ 时 $f(t)$ 的增长速度不超过某一个指数函数,即存在常数 $M>0$ 和 $c_0\geqslant 0$,使得

$$|f(t)|\leqslant M\mathrm{e}^{c_0 t}$$

(满足此条件的函数,称它的增大是指数级的,c_0 称为 $f(t)$ 的增长指数).

则在半平面 $\mathrm{Re}\,s\geqslant c_1>c_0$ 上,积分 $\int_0^{+\infty}f(t)\mathrm{e}^{-st}\,\mathrm{d}t$ 绝对收敛而且一致收敛,从而 $f(t)$ 的 Laplace 变换

$$F(s)=\int_0^{+\infty} f(t)\mathrm{e}^{-st}\,\mathrm{d}t$$

一定存在，并且 $\mathrm{Re}\, s>c_0$ 内，$F(s)$ 为解析函数(图 8.2).

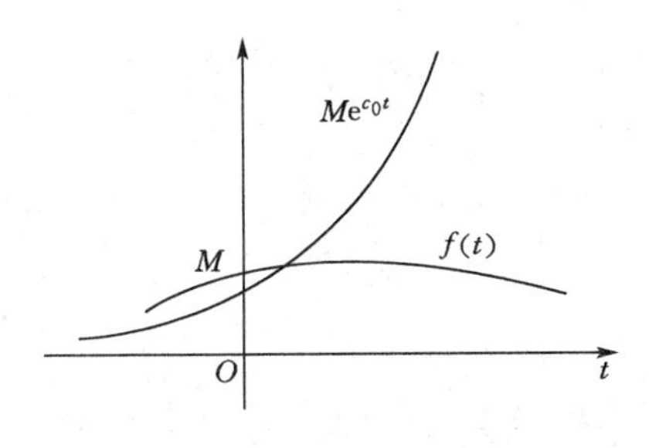

图 8.2

需要说明的是，物理学和工程技术中常见的函数大都能满足 Laplace 变换存在定理的这两个条件，特别是第二个条件，如 $u(t)$、$\cos at$ （a 为实数）等函数都满足

$$|u(t)|\leqslant 1\cdot \mathrm{e}^{0t},\quad M=1,c=0;$$
$$|\cos at|\leqslant 1\cdot \mathrm{e}^{0t},\quad M=1,c=0;$$

但这些函数都不能满足 Fourier 积分定理中绝对可积的条件，由此可见，Laplace 变换的应用要比 Fourier 变换更加广泛. 另外我们应该注意这个定理的条件是充分的，即在不满足定理条件的前提下，Laplace 变换也可能存在，后面我们将见到例子.

下面再介绍一些常见函数的拉氏变换.

例 8.3　求余弦函数 $f(t)=\cos at$（a 为复数）的 Laplace 变换.

解　根据 Laplace 变换的定义，有

$$F(s)=\mathscr{L}[f(t)]=\int_0^{+\infty}\cos at\,\mathrm{e}^{-st}\,\mathrm{d}t=\frac{1}{2}\int_0^{+\infty}(\mathrm{e}^{\mathrm{i}at}+\mathrm{e}^{-\mathrm{i}at})\mathrm{e}^{-st}\,\mathrm{d}t$$

$$=\frac{1}{2}\left(\frac{1}{s-\mathrm{i}a}+\frac{1}{s+\mathrm{i}a}\right)\quad \mathrm{Re}(s-\mathrm{i}a)>0\text{ 且 }\mathrm{Re}(s+\mathrm{i}a)>0$$

$$=\frac{s}{s^2+a^2}\quad \mathrm{Re}\,s>|\mathrm{Re}(\mathrm{i}a)|$$

同理可得

$$\mathscr{L}[\sin at]=\frac{a}{s^2+a^2}\quad \mathrm{Re}\,s>|\mathrm{Re}(\mathrm{i}a)|$$

例 8.4　设 $f(t)$ 是以 T 为周期的周期函数，且在一个周期内分段连续，试证 $f(t)$ 的 Laplace 变换公式为

$$\mathscr{L}[f(t)]=\frac{1}{1-e^{-sT}}\int_0^T f(t)e^{-st}dt \quad (\operatorname{Re} s>0)$$

证 由 Laplace 变换得定义及 $f(t)$ 的周期性，有

$$\begin{aligned}\mathscr{L}[f(t)]&=\int_0^{+\infty} f(t)e^{-st}dt=\sum_{k=0}^{+\infty}\int_{kT}^{(k+1)T} f(t)e^{-st}dt\\&=\sum_{k=0}^{+\infty}\int_0^T f(\tau+kT)e^{-s(\tau+kT)}d\tau \quad (t=\tau+kT)\\&=\sum_{k=0}^{+\infty}e^{-skT}\int_0^T f(t)e^{-st}dt\\&=\frac{1}{1-e^{-sT}}\int_0^T f(t)e^{-st}dt \quad (\operatorname{Re} s>0)\end{aligned}$$

例 8.5 求函数 $f(t)=|\cos t|$ 的 Laplace 变换.

解 因为 $f(t)$ 为周期函数，周期 $T=\pi$，由周期函数的 Laplace 变换公式，有

$$\begin{aligned}\mathscr{L}[|\cos t|]&=\frac{1}{1-e^{-s\pi}}\int_0^{\pi}|\cos t|e^{-st}dt \quad (\operatorname{Re} s>0)\\&=\frac{1}{1-e^{-s\pi}}\left(\int_0^{\frac{\pi}{2}}\cos te^{-st}dt-\int_{\frac{\pi}{2}}^{\pi}\cos te^{-st}dt\right)\\&=\frac{1}{1-e^{-s\pi}}\left[\frac{e^{-st}}{1+s^2}(\sin t-s\cos t)\Big|_0^{\frac{\pi}{2}}-\frac{e^{-st}}{1+s^2}(\sin t-s\cos t)\Big|_{\frac{\pi}{2}}^{\pi}\right]\\&=\frac{1}{1-e^{-s\pi}}\frac{1}{1+s^2}(2e^{-\frac{s}{2}\pi}-se^{-s\pi}+s).\end{aligned}$$

四、Laplace 变换的下限问题

记

$$\mathscr{L}_+[f(t)]=\int_{0^+}^{+\infty}f(t)e^{-st}dt$$

$$\mathscr{L}_-[f(t)]=\int_{0^-}^{+\infty}f(t)e^{-st}dt$$

则

$$\mathscr{L}_-[f(t)]=\int_{0^-}^{0^+}f(t)e^{-st}dt+\int_{0^+}^{+\infty}f(t)e^{-st}dt=\int_{0^-}^{0^+}f(t)e^{-st}dt+\mathscr{L}_+[f(t)]$$

当 $f(t)$ 在 $t=0$ 的邻域有界时，则

$$\int_{0^-}^{0^+}f(t)e^{-st}dt=0$$

即

$$\mathscr{L}_-[f(t)]=\mathscr{L}_+[f(t)]$$

此时 Laplace 变换

$$F(s)=\int_0^{+\infty} f(t)\mathrm{e}^{-st}\mathrm{d}t$$

中的下限取 0^+ 或 0^- 不会影响积分的结果.

当 $f(t)$ 在 $t=0$ 处为 δ 函数,即在 $t=0$ 处具有脉冲时,则

$$\int_{0^-}^{0^+} f(t)\mathrm{e}^{-st}\mathrm{d}t \neq 0$$

即

$$\mathscr{L}_-[f(t)] \neq \mathscr{L}_+[f(t)]$$

此时 Laplace 变换

$$F(s)=\int_0^{+\infty} f(t)\mathrm{e}^{-st}\mathrm{d}t$$

中的下限取 0^+ 或 0^- 会影响积分的结果,此时必须明确 Laplace 变换中的下限取 0^+ 或 0^-,为此,将进行 Laplace 变换的函数 $f(t)$ 的定义域从$[0,+\infty)$扩大到$[0,+\infty)$ 及 $t=0$ 的某一邻域,从而将 Laplace 变换的定义修正为

$$\mathscr{L}_-[f(t)]=\int_{0^-}^{+\infty} f(t)\mathrm{e}^{-st}\mathrm{d}t$$

为了书写方便我们写为

$$\mathscr{L}[f(t)]=\int_{0^-}^{+\infty} f(t)\mathrm{e}^{-st}\mathrm{d}t \tag{8.2}$$

例如求 δ 函数的 Laplace 变换,为

$$\mathscr{L}[\delta(t)]=\int_{0^-}^{+\infty} \delta(t)\mathrm{e}^{-st}\mathrm{d}t=\int_{-\infty}^{+\infty} \delta(t)\mathrm{e}^{-st}\mathrm{d}t=1$$

同样

$$\mathscr{L}[\delta(t-t_0)]=\int_{0^-}^{+\infty} \delta(t-t_0)\mathrm{e}^{-st}\mathrm{d}t=\begin{cases}\int_{-\infty}^{+\infty} \delta(t-t_0)\mathrm{e}^{-st}\mathrm{d}t & t_0\geqslant 0\\ 0 & t_0<0\end{cases}$$

$$=\begin{cases}\mathrm{e}^{-st_0} & t_0\geqslant 0\\ 0 & t_0<0.\end{cases}$$

例 8.6　求函数 $f(t)=\mathrm{e}^{at}\delta(t)$ 的 Laplace 变换.

解　由式(8.2),有

$$\mathscr{L}[\mathrm{e}^{at}\delta(t)]=\int_{0^-}^{+\infty} \mathrm{e}^{at}\delta(t)\mathrm{e}^{-st}\mathrm{d}t=\int_{-\infty}^{+\infty} \delta(t)\mathrm{e}^{(a-s)t}\mathrm{d}t=1$$

最后,简单说明附录 B 中的 Laplace 变换表,在实际工作中通过查表可以知道 Laplace 变换及逆变换,但要注意并不是所有函数的变换都给出了,在附录如果不能直接找到现成的结果,一般就需要作适当的变化或利用 Laplace 变换的性质转化为附录中有直接结果的,就能更快地找到所求函数的 Laplace 变换.

第二节　Laplace 变换的性质

上一节讨论了 Laplace 变换的概念及一些常见函数的 Laplace 变换，为了以后进一步学习 Laplace 变换，本节介绍 Laplace 变换的主要性质，它们对于深入理解和掌握在实际问题中的应用有着重要的作用与意义. 为了叙述方便，和上一章学习 Fourier 变换的性质类似，首先假定下列性质中所讨论的函数都满足 Laplace 变换存在性定理中的条件，并把它们的增长指数统一地取为 c，在以下的叙述及讨论中，将不再重申这些条件.

性质 8.1(线性性质)　设 $\mathscr{L}[f_1(t)] = F_1(s)$，$\mathscr{L}[f_2(t)] = F_2(s)$，$\alpha,\beta$ 为常数，则

$$\mathscr{L}[\alpha f_1(t) + \beta f_2(t)] = \alpha F_1(s) + \beta F_2(s)$$

关于这一性质按照 Laplace 变换的定义易于证明；性质表明函数线性组合的 Laplace 变换等于函数 Laplace 变换的线性组合；关于 Laplace 逆变换也有类似的性质，即

$$\mathscr{L}^{-1}[\alpha F_1(s) + \beta F_2(s)] = \alpha f_1(t) + \beta f_2(t).$$

例 8.7　求函数 $f(t) = 2\sigma(t) + 3\mathrm{e}^{3t}$ 的 Laplace 变换.

解　已知 $\mathscr{L}[\sigma(t)] = 1$，$\mathscr{L}[\mathrm{e}^{3t}] = \dfrac{1}{s-3}$，利用 Laplace 变换线性性质，有

$$\mathscr{L}[f(t)] = \mathscr{L}[2\sigma(t) + 3\mathrm{e}^{3t}] = 2\mathscr{L}[\sigma(t)] + 3\mathscr{L}[\mathrm{e}^{3t}] = 2 + \frac{3}{s-3}$$

例 8.8　求正弦函数 $f(t) = \sin at$ 的 Laplace 变换.

解　由于 $\mathscr{L}[\mathrm{e}^{at}] = \dfrac{1}{s-a}$　$(\mathrm{Re}\, s > \mathrm{Re}\, a)$，而

$$f(t) = \sin at = \frac{1}{2\mathrm{i}}(\mathrm{e}^{\mathrm{i}at} - \mathrm{e}^{-\mathrm{i}at}).$$

利用 Laplace 变换线性性质，有

$$\begin{aligned}\mathscr{L}[\sin at] &= \mathscr{L}\left[\frac{1}{2\mathrm{i}}(\mathrm{e}^{\mathrm{i}at} - \mathrm{e}^{-\mathrm{i}at})\right] \\ &= \frac{1}{2\mathrm{i}}\mathscr{L}[\mathrm{e}^{\mathrm{i}at}] - \frac{1}{2\mathrm{i}}\mathscr{L}[\mathrm{e}^{-\mathrm{i}at}] \\ &= \frac{1}{2\mathrm{i}}\frac{1}{s-\mathrm{i}a} - \frac{1}{2\mathrm{i}}\frac{1}{s+\mathrm{i}a} \quad \mathrm{Re}\, s > \mathrm{Re}(\mathrm{i}a) \text{ 且 } \mathrm{Re}\, s > \mathrm{Re}(-\mathrm{i}a) \\ &= \frac{a}{s^2 + a^2}.\end{aligned}$$

即

$$\mathscr{L}[\sin at] = \frac{a}{s^2 + a^2} \quad (\mathrm{Re}\, s > |\mathrm{Re}(ia)|).$$

性质 8.2(位移性质)　若 $\mathscr{L}[f(t)] = F(s)$，则

$$\mathscr{L}[e^{\alpha t} f(t)] = F(s - \alpha), (\mathrm{Re}(s - \alpha) > c).$$

证　由 Laplace 变换的定义，有

$$\mathscr{L}[e^{\alpha t} f(t)] = \int_0^{+\infty} e^{\alpha t} f(t) e^{-st} dt = \int_0^{+\infty} f(t) e^{-(s-\alpha)t} dt$$

$$= F(s - \alpha) \qquad (\mathrm{Re}(s - \alpha) > c)$$

位移性质表明函数乘以指数函数 $e^{\alpha t}$ 后的 Laplace 变换等于其象函数的图像沿 s 轴位移 α 个单位距离.

例 8.9　求函数 $f(t) = e^{-at} \sin kt$ 的 Laplace 变换.

解　已知 $F(s) = \mathscr{L}[\sin kt] = \dfrac{k}{s^2 + k^2}$，由 Laplace 变换的位移性质，得

$$\mathscr{L}[e^{-at} \sin kt] = F(s + a) = \frac{k}{(s + a)^2 + k^2}$$

性质 8.3(延迟性质)　若 $\mathscr{L}[f(t)] = F(s)$，且当 $t < 0$ 时，$f(t) = 0$，则对任一非负实数 $t_0 \geqslant 0$，有

$$\mathscr{L}[f(t - t_0)] = e^{-st_0} F(s)$$

或

$$\mathscr{L}^{-1}[e^{-st_0} F(s)] = f(t - t_0)$$

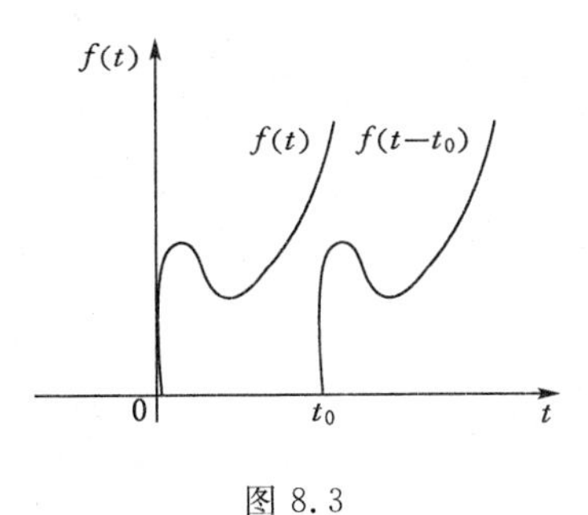

图 8.3

证　由 Laplace 变换的定义，有

$$\mathscr{L}[f(t - t_0)] = \int_0^{+\infty} f(t - t_0) e^{-st} dt$$

$$= \int_0^{t_0} f(t - t_0) e^{-st} dt + \int_{t_0}^{+\infty} f(t - t_0) e^{-st} dt$$

由于 $t < 0$ 时，$f(t) = 0$，则 $t < t_0$ 时，$f(t - t_0) = 0$，显然

$$\int_0^{t_0} f(t - t_0) e^{-st} dt = 0$$

则

$$\mathscr{L}[f(t-t_0)]=\int_{t_0}^{+\infty}f(t-t_0)\mathrm{e}^{-st}\mathrm{d}t$$

令 $u=t-t_0$,上式变成

$$\mathscr{L}[f(t-t_0)]=\int_{0}^{+\infty}f(u)\mathrm{e}^{-s(u+t_0)}\mathrm{d}u=\mathrm{e}^{-st_0}\int_{0}^{+\infty}f(u)\mathrm{e}^{-su}\mathrm{d}u=\mathrm{e}^{-st_0}F(s)$$

性质 8.4(相似性质) 若 $\mathscr{L}[f(t)]=F(s)$,则

$$\mathscr{L}[f(at)]=\frac{1}{a}F\left(\frac{s}{a}\right)\quad(a>0)$$

证 根据 Laplace 变换的定义,

$$\mathscr{L}[f(at)]=\int_{0}^{+\infty}f(at)\mathrm{e}^{-st}\mathrm{d}t$$

令 $u=at$,当 $a>0$ 时,上式变成

$$\mathscr{L}[f(at)]=\int_{0}^{+\infty}\frac{1}{a}f(u)\mathrm{e}^{-\frac{s}{a}u}\mathrm{d}u=\frac{1}{a}F\left(\frac{s}{a}\right)$$

例 8.10 设 $\mathscr{L}[f(t)]=F(s)$,求函数 $f(at-b)u(at-b)$ 的 Laplace 变换,其中 $a>0,b\geqslant 0$,并求出 $\mathscr{L}[\sin(\omega t+\varphi)u(\omega t+\varphi)]$,$(\omega>0,\varphi<0)$.

解 方法一:先用延迟性质,再用相似性质.

令 $g(t)=f(at)u(at)$,则 $g\left(t-\frac{b}{a}\right)=f(at-b)u(at-b)$,从而

$$\begin{aligned}\mathscr{L}[f(at-b)u(at-b)]&=\mathscr{L}\left[g\left(t-\frac{b}{a}\right)\right]=\mathrm{e}^{-s\frac{b}{a}}\mathscr{L}[g(t)]\\&=\mathrm{e}^{-s\frac{b}{a}}\mathscr{L}[f(at)u(at)]=\mathrm{e}^{-s\frac{b}{a}}\frac{1}{a}(\mathscr{L}[f(t)u(t)])\Big|_{\frac{s}{a}}\\&=\frac{1}{a}\mathrm{e}^{-s\frac{b}{a}}F\left(\frac{s}{a}\right)\end{aligned}$$

方法二:先用相似性质,再用延迟性质.

令 $h(t)=f(t-b)u(t-b)$,则 $h(at)=f(at-b)u(at-b)$,从而

$$\begin{aligned}\mathscr{L}[f(at-b)u(at-b)]&=\mathscr{L}[h(at)]=\frac{1}{a}(\mathscr{L}[h(t)])\Big|_{\frac{s}{a}}\\&=\frac{1}{a}(\mathscr{L}[f(t-b)u(t-b)])\Big|_{\frac{s}{a}}\\&=\frac{1}{a}(\mathrm{e}^{-sb}\mathscr{L}[f(t)u(t)])\Big|_{\frac{s}{a}}\\&=\frac{1}{a}\mathrm{e}^{-s\frac{b}{a}}F\left(\frac{s}{a}\right)\end{aligned}$$

利用所求的结果及 $\mathscr{L}[\sin t]=\frac{1}{s^2+1}$,可以得到

$$\mathscr{L}[\sin(\omega t+\varphi)u(\omega t+\varphi)]=\frac{1}{\omega}e^{\frac{\varphi}{\omega}s}\frac{1}{\left(\frac{s}{\omega}\right)^2+1}=\frac{\omega e^{\frac{\varphi}{\omega}s}}{s^2+\omega^2}.$$

性质 8.5(微分性质)　若 $\mathscr{L}[f(t)]=F(s)$,则

$$\mathscr{L}[f'(t)]=sF(s)-f(0)\quad(\mathrm{Re}\,s>c)$$

$$F'(s)=\mathscr{L}[-tf(t)]\quad(\mathrm{Re}\,s>c)$$

更一般的

$$\mathscr{L}[f^{(n)}(t)]=s^nF(s)-s^{n-1}f(0)-s^{n-2}f'(0)-\cdots-f^{(n-1)}(0)\quad(\mathrm{Re}\,s>c)$$

$$F^{(n)}(s)=\mathscr{L}[(-t)^nf(t)]\quad(\mathrm{Re}\,s>c).$$

证　依据 Laplace 变换的定义,

$$\mathscr{L}[f'(t)]=\int_0^{+\infty}f'(t)e^{-st}dt=f(t)e^{-st}\Big|_0^{+\infty}+s\int_0^{+\infty}f(t)e^{-st}dt$$

$$=s\mathscr{L}[f(t)]-f(0)\qquad(\mathrm{Re}\,s>c)$$

即

$$\mathscr{L}[f'(t)]=sF(s)-f(0)$$

又

$$\mathscr{L}[f''(t)]=\mathscr{L}\{[f'(t)]'\}=s\mathscr{L}[f'(t)]-f'(0)=s^2F(s)-sf(0)-f'(0)$$

依此类推,可得

$$\mathscr{L}[f^{(n)}(t)]=s^nF(s)-s^{n-1}f(0)-s^{n-2}f'(0)-\cdots-f^{(n-1)}(0)\quad(\mathrm{Re}\,s>c)$$

由于在 $\mathrm{Re}\,s>c$ 内,$F(s)$ 是解析函数,则

$$F'(s)=\left(\int_0^{+\infty}f(t)e^{-st}dt\right)'=\int_0^{+\infty}[f(t)e^{-st}]'dt$$

$$=\int_0^{+\infty}-tf(t)e^{-st}dt=\mathscr{L}[-tf(t)].$$

利用同样的方法,可以得到

$$F^{(n)}(s)=\mathscr{L}[(-t)^nf(t)]\qquad(\mathrm{Re}\,s>c).$$

微分性质表明一个函数求导后的 Laplace 变换等于这个函数的 Laplace 变换乘以参数 s,再减去函数的初值. 按前面规定的 Laplace 变换的积分下限,定理中 $f(0)$ 应该理解为 $f(0^-)$. 微分性质使我们可以通过 Laplace 变换将一些关于函数的微分方程转换成关于象函数的代数方程,这一方法在分析研究线性系统中有起着至关重要的作用.

例 8.11　利用微分性质求函数 $f(t)=\cos kt$ 的 Laplace 变换.

解　由于 $f(0)=1,f'(0)=0,f''(t)=-k^2\cos kt$,则有

$$\mathscr{L}[-k^2\cos kt]=\mathscr{L}[f''(t)]=s^2\mathscr{L}[f(t)]-sf(0)-f'(0)$$

即

$$-k^2\mathscr{L}[\cos kt]=s^2\mathscr{L}[\cos kt]-s$$

整理得,

$$\mathscr{L}[\cos kt]=\frac{s}{s^2+k^2}\quad(\mathrm{Re}\,s>c).$$

例 8.12 求函数 $f(t)=t^2\cos kt$ 的 Laplace 变换.

解 因为 $F(s)=\mathscr{L}[\cos kt]=\dfrac{s}{s^2+k^2}$,于是由微分性质,得

$$\mathscr{L}[t^2\cos kt]=\mathscr{L}[(-t)^2\cos kt]=F''(s)=\left(\frac{s}{s^2+k^2}\right)''=\frac{2s^3-6sk^2}{(s^2+k^2)^3}$$

即
$$\mathscr{L}[t^2\cos kt]=\frac{2s^3-6sk^2}{(s^2+k^2)^3}$$

例 8.13 求函数 $f(t)=t^m$ 的 Laplace 变换,其中 m 是正整数.

解 设 $\mathscr{L}[f(t)]=F(s)$,由于

$$f(0)=f'(0)=\cdots=f^{(m-1)}(0)=0,f^{(m)}(0)=m!$$

所以

$$\begin{aligned}\mathscr{L}[m!]&=\mathscr{L}[f^{(m)}(t)]=s^mF(s)-s^{m-1}f(0)-s^{m-2}f'(0)-\cdots-f^{(m-1)}(0)\\&=s^mF(s)\end{aligned}$$

则
$$\mathscr{L}[f(t)]=\mathscr{L}[t^m]=\frac{1}{s^m}\mathscr{L}[m!]=\frac{m!}{s^m}\mathscr{L}[1]=\frac{m!}{s^{m+1}}.$$

进一步可以证明,幂函数 $f(t)=t^m(m>-1)$ 的 Laplace 变换为

$$\mathscr{L}[t^m]=\frac{\Gamma(m+1)}{s^{m+1}}.$$

性质 8.6(积分性质) 若 $\mathscr{L}[f(t)]=F(s)$,则

$$\mathscr{L}\left[\int_0^t f(t)\mathrm{d}t\right]=\frac{1}{s}F(s)$$

$$\mathscr{L}\left[\frac{f(t)}{t}\right]=\int_s^{+\infty}F(s)\mathrm{d}s$$

更一般的

$$\mathscr{L}\left[\underbrace{\int_0^t\mathrm{d}t\int_0^t\mathrm{d}t\cdots\int_0^t f(t)\mathrm{d}t}_{n}\right]=\frac{1}{s^n}F(s)$$

$$\mathscr{L}\left[\frac{f(t)}{t^n}\right]=\underbrace{\int_s^{+\infty}\mathrm{d}s\int_s^{+\infty}\mathrm{d}s\cdots\int_s^{+\infty}F(s)\mathrm{d}s}_{n}$$

证 设 $h(t)=\int_0^t f(t)\mathrm{d}t$,则 $h'(t)=f(t)$ 且 $h(0)=0$.

由微分性质

$$\mathscr{L}\left[\frac{\mathrm{d}}{\mathrm{d}t}\int_0^t f(t)\mathrm{d}t\right]=s\mathscr{L}[h(t)]-h(0)=s\mathscr{L}[h(t)]$$

则
$$\mathscr{L}\left[\int_0^t f(t)\mathrm{d}t\right]=\frac{1}{s}F(s)$$

重复 $\mathscr{L}\left[\int_0^t f(t)\mathrm{d}t\right]=\frac{1}{s}F(s)$，可得

$$\mathscr{L}\underbrace{\left[\int_0^t \mathrm{d}t\int_0^t \mathrm{d}t\cdots\int_0^t f(t)\mathrm{d}t\right]}_{n}=\frac{1}{s^n}F(s).$$

设 $$H(s)=\int_s^{+\infty}F(s)\mathrm{d}s, \text{则 } H'(s)=-F(s)$$

由变形的微分性质

$$\mathscr{L}^{-1}[H'(s)]=-t\mathscr{L}^{-1}[H(s)]$$

从而

$$H(s)=\mathscr{L}\left\{\frac{-\mathscr{L}^{-1}[F(s)]}{-t}\right\}$$

即

$$\int_s^{+\infty}F(s)\mathrm{d}s=\mathscr{L}\left[\frac{f(t)}{t}\right].$$

重复 $\int_s^{+\infty}F(s)\mathrm{d}s=\mathscr{L}\left[\frac{f(t)}{t}\right]$，可得

$$\mathscr{L}\left[\frac{f(t)}{t^n}\right]=\underbrace{\int_s^{+\infty}\mathrm{d}s\int_s^{+\infty}\mathrm{d}s\cdots\int_s^{+\infty}F(s)\mathrm{d}s}_{n}.$$

性质表明一个函数积分后的 Laplace 变换等于这个函数的 Laplace 变换除以因子 s. 如果积分 $\int_0^{+\infty}\frac{f(t)}{t}\mathrm{d}t$ 存在（即取 $s=0$），则得到一个计算广义积分时经常用到的公式

$$\int_0^{+\infty}\frac{f(t)}{t}\mathrm{d}t=\int_0^{+\infty}F(s)\mathrm{d}s.$$

例 8.14　求函数 $f(t)=\int_0^t\frac{\sin t}{t}\mathrm{d}t$ 的 Laplace 变换，并计算 $\int_0^{+\infty}\frac{\sin t}{t}\mathrm{d}t$.

解　由积分性质，有

$$\mathscr{L}[f(t)]=\mathscr{L}\left[\int_0^t\frac{\sin t}{t}\mathrm{d}t\right]=\frac{1}{s}\mathscr{L}\left[\frac{\sin t}{t}\right]$$

$$\mathscr{L}\left[\frac{\sin t}{t}\right]=\int_s^{+\infty}\mathscr{L}[\sin t]\mathrm{d}s=\int_s^{+\infty}\frac{1}{s^2+1}\mathrm{d}s=\frac{\pi}{2}-\arctan s$$

所以

$$\mathscr{L}[f(t)]=\frac{1}{s}\left(\frac{\pi}{2}-\arctan s\right)$$

利用公式 $\int_0^{+\infty}\frac{f(t)}{t}\mathrm{d}t=\int_0^{+\infty}F(s)\mathrm{d}s$，有

$$\int_0^{+\infty}\frac{\sin t}{t}\mathrm{d}t=\int_0^{+\infty}\frac{1}{s^2+1}\mathrm{d}s=\frac{\pi}{2}.$$

例 8.15 求函数 $f(t)=\int_0^t t\mathrm{e}^{at}\sin at\,\mathrm{d}t$ 的 Laplace 变换.

解 由积分性质,有

$$\mathscr{L}[f(t)]=\mathscr{L}\left[\int_0^t t\mathrm{e}^{at}\sin at\,\mathrm{d}t\right]=\frac{1}{s}\mathscr{L}[t\mathrm{e}^{at}\sin at]$$

由微分性质,有

$$\mathscr{L}[-t\sin at]=\{\mathscr{L}[\sin at]\}'=\left(\frac{a}{s^2+a^2}\right)'=\frac{-2as}{(s^2+a^2)^2}$$

即

$$\mathscr{L}[t\sin at]=\frac{2as}{(s^2+a^2)^2}$$

由位移性质,有

$$\mathscr{L}[\mathrm{e}^{at}(t\sin at)]=\frac{2a(s-a)}{[(s-a)^2+a^2]^2}$$

故

$$\mathscr{L}\left[\int_0^t t\mathrm{e}^{at}\sin at\,\mathrm{d}t\right]=\frac{2a(s-a)}{s[(s-a)^2+a^2]^2}.$$

性质 8.7(卷积定理) 若 $\mathscr{L}[f_1(t)]=F_1(s)$,$\mathscr{L}[f_2(t)]=F_2(s)$,则

$$\mathscr{L}[f_1(t)*f_2(t)]=F_1(s)F_2(s)$$

$$\mathscr{L}^{-1}[F_1(s)F_2(s)]=f_1(t)*f_2(t)$$

卷积定理的一般情况,若 $\mathscr{L}[f_k(t)]=F_k(s)$,$k=1,2,\cdots,n$,则

$$\mathscr{L}[f_1(t)*f_2(t)*\cdots*f_n(t)]=F_1(s)F_2(s)\cdots F_n(s)$$

$$\mathscr{L}^{-1}[F_1(s)F_2(s)\cdots F_n(s)]=f_1(t)*f_2(t)*\cdots*f_n(t)$$

在讨论 Fourier 变换时,已经学习了在 Fourier 变换下卷积的定义 $f_1(t)*f_2(t)=\int_{-\infty}^{+\infty}f_1(\tau)f_2(t-\tau)\mathrm{d}\tau$,由于在 Laplace 变换时,函数在 $(-\infty,0)$ 上并不讨论,所以可认为在 $(-\infty,0)$ 内,函数为零,从而卷积的定义式可写成

$$\begin{aligned}f_1(t)*f_2(t)&=\int_{-\infty}^{+\infty}f_1(\tau)f_2(t-\tau)\mathrm{d}\tau\\&=\int_{-\infty}^{0}f_1(\tau)f_2(t-\tau)\mathrm{d}\tau+\int_0^t f_1(\tau)f_2(t-\tau)\mathrm{d}\tau+\int_t^{+\infty}f_1(\tau)f_2(t-\tau)\mathrm{d}\tau\\&=\int_0^t f_1(\tau)f_2(t-\tau)\mathrm{d}\tau.\end{aligned}$$

这就是 Laplace 变换的卷积定义,它是 Fourier 变换的卷积定义的特殊情况,因此仍满足上一章我们学习的卷积的性质,在此不再重述,要注意的是在

Laplace 变换下讨论卷积，总认为函数在$(-\infty,0)$内，函数恒为零.

例 8.16　求 $\delta(t-a)*f(t)\quad(a\geqslant 0)$.

解　依据以上的卷积定义，有

$$\begin{aligned}\delta(t-a)*f(t)&=\int_0^t\delta(\tau-a)f(t-\tau)\mathrm{d}\tau\\&=\int_{-a}^{t-a}\delta(s)f(t-s-a)\mathrm{d}s\quad(\tau-a=s)\\&=\begin{cases}\int_{-\infty}^{+\infty}\delta(s)f(t-s-a)\mathrm{d}s & t-a\geqslant 0\\0 & t-a<0\end{cases}\\&=\begin{cases}f(t-a) & t\geqslant a\\0 & t<a.\end{cases}\end{aligned}$$

下面对性质 8.7 进行证明，事实上容易验证 $f_1(t)*f_2(t)$ 的 Laplace 变换一定存在，由 Laplace 变换的定义，有

$$\begin{aligned}\mathscr{L}[f_1(t)*f_2(t)]&=\int_0^{+\infty}[f_1(t)*f_2(t)]\mathrm{e}^{-st}\mathrm{d}t\\&=\int_0^{+\infty}\left[\int_0^t f_1(\tau)f_2(t-\tau)\mathrm{d}\tau\right]\mathrm{e}^{-st}\mathrm{d}t\\&=\int_0^{+\infty}f_1(\tau)\left[\int_\tau^{+\infty}f_2(t-\tau)\mathrm{e}^{-st}\mathrm{d}t\right]\mathrm{d}\tau\\&=\int_0^{+\infty}f_1(\tau)\left[\int_0^{+\infty}f_2(u)\mathrm{e}^{-s(u+\tau)}\mathrm{d}u\right]\mathrm{d}\tau\quad(u=t-\tau)\\&=\int_0^{+\infty}f_1(\tau)\mathrm{e}^{-s\tau}F_2(s)\mathrm{d}\tau\\&=F_1(s)F_2(s).\end{aligned}$$

例 8.17　利用卷积定理证明积分性质：若 $\mathscr{L}[f(t)]=F(s)$，则

$$\mathscr{L}\left[\int_0^t f(t)\mathrm{d}t\right]=\frac{1}{s}F(s).$$

证　设 $f_1(t)=f(t),f_2(t)=1$，则

$$f_1(t)*f_2(t)=\int_0^t f_1(\tau)f_2(t-\tau)\mathrm{d}\tau=\int_0^t f(\tau)\mathrm{d}\tau$$

由卷积定理，有

$$\begin{aligned}\mathscr{L}\left[\int_0^t f(\tau)\mathrm{d}\tau\right]&=\mathscr{L}[f_1(t)*f_2(t)]=\mathscr{L}[f_1(t)]\mathscr{L}[f_2(t)]\\&=\mathscr{L}[f(t)]\mathscr{L}[1]=\frac{1}{s}F(s).\end{aligned}$$

性质 8.8(极限性质)

(1)(初值定理)若 $\mathscr{L}[f(t)]=F(s)$,且$\lim\limits_{s\to\infty}sF(s)$存在,则

$$f(0^+)=\lim_{s\to\infty}sF(s)$$

(2)(终值定理)若 $\mathscr{L}[f(t)]=F(s)$,且 $F(s)$ 的所有奇点全部在左半平面,则

$$f(+\infty)=\lim_{s\to 0}sF(s).$$

证 由微分性质,有

$$\begin{aligned}sF(s)-f(0^-)=\mathscr{L}[f'(t)]&=\int_{0^-}^{+\infty}f'(t)\mathrm{e}^{-st}\mathrm{d}t\\&=\int_{0^-}^{0^+}f'(t)\mathrm{e}^{-st}\mathrm{d}t+\int_{0^+}^{+\infty}f'(t)\mathrm{e}^{-st}\mathrm{d}t\\&=f(0^+)-f(0^-)+\int_{0^+}^{+\infty}f'(t)\mathrm{e}^{-st}\mathrm{d}t\end{aligned}$$

则

$$sF(s)=f(0^+)+\int_{0^+}^{+\infty}f'(t)\mathrm{e}^{-st}\mathrm{d}t.$$

由于$\lim\limits_{s\to\infty}sF(s)$存在,则$\lim\limits_{\mathrm{Re}\,s\to\infty}sF(s)$存在,且$\lim\limits_{s\to\infty}sF(s)=\lim\limits_{\mathrm{Re}\,s\to\infty}sF(s)$,则

$$\begin{aligned}\lim_{\mathrm{Re}\,s\to\infty}sF(s)&=f(0^+)+\lim_{\mathrm{Re}\,s\to\infty}\int_{0^+}^{+\infty}f'(t)\mathrm{e}^{-st}\mathrm{d}t\\&=f(0^+)+\int_{0^+}^{+\infty}f'(t)\lim_{\mathrm{Re}\,s\to\infty}\mathrm{e}^{-st}\mathrm{d}t=f(0^+)\end{aligned}$$

则

$$f(0^+)=\lim_{s\to\infty}sF(s).$$

在 $sF(s)=f(0^+)+\int_{0^+}^{+\infty}f'(t)\mathrm{e}^{-st}\mathrm{d}t$ 中,令 $s\to 0$ 得

$$\begin{aligned}\lim_{s\to 0}sF(s)&=f(0^+)+\lim_{s\to 0}\int_{0^+}^{+\infty}f'(t)\mathrm{e}^{-st}\mathrm{d}t=f(0^+)+\int_{0^+}^{+\infty}f'(t)\lim_{s\to 0}\mathrm{e}^{-st}\mathrm{d}t\\&=f(0^+)+\int_{0^+}^{+\infty}f'(t)\mathrm{d}t=f(0^+)+f(t)\Big|_{0^+}^{+\infty}=f(+\infty)\end{aligned}$$

即

$$f(+\infty)=\lim_{s\to 0}sF(s).$$

例 8.18 若 $\mathscr{L}[f(t)]=\dfrac{1}{s+1}$,求 $f(0^+)$ 和 $f(+\infty)$.

解 由极限性质

$$f(0^+)=\lim_{s\to\infty}\frac{s}{s+1}=1$$

$$f(+\infty)=\lim_{s\to 0}\frac{s}{s+1}=0$$

例 8.19 若 $\mathscr{L}[f(t)]=\frac{1}{s}$,求 $f(0^+)$ 和 $f(+\infty)$.

解 由初值定理

$$f(0^+)=\lim_{s\to\infty}\frac{s}{s}=1$$

虽然$\lim\limits_{s\to 0}sF(s)=\lim\limits_{s\to 0}\frac{s}{s}=1$,因为$\frac{1}{s}$的奇点为0,不满足终值定理的条件,所以不能利用终值定理判断 $f(+\infty)$ 存在,并求出值,事实上由于 $f(t)=\mathscr{L}^{-1}\left[\frac{1}{s}\right]=u(t)$,从而 $f(+\infty)=1$.

在实际应用中,往往只关心 $f(t)$ 在原点和无穷远点处的性态,极限性质的方便之处显得非常突出,它使我们能直接由 $F(s)$ 求出 $f(t)$ 的两个特殊值,不用先求出 $F(s)$ 的 Laplace 逆变换 $f(t)$ 的表达式.

第三节 Laplace 逆变换

前两节系统地介绍了 Laplace 变换的概念及性质,主要讨论已知函数 $f(t)$ 如何求它的 Laplace 变换的问题,也就是已知象原函数如何求象函数的问题,会求某些特殊函数的象原函数,但仅仅这些在实际应用中是远远不够的,本节将进一步讨论 Laplace 逆变换的问题.

一、Laplace 逆变换的积分表达式

在讨论 Laplace 变换的概念时,知道 $f(t)(t\geqslant 0)$ 的 Laplace 变换,实际上就是 $f(t)u(t)\mathrm{e}^{-\beta t}$ 的 Fourier 变换.从而如果 $f(t)u(t)\mathrm{e}^{-\beta t}$ 满足 Fourier 积分展开条件,由 Fourier 积分公式,$f(t)$ 在连续点处有

$$\begin{aligned} f(t)u(t)\mathrm{e}^{-\beta t} &= \frac{1}{2\pi}\int_{-\infty}^{+\infty}\left[\int_{-\infty}^{+\infty}f(\tau)u(\tau)\mathrm{e}^{-\beta\tau}\mathrm{e}^{-\mathrm{i}\omega\tau}\mathrm{d}\tau\right]\mathrm{e}^{\mathrm{i}\omega t}\mathrm{d}\omega \\ &= \frac{1}{2\pi}\int_{-\infty}^{+\infty}\mathrm{e}^{\mathrm{i}\omega t}\mathrm{d}\omega\left[\int_{0}^{+\infty}f(\tau)\mathrm{e}^{-(\beta+\mathrm{i}\omega)\tau}\mathrm{d}\tau\right] \\ &= \frac{1}{2\pi}\int_{-\infty}^{+\infty}F(\beta+\mathrm{i}\omega)\mathrm{e}^{\mathrm{i}\omega t}\mathrm{d}\omega \quad (t>0). \end{aligned}$$

其中

$$F(\beta+\mathrm{i}\omega)=\int_{0}^{+\infty}f(\tau)\mathrm{e}^{-(\beta+\mathrm{i}\omega)\tau}\mathrm{d}\tau$$

上式两边同乘以 $\mathrm{e}^{\beta t}$,则有

$$f(t)=\frac{1}{2\pi}\int_{-\infty}^{+\infty}F(\beta+\mathrm{i}\omega)\mathrm{e}^{(\beta+\mathrm{i}\omega)t}\mathrm{d}\omega \quad (t>0)$$

$$= \frac{1}{2\pi \mathrm{i}} \int_{\beta - \mathrm{i}\infty}^{\beta + \mathrm{i}\infty} F(s) \mathrm{e}^{st} \mathrm{d}s \quad (\beta + \mathrm{i}\omega = s).$$

于是就可以得到 Laplace 逆变换的积分表达式为

$$f(t) = \frac{1}{2\pi \mathrm{i}} \int_{\beta - \mathrm{i}\infty}^{\beta + \mathrm{i}\infty} F(s) \mathrm{e}^{st} \mathrm{d}s \quad (t > 0) \tag{8.3}$$

右边的积分称为 Laplace 反演积分，Laplace 变换式 $F(s) = \mathscr{L}[f(t)] = \int_0^{+\infty} f(t) \mathrm{e}^{-st} \mathrm{d}t$ 与式(8.3) 称为一对互逆的积分变换公式，并称 $f(t)$ 与 $F(s)$ 构成一个 Laplace 变换对.

二、求 Laplace 逆变换的方法

首先对一些特殊的函数可以通过直接查表写出其 Laplace 逆变换，其次可以利用 Laplace 变换的一些性质推出某些函数的 Laplace 逆变换. 但对于比较复杂的象函数，可以通过卷积定理求 Laplace 逆变换或借助 Laplace 反演积分求得象原函数. 但虽然式(8.3) 给出了计算象原函数的具体公式，但是计算 Laplace 反演积分往往比较困难，联系以前所学的复变函数留数的知识，则有下述重要定理.

定理 8.2(Laplace 反演定理) 若 $s_1, s_2, \cdots, s_n$ 是 $F(s)$ 的所有奇点(适当选取 β 使这些奇点全部在 $\mathrm{Re}\, s < \beta$ 的区域内)，且当 $s \to \infty$ 时，$F(s) \to 0$，则

$$f(t) = \frac{1}{2\pi \mathrm{i}} \int_{\beta - \mathrm{i}\infty}^{\beta + \mathrm{i}\infty} F(s) \mathrm{e}^{st} \mathrm{d}s = \sum_{k=1}^{n} \mathrm{Res}[F(s) \mathrm{e}^{st}, s_k] \quad (t > 0) \tag{8.4}$$

证明略.

为了计算方便，在此仅对 $F(s)$ 是有理函数这种特殊形式展开讨论，设 $F(s) = \frac{P(s)}{Q(s)}$，其中 $P(s)$，$Q(s)$ 是互素的多项式函数，并设 $Q(s)$ 的次数是 n，且 $P(s)$ 的次数小于 $Q(s)$ 的次数，在这种情况下，$F(s)$ 满足 Laplace 反演定理的条件，因此式(8.4) 成立.

推论 1 若 $Q(s)$ 有 n 个一级零点 $s_1, s_2, \cdots, s_n$，即这些点都是 $F(s) = \frac{P(s)}{Q(s)}$ 的一级极点，则根据留数的计算公式有

$$f(t) = \sum_{k=1}^{n} \mathrm{Res}[F(s) \mathrm{e}^{st}, s_k] = \sum_{k=1}^{n} \frac{P(s_k)}{Q'(s_k)} \mathrm{e}^{s_k t} \quad (t > 0)$$

推论 2 若 $Q(s)$ 的零点为 $s_1, s_2, \cdots, s_k$，其级数为 $p_1, p_2, \cdots, p_k$ $\left(\sum_{j=1}^{k} p_j = n\right)$，即 s_j 为 $F(s) = \frac{P(s)}{Q(s)}$ 的 p_j 级极点($j = 1, 2, \cdots, k$)，则根据留数的计算公式有

$$f(t)=\sum_{j=1}^{k}\frac{1}{(p_j-1)!}\lim_{s\to s_j}\frac{\mathrm{d}^{(p_j-1)}}{\mathrm{d}s^{(p_j-1)}}\left[(s-s_j)^{p_j}\frac{P(s)}{Q(s)}\mathrm{e}^{st}\right]\quad(t>0).$$

要注意用推论求 Laplace 逆变换时的条件，如要求互素的多项式函数，特别分母的次数要大于分子的次数，不满足就不能乱用，否则就会出现计算错误.

如求 $F(s)=\dfrac{s}{s+1}$ 的 Laplace 逆变换，由于 $s=-1$ 为唯一的一级极点，直接用推论可以得到 $\mathscr{L}^{-1}\left[\dfrac{s}{s+1}\right]=s\mathrm{e}^{st}\mid_{-1}=-\mathrm{e}^{-t}$，这是错误的，因为 $F(s)=\dfrac{s}{s+1}$ 不满足推论的条件，事实上 $\mathscr{L}^{-1}\left[\dfrac{s}{s+1}\right]=\mathscr{L}^{-1}\left[1-\dfrac{1}{s+1}\right]=\mathscr{L}^{-1}[1]-\mathscr{L}^{-1}\left[\dfrac{1}{s+1}\right]=\delta(t)-\mathrm{e}^{-t}$.

例 8.20　求 $F(s)=\dfrac{a}{s^2+a^2}$ 的 Laplace 逆变换.

解　方法一：将函数分解

$$F(s)=\frac{a}{s^2+a^2}=\frac{1}{2\mathrm{i}}\left(\frac{1}{s-a\mathrm{i}}-\frac{1}{s+a\mathrm{i}}\right)$$

则

$$\begin{aligned}\mathscr{L}^{-1}\left[\frac{a}{s^2+a^2}\right]&=\mathscr{L}^{-1}\left[\frac{1}{2\mathrm{i}}\left(\frac{1}{s-a\mathrm{i}}-\frac{1}{s+a\mathrm{i}}\right)\right]\\&=\frac{1}{2\mathrm{i}}\left\{\mathscr{L}^{-1}\left[\frac{1}{s-a\mathrm{i}}\right]-\mathscr{L}^{-1}\left[\frac{1}{s+a\mathrm{i}}\right]\right\}\\&=\frac{1}{2\mathrm{i}}(\mathrm{e}^{ait}-\mathrm{e}^{-ait})=\sin at.\end{aligned}$$

方法二：利用卷积定理

$$\begin{aligned}\mathscr{L}^{-1}\left[\frac{a}{s^2+a^2}\right]&=a\mathscr{L}^{-1}\left[\frac{1}{s-a\mathrm{i}}\,\frac{1}{s+a\mathrm{i}}\right]=a\mathscr{L}^{-1}\left[\frac{1}{s-a\mathrm{i}}\right]*\mathscr{L}^{-1}\left[\frac{1}{s+a\mathrm{i}}\right]\\&=a\mathrm{e}^{ait}*\mathrm{e}^{-ait}=a\int_0^t\mathrm{e}^{\mathrm{i}a\tau}\mathrm{e}^{-\mathrm{i}a(t-\tau)}\mathrm{d}\tau\\&=\frac{1}{2\mathrm{i}}(\mathrm{e}^{ait}-e^{-ait})=\sin at.\end{aligned}$$

方法三：利用 Laplace 反演定理

$$\begin{aligned}\mathscr{L}^{-1}\left[\frac{a}{s^2+a^2}\right]&=\frac{a}{2s}\mathrm{e}^{st}\Big|_{\mathrm{i}a}+\frac{a}{2s}\mathrm{e}^{st}\Big|_{-\mathrm{i}a}=\frac{a}{2\mathrm{i}a}\mathrm{e}^{\mathrm{i}at}+\frac{a}{-2\mathrm{i}a}\mathrm{e}^{-\mathrm{i}at}\\&=\frac{1}{2\mathrm{i}}(\mathrm{e}^{\mathrm{i}at}-\mathrm{e}^{-\mathrm{i}at})=\sin at.\end{aligned}$$

例 8.21　求 $F(s)=\dfrac{1}{(s-a)(s-b)}(a\neq b)$ 的 Laplace 逆变换.

解　方法一：将函数分解

$$F(s)=\frac{1}{(s-a)(s-b)}=\frac{1}{a-b}\left(\frac{1}{s-a}-\frac{1}{s-b}\right).$$

则

$$\begin{aligned}\mathscr{L}^{-1}\left[\frac{1}{(s-a)(s-b)}\right]&=\mathscr{L}^{-1}\left[\frac{1}{a-b}\left(\frac{1}{s-a}-\frac{1}{s-b}\right)\right]\\&=\frac{1}{a-b}\mathscr{L}^{-1}\left[\frac{1}{s-a}\right]-\frac{1}{a-b}\mathscr{L}^{-1}\left[\frac{1}{s-b}\right]\\&=\frac{1}{a-b}(\mathrm{e}^{at}-\mathrm{e}^{bt}).\end{aligned}$$

方法二:利用卷积定理

$$\begin{aligned}\mathscr{L}^{-1}\left[\frac{1}{(s-a)(s-b)}\right]&=\mathscr{L}^{-1}\left[\frac{1}{s-a}\right]*\mathscr{L}^{-1}\left[\frac{1}{s-b}\right]=\mathrm{e}^{at}*\mathrm{e}^{bt}\\&=\int_0^t\mathrm{e}^{a\tau}\mathrm{e}^{b(t-\tau)}\mathrm{d}\tau=\frac{1}{a-b}(\mathrm{e}^{at}-\mathrm{e}^{bt})\end{aligned}$$

方法三:利用 Laplace 反演定理

$$\begin{aligned}\mathscr{L}^{-1}\left[\frac{1}{(s-a)(s-b)}\right]&=\frac{1}{2s-(a+b)}\mathrm{e}^{st}\bigg|_a+\frac{1}{2s-(a+b)}\mathrm{e}^{st}\bigg|_b\\&=\frac{1}{a-b}(\mathrm{e}^{at}-\mathrm{e}^{bt}).\end{aligned}$$

例 8.22 求 $F(s)=\dfrac{1}{s^2(s+1)}$ 的 Laplace 逆变换.

解 方法一:将函数分解

$$F(s)=\frac{1}{s^2(s+1)}=\frac{-1}{s}+\frac{1}{s^2}+\frac{1}{s+1}$$

则

$$\begin{aligned}\mathscr{L}^{-1}\left[\frac{1}{s^2(s+1)}\right]&=\mathscr{L}^{-1}\left[\frac{-1}{s}+\frac{1}{s^2}+\frac{1}{s+1}\right]\\&=-\mathscr{L}^{-1}\left[\frac{1}{s}\right]+\mathscr{L}^{-1}\left[\frac{1}{s^2}\right]+\mathscr{L}^{-1}\left[\frac{1}{s+1}\right]\\&=-1+t+\mathrm{e}^{-t}.\end{aligned}$$

方法二:利用卷积定理

$$\begin{aligned}\mathscr{L}^{-1}\left[\frac{1}{s^2(s+1)}\right]&=\mathscr{L}^{-1}\left[\frac{1}{s^2}\right]*\mathscr{L}^{-1}\left[\frac{1}{s+1}\right]=t*\mathrm{e}^{-t}\\&=\int_0^t\tau\mathrm{e}^{-(t-\tau)}\mathrm{d}\tau=-1+t+\mathrm{e}^{-t}.\end{aligned}$$

方法三:利用 Laplace 反演定理

$$\mathscr{L}^{-1}\left[\frac{1}{s^2(s+1)}\right]=\frac{1}{3s^2+2s}\mathrm{e}^{st}\bigg|_{s=-1}+\lim_{s\to0}\frac{\mathrm{d}}{\mathrm{d}s}\left[s^2\frac{1}{s^2(s+1)}\mathrm{e}^{st}\right]$$

$$=-1+t+e^{-t}.$$

例 8.23 求 $F(s)=\dfrac{s}{(s+1)(s+2)(s+3)}$ 的 Laplace 逆变换.

解 方法一:将函数分解

$$F(s)=\frac{s}{(s+1)(s+2)(s+3)}=-\frac{1}{2}\frac{1}{s+1}+\frac{2}{s+2}-\frac{3}{2}\frac{1}{s+3}$$

则

$$\begin{aligned}\mathscr{L}^{-1}\left[\frac{s}{(s+1)(s+2)(s+3)}\right]&=\mathscr{L}^{-1}\left[-\frac{1}{2}\frac{1}{s+1}+\frac{2}{s+2}-\frac{3}{2}\frac{1}{s+3}\right]\\&=-\frac{1}{2}\mathscr{L}^{-1}\left[\frac{1}{s+1}\right]+2\mathscr{L}^{-1}\left[\frac{1}{s+2}\right]-\frac{3}{2}\mathscr{L}^{-1}\left[\frac{1}{s+3}\right]\\&=-\frac{1}{2}e^{-t}+2e^{-2t}-\frac{3}{2}e^{-3t}.\end{aligned}$$

方法二:利用 Laplace 反演定理

$$\begin{aligned}\mathscr{L}^{-1}\left[\frac{s}{(s+1)(s+2)(s+3)}\right]&=\sum_{s=1}^{3}\frac{s}{(s+2)(s+3)+(s+1)(s+3)+(s+1)(s+2)}e^{st}\\&=-\frac{1}{2}e^{-t}+2e^{-2t}-\frac{3}{2}e^{-3t}.\end{aligned}$$

此题利用卷积定理求解当然是可以做的,但过程是相当烦琐的.

例 8.24 求 $F(s)=\dfrac{s^2-a^2}{(s^2+a^2)^2}$ 的 Laplace 逆变换.

解 方法一:将函数分解

$$F(s)=\frac{s^2-a^2}{(s^2+a^2)^2}=\frac{s^2}{(s^2+a^2)^2}-\frac{a^2}{(s^2+a^2)^2}$$

则利用性质及查表,得

$$\begin{aligned}\mathscr{L}^{-1}\left[\frac{s^2-a^2}{(s^2+a^2)^2}\right]&=\mathscr{L}^{-1}\left[\frac{s^2}{(s^2+a^2)^2}\right]-\mathscr{L}^{-1}\left[\frac{a^2}{(s^2+a^2)^2}\right]\\&=\frac{1}{2a}(\sin at+at\cos at)-\frac{1}{2a}(\sin at-at\cos at)\\&=t\cos at.\end{aligned}$$

方法二:利用特殊的性质

由于

$$\left(\frac{-s}{s^2+a^2}\right)'=\frac{s^2-a^2}{(s^2+a^2)^2}$$

$$\mathscr{L}^{-1}\left[\frac{-s}{s^2+a^2}\right]=-\cos at.$$

由微分性质

$$\left(\frac{-s}{s^2+a^2}\right)' = \mathscr{L}[-t(-\cos at)]$$

即

$$\mathscr{L}^{-1}\left[\frac{s^2-a^2}{(s^2+a^2)^2}\right] = t\cos at.$$

此题也可以利用卷积定理及 Laplace 反演定理求解，但两种方法都不简便.

通过以上的一些例子可以看出求 Laplace 逆变换的方法是比较多的，这些方法各有优缺点，使用哪种方法，应根据具体情况而定，灵活运用. 一般情况下利用卷积定理及将函数分解的方法都必须查表，实际上我们应该熟记一些常见的函数的 Laplace 变换，这样求 Laplace 逆变换时就可以先分解函数，使得分解为我们熟悉的或相对简单的，再利用 Laplace 反演定理求解.

第四节　Laplace 变换的应用

Laplace 变换在许多工程技术和科学领域中都有着广泛的应用，尤其在振动力学、无线电技术、电路系统以及自动控制系统中发挥着非常重要的作用，对于这些系统进行分析研究时，发现它们大部分是线性系统. 所谓线性系统，一般情况下，它的数学模型可以通过一个线性微分积分方程来描述. 本节重点讨论 Laplace 变换在线性系统中的应用.

一、微分方程的 Laplace 变换解法

根据 Laplace 变换的线性性质和微分性质，可以类似 Fourier 变换解微分方程的方法来求解方程，其方法如下：

(1) 微分方程两边取 Laplace 变换，则原来微分方程转化为象函数的代数方程，并解出这个代数方程的解，即求得象函数的表达式；

(2) 对代数方程的解进行 Laplace 逆变换，即得原方程的解.

如图 8.4 所示.

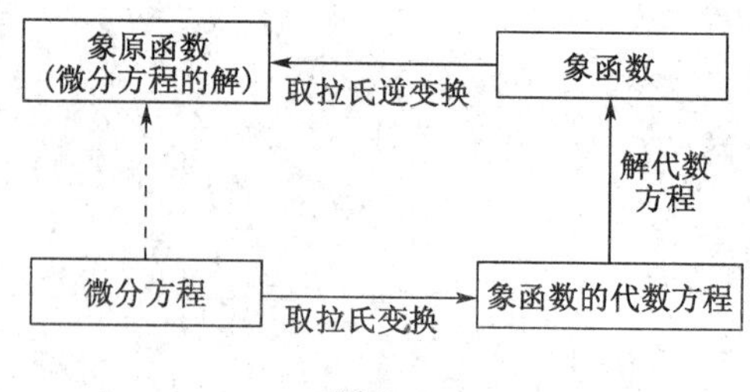

图 8.4

例 8.25　求方程 $y''+4y'+3y=\mathrm{e}^{-t}$ 满足初始条件 $y(0)=y'(0)=1$ 的特解.

解　设 $\mathscr{L}[y(t)]=Y(s)$，对方程两边取 Laplace 变换，由微分性质得

$$s^2Y(s)-sy(0)-y'(0)+4sY(s)-4y(0)+3Y(s)=\frac{1}{s+1}$$

由于 $y(0)=y'(0)=1$，则得

$$s^2Y(s)-s-1+4sY(s)-4+3Y(s)=\frac{1}{s+1}$$

解得

$$Y(s)=\frac{1}{(s+1)(s^2+4s+3)}+\frac{s+5}{s^2+4s+3}$$

取 $Y(s)$ 的 Laplace 逆变换，将函数分解

$$Y(s)=\frac{1}{2}\frac{1}{(s+1)^2}+\frac{7}{4}\frac{1}{s+1}-\frac{3}{4}\frac{1}{s+3}$$

所以

$$\begin{aligned}y(t)=\mathscr{L}^{-1}[Y(s)]&=\frac{1}{2}\mathscr{L}^{-1}\left[\frac{1}{(s+1)^2}\right]+\frac{7}{4}\mathscr{L}^{-1}\left[\frac{1}{s+1}\right]-\frac{3}{4}\mathscr{L}^{-1}\left[\frac{1}{s+3}\right]\\&=\frac{1}{2}\mathscr{L}^{-1}\left[\frac{1}{(s+1)^2}\right]+\frac{7}{4}\mathrm{e}^{-t}-\frac{3}{4}\mathrm{e}^{-3t}\end{aligned}$$

由于 $s=-1$ 为唯一的二级极点，则

$$\mathscr{L}^{-1}\left[\frac{1}{(s+1)^2}\right]=\lim_{s\to-1}\left[(s+1)^2\frac{1}{(s+1)^2}\mathrm{e}^{st}\right]'=t\mathrm{e}^{-t}$$

从而可以得到微分方程的特解为

$$y(t)=\frac{1}{2}t\mathrm{e}^{-t}+\frac{7}{4}\mathrm{e}^{-t}-\frac{3}{4}\mathrm{e}^{-3t}.$$

例 8.26　求方程组

$$\begin{cases}x''-x+y+z=0\\x+y''-y+z=0\\x+y+z''-z=0\end{cases}$$

满足初始条件 $x(0)=1,y(0)=z(0)=x'(0)=y'(0)=z'(0)=0$ 的解.

解　设 $\mathscr{L}[x(t)]=X(s),\mathscr{L}[y(t)]=Y(s),\mathscr{L}[z(t)]=Z(s)$，对方程组的三个方程两边取 Laplace 变换，由微分性质得

$$\begin{cases}s^2X(s)-sx(0)-x'(0)-X(s)+Y(s)+Z(s)=0\\X(s)+s^2Y(s)-sy(0)-y'(0)-Y(s)+Z(s)=0\\X(s)+Y(s)+s^2Z(s)-sz(0)-z'(0)-Z(s)=0\end{cases}$$

将 $x(0)=1,y(0)=z(0)=x'(0)=y'(0)=z'(0)=0$ 代入，整理得

$$\begin{cases}(s^2-1)X(s)+Y(s)+Z(s)=s\\X(s)+(s^2-1)Y(s)+Z(s)=0\\X(s)+Y(s)+(s^2-1)Z(s)=0\end{cases}$$

求解得

$$\begin{cases}X(s)=\dfrac{s^3}{(s^2-2)(s^2+1)}\\Y(s)=\dfrac{-s}{(s^2-2)(s^2+1)}\\Z(s)=\dfrac{-s}{(s^2-2)(s^2+1)}\end{cases}$$

对上三式两边取 Laplace 逆变换,

$$x(t)=\mathscr{L}^{-1}[X(s)]=\mathscr{L}^{-1}\left[\frac{s^3}{(s^2-2)(s^2+1)}\right]=\frac{2}{3}\cosh(\sqrt{2}t)+\frac{1}{3}\cos t$$

$$y(t)=z(t)=\mathscr{L}^{-1}[Z(s)]=\mathscr{L}^{-1}\left[\frac{-s}{(s^2-2)(s^2+1)}\right]=-\frac{1}{3}\cosh(\sqrt{2}t)+\frac{1}{3}\cos t$$

从而可以得到微分方程组的解为

$$\begin{cases}x(t)=\dfrac{2}{3}\cosh(\sqrt{2}t)+\dfrac{1}{3}\cos t\\y(t)=-\dfrac{1}{3}\cosh(\sqrt{2}t)+\dfrac{1}{3}\cos t\\z(t)=-\dfrac{1}{3}\cosh(\sqrt{2}t)+\dfrac{1}{3}\cos t\end{cases}$$

注意到上面的两个例子有一个共同的特点:在求解过程中,初始条件也同时应用,所求的解事实上就是需要的特解,避免了微分方程一般求解过程中先求通解,再根据初始条件确定任意常数所带来的不便.

在实际问题中利用 Laplace 变换求解线性系统的一般步骤为:

(1) 根据实际问题的分析,建立该系统的线性模型(用线性微分方程表示);

(2) 根据实际情况确定该系统的初始条件;

(3) 求解该模型(即上述求解线性微分方程的方法).

例 8.27 质量为 m 的物体挂在劲度系数为 k 的弹簧一端,作用在物体上的只有外力 $f(t)$ 以及大小与瞬时速度呈正比的阻力,若物体从静止平衡位置 $x=0$ 处开始运动,求该物体的运动规律 $x(t)$.

解 设阻力为 $-\alpha x'(t)$,根据 Newton 定律,有

$$mx''(t)=f(t)-\alpha x'(t)-kx(t)$$

这是一个线性微分方程,其中 $-kx(t)$ 为弹簧的恢复力,初始条件为 $x(t)=x'(t)=0$,求解此微分方程,设 $\mathscr{L}[x(t)]=X(s)$,$\mathscr{L}[f(t)]=F(s)$,对方程两边取

Laplace 变换,由微分性质得

$$m(s^2X(s)-sx(0)-x'(0))=F(s)-\alpha(sX(s)-x(0))-kx(s)$$

代入 $x(t)=x'(t)=0$,整理得

$$X(s)=\frac{F(s)}{ms^2+s\alpha+k}$$

取 $X(s)$ 的 Laplace 逆变换,有

$$x(t)=\mathscr{L}^{-1}[X(s)]=\mathscr{L}^{-1}\left[\frac{F(s)}{ms^2+s\alpha+k}\right].$$

如给出外力 $f(t)$ 的具体表达式时,可以利用 Laplace 逆变换从上式解出物体的运动规律 $x(t)$.

二、积分方程的 Laplace 变换解法

例 8.28　求解积分方程 $y(t)=at+\int_0^t y(\tau)\sin(t-\tau)\mathrm{d}\tau$.

解　设 $\mathscr{L}[y(t)]=Y(s)$,对方程两边取 Laplace 变换,得

$$\begin{aligned}Y(s)&=\mathscr{L}\left[at+\int_0^t y(\tau)\sin(t-\tau)\mathrm{d}\tau\right]\\&=a\mathscr{L}[t]+\mathscr{L}[y(t)*\sin t]\\&=\frac{a}{s^2}+Y(s)\frac{1}{s^2+1}\end{aligned}$$

整理得

$$Y(s)=\frac{a(s^2+1)}{s^4}$$

取 $Y(s)$ 的 Laplace 逆变换,将函数分解

$$Y(s)=\frac{a(s^2+1)}{s^4}=\frac{a}{s^2}+\frac{a}{s^4}$$

则

$$y(t)=\mathscr{L}^{-1}[Y(s)]=a\mathscr{L}^{-1}\left[\frac{1}{s^2}\right]+a\mathscr{L}^{-1}\left[\frac{1}{s^4}\right]=a\left(t+\frac{1}{6}t^3\right).$$

利用 Laplace 变换求解微分、积分方程(组)的优点:第一在求解过程中,初始条件也同时用上了,求出的结果即是特解,避免先求通解再根据初始条件求特解;第二求解方法适用含脉冲的方程,这对经典的求法是困难的;第三求方程组时,可以单独求出某一未知函数,而不需要知道其他单位未知函数. 正是由于 Laplace 变换的这些优点,它在工程技术等实际问题中有广泛的应用.

本章小结

本章主要介绍了 Laplace 变换的概念、性质、逆变换及其应用.

(1) 学习了函数 $f(t)(t \geqslant 0)$ 的 Laplace 变换的定义,对定义应注意:

① 函数 $f(t)(t \geqslant 0)$ 的 Laplace 变换,实际上就是函数 $f(t)u(t)\mathrm{e}^{-\beta t}$ 的 Fourier 变换.即

$$\mathscr{L}[f(t)] = \mathscr{F}[f(t)u(t)\mathrm{e}^{-\beta t}]$$

因此 Laplace 变换的许多性质都与 Fourier 变换相对应.

② 在定义式中,当 $f(t)$ 在 $t=0$ 处包含了脉冲函数时,函数 $f(t)$ 的 Laplace 变换应理解为

$$\mathscr{L}[f(t)] = \int_{0^-}^{+\infty} f(t)\mathrm{e}^{-st}\mathrm{d}t$$

③ 由于 Laplace 变换的存在条件比 Fourier 变换的存在条件要弱得多,所以 Laplace 变换的应用更广泛.

(2) 类似 Fourier 变换的性质,讨论了 Laplace 变换的性质.

(3) 讨论了 Laplace 逆变换,重点是 Laplace 逆变换的求法:

① Laplace 逆变换的积分表达式为

$$f(t) = \frac{1}{2\pi\mathrm{i}}\int_{\beta-\mathrm{i}\infty}^{\beta+\mathrm{i}\infty} F(s)\mathrm{e}^{st}\mathrm{d}s \quad (t>0)$$

② Laplace 反演定理　若 $s_1, s_2, \cdots, s_n$ 是 $F(s)$ 的所有奇点(适当的选取 β 使这些奇点全部在 $\mathrm{Re}\, s < \beta$ 的区域内),且当 $s \to \infty$ 时,$F(s) \to 0$,则

$$f(t) = \frac{1}{2\pi\mathrm{i}}\int_{\beta-\mathrm{i}\infty}^{\beta+\mathrm{i}\infty} F(s)\mathrm{e}^{st}\mathrm{d}s = \sum_{k=1}^{n}\mathrm{Res}[F(s)\mathrm{e}^{st}, s_k] \quad (t>0)$$

重点讨论 $F(s)$ 是有理函数这种特殊形式,设 $F(s) = \dfrac{P(s)}{Q(s)}$,其中 $P(s)$,$Q(s)$ 是互素的多项式函数,并设 $Q(s)$ 的次数是 n,且 $P(s)$ 的次数小于 $Q(s)$ 的次数,在这种情况下,$F(s)$ 满足 Laplace 反演定理的条件,因此有,若 $Q(s)$ 的零点为 s_1,$s_2, \cdots, s_k$,其级数为 $p_1, p_2, \cdots, p_k\left(\sum\limits_{j=1}^{k} p_j = n\right)$,即 s_j 为 $F(s) = \dfrac{P(s)}{Q(s)}$ 的 p_j 级极点 $(j = 1, 2, \cdots, k)$,则有

$$f(t) = \sum_{j=1}^{k}\frac{1}{(p_j-1)!}\lim_{s\to s_j}\frac{\mathrm{d}^{(p_j-1)}}{\mathrm{d}s^{(p_j-1)}}\left[(s-s_j)^{p_j}\frac{P(s)}{Q(s)}\mathrm{e}^{st}\right] \quad (t>0)$$

③ 求 Laplace 逆变换的方法是比较多的,这些方法各有优缺点,使用哪种方法,应根据具体情况而定,灵活运用.一般情况下先分解函数,分解为我们熟悉的或相对简单的,再利用 Laplace 反演定理求解.我们应该熟记一些常见函数的 Laplace 变换.

(4) 重点讨论 Laplace 变换在线性系统中的应用.利用 Laplace 变换求解微分、积分方程(组)的特点是在求解过程中,初始条件也同时应用,所求得解事实

上就是需要的特解，避免了微分方程一般求解过程中先求通解，再根据初始条件确定任意常数所带来的不便. Laplace 变换还可以求差分方程、偏微分方程等.

附　录

拉普拉斯(Pierre Simon de Laplace,1749—1827)，法国数学家、天文学家和物理学家，法国科学院院士. 他是天体力学的主要奠基人、天体演化学的创立者之一，还是分析概率论的创始人，因此可以说他是应用数学的先驱.

1749 年 3 月 23 日，拉普拉斯生于法国西北部卡尔瓦多斯的博蒙昂诺日，曾任巴黎军事学院数学教授. 1785 年当选为法国科学院院士，1795 年任巴黎综合工科学校教授，后又在高等师范学校任教授，1799 年担任法国经度局局长，并在拿破仑政府中任过 6 个星期的内政部长，1816 年被选为法兰西学院院士，1817 年任该院院长，1827 年 3 月 5 日卒于巴黎.

拉普拉斯主要研究天体力学和物理学，在研究天体问题的过程中，创造和发展了许多数学的方法，以他的名字命名的拉普拉斯变换、拉普拉斯定理和拉普拉斯方程，在科学技术的各个领域有着广泛的应用.

他发表的天文学、数学和物理学的论文有 270 多篇，专著合计有 4 000 多页. 其中最有代表性的专著有《天体力学》、《宇宙体系论》和《概率分析理论》(1812 年发表).

在《天体力学》(5 卷 1799—1825) 中汇聚了他在天文学中的几乎全部发现，试图给出由太阳系引起的力学问题的完整分析解答.

拉普拉斯的另一部脍炙人口的天文学著作是《宇宙体系论》，它尽弃一切数学公式，深入浅出，通俗流畅，为时人所推崇.《宇宙体系论》提倡有名的太阳系生成的星云假说，这个假说 1755 年康德(Immanuel Kant 1724—1804 德国哲学家) 已经述及，所以后世通常叫作“康德 - 拉普拉斯星云假说”.

拉普拉斯对于概率论也有很大的贡献，在《概率分析理论》(1812) 中，总结了当时整个概率论的研究，把他自己在概率论上的发现以及前人的所有发现统归一处，今天大家耳熟能详的那些名词，诸如随机变量、数字特征、特征函数、拉普拉斯变换和拉普拉斯中心极限定律等都可以说是拉普拉斯引入或者经他改进的.

拉普拉斯和当时的拉格朗日、勒让德并称为法国的 3L，堪称 19 世纪初数学界的巨擘泰斗.

习　题

A 组

1. 用定义求下列函数的 Laplace 变换,并用查表的方法来验证结果.

(1) $f(t)=\sin\dfrac{t}{3}$;　　(2) $f(t)=\mathrm{e}^{-t}$;

(3) $f(t)=t^2$;　　(4) $f(t)=\cos^2 t$.

2. 求下列函数的 Laplace 变换.

(1) $f(t)=\begin{cases}3, & 0\leqslant t<2\\ -1, & 2\leqslant t<4\\ 0, & t\geqslant 4;\end{cases}$　　(2) $f(t)=\begin{cases}t+1, & 0<t<3\\ 0, & t\geqslant 3;\end{cases}$

(3) $f(t)=\sin t\cos t$;　　(4) $f(t)=t\cos 2t$.

3. 求下列周期函数的 Laplace 变换.

(1) 全波整流函数 $f(t)=|\sin t|$;

(2) 三角波函数 $f(t)=\begin{cases}t, & 0\leqslant t<b\\ 2b-t, & b\leqslant t\leqslant 2b\end{cases}$,且 $f(t+2b)=f(t)$.

4. 求下列函数的 Laplace 变换.

(1) $f(t)=\mathrm{e}^{-t}\delta(t-t_0)$;　　(2) $f(t)=\delta(t)\cos t\sin t$;

(3) $f(t)=\mathrm{e}^{3t}+2\delta(t)$;　　(4) $f(t)=\delta(t)\cos t+u(t)\sin t$.

5. 利用 Laplace 变换的微分性质求下列函数的 Laplace 变换或逆变换.

(1) $f(t)=t\mathrm{e}^{-3t}\sin 2t$;　　(2) $f(t)=t\displaystyle\int_0^t \mathrm{e}^{-3\tau}\sin 2\tau\,\mathrm{d}\tau$;

(3) $F(s)=\ln\dfrac{s+1}{s-1}$;　　(4) $f(t)=\displaystyle\int_0^t \tau\mathrm{e}^{-3\tau}\sin 2\tau\,\mathrm{d}\tau$.

6. 利用 Laplace 变换的积分性质求下列函数的 Laplace 变换或逆变换.

(1) $f(t)=\dfrac{1-\mathrm{e}^{-t}}{t}$;　　(2) $f(t)=\dfrac{\mathrm{e}^{-3t}\sin 2t}{t}$;

(3) $f(t)=\dfrac{\sin kt}{t}$;　　(4) $F(s)=\dfrac{s}{(s^2-1)^2}$.

7. 利用 Laplace 变换的性质求下列函数的 Laplace 变换.

(1) $f(t)=t^2+6t-3$;　　(2) $f(t)=3\mathrm{e}^{-4t}$;

(3) $f(t)=\dfrac{\mathrm{e}^{bt}-\mathrm{e}^{at}}{t}$;　　(4) $f(t)=t^2\sin 2t$;

(5) $f(t)=u(3t-5)$；　(6) $f(t)=5\sin 2t-3\cos 2t$.

8. 求下列函数的 Laplace 变换式.

(1) $f(t)=3t^4-2t^{3/2}+6$；　(2) $f(t)=1-te^t$；

(3) $f(t)=\dfrac{e^{3t}}{\sqrt{t}}$；　(4) $f(t)=\dfrac{t}{2a}\sin at$；

(5) $f(t)=\dfrac{\sin at}{t}$；　(6) $f(t)=\sin\omega t-\omega t\cos\omega t$；

(7) $f(t)=e^{-3t}\cos 4t$；　(8) $f(t)=e^{-2t}\sin 6t$；

(9) $f(t)=t^n e^{at}$（n 为整数）；　(10) $f(t)=u(1-e^{-t})$.

9. 求卷积.

(1) $t*e^t$；　(2) t^m*t^n；

(3) $t*\sinh t$；　(4) $\sin t*\cos t$；

(5) $e^{at}*(1-at)$；　(6) $u(t-a)*f(t)$.

10. 利用卷积求 Laplace 逆变换.

(1) $F(s)=\dfrac{1}{s^2(s^2+1)}$；　(2) $F(s)=\dfrac{s^2}{(s^2+1)^2}$；

(3) $F(s)=\dfrac{a}{s(s^2+a^2)}$；　(4) $F(s)=\dfrac{s}{(s-a)^2(s-b)}$；

(5) $F(s)=\dfrac{1}{(s^2+a^2)^3}$；　(6) $F(s)=\dfrac{s}{(s^2+a^2)^2}$.

11. 利用 Laplace 反演定理求 Laplace 逆变换.

(1) $F(s)=\dfrac{1}{s+3}$；　(2) $F(s)=\dfrac{1}{s^4}$；

(3) $F(s)=\dfrac{1}{s^4-a^4}$；　(4) $F(s)=\dfrac{1}{s^2+a^2}$；

(5) $F(s)=\dfrac{s}{s+2}$；　(6) $F(s)=\dfrac{1}{s(s+a)(s+b)}$.

12. 利用性质求 Laplace 逆变换.

(1) $F(s)=\dfrac{1}{s^2+4}$；　(2) $F(s)=\dfrac{1}{s^2(s^2-1)}$；

(3) $F(s)=\dfrac{1}{(s+1)^4}$；　(4) $F(s)=\dfrac{s+1}{s^2+s-6}$；

(5) $F(s)=\dfrac{2s+3}{s^2+9}$；　(6) $F(s)=\dfrac{s+3}{(s+1)(s-3)}$.

13. 求下列函数 Laplace 逆变换.

(1) $F(s)=\dfrac{1}{(s^2+4)^2}$；　(2) $F(s)=\dfrac{s}{(s-a)(s-b)}$；

(3) $F(s)=\dfrac{s+c}{(s-a)(s+b)^2}$;　　(4) $F(s)=\dfrac{s^2+2a^2}{(s^2+a^2)^2}$;

(5) $F(s)=\dfrac{1}{(s^2+a^2)s^3}$;　　(6) $F(s)=\dfrac{2s+1}{s(s+1)(s+2)}$;

(7) $F(s)=\dfrac{2s+5}{s^2+4s+13}$;　　(8) $F(s)=\dfrac{s^2+2s-1}{s(s-1)^2}$;

(9) $F(s)=\dfrac{s+1}{9s^2+6s^2+5}$;　　(10) $F(s)=\dfrac{s}{(s^2+1)(s^2+4)}$.

14. 计算下列积分.

(1) $\int_0^{+\infty} te^{at}\cos t\,dt$;　　(2) $\int_0^{+\infty} t^n e^{at}\,dt$;

(3) $\int_0^{+\infty} \dfrac{1-\cos t}{t}e^{-t}\,dt$;　　(4) $\int_0^{+\infty} \dfrac{e^{at}-e^{bt}}{t}\,dt\ (a<b<0)$;

(5) $\int_0^{+\infty} te^{-3t}\sin 2t\,dt$;　　(6) $\int_0^{+\infty} \dfrac{\sin^2 t}{t^2}\,dt$.

15. 求微分方程的解.

(1) $y''+y=\sin t, y(0)=0, y'(0)=-\dfrac{1}{2}$;

(2) $y''+2y'-3y=e^{-t}, y(0)=0, y'(0)=1$;

(3) $y'''+3y''+3y'+y=1, y(0)=y'(0)=y''(0)=0$;

(4) $y'+y=u(t-b), y(0)=y_0\ (b>0)$;

(5) $y''-2y'+y=0, y(0)=0, y(1)=2$;

(6) $y''-2y'+2y=2e^t\cos t, y(0)=y'(0)=0$.

B 组

16. 求微分方程组的解.

(1) $\begin{cases} y'+6y=x' \\ x'-3x=-2y' \end{cases}$　$x(0)=2, y(0)=3$;

(2) $\begin{cases} y''-x''+x'-y=e^t-2 \\ 2y''-x''-2y'+x=-t \end{cases}$　$x(0)=x'(0)=y(0)=y'(0)=0$;

(3) $\begin{cases} (2x''-x'+9x)-(y''+y'+3y)=0 \\ (2x''+x'+7x)-(y''-y'+5y)=0 \end{cases}$　$x(0)=x'(0)=1, y(0)=y'(0)=0$;

(4) $\begin{cases} x'+y+z'=1 \\ x+y'+z=0 \\ y+4z'=0 \end{cases}$　$x(0)=y(0)=z(0)=0$.

17. 求积分方程的解.

(1) $y(t)+\int_0^t y(\tau)\mathrm{d}\tau=\mathrm{e}^{-t}$;

(2) $1-2\sin t-y(t)-\int_0^t \mathrm{e}^{2(t-\tau)}y(\tau)\mathrm{d}\tau=0$.

18. 求微积分方程(组)的解.

(1) $y'+4\int_0^t y(t-\tau)\mathrm{d}\tau=u(t-2),y(0)=3$;

(2) $\begin{cases}y''+2y'+\int_0^t x(\tau)\mathrm{d}\tau=0\\4y''-y'+x(t)=\mathrm{e}^{-t}\end{cases}$ $y(0)=0,y'(0)=-1$;

(3) $\begin{cases}y''+2y+\int_0^t x(\tau)\mathrm{d}\tau=t\\y''+2y'+x=\sin 2t\end{cases}$ $y(0)=0,y'(0)=-1$;

(4) $\begin{cases}x'+2x+b\int_0^t y(\tau)\mathrm{d}\tau=-2u(t)\\x'+y'+y=0\end{cases}$ $x(0)=-5,y(0)=6$.

19. 设在原点处质量为m的一质点在$t=0$时,在x方向上受到冲击力$k\delta(t)$的作用,其中k为常数.假设质点的初速度为零,求其运动规律$x(t)$.

第九章　复变函数与积分变换的数学实验

随着现代科技的迅速发展,要求我们在解决各类实际问题时更加精确化和定量化.特别是随着计算机的普及,数学更加深入地渗透到各种科学技术领域.数学实验以问题为载体,以软件为工具,以数学为主体,用计算机解决实际问题,培养学生应用数学知识和数学软件解决实际问题的意识和能力.

Matlab 是一种源于矩阵运算,高度集成的计算机语言.它是集数据计算、可视化和程序设计于一体的高级语言,由于其自身强大功能,使其越来越受到人们的青睐.另外,它还包括众多的工具箱和数学函数库,可以轻松实现图形显示、数字运算和与其他高级语言程序共享,从而实现数值计算、符号计算、数据分析与可视化、动态仿真等功能.所以,Matlab 语言被广泛应用于各类教学和科研实践中,发挥着越来越重要的作用.

第一节　Matlab 软件简介

一、Matlab 软件

Matlab 是“Matrix Laboratory”的缩写,是由美国 Math Works 公司于 1982 年推出的一套高性能数值计算的可视化软件. Matlab 6.0 是一种交互式、面向对象的程序设计语言,广泛应用于工业界和学术界,主要用于矩阵运算,同时在数值分析、自动控制模拟、数字信号处理、动态分析、绘图等方面也具有强大的功能.

2000 年 10 月底,Math Works 公司推出了全新的 Matlab 6.0 正式版,在核心数值算法、界面设计、外部接口、应用桌面等诸多方面有了极大的改进. Matlab 程序设计语言具有以下特点:

(1) 简洁紧凑,结构完整,使用方便灵活,库函数丰富.

(2) 运算符丰富.由于 Matlab 是用 C 语言编写的,它提供了和 C 语言几乎一样多的运算符,灵活使用 Matlab 的运算符将使程序变得极为简短.

(3) 语法限制宽松,程序自由度大,用户无须对矩阵定义就可以使用.

(4) 具有优良的移植性,基本上不用修改就可以在各种型号的计算机和操作系统上运行.

(5) 功能强大的工具箱，主要包括：信号处理、控制系统、神经网络、模糊逻辑、绘图、图像处理、小波和模拟等功能. 现在正在继续完善现有的工具箱功能，并不断推出新的工具箱. 不同领域、不同层次的用户通过对相应工具的学习和应用，可以方便地进行计算、分析及设计工作.

Matlab 语言可以将使用者从烦琐、无谓的底层编程中解放出来，把有限的宝贵时间更多地花在解决问题中，这样无疑会提高工作效率.

二、Matlab 界面和基本操作入门

1. 进入 Matlab 操作环境

Matlab 安装成功后，进入 Matlab 操作环境的方式有两种.

方式一：在 Window98/2000/xp 环境下，单击"开始"→"程序"命令，找到 Matlab 的图标，双击即可以打开 Matlab 并进入其操作环境，操作过程如图 9.1 所示.

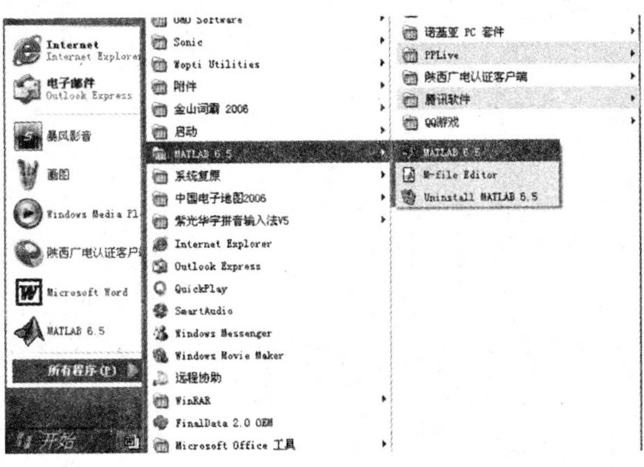

图 9.1

方式二：到 Matlab 目录下，找到 Matlab 的图标，双击即可进入 Matlab 操作环境，操作过程如图 9.2 所示.

进入 Matlab 操作环境，其界面如图 9.3 所示.

在图 9.3 中，第 1 栏为 Matlab 标题栏，第 2 栏为菜单栏，第 3 栏为工具栏. 若要退出，单击右上角"关闭"按钮(或单击 File/Exit)便可.

2. 命令窗口

在工具栏下面是命令编辑区，利用菜单栏中的"View 菜单"中的命令可打开或关闭多个窗口. 图 9.3 已打开多个窗口，右边最大的为命令窗口(Command Window)，用于输入和显示计算结果. ">>"代表命令提示符，用户可在此键入指令. 左边一列分别为历史命令(Command History)窗口、工作空间(Work

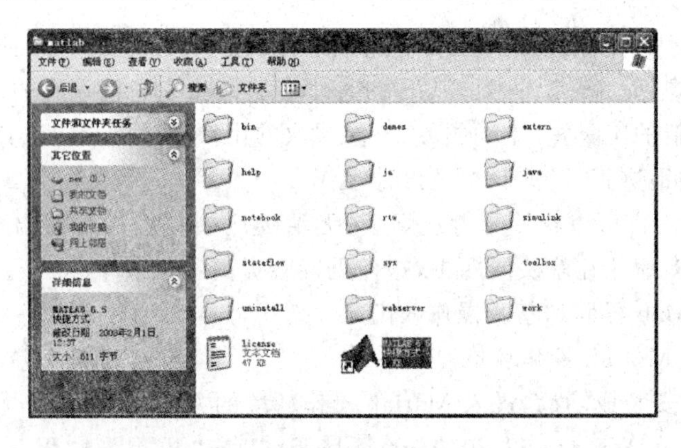

图 9.2

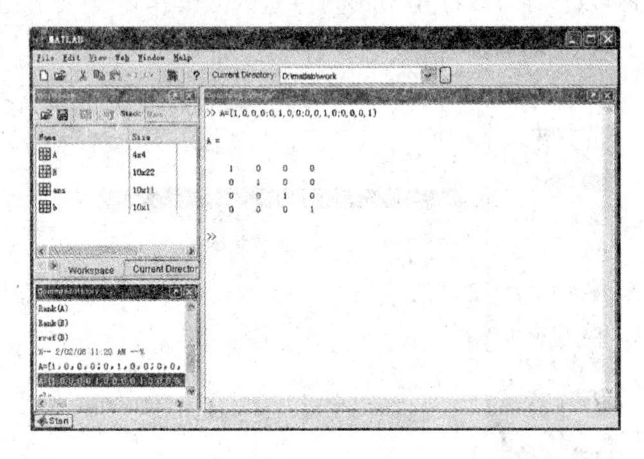

图 9.3

Space)窗口和路径编辑器(Current Directory)窗口.历史命令窗口保留了每次运行过的所有命令以及操作时间,双击历史命令窗口中的某一命令,则可在命令窗口再次运行该命令.工作空间窗口显示出当前 Matlab 工作空间所有的变量名和占用内存的情况,并可对变量及其赋值进行修改.

Matlab 是一种交互式语言,输入命令即给出运算结果.当命令窗口出现提示符>>时,表示 Matlab 已准备好,可以输入命令、变量或运行函数.

例 9.1 计算$\dfrac{5\times 1.06+4\times 2.45}{5+4}$的值.

只要在命令窗口提示符>>后直接输入:

```
(5 * 1.06+4 * 2.45)/(5+4)
```

按 Enter 键,就可以输出计算结果:

```
ans=
     1.6778
```

如果要计算代数式$\frac{5x+4y}{5+4}$在$x=1.06$、$y=2.45$时的值，可用上述方法输入计算，也可用以下的方法输入.

在命令窗口提示符>>后输入：

```
x=1.06;
y=2.45;
(5*x+4*y)/(5+4)
```

按 Enter 键，就可以输出计算结果：

```
ans=
     1.6778
```

说明：

① 若在输入表达式后面跟分号“;”，将表示不显示结果，这对有大量数据的程序特别有用.

② 如果要计算代数式$\frac{5x+4y}{5+4}$在$x=1.08$、$y=2.45$时的值，不必逐一重新输入，而只需按↑键若干次，调回已经输入的>>x=1.06，将其中的1.06改为1.08即可.

除↑外，还有一些命令行功能键，如表9.1所示.

表 9.1　　命令窗口的控制命令

键	功　能	键	功　能
↑	调出前一命令行	Backspace	删除光标左边字符
↓	调出后一命令行	Ctrl-K	删除至行尾
←	光标左移一个字符	PageUp	向前翻页
→	光标右移一个字符	PageDown	向后翻页
Ctrl←	光标左移一个词	Ctrl-Home	把光标移到命令窗口
Ctrl→	光标右移一个词	Ctrl-End	把光标移到命令窗口
Home 键	光标移到行首	clc	清除命令窗口的显示内容，但不清除工作空间
End 键	光标移到行尾	clear	清除工作空间内所有变量
Esc	清除命令行	diary	将命令窗口文本保存到文件
Del	删除光标处字符	more	命令窗分页输出

3. Matlab 程序编辑器

Matlab 提供了一个内置的具有编辑与调试功能的程序编辑器. 编辑窗口也有菜单栏与工具栏,使编辑与调试程序非常方便. 编写 Matlab 的程序文件,也称 M 文件. M 文件包含两类:命令文件和函数文件,它们都可被别的 M 文件调用.

(1) M 文件的建立

① 进入程序编辑器(MATLAB Editor/Debug):从“File”菜单中选择“New”及“M－file”项或单击“New M－file”按钮;

② 输入程序:在“MATLAB Editor/Debug”窗口输入 Matlab 程序;

③ 保存程序:单击“save”按钮,出现一个对话框,在文件名一框中键入一个文件名,单击“保存”按钮.

一个 M 文件便保存在磁盘上了,便于修改、调用、运行和访问.

(2) 命令 M 文件及其运行

命令文件没有输入参数,也不返回输出参数,只是一些命令的组合. 命令 M 文件中的命令可以访问 Matlab 工作区中的所有变量,而且其中的所有变量也成为工作区的一部分. 命令文件运行结束,命令文件产生的变量保留在工作区,直至关闭 Matlab 或用命令删除. 例如,程序:% 文件名 example.m

```
x=8;y=12;z=4;
items=x+y+z
cost=x*25+y*22+z*99
average_cost=cost/items
```

当这个文件在程序编辑窗口输入并以名为 example.m 的 M 文件存入磁盘后,只需简单地在 Matlab 命令编辑窗口键入 example 即可运行,并显示同命令窗口一样的结果.

说明:在 M 文件中对程序的注释是以符号“%”开始直到该行结束的部分,程序执行时会自动忽略. 上例运行结果如下:

```
example
items=
      24
cost=
      860
average_cost=
      35.8333
```

用户可以重复打开 example.m 文件,改变 x,y,z 的值,保存文件并让 Matlab 重新执行文件中的命令. 若你把 example.m 文件放在自己的工作目录下,那么在运行 example. m 之前,应该先使该目录处于 Matlab 的搜索路径上. 可以选择"File"菜单下的"Set Path"项,打开路径浏览器把该目录永久地保存在 Matlab 的搜索路径上,也可在运行该程序前临时让 Matlab 搜索该目录,键入 path (path′c:\ mypath′)(假定 example. m 保存在 c 盘 mypath 目录下).

(3) 函数 M 文件及其调用

在 Matlab 编辑窗口还可以建立函数 M 文件,可以根据需要建立自己的函数文件,它们能够像库函数一样方便地调用,从而可扩展 Matlab 的功能. 如果对于一类特殊的问题,建立起许多函数 M 文件,就能够形成工具箱. 函数 M 文件的第一行有特殊的要求,其格式必须为

function[输出变量列表]=函数名(输入变量列表)

函数体语句;

(4) 文件管理

what	返回当前目录下 M,MAT,MEX 文件的列表
dir	列出当前目录下的所有文件
cd	显示当前的工作目录
type test	在命令窗口下显示 test. m 的内容
delete test	删除 M 文件 test. m
which test	显示 M 文件 test. m 所在的目录

4. Matlab 的帮助系统

Matlab 6.0 里有以下几种方法可获得帮助:帮助命令、帮助窗口、Matlab 帮助台、在线帮助页或直接链接到 Math Works 公司(对于已联网的用户).

(1) 帮助命令

帮助命令是查询函数语法的最基本方法,查询信息直接显示在命令窗口.

help 函数名,可寻求关于某函数的帮助.

例如,输入:

```
help sqrt
```

按 Enter 键,显示:

```
SQRT square root. …
```

说明:帮助文件中的函数名 SQRT 是大写的,以突出函数名,但在使用函数时,应用小写 sqrt.

(2) 帮助窗口

帮助窗口给出的信息与帮助命令给出的信息内容一样,但在帮助窗口给出的信息按目录编排,比较系统,更容易浏览与之相关的其他函数. 在 Matlab 命令窗口中有三种方法进入帮助窗口:

① 双击菜单条上的“问号”按钮；

② 键入 helpwin 命令；

③ 选取帮助菜单里的“Help Window”项.

三、Matlab 常用的常量、变量与函数

1. 常量

Matlab 提供了整数、实数、复数和字符四种类型数据，对应的常量类型也有上述四种. 实数在屏幕显示时默认的小数位数为 4 位，若要改变实数的显示格式，应在系统菜单“Option”中选择“Numerical format”菜单项，或通过执行命令“Format”“格式”来实现.

在 Matlab 中，复数不需要特殊处理可直接输入 a±bi 或 a±bj 或 a±b*i 或 a±b*j 或 a±bSQR(−1)等，其中 a，b 分别为复数的实部与虚部，i 与 j 为虚单位.

字符型常量也叫字符串，是一组由单引号括起来的简单文本. 如“good”，在输入时应为

```
'good'
```

按 Enter 键，就可以显示以下结果：

```
ans
good
```

但若字符串里有单引号，则需用两个连续的单引号表示. 如“I can't find the litter”，在输入时应为

```
'I can''t find the litter'
```

按 Enter 键，会显示以下结果：

```
ans
I can't find the litter
```

2. 变量

Matlab 通过变量来保存运算中的初始值、临时结果和最终结果. 变量名要遵循以下规则：

(1) 变量名必须以字母开头，之后可以是任意字母、数字或下划线，若有下划线，下划线必须位于两字符之间.

(2) 变量名长度不得超过 19 个字符. 从第 19 个之后的字符将被忽略.

(3) 变量名要区分大小，如变量 t 与 T 表示不同的变量.

(4) 不能用固有变量(Matlab 中有特殊含义的内部常量)，如

pi：表示 π；　　　　inf：表示正无穷大；

i 和 j：表示复数单位−1；　　　　flops：表示浮点运算数；

nargin：表示函数输入变量数目；　　nargout：表示函数输出变量数目；
realmin：最小可用的正实数；　　realmax：最大可用的正实数；
NaN：表示不定值；　　ans：表示系统默认变量名.

Matlab 中用 sym 与 syms 创建一个符号变量与多个符号变量，它是符号变量的说明函数.一般进行符号运算时，需先对符号变量进行说明.其格式为：

(1) sym a：表示一次创建一个符号变量.

(2) syms a b c：表示一次创建多个符号变量.

(3) sym('x')：表示创建一个符号变量 x，它可以是字符、字符串、表达式或字符表达式.

例 9.2　用 sym 函数创建符号变量 a、字符串 hello、表达式 x^3+5x+1.

Matlab 输入命令：

```
sym('a')
```

Matlab 输出结果：

```
ans=
a
```

Matlab 输入命令：

```
sym('hello')
```

Matlab 输出结果：

```
ans=
hello
```

Matlab 输入命令：

```
y=sym('x^3+5*x+1')
```

Matlab 输出结果：

```
y=
x^3+5*x+1
```

由于 syms 函数书写简洁，意义清楚，符合 Matlab 的习惯和特点，一般提倡使用 syms 函数创建符号变量.

另外，还可将某数值或表达式或字符串赋给某变量，Matlab 中变量赋值语句格式为

[变量名=]表达式[　;]

表示将等号右边的表达式赋值给等号左边的变量.若省略变量名和等号"="，则将表达式的值赋给默认变量 ans.如输入

```
a = (5 *1.06+4*2.45)/(5+4)
```

按 Enter 键，就把右边式子的计算结果赋给变量 a：

```
a =
     1.6778
```

3. 函数

Matlab 具有丰富的函数，可分为三大类：Matlab 内部函数、Matlab 系统附带的各种工具箱中提供的实用函数、用户自定义函数.

Matlab 中提供的通用数理类函数包括：基本数学函数、特殊函数、矩阵函数、数据分析函数、微分方程求解函数、解线性方程组函数、优化函数、数值积分函数、信号处理函数等.

函数的调用格式为

函数(变量)

如 cos x，输入时为

cos(x)

第二节　Matlab 在复变函数微积分中的应用

一、复数的基本运算

1. 复数的创建

在 Matlab 中，复数不需要特殊处理可直接输入 a±bi 或 a±bj 或 a±b * i 或 a±b * j 或 a±bSQRT (－1)等，其中 a，b 分别为复数的实部与虚部，i 与 j 为虚数单位.

2. 复数的基本运算

Matlab 符号工具箱中提供了多个复数运算函数.

(1) 函数 real

格式：real(z)

功能：返回复数的实部.

(2) 函数 imag

格式：imag(z)

功能：返回复数的虚部.

(3) 函数 complex

格式：complex(a，b)

功能：返回以 a 为实部、b 为虚部的复数.

(4) 函数 conj

格式：conj(z)

功能：返回复数 z 的共轭复数.

(5) 函数 abs

格式:abs(z)

功能:返回复数的模(绝对值).

(6) 函数 angle

格式:angle(z)

功能:返回复数的辐角.

(7) 函数 sqrt

格式:sqrt(z)

功能:返回复数的平方根值.

(8) 函数 exp

格式:exp(z)

功能:返回复数的以 e 为底的指数值.

(9) 函数 log

格式:log(z)

功能:返回复数的以 e 为底的对数值.

例 9.3　使用直接输入法定义复数 $z_1=2-7\mathrm{i}, z_2=4\mathrm{e}^{-\mathrm{i}}$.

相应的 Matlab 代码为:

```
>> z1=2-7*i
z1 =
  2.0000 - 7.0000i
>> z1=2-7i
z1 =
  2.0000 - 7.0000i
>> syms i
>> z2=4*exp(-i)
z2 =
4*exp(-i)
```

其中虚数单位为 i=j=sqrt(-1).

例 9.4　使用命令函数 complex()分别生成一个复数和一个复数矩阵.

相应的 Matlab 代码为:

```
>> complex(3,8)
ans =
  3.0000 + 8.0000i
>> A=rand(2,3);
```

```
>> B=rand(2,3);
>> complex(A,B)
ans =
   0.9501 + 0.4565i   0.6068 + 0.8214i   0.8913 + 0.6154i
   0.2311 + 0.0185i   0.4860 + 0.4447i   0.7621 + 0.7919i
```

例 9.5 (1) 求复数 $z=3+6i$ 的实部、虚部、模、辐角和共轭复数;

(2) 求复数 $z=(a+bi)/(c+di)$ 的实部与虚部,其中 a,b,c,d 都是实数.

(1) 相应的 Matlab 代码为:

```
>> z=3+6*i;
>> re=real(z);
>> imag(z);
>> ab=abs(z);
>> an=angle(z);
>> ag=conj(z);
```

(2) 相应的 Matlab 代码为:

```
>> syms a b c d real
>> real((a+b*i)/(c+d*i))
ans =
1/2*(a+i*b)/(c+i*d)+1/2*(a-i*b)/(c-i*d)
>> simple(ans)
ans =
(a*c+b*d)/(c^2+d^2)
>> imag((a+b*i)/(c+d*i))
ans =
-1/2*i*((a+i*b)/(c+i*d)-(a-i*b)/(c-i*d))
>> simple(ans)
ans =
(-a*d+b*c)/(c^2+d^2)
```

二、复数极限的实验

在 Matlab 符号工具箱中求极限的代码是 limit,其调用格式如下:

(1) limit(f,z,a):表示求函数 f 当 z→a 时的极限;

(2) limit(f,a):表示求 f 中的自变量(系统默认的自变量为 z)趋于 a 时的极限;

(3) limit(f):表示求 f 中的自变量趋于 0 时的极限;

(4) limit(f,z,a,'left'):表示求 f 当 z→a 时的左极限;

(5) limit(f,z,a,'right'):表示求 f 当 z→a 时的右极限.

例 9.6　求极限 $\lim\limits_{z\to 1+5i}\dfrac{z}{1+z}$.

相应的 Matlab 代码为:

```
>> syms z
>> f=z/(1+z);
>> limit(f,z,1+5*i)
ans =
27/29+5/29*i
```

例 9.7　求函数 $f(z)=\ln(1-\sin z)$ 当 $z\to\pi i$ 的极限.

相应的 Matlab 代码为:

```
>> syms z
>> f=log(1+sin(z));
>> limit(f,z,pi*i)
ans =
log(1+i*sinh(pi))
>> eval(ans)
ans =
   2.4503 + 1.4844i
```

说明:函数 eval()可将符号表达式转换成数值表达式.

三、复数微分的实验

在 Matlab 符号工具箱中求微分的代码是 diff,其调用格式如下:

(1) diff(f):表示求函数 f 的导数;

(2) diff(f,'z'):表示对函数 f 关于自变量 z 求导数;

(3) diff(f,n):表示求函数 f 的 n 阶导数.

例 9.8　设 $f(z)=\dfrac{e^z}{(1+z)\sin z}$,求 $f'(z)$.

相应的 Matlab 代码为:

```
>> syms z
>> f=exp(z)/((1+z)*sin(z));
>> diff(f,z)
ans =
exp(z)/(1+z)/sin(z)-exp(z)/(1+z)^2/sin(z)-
```

```
exp(z)/(1+z)/sin(z)^2 * cos(z)
>> pretty(ans)      %用 pretty 化简
```

$$\frac{\exp(z)}{(1+z)\sin(z)}-\frac{\exp(z)}{(1+z)^2\sin(z)}-\frac{\exp(z)\cos(z)}{(1+z)\sin(z)^2}$$

例 9.9 求 $\ln(1+\sin z)$ 在 $z=\frac{i}{2}$ 处的导数和三阶导数.

相应的 Matlab 代码为：

```
>> syms z
>> f=log(1+sin(z));
>> dfdz=diff(f,z)
dfdz =
cos(z)/(1+sin(z))
>> vdfdz=subs(dfdz,z,i/2)
vdfdz =
  0.8868 - 0.4621i
>> dfdz3=diff(f,3)
dfdz3 =
  -cos(z)/(1+sin(z))+3 * sin(z)/(1+sin(z))^2 * cos(z)+
  2 * cos(z)^3/(1+sin(z))^3
>> vdfdz3=subs(dfdz3,z,i/2)
vdfdz3 =
  0.5081 - 0.7269i
```

说明：

① 在例 9.9 中，先用 diff(f)求出了函数 f 的一阶导数，将它赋给变量 dfdz；然后用 vdfdz = subs(dfdxz,z,i/2)求出了导数函数在 z= i/2 处的值，它是一个符号表达式，将它赋给变量 vdfdz.

② 函数 subs(f,old,new)可对符号表达式中的变量进行替换，即用 new 替换 old 字符串；当 old='z'时，可省略.

四、复数求积分的实验

Matlab 符号工具箱中求积分函数 int，可求函数的不定积分与定积分. 求不定积分时 Int 函数的调用格式如下：

(1) int(f)：表示求表达式 f 的不定积分；

(2) int(f,z)：表示求表达式 f 关于 z 的不定积分.

求定积分时 Int 函数的调用格式如下：

(1) int(f,a,b):表示求表达式 f 在区间[a,b]的定积分;

(2) int(f,z,a,b):表示求表达式 f 关于变量 z 在区间[a,b]区间上的定积分.

例 9.10　计算积分$\int_a^b \frac{3z+2}{z-1}dz$.

相应的 Matlab 代码为:

```
>> syms z a b
>> int((3*z+2)/(z-1),z,a,b)
ans =
   3*b+5*log(b-1)-3*a-5*log(a-1)
```

例 9.11　计算$\int_0^i z\cos z dz$.

相应的 Matlab 代码为:

```
>> syms z
>> f=z*cos(z);
>> intf=int(f,z,0,i)
intf =
cosh(1)-sinh(1)-1
>> vpa(intf,8)
ans =
-.6321206
```

例 9.12　计算积分$\int_C \bar{z}dz$,其中 C 为沿着从原点到点 $1+i$ 的直线段.

$$z=(1+i)t \quad (0\leqslant t\leqslant 1)$$

相应的 Matlab 代码为:

```
>> syms t real          % 说明 t 是取值为实数的符号变量
>> z=(1+i)*t;
>> int(conj(z)*diff(z),t,0,1)
ans =
1
```

五、复变函数的其他实验

例 9.13　将 $f(z)=\tan z$ 在 $z_0=\frac{\pi}{4}$ 处展开为泰勒级数.

相应的 Matlab 代码为:

```
>> syms z
```

```
>>taylor(tan(z),i)
ans =
  i*tanh(1)+(1-tanh(1)^2)*(z-i)-i*tanh(1)*
  (-1+tanh(1)^2)*(z-i)^2+(-4/3*tanh(1)^2+
  tanh(1)^4+1/3)*(z-i)^3+(-5/3*i*tanh(1)^3+i*
  tanh(1)^5+2/3*i*tanh(1))*(z-i)^4+
  (2*tanh(1)^4-tanh(1)^6-17/15*tanh(1)^2+2/15)*(z-i)^5
>>taylor(tan(z),i,2)
ans =
  i*tanh(1)+(1-tanh(1)^2)*(z-i)
>>taylor(tan(z),i,3)
ans =
  i*tanh(1)+(1-tanh(1)^2)*(z-i)-i*tanh(1)*
  (-1+tanh(1)^2)*(z-i)^2
```

例 9.14 求幂级数 $\sum_{n=0}^{\infty} e^{i\pi/n} z^n$ 的收敛半径.

相应的 Matlab 代码为:

```
>> syms n
>> fn=exp(i*pi/n);
>> R=abs(limit(fn^(1/n),n,inf))
R =
1
```

例 9.15 求方程 $z^3+8=0$ 的所有根.

相应的 Matlab 代码为:

```
>> solve('z^3+8=0')
ans =
[-2]
[1-i*3^(1/2)]
[1+i*3^(1/2)]
```

例 9.16 解方程组 $\begin{cases} z_1+z_2=1+i; \\ 3z_1-iz_2=2-2i. \end{cases}$

相应的 Matlab 代码为:

```
>> A=[1 1;3 -i];
>> B=[1+i 2-2i];
```

```
>> format rat
>> z=A\B
z =
     6/5 +3/5i
    -1/5- 8/5i
```

即 $z_1=6/5+(3/5)i$，$z_2=-1/5-(8/5)i$.

六、实验任务

(1) 使用直接输入的方法产生复数 $z=a+bi$.

(2) 计算$(1-i)^{\frac{1}{3}}$,并分析其结果.

(3) 计算 e^{2+3i}和 $\ln(2+3i)$.

(4) 计算$\lim\limits_{z\to\pi i}\dfrac{\cos z}{1-z^2}$.

(5) 设函数 $f(z)=\sin\ln z$,求 $f''(z)$和 $f''(e)$.

(6) 沿曲线 $y=x^2$ 计算积分$\int_0^{1+i}(x^2+iy)dz$ 的值.

第三节　Matlab 在留数与有理函数的部分分式展开中的应用

一、留数的计算

在 Matlab 中,留数的计算可由函数 residue 实现,residue 函数的调用格式如下:

[R,P,K]=residue(B,A):返回留数、极点和两个多项式比值 B(s)/A(s)的部分分式展开的直接项

$$\frac{B(s)}{A(s)}=\frac{R(1)}{s-P(1)}+\frac{R(2)}{s-P(2)}+\cdots+\frac{R(n)}{s-P(n)}+K(s)$$

向量 B 和 A 为分子、分母以 s 降幂排列的多项式系数,向量 R 是返回的留数,向量 P 是返回的极点,向量 K 是由 B(s)/A(s)的商的多项式系数组成,若 length(B)<length(A),则 K 为空向量,否则,length(K)=length(B)−length(A)+1.

如果存在 m 级极点,即有 P(j)=…=P (j+m−1),则展开式包括以下形式:

$$\frac{R(j)}{s-P(j)}+\frac{R(j+1)}{(s-P(j))^2}+\cdots+\frac{R(j+m-1)}{(s-P(j))^m}.$$

例 9.17　计算函数 $f(z)=\dfrac{z^3}{z+3}$的留数,并求其部分分式的展开.

相应的 Matlab 代码为：

```
>> B=[1 0 0 0];
>> A=[1 3];
>> [R,P,K]=residue(B,A)
R =
    -27
P =
    -3
K =
     1          -3          9
```

结果表明：$\mathrm{Res}[f(z),-3]=-27$

$$f(z)=\frac{-27}{z+3}+z^2-3z+9.$$

例 9.18 求函数 $f(z)=\dfrac{z}{(2z+1)(z-2)}$ 在奇点处的留数，并求其部分分式的展开.

相应的 Matlab 代码为：

```
>> [R,P,K]=residue([1,0],[2,-3,-2])
R =
    2/5
    1/10
P =
     2
    -1/2
K =
    []
```

即 $\mathrm{Res}[f(z),2]=\dfrac{2}{5}$，$\mathrm{Res}\left[f(z),-\dfrac{1}{2}\right]=\dfrac{1}{10}$.

$$f(z)=\frac{\frac{2}{5}}{z-2}+\frac{\frac{1}{10}}{z+\frac{1}{2}}.$$

例 9.19 求函数 $f(z)=\dfrac{z^2-3z+2}{z^3+2z^2+z}$ 在奇点处的留数，并求其部分分式的展开.

相应的 Matlab 代码为：

```
>> B=[1-3 2];
>> A=[12 1 0];
>> [R,P,K]=residue(B,A)
R =
    -1
    -6
    2
P =
   -1
   -1
   0
K =
   []
```

结果表明：$\mathrm{Res}[f(z),-1]=-1$，$\mathrm{Res}[f(z),0]=2$

$$f(z)=\frac{-1}{z+1}+\frac{-6}{(z+1)^2}+\frac{2}{z}.$$

例 9.20　计算函数 $f(z)=\dfrac{z^3-3z^2+2}{z^2+6z-1}$的留数.

相应的 Matlab 代码为：

```
>> B=[1 3 0 2];A=[1 6 -1];
>> [R,P,K]=residue(B,A)
R =
  18.6706
  0.3294
P =
  -6.1623
  0.1623
K =
  1      -3
```

结果表明：$\mathrm{Res}[f(z),-6.1623]=18.6706$，$\mathrm{Res}[f(z),0.1623]=0.3294$

$$K(s)=s-3.$$

例 9.21　计算函数 $f(z)=\dfrac{\sin z-z}{z^6}$的留数.

根据奇点的相关理论易于判定 $z=0$ 是函数的三级极点，根据留数的计算法则，可以求出相应的留数.

相应的 Matlab 代码为：

```
>> syms z
>> f=(sin(z)-z)/z^6;
>> limit(diff(z^3 * f,z,2)/prod(1:2),z,0)
ans =
    1/120
```

说明：

① 对于 m 级极点有如下留数计算公式：

$$\mathrm{Res}[f(z),a]=\lim_{z\to a}\frac{1}{(n-1)!}\frac{\mathrm{d}^{n-1}}{\mathrm{d}z^{n-1}}[(z-a)^n f(z)];$$

② prod()为计算阶乘函数.

例 9.22 计算函数 $f(z)=\dfrac{1}{z\sin z}$的留数.

易知 $z=0$ 是函数 $f(z)$的二级极点，$z=k\pi(k=\pm1,\pm2,\cdots)$是函数 $f(z)$的一级极点.

相应的 Matlab 代码为：

```
>> syms z
>> f=1/(z * sin(z));
>> c0=limit(f * z^2,z,0)
c0 =
1
>> k=[-4 4 -3 3 -2 2 -1 1];
>> c=[];
>> for kk=k;
c=[c,limit(f * (z-kk * pi),z,kk * pi)];
end
>> c
c =
[ -1/4/pi,  1/4/pi,  1/3/pi, -1/3/pi, -1/2/pi,  1/2/pi,
  1/pi,   -1/pi]
```

结果表明：$\mathrm{Res}[f(z),0]=1,\mathrm{Res}[f(z),k\pi]=\dfrac{(-1)^k}{k\pi}(k=\pm1,\pm2,\cdots)$.

例 9.23 计算函数 $f(z)=\dfrac{e^z}{z^2-1}$在 $z=\infty$处的留数.

利用留数定理：如果函数 $f(z)$在扩充复平面内只有有限个孤立奇点，那么

$f(z)$在所有各奇点(包括∞)的留数的总和必等于零.

相应的 Matlab 代码为:

```
>> syms z
>> f=exp(z)/(z^2-1);
>> R=limit(f*(z-1),z,1)+limit(f*(z+1),z,-1)
R =
  1/2*exp(1)-1/2*exp(-1)
```

也可以利用公式:$\mathrm{Res}[f(z),\infty]=-\mathrm{Res}\left[f\left(\frac{1}{z}\right)\frac{1}{z^2},0\right]$.

二、有理分式函数的确定

在 Matlab 中,函数的确定可由函数 residue 实现,residue 函数的调用格式如下:

[B,A]=residue(R,P,K):根据已知的奇点 P、奇点的留数 R 和 K 来计算有理分式函数的系数 B 和 A.

例 9.24　求满足 $\mathrm{Res}[f(z),-2]=1$,$\mathrm{Res}[f(z),\mathrm{i}]=1+\mathrm{i}$,$K(s)=s+1$ 的有理函数 $f(z)$.

相应的 Matlab 代码为:

```
>> R=[1,1+i];
>> P=[-2,i];
>> K=[1,1];
>> [B,A]=residue(R,P,K)
B =
  1.0000   3.0000-1.0000i   4.0000-2.0000i   2.0000-1.0000i
A =
  1.0000   2.0000-1.0000i             0-2.0000i
```

可得 $f(z)=\dfrac{[z\hat{\ }3+(3-i)*z\hat{\ }2+(4-2*i)*z+(2-i)]}{[z\hat{\ }2+(2-i)*z-2*i]}$.

三、实验任务

(1) 计算函数 $f(z)=\dfrac{z^3+3z^2+2}{z^2-z-6}$的留数,并求其部分分式的展开.

(2) 计算函数 $f(z)=\dfrac{z^2-1}{z^3-3z+2}$的留数,并求其部分分式的展开.

(3) 计算函数 $f(z)=\dfrac{1}{z^2(e^z-1)}$的留数.

(4) 用两种方法计算函数 $f(z)=\dfrac{1}{z(z+1)^4(z-4)}$在 $z=\infty$处的留数.

(5) 已知留数 $r=[-1,2,1,0]$,极点 $p=[-2,1,1,4]$,直接项 $k=[2,0,1]$,试求对应的有理函数.

第四节　Matlab 在闭曲线的积分问题中的应用

一、基本指令说明

(1) syms:创建符号变量 x,y,一次可以创建多个变量;

(2) sym('x'):创建符号变量 x,一次只能创建一个变量;

(3) nargin:返回 M 函数文件的实际输入参数个数;

(4) nargout:返回 M 函数文件的实际输出参数个数;

(5) prod(X):当 $X=(x_1,x_2,\cdots,x_n)$时,返回乘积 $x_1x_2\cdots x_n$;

(6) subs(s,old,new):将符号表达式 s 中的 old 变量替换为 new 变量;

(7) format:设置数据显示格式;

(8) sym2poly:将构成多项式的符号表达式转换为按降幂排列的行向量.

二、实验内容与实验过程

例 9.25　利用高阶导数编程求积分:输出参数为解析函数 $f(z)$,n,z_0,输出参数为

$$I_f=\oint_C \frac{f(z)}{(z-z_0)^{n+1}}\mathrm{d}z=\frac{2\pi \mathrm{i}}{n!}f^{(n)}(z_0),$$

默认 $n=1,z_0=0$.

相应的 Matlab 程序 jifen_gaojiedao.m 代码为:

```
function inv=jifen_gaojiedao(fname,n,z0)
                          %利用高阶导数公式求积分
syms z pi i
if nargin==1          %当输入变量个数为1时
n=1;
z0=0;
elseif nargin==2      %当输入变量个数为2时
    z0=0
end
fz=fname;
n=n;
z0=z0;
if n==1
```

```
        pd=1;
    else
        pd=prod(1:n-1);      %求阶乘(n-1)!
    end
    df_n=diff(fz,z,n-1);
    df_z0=subs(df_n,'z',z0);
    inv=2*sym(pi)*i/pd*df_z0;
```

例 9.26 计算$\oint_C \frac{1}{z-2}dz$,其中 C 为正向圆周:$|z-1|=3$.

曲线 C 的方程为:$z=1+3e^{it}(0\leqslant t\leqslant 2\pi)$,如果将所求积分化为定积分求解,相应的 Matlab 代码为:

```
>> syms t
>> z=1+3*exp(i*t);
>> f=1/(z-2);
>> int(f*diff(z,t),t,0,2*pi)
ans =
    0
```

结果表明$\oint_C \frac{1}{z-2}dz=0$,但是我们知道$\oint_C \frac{1}{z-2}dz=2\pi i$,究其原因,在本问题的求解过程中,先求出 f*diff(z,t) 的不定积分:

```
>>int(f*diff(z,t),t)
ans=log(-1+3*exp(i*t))
```

可以看出 Matlab 是利用 f*diff(z,t)的原函数 log(-1+3*exp(i*t))求相应的定积分,所以得到错误的结果.

在 Matlab 中正确的做法应该是利用柯西积分公式、高阶导数公式计算积分$\oint_C \frac{f(z)}{(z-z_0)^{n+1}}dz$,利用留数定理计算积分$\oint_C \frac{f(z)}{g(z)}dz$,其中 $f(z)$ 在曲线 C 及其内部解析,$g(z)$ 是多项式函数.

利用例 9.25 中的 M 文件,求解本例的相应 Matlab 代码为:

```
>>f=1;
>>jifen_gaojiedao(f,1,2)
ans=2*i*pi
```

例 9.27 计算积分 $v=\oint_C \frac{\cos z}{z^3}dz$,其中 C 为正向圆周:$|z|=1$.

利用例 9.25 中的 M 文件计算该积分,相应的 Matlab 代码为:

```
>>syms z
>>f=cos(z);
>>v=jifen_gaojiedao(f,3,0);
v=-i*pi
```

利用留数定理计算该积分，相应的 Matlab 代码为：

```
>>syms z
>>f=cos(z)/z^3;
>>v=2*pi*i/prod(2)*limit(diff(z^3*f,z,2),z,0)
v =-i*pi
```

三、实验任务

(1) 计算积分 $v=\oint_C \frac{\sin z}{z^3}dz$，其中 C 为正向圆周：$|z|=1$.

(2) 计算积分 $v=\oint_C \frac{2z}{z^2-1}dz$，其中 C 为正向圆周：$|z|=3$.

第五节　Matlab 在复变函数的图像与映射的像中的应用

一、基本指令说明

(1) plot：描点法作图函数.

(2) cplxgrid(m)：产生一个(m+1)×(2m+1)的复数网格，且每个网格点对应的复数的模不超过 1.

(3) cplxmap(z,f(z))：绘制函数 f(z)的图像，即

Surf(real(z),imag(z),real(f(z)),imag(f(z)))

(4) colorbar：设置颜色棒.

(5) view：设置视点.

(6) subplot(n,m,k)：将图形窗口分成 n 行，m 列，共计 n×m 个子图窗口，并激活其中第 k 个小窗口.

(7) surf(x,y,u,v)：绘制由(x,y,u)确定的曲面，v 确定相应点的颜色.

(8) title：图形命名函数.

(9) axis：设置坐标轴属性.

(10) meshgrid(x,y)：以向量 x,y 为基准产生网格点.

(11) linspace(a,b,n)：产生一个 n 维向量，其分量是从 a 到 b 的等间隔数.

(12) gradient(x)：返回数值梯度.

(13) quiver(x,y,u,v,scale):在坐标(x,y)点处用箭头图形绘制向量,(u,v)为相应点的速度向量,参数 scale 用来控制向量的“长度”.

(14) contour(x,y,z,n):在平面上绘制 n 条等高线.

二、初等函数图形的绘制

在数学教学中经常要通过图像来分析函数的变化规律.利用 Matlab 语言使图形绘制和处理的繁杂工作变得简单.下面首先介绍一下常见参数控制符(见表 9.2)

表 9.2　　**图形参数控制符**

参数符号	参数含义	参数符号	参数含义
b	蓝色	m	紫红色
c	青色	r	红色
g	绿色	w	白色
k	黑色	y	黄色
—	实线(默认)	:	点连线
—.	点画线	——	虚线
.	点	s	正方形
+	十字号	d	菱形
o(字母)	圆圈	h	六角形
*	星号	p	五角星
x(字母)	叉号	>	右三角

其调用格式如下:

(1) plot(x,y):表示作函数 y=f(x)的图形;

(2) plot(x,y,'参数'):表示给图形添加颜色、确定线型及数据点的图标等;

(3) plot(x1,y1,'参数 1',x2,y2,'参数 2'…):表示用同一函数在同一坐标系中画多幅图形,其中 x1,y1 确定第一条曲线的坐标值,参数 1 为第一条曲线的选项参数;x2,y2 为第二条曲线的坐标值,参数 2 为第二条曲线的选项参数…….

例 9.28　用红色、点连线、叉号画出正弦曲线 $y=\sin x$.

相应的 Matlab 代码为:

```
>>x=0:0.1:2*pi;y=sin(x);plot(x,y,'r:x')
```

Matlab 输出结果如图 9.4 所示.

plot(x,y,'r:x')是 Matlab 的一个系统命令,其含义是以 x 为自变量、y 为

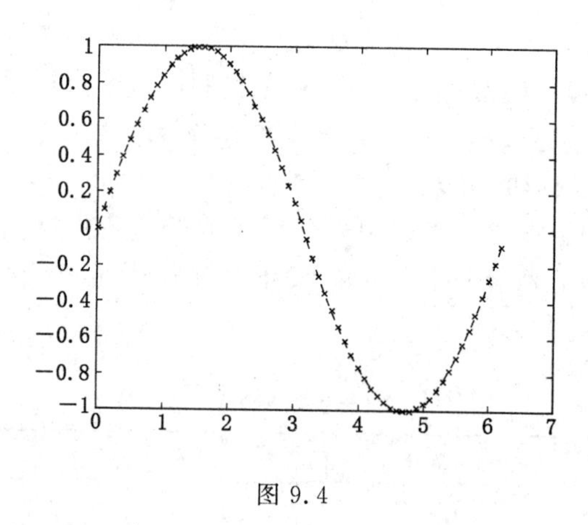

图 9.4

因变量画图.但首先要定义函数自变量的范围在[0,2π]之间,中间的 0.1 是步长,表示每隔 0.1 取一个点.三条命令之间用“;”隔开.'r:x'表示画图的颜色与线型.

例 9.29 在同一坐标内,画出一条正弦曲线和一条余弦曲线,要求正弦曲线用红色实线、数据点用“+”号显示;余弦曲线用蓝色点线、数据点用“*”号显示.

相应的 Matlab 代码为:

```
>>x=0:0.1:2*pi;y1=sin(x); y2=cos(x);
plot(x,y1,'r+-', x,y2,'b*:')
```

Matlab 输出结果如图 9.5.

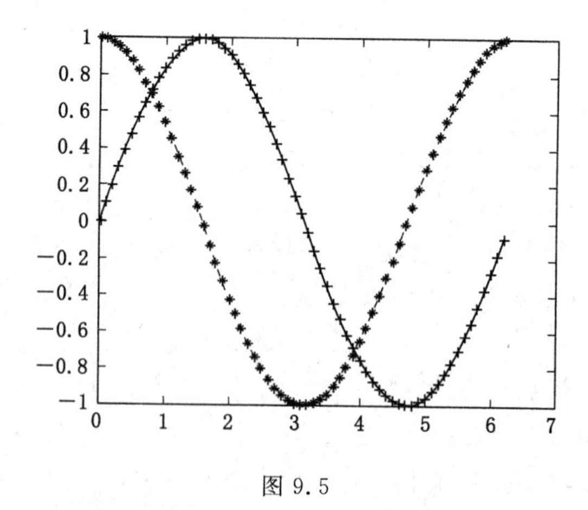

图 9.5

例 9.30　在同一窗口绘制函数 $y_1=t\sin(t)$，$y_2=e^{\frac{t}{100}}\sin\left(t-\frac{\pi}{2}\right)$，$y_3=\sin(t-\pi)$的图形.

相应的 Matlab 代码为：

```
>> t=0:pi/20:2*pi;
>> plot(t,t.*cos(t),'-.r*')
>> hold on
>> plot(exp(t/100).*sin(t-pi/2),'--mo')
>> plot(sin(t-pi),':bs')
>> hold off
```

Matlab 输出结果见图 9.6.

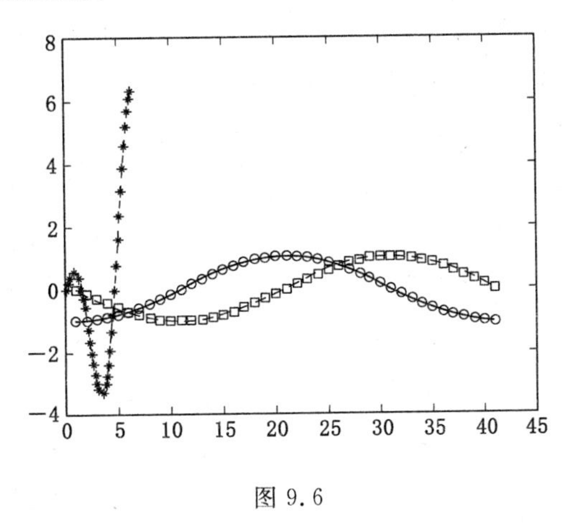

图 9.6

Matlab 还提供了 plot3 函数绘制三维曲线图形. 其功能和使用方法类似于绘制二维图形的函数. 特别是在推出 Matlab 4.0 以后的版本，它对三维图形的绘制做了极大的改进，不仅绘制出来的图形有三个坐标的标尺，而且还允许由多种方式来绘制三维图形.

例 9.31　建立并绘制$\begin{cases}x=\cos t\\y=\sin t\\z=t\end{cases}$的三维曲线.

相应的 Matlab 代码为：

```
>>syms t x y z
>>t=0:pi/50:2*pi;x=sin(t); y=cos(t);z=t;plot3(x,y,z)
```

Matlab 输出结果如图 9.7 所示.

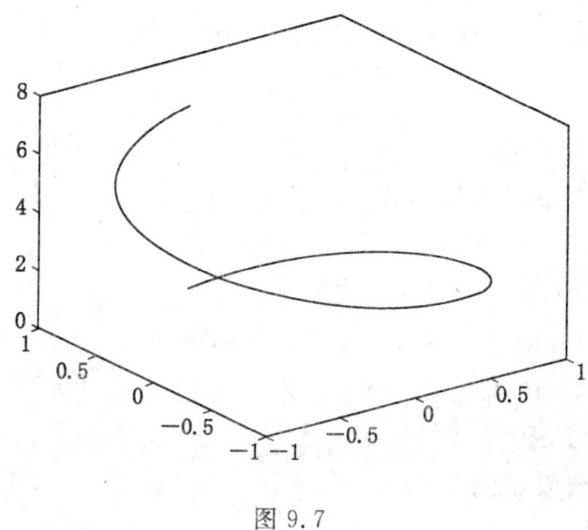

图 9.7

为了使图像更加美观，我们还可以使用 stem3 ()函数来绘制三维火柴杆图.相应的 Matlab 代码为：

```
>>syms t x y z
>>t=0:pi/50:2*pi;x=sin(t);y=cos(t);z=t;stem3(x,y,z)
```

Matlab 输出结果如图 9.8 所示.

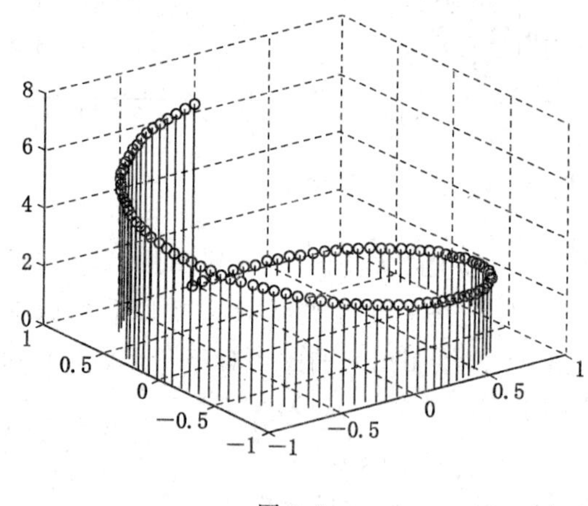

图 9.8

三、复变函数图像的实验内容与过程

例 9.32 作出曲线 $z=e^{it}+e^{-2it}$，$t\in[-1,1]$的图形.

相应的 Matlab 代码为：

```
>> t=-1:0.01:1;
```

```
>> z=exp(i*t)+exp(-2*i*t);
>> plot(z)
```

运行结果如图 9.9 所示.

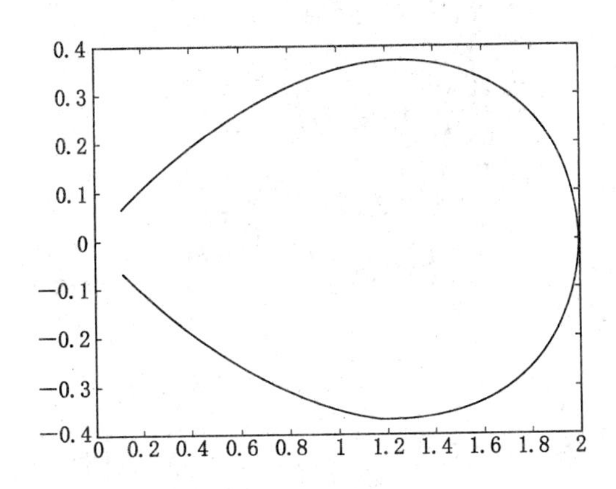

图 9.9

例 9.33　绘制函数 z^3 的图形.

相应的 Matlab 代码为:

```
>> z=cplxgrid(20);
>> cplxmap(z,z.^3);
>> colorbar('vert');
>> title('z^3')
```

或者利用下面的 Matlab 代码:

```
>> z=cplxgrid(20);
>> w=z.^3;
>> surf(real(z),imag(z),real(w),imag(w));
>>colorbar('vert');
>> title('z^3')
```

可以看出二者得到的图形是相同的,如图 9.10 所示.

从图 9.10,可以看出,与平面内自变量 z 的值相对应,函数 z^3 所形成的曲面有三个高峰和三个低谷. 这是因为

$$(\rho e^{i\theta})^3 = \rho^3(\cos 3\theta + i\sin 3\theta),$$

在单位圆上,$\rho = 1$,所以三个高峰对应的实部的最大值 $\cos 3\theta = 1$,即 $\theta = 0, 2\pi/3, 4\pi/3$;而三个低谷对应的实部最小值 $\cos 3\theta = -1$,即 $\theta = \pi/3, \pi, 5\pi/3$.

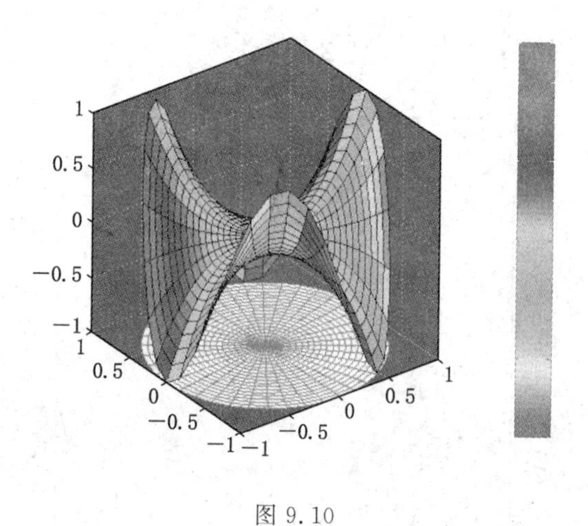

图 9.10

如果用 imag(w)作为竖轴,用 real(w)表示颜色,见图 9.11. 相应的 Matlab 代码为:

```
>> z=cplxgrid(20);
>> colorbar('vert')
>> w=z.^3;
>> surf(real(z),imag(z),imag(w),real(z))
>> title('z^3')
```

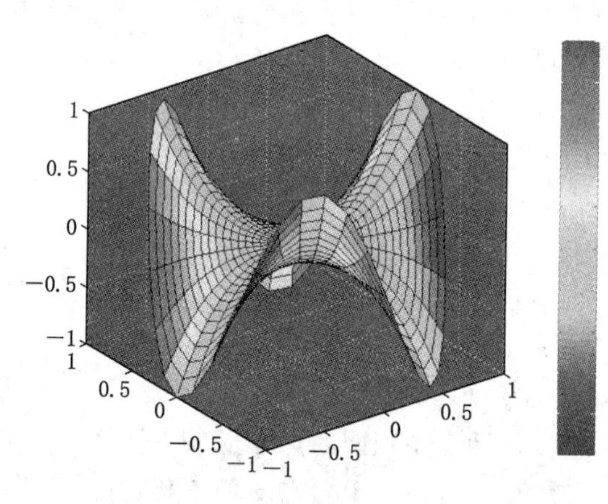

图 9.11

例 9.34 绘制函数 ln z 的图形.

相应的 Matlab 代码为:

```
>> z=cplxgrid(40);
>> w1=log(z);
>> for k=0:3
w=w1+1*2*pi*k;
subplot(2,2,k+1)
surf(real(z),imag(z),real(w),imag(w));
title('Lnz')
end
```

运行结果见图 9.12.在图 9.12 中,为了把不同的虚部表示出来,我们将它画成了 4 个图形,它们分别具有不同的颜色,也就是虚部的值是不同的,而实部的形状则相同.注意,在实轴的正方向,曲面的表现就是我们熟悉的实数的对数函数曲线的形状.

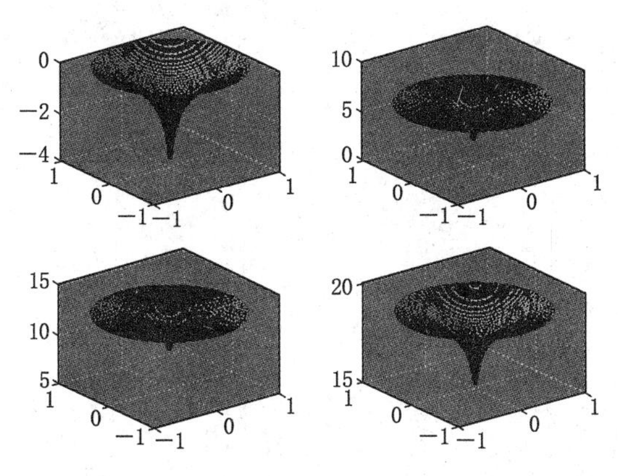

图 9.12

如果用 imag(w)作为竖轴,用 real(w)表示颜色,相应的 Matlab 代码为:

```
>> z=cplxgrid(40);
>> w=log(z);
Warning: Log of zero.
>> for k=0:3
   w=w+i*2*pi*k
   surf(real(z),imag(z),imag(w),real(z));
   hold on
   title('Lnz')
   end
>>view(-75,30)
```

运行结果见图 9.13.

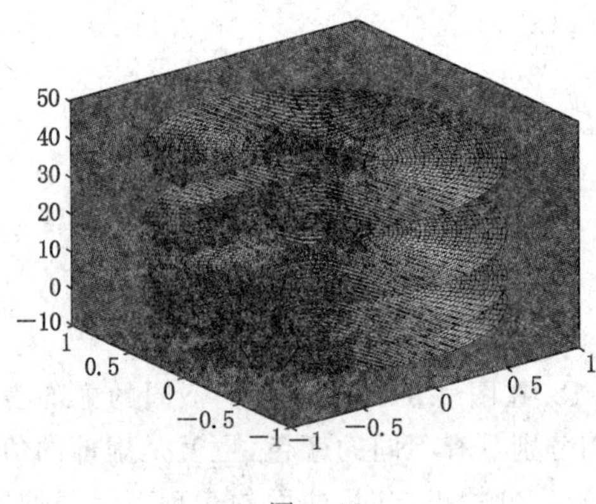

图 9.13

例 9.35 作出圆周 $|z|=2$ 在映射 $\omega=z+\dfrac{1}{z}$ 下的像.

相应的 Matlab 文件 complexplot.m 代码为：

```
clear
syms x y z w t
t=-pi:0.01:pi;
x=2*cos(t);
y=2*sin(t);
z=x+i*y;
w=z+1./z;
subplot(2,1,1);
plot(z);
title('z=cos(t)+i*sin(t)');
axis equal
subplot(2,1,2);
plot(w);
title('w=z+1/z')
axis equal
```

运行 complexplot.m 的结果，如图 9.14 所示.

例 9.36 作出圆周 $|z|=r$ 在影射 $\omega=z+\dfrac{1}{z}$ 下的像，并作出 ω 的实部与虚部的等值线，可以证明圆周 $|z|=r$ 在影射 $\omega=z+\dfrac{1}{z}$ 下的像为椭圆：

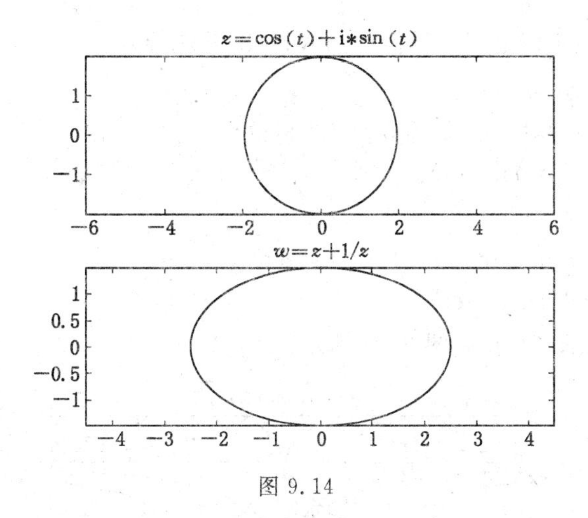

图 9.14

$$u=\left(r+\frac{1}{r}\right)\cos t, v=\left(r-\frac{1}{r}\right)\sin t.$$

绘制曲线的 Matlab 文件 huitu.m 的代码为：

```
function shiyan4(r)
r=input('圆的半径 r=')
t=0:0.01*pi:2*pi;
z=r*exp(i*t);
w=z+1./z;
plot(w)
axis equal
```

运行 shiyan2.m 的结果如图 9.15 所示.

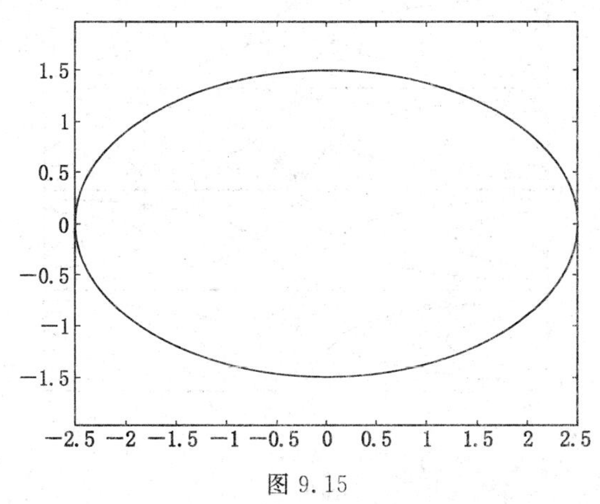

图 9.15

作出 ω 的实部与虚部的等值线的 Matlab 代码为：

```
>> c=2;
>> ezcontour('(c+1/c) * cos(t)')
>> colormap(jet)
>> figure
>> ezcontour('(c+1/c) * sin(t)')
>> colormap(jet)
```

其等值线如图 9.16 和图 9.17 所示.

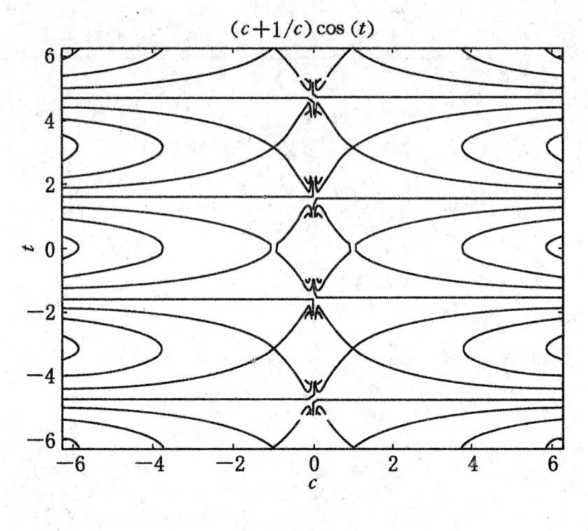

图 9.16

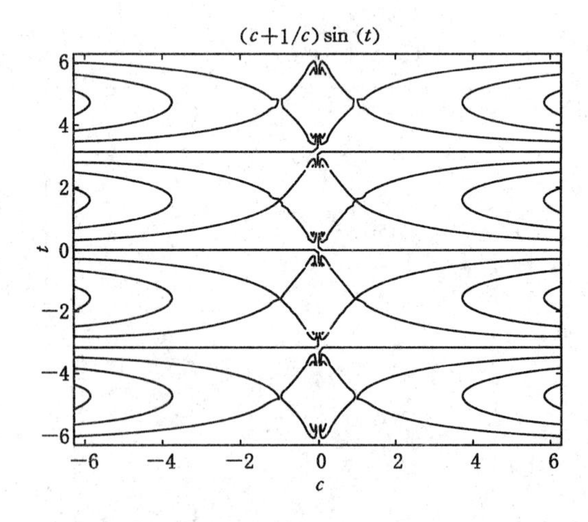

图 9.17

例 9.37　求将单位圆$|z|\leqslant 1$映照成上半平面 $\mathrm{Im}\, w\geqslant 0$ 的分式线性函数 $w=\dfrac{az+b}{cz+d}$.

解　在圆周上任取三点 z_1,z_2,z_3，在 w 平面的实轴上取三点 $w_1,w_2,w_3(w_3=\infty)$分别与 z_1,z_2,z_3 对应.

由公式$\dfrac{w-w_1}{w-w_2}=\dfrac{z-z_1}{z-z_2}:\dfrac{z_3-z_1}{z_3-z_2}$.

化简得：$w=\dfrac{az+b}{cz+d}$，其中 $A=\dfrac{z_3-z_1}{z_3-z_2}$，

$$a=Aw_1-w_2,b=z_1w_2-Aw_1z_2,c=A-1,d=z_1-Az_2,$$

取 $z_1=\mathrm{i},z_2=-1,z_3=1$ 及 $w_1=0,w_2=1$ 的计算.

相应的 Matlab 代码为：

```
syms   z1   z2   z3   w1   w2   w3
>>z1=i;z2=-1;z3=1;w1=0;w2=1;w3=inf;
A=(z3-z1)/(z3-z2)
A=
0.5000-0.5000i
>>a=A*w1-w2
a=
-1
>>b=z1*w2-A*w1*z2
b=
     0+1.000i
>>c=A-1
c=
    -0.5000-0.5000i
>>d=z1-A*z2
d=
    0.5000+0.5000i
>>w=(a*z+b)/(c*z+d)
w=
    (-z+i)/((-1/2-1/2*i)*z+1/2+1/2*i)
z=0;
>>w=
    1.0000+1.0000i
```

其等值线见图9.17.

四、实验任务

(1) 绘制曲线 $z=t^2+\mathrm{i}\sin t(-\pi\leqslant t\leqslant\pi)$ 的图形.

(2) 绘制函数 $\omega=(z-0.5)^{1/2}$ 的图形.

(3) 作出椭圆 $x^2+4y^2=1$ 在影射 $\omega=\dfrac{1}{z}$ 下的像.

(4) 回执函数 $f(z)=z^4$ 的等势线和电力线.

第六节　Matlab在积分变换中的应用

一、基本指令说明

1. 傅立叶变换的基本指令说明

(1) F=fourier(f):返回默认独立自变量 x 的函数 f 的 Fourier 变换,默认返回为 ω 的函数,如果 f=f(ω),fourier()函数返回 t 的函数.

(2) F=fourier(f,v): 以 v 代替默认变量 ω 的 Fourier 变换.

(3) F= fourier(f,u,v): 返回 F(v)=int(f(u) * exp(-i * v * u),u,-inf,inf).

(4) f=ifourier(F): 返回默认独立变量 ω 的函数 F 的 Fourier 逆变换,默认返回 x 的函数.

(5) f=ifourier(F,u): 返回 u 的函数.

(6) f=ifourier(F,v,u): 返回 f(u)=1/(2 * pi * int((F(v) * exp(-i * v * u,v),-inf,inf).

2. 拉普拉斯变换的基本指令说明

(1) L=laplace(F):返回默认独立自变量 t 的函数 F 的 Laplace 变换,默认返回为 s 的函数.

(2) L=laplace(F,t):以 t 代替 s 为变量的 Laplace 变换.

(3) L=laplace(F,w,z):以 z 代替 s 的 Laplace 变换(相对于 w 的积分).

(4) F=ilaplace(L):返回默认独立变量 s 的函数 L 的 Laplace 逆变换,默认返回 t 的函数.

(5) F=ilaplace(L,y):返回以 y 代替默认变量 t 的函数.

(6) F=ilaplace(L,y,x):返回 F(x)=int(L(y) * exp(x * y),y,c-i * inf,c+i * inf).

二、实验内容与过程

例9.38　分别求函数 $f_1(t)=\dfrac{1}{t}$,$f_2(x)=\mathrm{e}^{-x^2}$,$f_3(x)=F'(x)$的傅氏变换.

相应的 Matlab 代码为：

```
>> syms t w x
>> fourier(1/t)
ans = i * pi * (Heaviside(-w)-Heaviside(w))
                                  %Heaviside(w)为单位阶跃函数
>> fourier(exp(-x^2),x,t)
ans =pi^(1/2) * exp(-1/4 * t^2)
>> fourier(diff(sym('F(x)')),x,w)
ans =i * w * fourier(F(x),x,w)
```

例 9.39　求钟形脉冲函数 $f(t)=4e^{-2t^2}$ 的频谱函数并绘制频谱图.

相应的 Matlab 代码为：

```
>> syms t w pi
>> f=4 * exp(-2 * t^2);
>> F=fourier(f)
F =2 * 2^(1/2) * pi^(1/2) * exp(-1/8 * w^2)
>> ezplot(F,[-10,10])
```

所得频谱图见图 9.18.

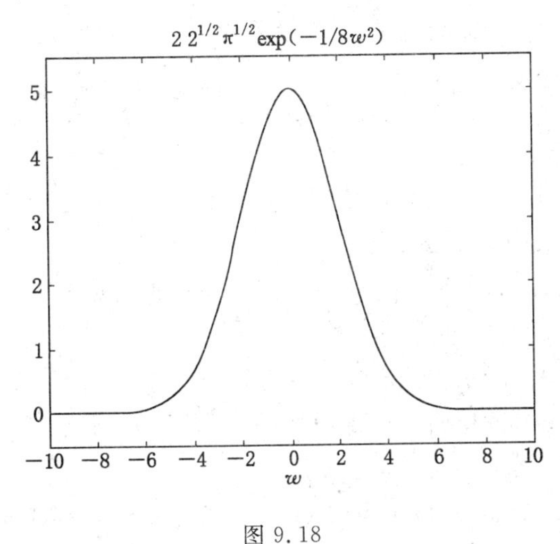

图 9.18

例 9.40　利用 Parseval 公式计算积分 $v=\int_{-\infty}^{+\infty}\frac{\sin^2 t}{t^2}dt$.

相应的 Matlab 代码为：

```
>> syms t w
```

```
>> pi=sym('pi');
>> f=sin(t)/t;F=simple(fourier(f));
>> v=1/(2*pi)*int((abs(F))^2,w,-inf,inf)
v =pi
```

例 9.41 已知某信号函数的相关函数为 $R(\tau)=e^{ja\tau}u(\tau)$，求它的能量谱密度.

相应的 Matlab 代码为：

```
>> syms t w a tao
>> R=exp(j*a*tao)*sym('Heaviside(tao)');
>> S=fourier(R)
S =
1/2/pi*(2*pi^2*Dirac(-w+a)-2*i*pi/(w-a))
>> S1=simplify(S)
S1 =
i/(-w+a)
```

结果显示能量谱密度为：

$$S(\omega)=\frac{1}{j(\omega-a)}.$$

例 9.42 求函数 $F(\omega)=\begin{cases}0, & \omega<0\\ \omega e^{-3\omega}, & \omega>0\end{cases}$ 的傅氏逆变换，并验证函数 $f(x)$ 傅氏变换的逆变换为 $f(x)$.

相应的 Matlab 代码为：

```
>> syms t u w x
>> ifourier(w*exp(-3*w)*sym('Heaviside(w)'))
ans =
1/2/(-3+i*x)^2/pi
>> ifourier(1/(1+w^2),u)
ans =
1/2*exp(-u)*Heaviside(u)+1/2*exp(u)*Heaviside(-u)
>> syms v
>> ifourier(v/(1+w^2),v,u)
ans =
-i/(1+w^2)*Dirac(1,u)
                    %Dirac(n,t)表示单位脉冲函数 f(t)的 n 阶导数
```

```
>> ifourier(sym('fourier(f(x),x,w)'),w,x)
ans =
f(x)
```

例 9.43　设函数 $f_1(t)=\begin{cases}0, t<0\\1, t\geqslant 0;\end{cases}$ $f_2(t)=\begin{cases}0, t<0\\e^t, t\geqslant 0.\end{cases}$ 利用卷积定理计算卷积 $f_1(t)*f_2(t)$.

相应的 Matlab 代码为：

```
>> syms t w
>> f1=sym('Heaviside(t)');
>> f2=exp(-t)*sym('Heaviside(t)');
>> juanji=ifourier(fourier(f1)*fourier(f2),w,t)
juanji =
1/2+1/2*Heaviside(t)-1/2*Heaviside(-t)-exp(-t)*Heaviside(t)
>> simplify(juanji)
ans =
Heaviside(t)-exp(-t)*Heaviside(t)
```

结果显示：

$$f_1(t)*f_2(t)=(1-e^{-t})u(t).$$

例 9.44　求函数 $f_1(x)=x^5$，$f_2(s)=e^{as}$，$f_3(\omega)=\sin x\omega$ 的拉氏变换，并求函数 $F'(x)$的拉氏变换.

相应的 Matlab 代码为：

```
>> syms a s t w x
>>laplace(x^5)
ans =
120/s^6
>>laplace(exp(a*s))
ans =
1/(t-a)
>>laplace(sin(x*w),w,t)
ans =
x/(t^2+x^2)
>>laplace(sin(x*w),t)
ans =
w/(t^2+w^2)
```

```
>>laplace(diff(sym('F(w)')))
ans =
s * laplace(F(w),w,s)-F(0)
```

例 9.45 求函数 $F_1(s)=\dfrac{1}{s-1}$, $F_2(t)=\dfrac{1}{t^2+1}$, $F_3(t)=t^{-5/2}$, $F_4(y)=\dfrac{y}{y^2+\omega^2}$ 的拉氏逆变换.

相应的 Matlab 代码为:

```
>> syms s t w x y
>> ilaplace(1/(s-1))
ans =
exp(t)
>> ilaplace(1/(t^2+1))
ans =
sin(x)
>> ilaplace(t^sym(-5/2),x)
ans =
4/3 * x^(3/2)/pi^(1/2)
>> ilaplace(y/(y^2+w^2),y,x)
ans =
cos((w^2)^(1/2) * x)
```

例 9.46 求函数 $f(t)=\delta''(t)$的拉氏变换.

相应的 Matlab 代码为:

```
>> syms t s
>> f=sym('Dirac(2,t)');
>> F=laplace(f,t,s)
F =
s^2
```

例 9.47 利用拉氏变换的卷积定理求拉氏变换意义下的卷积 $t * \sin t$.

相应的 Matlab 代码为:

```
>> syms t a
>> f1=t;
>> f2=sin(t);
>> F1=laplace(f1);
>> F2=laplace(f2);
```

```
>> juanji=ilaplace(F1 * F2)
juanji =
t-sin(t)
```

例 9.48　设函数 $f(t)=t^2 e^{-2t}\sin(t+\pi)$，求其拉氏变换，并对结果进行反演变换.

相应的 Matlab 代码为：

```
>> syms t a
>> f=t^2 * exp(-2 * t) * sin(t+pi);
>> L=laplace(f)
L =
-8/((s+2)^2+1)^3 * (s+2)^2+2/((s+2)^2+1)^2
>> ilaplace(L)
ans =
-t^2 * exp(-2 * t) * sin(t)
```

例 9.49　设函数 $f(t)=e^{-5t}\cos(2t+1)+3$，求函数 $f^{(5)}(t)$的拉氏变换.

相应的 Matlab 代码为：

```
>> syms t a
>> f=exp(-5 * t) * cos(2 * t+1)+3;
>> L=simple(laplace(diff(f,t,5)))
L =
(1475 * s * cos(1)-1189 * cos(1)-24360 * sin(1)-
4282 * s * sin(1))/(s^2+10 * s+29)
```

三、实验任务

(1) 求函数 $f(t)=\dfrac{1}{4+t^2}$的傅氏变换.

(2) 求函数 $f(t)=\sin atu(t)$的傅氏变换.

(3) 求函数 $\delta^{(4)}(t)$的傅氏变换.

(4) 作指数衰减函数 $f(t)=\begin{cases}0, & t<0,\\ e^{-t}, & t\geqslant 0.\end{cases}$的频谱图.

(5) 求函数 $F(\omega)=\dfrac{1}{j\omega}+\pi\delta(\omega)$的傅氏逆变换.

(6) 设函数 $f_1(t)=\begin{cases}0, & t<0\\ e^{-t}, & t\geqslant 0;\end{cases}$ $f_2(t)=\begin{cases}\sin t, & 0\leqslant t\leqslant \dfrac{\pi}{2}\\ 0, & \text{其他}.\end{cases}$

利用卷积定理计算卷积 $f_1(t) * f_2(t)$.

(7) 求下列函数的拉氏变换.

(1) $f(t)=(t-1)^2 e^t$; (2) $f(t)=te^{-3t}\sin 2t$.

8. 求下列函数的拉氏逆变换.

(1) $F(s)=\dfrac{2s+3}{s^2+9}$;(2) $F(s)=\dfrac{1}{\sqrt{s^2+1}}$; (3) $F(s)=s^5$.

9. 利用拉氏变换的卷积定理求拉氏变换意义下的卷积 $\cos t * \sin t$.

习题答案

第一章

A组

1. (1) $\frac{\sqrt{2}}{2}-\frac{\sqrt{2}}{2}\mathrm{i}$；(2) $\frac{19}{25}-\frac{8}{25}\mathrm{i}$；(3) $5+10\mathrm{i}$；(4) $\frac{3}{2}-\frac{5}{2}\mathrm{i}$.

2. (1) $\mathrm{Re}\, z=\frac{3}{2}$，$\mathrm{Im}\, z=-\frac{5}{2}$；

(2) 设 $z=x+\mathrm{i}y$，$\mathrm{Re}\, z^3=x^3-3xy^2$，$\mathrm{Im}\, z^3=3x^2y-y^3$；

(3) $\mathrm{Re}\left(\frac{-1+\mathrm{i}\sqrt{3}}{2}\right)=1$，$\mathrm{Im}\left(\frac{-1+\mathrm{i}\sqrt{3}}{2}\right)=0$；

(4) 设 $z=x+\mathrm{i}y$，$\mathrm{Re}\left(\frac{z-a}{z+a}\right)=\frac{x^2-a^2-y^2}{(x+a)^2+y^2}$，

$\mathrm{Im}\left(\frac{z-a}{z+a}\right)=\frac{2xy}{(x+a)^2+y^2}$；

(5) $\mathrm{Re}\, z=-\frac{3}{10}$，$\mathrm{Im} z=\frac{1}{10}$；

(6) 当 $n=2k$ 时，$\mathrm{Re}(\mathrm{i}^n)=(-1)^k$，$\mathrm{Im}(\mathrm{i}^n)=0$；
当 $n=2k+1$ 时，$\mathrm{Re}(\mathrm{i}^n)=0$，$\mathrm{Im}(\mathrm{i}^n)=(-1)^k$.

3. (1) $|-3|=3-\overline{3}=-3$；

(2) $|-2+\mathrm{i}|=\sqrt{4+1}=\sqrt{5}$，$-\overline{2+\mathrm{i}}=-2-\mathrm{i}$；

(3) $|(2+\mathrm{i})(3+2\mathrm{i})|=\sqrt{65}$，$\overline{(2+\mathrm{i})(3+2\mathrm{i})}=4-7\mathrm{i}$；

(4) $\left|\frac{1+\mathrm{i}}{2}\right|=\frac{\sqrt{2}}{2}$，$\left(\overline{\frac{1+\mathrm{i}}{2}}\right)=\frac{1-\mathrm{i}}{2}$.

4. (1) $\frac{\sqrt{17}}{5}\cdot \mathrm{e}^{\mathrm{i}\theta}$，其中 $\theta=\pi-\arctan\frac{8}{19}$；(2) $\mathrm{e}^{\mathrm{i}\frac{\pi}{2}}$；(3) $16\pi\cdot \mathrm{e}^{-\frac{2}{3}\pi\mathrm{i}}$；

(4) $\mathrm{e}^{\frac{2\pi}{3}\mathrm{i}}$；(5) $\mathrm{e}^{\pi\mathrm{i}}$；(6) $2\mathrm{e}^{\frac{2}{3}\pi\mathrm{i}}$；(7) $r\mathrm{e}^{-\theta\mathrm{i}}$；(8) $2\sin\frac{\theta}{2}\mathrm{e}^{\frac{\pi-\theta}{2}\mathrm{i}}$.

5. (1) $-16(\sqrt{3}+\mathrm{i})$；(2) -2^{51}；(3) $\sqrt{2}\mathrm{e}^{\left(2\theta-\frac{\pi}{12}\right)\mathrm{i}}$；(4) $\cos 19\varphi+\mathrm{i}\sin 19\varphi$；

(5) $\cos\frac{1}{3}\left(\frac{\pi}{2}+2k\pi\right)+\mathrm{i}\sin\frac{1}{3}\left(\frac{\pi}{2}+2k\pi\right)=\begin{cases}\frac{\sqrt{3}}{2}+\frac{1}{2}\mathrm{i}, & k=0\\ -\frac{\sqrt{3}}{2}+\frac{1}{2}\mathrm{i}, & k=1\\ -\mathrm{i}, & k=2;\end{cases}$

(6) $\sqrt[4]{2}\left[\cos\frac{1}{2}\left(\frac{\pi}{4}+2k\pi\right)+\mathrm{i}\sin\frac{1}{2}\left(\frac{\pi}{4}+2k\pi\right)\right]=\begin{cases}\sqrt[4]{2}\mathrm{e}^{\frac{\pi}{8}\mathrm{i}}, & k=0\\ -\sqrt[4]{2}\mathrm{e}^{\frac{\pi}{8}\mathrm{i}}, & k=1.\end{cases}$

6. (1) $z_1=\cos\frac{\pi}{6}+\mathrm{i}\sin\frac{\pi}{6}=\frac{\sqrt{3}}{2}+\frac{1}{2}\mathrm{i}$,

$z_2=\cos\frac{5}{6}\pi+\mathrm{i}\sin\frac{5}{6}\pi=-\frac{\sqrt{3}}{2}+\frac{1}{2}\mathrm{i}$,

$z_3=\cos\frac{9}{6}\pi+\mathrm{i}\sin\frac{9}{6}\pi=-\mathrm{i}$;

(2) $z_1=\cos\frac{\pi}{3}+\mathrm{i}\sin\frac{\pi}{3}=\frac{1}{2}+\frac{\sqrt{3}}{2}\mathrm{i}$,

$z_2=\cos\pi+\mathrm{i}\sin\pi=-1$,

$z_3=\cos\frac{5}{3}\pi+\mathrm{i}\sin\frac{5}{3}\pi=-\frac{1}{2}-\frac{\sqrt{3}}{2}\mathrm{i}$;

(3) $z_1=6^{\frac{1}{4}}\cdot\left(\cos\frac{\pi}{8}+\mathrm{i}\sin\frac{\pi}{8}\right)=6^{\frac{1}{4}}\cdot\mathrm{e}^{\frac{\pi}{8}\mathrm{i}}$,

$z_2=6^{\frac{1}{4}}\cdot\left(\cos\frac{9}{8}\pi+\mathrm{i}\sin\frac{9}{8}\pi\right)=6^{\frac{1}{4}}\cdot\mathrm{e}^{\frac{9}{8}\pi\mathrm{i}}$.

7. $z_1z_2=2\left(\cos\frac{\pi}{12}+\mathrm{i}\sin\frac{\pi}{12}\right)$, $\frac{z_1}{z_2}=\frac{1}{2}\left(\cos\frac{5\pi}{12}+\mathrm{i}\sin\frac{5\pi}{12}\right)$.

8. (1) $z=\sqrt[5]{1}-\mathrm{i}=\mathrm{e}^{\frac{2}{5}k\pi\mathrm{i}}-\mathrm{i}(k=0,1,2,3,4)$；

(2) $z=a\left[\cos\frac{1}{4}(\pi+2k\pi)+\mathrm{i}\sin\frac{1}{4}(\pi+2k\pi)\right]$当 $k=0,1,2,3$ 时，对应的 4 个根分别为：

$$\frac{a}{\sqrt{2}}(1+\mathrm{i}),\frac{a}{\sqrt{2}}(-1+\mathrm{i}),\frac{a}{\sqrt{2}}(-1-\mathrm{i}),\frac{a}{\sqrt{2}}(1-\mathrm{i}).$$

10. (1) 表示直线 $y=x$；(2) 表示椭圆 $\frac{x^2}{a^2}+\frac{y^2}{b^2}=1$；

(3) 表示双曲线 $xy=1$.

11. (1) $\arg z=\pi$ 表示负实轴；

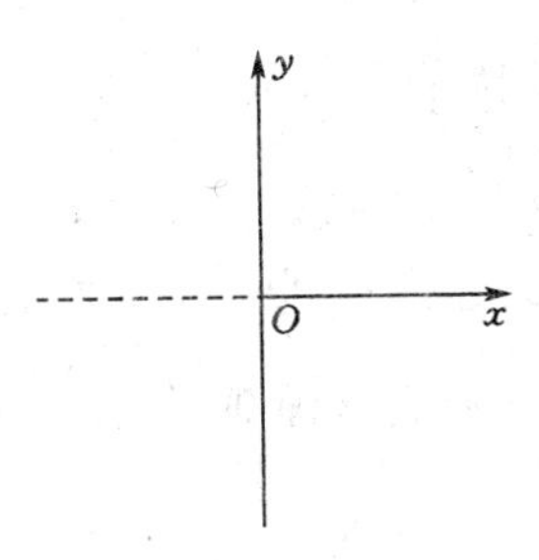

(2) $|z-1|=|z|$ 表示直线 $z=\frac{1}{2}$；

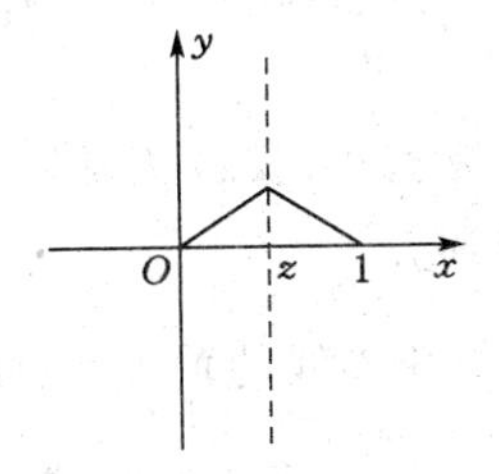

(3) $1<|z+\mathrm{i}|<2$ 表示以 $-\mathrm{i}$ 为圆心、以 1 和 2 为半径的圆周所组成的圆环域.

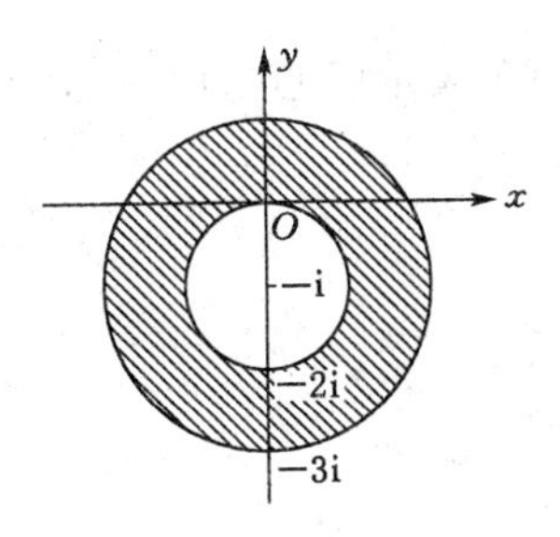

(4) $\mathrm{Re}\,z>\mathrm{Im}\,z$ 表示直线 $y=x$ 的右下半平面.

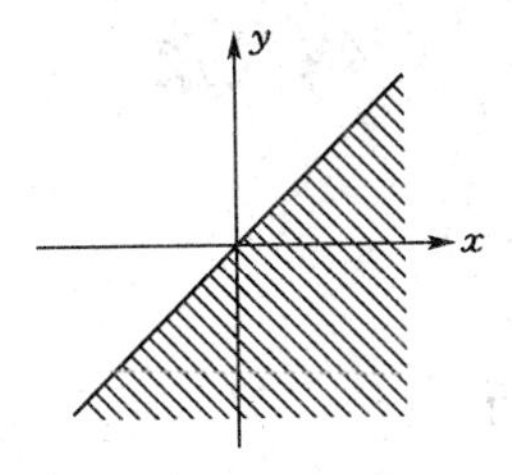

13. $x=1$ 表示一个圆周；

$x^2+y^2=4$ 表示一半径为$\frac{1}{2}$的圆周.

14. (1) $|z-z_0|=r(r>0)$ 表示圆心为 z_0、半径为 r 的圆周;

(2) $|z-z_0|\geqslant r$ 表示圆心为 z_0 半径为 r 的圆周及圆周外部的点集;

(3) $|z-1|+|z-3|=8$ 表示椭圆$\frac{(x-2)^2}{16}+\frac{y^2}{15}=1$;

(4) $|z+\mathrm{i}|=|z-\mathrm{i}|$ 表示 x 轴;

(5) $\arg(z-\mathrm{i})=\frac{\pi}{4}$ 表示以 i 为顶点的与 x 轴正向夹角为$\frac{\pi}{4}$的射线.

15. (1) $2<|z|<3$ 表示以原点为心,内、外圆半径分别为2、3的圆环区域,有界,多连通;

(2) $\alpha<\arg z<\beta\quad(0<\alpha<\beta<2\pi)$ 表示顶点在原点、两条边的倾角分别为 α、β 的角形区域,无界,单连通;

(3) $\left|\frac{z-3}{z-2}\right|>1$,表示 2 与 3 连线的垂直平分线即 $x=2.5$ 左边部分除掉 $x=2$ 后的点构成的集合,是一无界、多连通区域;

(4) $|z-2|-|z+2|>1$ 表示上述双曲线左边一支的左侧部分,是一无界单连通区域;

(5) $|z-1|<4|z+1|$ 表示圆心为$\left(-\frac{17}{15},0\right)$、半径为$\frac{8}{15}$的圆周外部,是一无界多连通区域.

16. $-7+2\mathrm{i}$.

B 组

20. $z^n=\frac{a}{|a|}$.

第二章

A 组

1. (1) $(z-1)^5$ 处处解析,$[(z-1)^5]'=5(z-1)^4$;

(2) $z^3+2\mathrm{i}z$ 处处解析,$(z^3+2\mathrm{i}z)'=3z^2+2\mathrm{i}$;

(3) $\frac{1}{z^2+1}$ 的奇点为 $z^2+1=0$,即 $z=\pm\mathrm{i}$,

$$\left(\frac{1}{z^2+1}\right)'=\frac{-(z^2+1)'}{(z^2+1)^2}=\frac{-2z}{(z^2+1)^2}(z\neq\pm \mathrm{i});$$

(4) $z+\dfrac{1}{z+3}$ 的奇点为 $z=-3$，

$$\left(z+\frac{1}{z+3}\right)'=1-\frac{1}{(z+3)^2}(z\neq -3).$$

2. (1) 函数在 $z=0$ 点可导，$f'(0)=0$；

(2) 函数在直线 $y=x$ 上可导，$f'(x+\mathrm{i}x)=2x$；

(3) 函数处处可导，且导数为 $f'(z)=3z^2$；

(4) $f(z)$ 在整个 z 平面上可导，$f'(z)=n(z-1)^{n-1}$；

(5) 函数处处不可导；

(6) $f(z)$ 除 $z=-1,z=\pm\mathrm{i}$ 外可导，且 $f'(z)=\dfrac{-2z^3+5z^2+4z+3}{(z+1)^2(z^2+1)^2}$；

(7) $f(z)$ 除 $z=\dfrac{7}{5}$ 外处处可导，且 $f'(z)=-\dfrac{61}{(5z-7)^2}$；

(8) $f(z)$ 除 $z=0$ 外处处可导，且 $f'(z)=-\dfrac{(1+\mathrm{i})}{z^2}$.

3. $m=1,n=-3,l=-3$.

4. (1) 处处可导，处处解析，$f'(z)=3z^2$；

(2) 处处可导，处处解析，$f'(z)=\mathrm{e}^z(1+z)$.

7. (1) $-\cosh 5$；(2) $\dfrac{\mathrm{e}^5+\mathrm{e}^{-5}}{2}\cdot\sin 1-\mathrm{i}\cdot\dfrac{\mathrm{e}^5+\mathrm{e}^{-5}}{2}\cos 1$；

(3) $\dfrac{\sin 6-\mathrm{i}\sin 2}{2(\cosh^2 1-\sin^2 3)}$；

(4) $\sin^2 x+\sinh^2 y$；(5) $\begin{cases}-\mathrm{i}[\ln(\sqrt{2}+1)+\mathrm{i}2k\pi]\\-\mathrm{i}[\ln(\sqrt{2}-1)+\mathrm{i}(\pi+2k\pi)]\end{cases}$ $k=0,\pm1,\cdots$；

(6) $k\pi+\dfrac{1}{2}\arctan 2+\dfrac{\mathrm{i}}{4}\cdot\ln 5$；

(7) $\sqrt{2}\cdot\mathrm{e}^{2k\pi+\frac{\pi}{4}}\cdot\left[\cos\left(\dfrac{\pi}{4}-\ln\sqrt{2}\right)+\mathrm{i}\sin\left(\dfrac{\pi}{4}-\ln\sqrt{2}\right)\right]$；

(8) $3^{\sqrt{5}}\cdot(\cos(2k+1)\pi\cdot\sqrt{5}+\mathrm{i}\sin(2k+1)\pi\sqrt{5})$；

(9) $\mathrm{e}^{2k\pi}$；(10) $\mathrm{e}^{\frac{\pi}{4}-2k\pi}\cdot\left(\dfrac{\sqrt{2}}{2}-\dfrac{\sqrt{2}}{2}\mathrm{i}\right)$.

8. (1) $-\mathrm{i}$；(2) $\left(-\dfrac{1}{2}+2k\right)\pi\mathrm{i}$；

(3) $\ln 5+\left(\pi-\arctan\dfrac{4}{3}+2k\pi\right)\mathrm{i}$，$k$ 为任意整；(4) $\dfrac{\mathrm{e}-\mathrm{e}^{-1}}{2}\mathrm{i}$；

(5) $e^{-\frac{\pi}{4}-2k\pi}(\cos\ln\sqrt{2}+i\sin\sqrt{2})$，$k$ 为任意整数；

(6) $9e^{\frac{4}{3}k\pi i}$，当 k 分别取 0,1,2 时得到 3 个值：$9,-\frac{9}{2}(1+\sqrt{3}i),\frac{9}{2}(-1+\sqrt{3}i)$；

(7) $\ln\sqrt{13}+i\left(\pi-\arctan\frac{3}{2}\right)$；(8) $\ln2\sqrt{3}-\frac{\pi}{6}i$.

9. $\frac{1}{2}\ln(1-2r\cos\theta+r^2)$.

10. (1) $\ln 2+\left(\frac{1}{3}+2k\right)\pi i$，$k$ 为任意整数；

(2) i；(3) $k\pi-\frac{\pi}{4}$，k 为任意整数；(4) $\left(\frac{\pi}{2}+2k\pi\right)i$，$k$ 为任意整数；

(5) $\left(2k+\frac{1}{2}\right)\pi\pm i\ln(2+\sqrt{3})$，$k$ 为任意整数；

(6) $\ln\sqrt{2}+\left(2k+\frac{1}{4}\right)\pi i$，$k$ 为任意整数.

13. (1) 流速为 $\boldsymbol{v}=\overline{f'(z)}=\overline{2(z+i)}=2(\bar{z}-i)$，
流线为 $x(y+1)\equiv c_1$，等势线为 $x^2-(y+1)^2\equiv c_2$；
(2) 流速为 $\boldsymbol{v}=\overline{f'(z)}=\overline{3z^2}=3(\bar{z})^2$，
流线为 $3x^2y-y^3\equiv c_1$，等势线为 $x^3-3xy^2\equiv c_2$；
(3) 流速为 $\boldsymbol{v}=\overline{f'(z)}=\overline{\frac{-2z}{(z^2+1)^2}}=\frac{-2\bar{z}}{(\bar{z}^2+1)^2}$，

流线为 $\frac{xy}{(x^2-y^2+1)^2+4x^2y^2}\equiv c_1$，

等势线为 $\frac{x^2-y^2+1}{(x^2-y^2+1)^2+4x^2y^2}\equiv c_2$.

B 组

19. $\lim\limits_{z\to\infty}f(z)=\infty$.

20. 在复平面上处处不可导，在复平面除原点及负实轴外处处连续.

第三章

A 组

1. $\frac{-1+i}{3}$.

2. (1) $-\frac{1}{6}+\frac{5}{6}\mathrm{i}$;(2) $-\frac{1}{6}+\frac{5}{6}\mathrm{i}$.

3. (1) i;(2) 2i;(3) 2i.

4. (1) $\mathrm{e}^{1+\mathrm{i}}-1$;(2) $\mathrm{e}^{1+\mathrm{i}}-1$.

5. (1) i;(2) $\frac{2}{3}\mathrm{i}$.

6. (1) $\pi\mathrm{e}^{\mathrm{i}}$;(2) $-\pi\mathrm{e}^{-\mathrm{i}}$;(3) $2\pi\mathrm{i}\sin 1$.

7. (1) $2\cosh 1$;(2) -2;(3) $-\frac{11}{3}+\frac{\mathrm{i}}{3}$;(4) $-\frac{1}{8}(\frac{\pi^2}{4}+3\ln^2 2)$;

(5) $\sin 1-\cos 1$;(6) $-\left(\tan 1+\frac{1}{2}\tan^2 1+\frac{1}{2}\tanh^2 1\right)+\mathrm{i}\tanh 1$.

8. π.

10. 各积分的被积函数的奇点为:(1) $z=-2$;(2) $(z+1)^2+3=0$,

即 $z=-1\pm\sqrt{3}\mathrm{i}$;(3) $z=\pm\sqrt{2}\mathrm{i}$;(4) $z=k\pi+\frac{\pi}{2}$, k 为任意整数;

(5) 被积函数处处解析,无奇点.

11. 被积函数的奇点为 $\pm a$,根据其与 C 的位置分四种情况讨论:

(1) $\pm a$ 皆在 C 外,$\oint_C \frac{\mathrm{d}z}{z^2-a^2}=0$;

(2) a 在 C 内,$-a$ 在 C 外,$\oint_C \frac{\mathrm{d}z}{z^2-a^2}=\frac{\pi}{a}\mathrm{i}$;

(3) 同理,当 $-a$ 在 C 内,a 在 C 外时,$\oint_C \frac{\mathrm{d}z}{z^2-a^2}=-\frac{\pi}{a}\mathrm{i}$;

(4) $\pm a$ 皆在 C 内.

此时,在 C 内围绕 a、$-a$ 分别做两条相互外离的小闭合曲线 C_1、C_2,则由复合闭路原理得:$\oint_C \frac{\mathrm{d}z}{z^2-a^2}=0$.

12. (1) $\frac{4\pi\mathrm{i}}{4+\mathrm{i}}$;(2) $\frac{\pi}{\mathrm{e}}$;(3) 0;(4) $\frac{\pi}{2}\mathrm{i}$;(5) $\sqrt{2}\pi\mathrm{i}$;

(6) $2\pi\mathrm{i}\frac{(2n)!}{(n-1)!(n+1)!}$.

13. $p=\pm 1$.

14. $f(z)=u+\mathrm{i}v=z^2-5z+c_0-c_0\mathrm{i}$,其中 c_0 为任意实常数.

15. (1) $f(z)=\left(1-\frac{1}{2}\mathrm{i}\right)z^2+\frac{1}{2}\mathrm{i}$;

(2) $f(z)=\frac{1}{2}-\frac{1}{z}$;

(3) $f(z)=\ln z+c_0$，其中的 $\ln z$ 为对数主值，c_0 为任意实常数；

(4) $f(z)=ze^z$.

16. (1) $\frac{3}{8}\pi i$；(2) $-\frac{3}{8}\pi i$.

B 组

19. $\oint_{|z|=1}\frac{1}{z+2}dz=0$.

22. 正交曲线族为 $xy\equiv c$.

第四章

A 组

1. (1) 数列 $\{z_n\}$ 不收敛；(2) 数列 $\{z_n\}$ 收敛，极限为 0；

(3) 数列 $\{z_n\}$ 不收敛.

2. (1) 发散；(2) 发散；(3) 条件收敛；(4) 条件收敛；(5) 发散.

3. (1) $R=\frac{1}{\sqrt{2}}$；(2) $R=e$；(3) $R=1$；(4) $R=\sqrt{2}$；(5) $R=1$；

(6) $R=1$；(7) $R=1$；(8) $R=1$.

4. (1)
$$\frac{1}{(1+z^2)^2}=\left(\frac{1}{1+z^2}\right)'\cdot\left(-\frac{1}{2z}\right)$$
$$=1-2z^2+3z^4+\cdots+(-1)^{n+1}nz^{2n-2}+\cdots,\ |z|<1;$$

(2) $a=b$ 时，$\frac{1}{(z-a)(z-b)}=\frac{1}{(z-a)^2}=\frac{1}{a^2}+\cdots+\frac{n}{a^{n+1}}z^{n-1}+\cdots,\ |z|<a$，

$a\neq b$ 时，

$$\frac{1}{(z-a)(z-b)}=\frac{1}{a-b}\left[\frac{1}{b}-\frac{1}{a}+\left(\frac{1}{b^2}-\frac{1}{a^2}\right)z+\cdots+\left(\frac{1}{b^{n+1}}-\frac{1}{a^{n+1}}\right)z^n+\cdots\right],$$
$|z|<\min\{|a|,|b|\}$；

(3) $\cos z^2=1-\frac{z^4}{2!}+\frac{z^8}{4!}-\cdots+(-1)^n\frac{z^{2n}}{(2n)!}+\cdots,\ |z|<+\infty$；

(4)
$$\sinh z=-\mathrm{i}\sin \mathrm{i}z=-\mathrm{i}\left(\mathrm{i}z-\frac{(\mathrm{i}z)^3}{3!}+\cdots+(-1)^n\frac{(\mathrm{i}z)^{2n+1}}{(2n+1)!}+\cdots\right)$$
$$=z+\frac{(z)^3}{3!}+\cdots+\frac{(z)^{2n+1}}{(2n+1)!}+\cdots,\ |z|<+\infty;$$

(5) $\sin^2 z = \dfrac{(2z)^2}{2\times 2!} + \cdots + (-1)^{n+1}\dfrac{(2z)^{2n}}{2\times(2n)!} + \cdots$, $|z| < +\infty$;

(6) $e^z \sin z = z + z^2 + \dfrac{z^3}{3} + \cdots$, $|z| < +\infty$.

5. (1) $\dfrac{z}{(z+1)(z+2)} = \sum\limits_{n=0}^{\infty}\left(\dfrac{1}{2^{2n+1}} - \dfrac{1}{3^n}\right)(z-2)^n$, $|z-2| < 3$;

(2) $\dfrac{1}{z^2} = 1 - 2(z-1) + \cdots + (-1)^{n-1} n(z-1)^{n-1} + \cdots$, $|z-1| < 1$;

(3) $\dfrac{1}{4-3z} = \sum\limits_{n=0}^{\infty}\dfrac{3^n}{(1-3\mathrm{i})^{n+1}}(z-1-\mathrm{i})^n$, $|z-1-\mathrm{i}| < \dfrac{\sqrt{10}}{3}$;

(4) $\tan z = 1 + 2\left(z-\dfrac{\pi}{4}\right) + 2\left(z-\dfrac{\pi}{4}\right)^2 + \dfrac{8}{3}\left(z-\dfrac{\pi}{4}\right)^3 + \cdots + \left|z-\dfrac{\pi}{4}\right| < \dfrac{\pi}{4}$.

6. (1) $\dfrac{1}{2z-3} = -\dfrac{1}{3}\cdot\sum\limits_{n=0}^{\infty}\left(\dfrac{2}{3}z\right)^n$, $|z| < \dfrac{3}{2}$,

$\dfrac{1}{2z-3} = -\sum\limits_{n=0}^{\infty} 2^n (z-1)^n$, $|z-1| < \dfrac{1}{2}$;

(2) $\sin^3 z = \dfrac{3}{4}\sum\limits_{n=0}^{\infty}(-1)^n\cdot\dfrac{3^{2n}-1}{(2n+1)!}z^{2n+1}$, $|z| < \infty$;

(3) $\arctan z = \sum\limits_{n=0}^{\infty}(-1)^n\cdot\dfrac{1}{2n+1}\cdot z^{2n+1}$, $|z| < 1$;

(4) $\dfrac{1}{(z+1)(z+2)} = \sum\limits_{n=0}^{\infty}(-1)^n\cdot\left(\dfrac{1}{3^{n+1}} - \dfrac{1}{4^{n+1}}\right)(z-2)^n$, $|z-2| < 3$;

(5) $\ln(1+z) = \sum\limits_{n=0}^{\infty}(-1)^n\cdot\dfrac{1}{n}\cdot z^{n+1}$, $|z| < 1$.

7. 当 $z=1$ 和 $|z|<1$ 时，$\sum\limits_{n=0}^{\infty}(z^{n+1}-z^n)$ 收敛.

8. 幂级数 $\sum\limits_{n=0}^{\infty} C_n (z-2)^n$ 不能在 $z=0$ 处收敛而在 $z=3$ 处发散.

9. (1) 不正确，因为幂级数在它的收敛圆周上可能收敛，也可能发散；

(2) 不正确，因为收敛的幂级数的和函数在收敛圆周内是解析的.

10. $R' = R\cdot|b|$.

11. (1) $\sum\limits_{n=1}^{\infty}(-1)^{n-1}\cdot nz^n = -\dfrac{z}{(1+z)^2}$, $|z| < 1$;

(2) $\sum\limits_{n=0}^{\infty}(-1)^n\cdot\dfrac{z^{2n}}{(2n)!} = \cos z, R = +\infty$.

12. (1) $\dfrac{1}{(z^2+1)(z-2)} = -\dfrac{1}{5}\left(\sum\limits_{n=0}^{\infty}\dfrac{z^n}{2^{n+1}} + \sum\limits_{n=0}^{\infty}(-1)^n\dfrac{1}{z^{2n+1}} + \sum\limits_{n=0}^{\infty}(-1)^n\dfrac{2}{z^{2n+2}}\right)$;

(2) 在 $0<|z|<1$ 内，$\dfrac{z+1}{z^2(z-1)}=\dfrac{1}{z^2}-2\sum\limits_{n=0}^{\infty}z^{n-2}$，

在 $1<|z|<+\infty$ 内，$\dfrac{z+1}{z^2(z-1)}=\dfrac{1}{z^2}+\sum\limits_{n=0}^{\infty}\dfrac{2}{z^{n+3}}$；

(3) 在 $0<|z-1|<1$ 内，$\dfrac{1}{(z-1)(z-2)}=-\sum\limits_{n=0}^{\infty}(z-1)^{n-1}$，

在 $1<|z-2|<+\infty$ 内，$\dfrac{1}{(z-1)(z-2)}=\sum\limits_{n=0}^{\infty}(-1)^n\dfrac{1}{(z-2)^{n+2}}$；

(4) $\sin\dfrac{1}{1-z}=\dfrac{1}{1-z}-\dfrac{1}{3!(1-z)^3}+\cdots+\dfrac{(-1)^n}{(2n+1)!(1-z)^{2n+1}}+\cdots$；

(5) $\cos\dfrac{z}{z-1}=\cos 1\sum\limits_{n=0}^{\infty}\dfrac{(-1)^n}{(2n)!(z-1)^{2n}}-\sin 1\sum\limits_{n=0}^{\infty}\dfrac{(-1)^n}{(2n+1)!(z-1)^{2n+1}}$.

13. (1) 0；(2) $2\pi i$.

B 组

16. 不一定，反例：

$\sum\limits_{n=1}^{\infty}a_n=\sum\limits_{n=1}^{\infty}\dfrac{1}{n}+i\dfrac{1}{n^2}$，$\sum\limits_{n=1}^{\infty}b_n=\sum\limits_{n=1}^{\infty}-\dfrac{1}{n}+i\dfrac{1}{n^2}$ 发散，

但 $\sum\limits_{n=1}^{\infty}(a_n+b_n)=\sum\limits_{n=1}^{\infty}i\cdot\dfrac{2}{n^2}$ 收敛，

$\sum\limits_{n=1}^{\infty}(a_n-b_n)=\sum\limits_{n=1}^{\infty}\dfrac{2}{n}$ 发散，

$\sum\limits_{n=1}^{\infty}a_nb_n=\sum\limits_{n=1}^{\infty}\left[-\left(\dfrac{1}{n^2}+\dfrac{1}{n^4}\right)\right]$ 收敛.

18. 不能. 函数 $f(z)=\ln z$ 的奇点为，$z\leqslant 0, z\in R$，所以对于 $\forall R, 0<R<+\infty$，$0<|z|<R$ 内都有 $f(z)$ 的奇点，即 $f(z)$ 以 $z=0$ 为环心的处处解析的圆环域不存在，所以函数 $f(z)=\ln z$ 不能在圆环域 $0<|z|<R(0<R<+\infty)$ 内 展开为洛朗级数.

第五章

A 组

1. (1) 是孤立奇点，是本性奇点；(2) 可去奇点.

2. (1) 是奇点，是二级极点；

(2) $z=0$ 是奇点，$2k\pi i$ 是一级极点，0 是二级极点；

(3) $z=0$ 是 $\frac{1}{\sin z^2}$ 的二级极点，$\pm\sqrt{k\pi}i$，$\pm\sqrt{k\pi}$ 是 $\frac{1}{\sin z^2}$ 的一级极点.

3. (1) 可去奇点；(2) 本性奇点；(3) 可去奇点.

4. (1) $z=0$ 是 $z\sin z$ 的二级零点，$z=k\pi, k\neq 0$ 是 $z\sin z$ 的一级零点；

(2) $z=0$ 是 $z^2e^{z^2}$ 的二级零点；

(3) $z=0$ 是 $\sin z(e^z-1)z^2$ 的四级零点，$z_1=k\pi, k\neq 0$ 是 $f(z)$ 的一级零点，$z_2=2k\pi i, k\neq 0$ 是 $f(z)$ 的一级零点.

5. (1) $\text{Res}\left[\frac{e^z-1}{z^5},0\right]=\frac{1}{4!}\cdot 1=\frac{1}{24}$；(2) $\text{Res}[e^{\frac{1}{z-1}},1]=1$.

6. (1) $\text{Res}[f(z),0]=-\frac{1}{2}$，$\text{Res}[f(z),2]=\frac{3}{2}$；

(2) $\text{Res}[f(z),i]=-\frac{3}{8}i$，$\text{Res}[f(z),-i]=\frac{3}{8}i$；

(3) $\text{Res}\left[\frac{1-e^{2z}}{z^4},0\right]=-\frac{4}{3}$；(4) $\text{Res}\left[z^2\sin\frac{1}{z},0\right]=-\frac{1}{6}$；

(5) $\text{Res}\left[\cos\frac{1}{1-z},1\right]=0$；

(6) $\text{Res}[\frac{1}{z\sin z},0]=0$，$\text{Res}[\frac{1}{z\sin z},k\pi]=(-1)^k\frac{1}{k\pi}, k\neq 0$.

7. (1) $2\pi i$；(2) 0；(3) $2\pi i$；(4) $4\pi e^2 i$；(5) $\frac{\pi e i}{8}$；(6) 0.

8. (1) 可去奇点，且 $\text{Res}[e^{\frac{1}{z^2}},\infty]=0$；

(2) 本性奇点，且 $\text{Res}[\cos z-\sin z,\infty]=0$；

(3) 本性奇点，且 $\text{Res}\left[\frac{e^z}{z^2-1},\infty\right]=-\sinh 1$；

(4) 可去奇点，且 $\text{Res}\left[\frac{1}{z(z+1)^4(z-4)},\infty\right]=0$.

9. (1) $2\pi i$；(2) $-\frac{2}{3}\pi i$；(3) $\frac{\pi}{3\cdot 2^m}$；(4) $\frac{2\pi}{a^3(a^2-1)}$；

(5) $\frac{\pi}{ab(a+b)}$；(6) $\frac{\pi}{2a}$.

10. $\text{Res}[f(z),\infty]=-1+\frac{1}{3!}$.

11. (1) $\frac{\pi}{2}$；(2) $\frac{\pi}{2\sqrt{2}}$；(3) $\frac{\pi}{e}$.

12. 十级.

13. (1) $-4\pi i$;(2) 0;(3) $-2\pi i$;(4) $-12i$.

B 组

16. 在 $|z|<1$ 内有 1 个根,在环域 $1<|z|<2$ 内有 3 个根.

17. $|a|<|b|<1$ 时,$\oint_{|z|=1}\dfrac{1}{(z-a)^n(z-b)^n}dz=0$;

$1<|a|<|b|$ 时,$\oint_{|z|=1}\dfrac{1}{(z-a)^n(z-b)^n}dz=0$;

$|a|<1<|b|$ 时,$\oint_{|z|=1}\dfrac{1}{(z-a)^n(z-b)^n}dz=\dfrac{(-1)^{n-1}(2n-2)!i}{[(n-1)!]^2(a-b)^{2n-1}}$.

第六章

A 组

1. (1) $w=\dfrac{1}{z}$ 将 $x^2+y^2=ax$ 映成直线 $u=\dfrac{1}{a}$;

(2) $w=\dfrac{1}{z}$ 将 $y=kx$ 映成直线 $v=-ku$.

2. (1) $w=(1+i)\cdot z$ 将 $\text{Im}\,z>0$ 映成 $\text{Im}\,w>\text{Re}\,w$;

(2) $w=\dfrac{i}{z}$ 将 $\text{Re}\,z>0$、$0<\text{Im}\,z<1$ 映成 $\text{Re}\,w>0$、$\text{Im}\,w>0$、$|w_{\frac{1}{2}}|>\dfrac{1}{2}$[以$\left(\dfrac{1}{2},0\right)$为圆心、$\dfrac{1}{2}$为半径的圆].

3. 映成 w 平面上过点 -1,且方向垂直向上的向量. 如下所示:

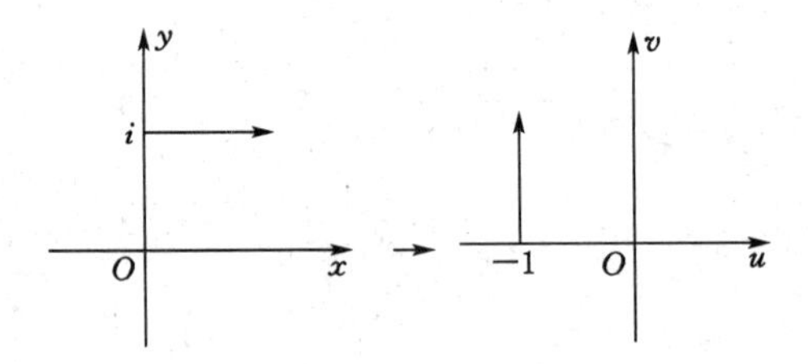

4. 应满足 $ad-bc\neq 0$,且 $|c|=|d|$.

5. (1) 单位圆,即 $u^2+v^2=1$;

(2) 曲线方程为一阿波罗斯圆,即$\left(u-\dfrac{5}{3}\right)^2+v^2=\left(\dfrac{4}{3}\right)^2$;

(3) $\text{Im}\,w>0$.

6. (1) $w = \mathrm{i} \cdot \frac{z-\mathrm{i}}{z+\mathrm{i}}$；(2) $w = \frac{3z+(\sqrt{5}-2\mathrm{i})}{(\sqrt{5}-2\mathrm{i})z+3}$.

7. (1) $w = \frac{2z-1}{z-2}$；(2) $w = \mathrm{i} \cdot \frac{2z-1}{2-z}$；

(3) w 由等式给出 $\frac{w-a}{1-\overline{a}\cdot w} = \mathrm{e}^{\mathrm{i}\theta} \cdot \frac{z-a}{1-\overline{a}\cdot z}$.

8. $w = \frac{-4z}{(\mathrm{i}-1)z-(1+\mathrm{i})}$.

9. $w = -\frac{20}{z}$.

10. (1) $w = \mathrm{e}^z$ 将直线 $\mathrm{Re}\, z$ 映成圆周 $\rho = \mathrm{e}^{C_1}$；直线 $\mathrm{Im}\, z = C_2$ 映为射线 $\varphi = C_2$；

(2) $w = \mathrm{e}^z$ 将带形区域 $\alpha < \mathrm{Im}\, z < \beta$ 映为 $\alpha < \arg w < \beta$ 的张角为 $\beta - \alpha$ 的角形区域；

(3) $w = \mathrm{e}^z$ 将半带形区域 $\mathrm{Re}\, z > 0, 0 < \mathrm{Im}\, z < \alpha$，$0 \leqslant \alpha \leqslant 2\pi$ 映为 $|w| > 1$，$0 < \arg w < \alpha (0 \leqslant \alpha \leqslant 2\pi)$.

B 组

11. $w = \mathrm{e}^{\mathrm{i}\theta} \cdot \frac{z-z_0}{z-\overline{z_0}} \quad (\mathrm{Re}\, z_0 > 0)$.

12. φ 表示 $w = \mathrm{e}^{\mathrm{i}\theta} \cdot \frac{z-\alpha}{1-\overline{\alpha}z}$ 在单位圆内 α 处的旋转角 $\arg w'(\alpha)$.

13. 一个解析函数所构成的映射在导数不为零的条件下具有伸缩率和旋转不变性，映射 $w = z^2$ 在 $z = 0$ 处导数为零，所以在 $z = 0$ 处不具备这个性质.

14. 分式线性映射为 $\frac{w+1}{w-1} = a \cdot \frac{z+1}{z-1}$，$a$ 为复数.

15. $w = \frac{1}{2}\left(z + \frac{1}{z}\right)$.

16. $w = \ln \frac{\mathrm{e}^z+1}{\mathrm{e}^z-1}$.

17. (1) $w_1 = \mathrm{i}z$ 将半带形区域旋转 $\frac{\pi}{2}$，映为 $0 < \mathrm{Im}\, w_1 < \pi, \mathrm{Re}\, w_1 < 0$；

(2) $w_2 = \mathrm{e}^{w_1}$ 将区域映为单位圆的上半圆内部 $|w_2| < 1, \mathrm{Im}\, w_2 > 0$；

(3) $w = \frac{1}{2}\left(w_2 + \frac{1}{w_2}\right)$ 将区域映为下半平面 $\mathrm{Im}\, w < 0$.

18. $w = \frac{2z}{z+1}$.

19. $w = Ri\dfrac{z-i}{z+i} + w_0$.

第七章

A 组

1. (1) $f(t) = \dfrac{4}{\pi}\displaystyle\int_0^{+\infty} \dfrac{\sin\omega - \omega\cos\omega}{\omega^3}\cos\omega t\,d\omega$;

(2) $f(t) = \dfrac{2}{\pi}\displaystyle\int_0^{+\infty} \dfrac{1-\cos\omega}{\omega}\sin\omega t\,d\omega$.

2. (1) $F(\omega) = \dfrac{4}{\omega^2}\left(\sin\dfrac{\omega}{2}\right)^2$; (2) $F(\omega) = \dfrac{E(1-e^{-i\omega\tau})}{i\omega}$.

3. (1) $F(\omega) = \dfrac{2}{1+\omega^2}\left[1 - e^{-\frac{1}{2}}\left(\cos\dfrac{\omega}{2} - \omega\sin\dfrac{\omega}{2}\right)\right]$; (2) $F(\omega) = \sigma e^{-\frac{\sigma^2\omega^2}{2}}$.

4. (1) $F(\omega) = \dfrac{2}{1-\omega^2}\cos\dfrac{\omega\pi}{2}$, $f(t) = \dfrac{2}{\pi}\displaystyle\int_0^{+\infty} \dfrac{1}{1-\omega^2}\cos\dfrac{\omega\pi}{2}\cos\omega t\,d\omega$;

(2) $F(\omega) = \dfrac{1}{i\omega} + \pi\delta(\omega)$, $f(t) = \dfrac{1}{\pi}\displaystyle\int_0^{+\infty} \dfrac{\sin\omega t}{\omega}d\omega + \dfrac{1}{2}$.

5. (1) $F(\omega) = \dfrac{2\omega^2+4}{\omega^4+4}$; (2) $F(\omega) = \dfrac{2i}{\omega^2-1}\sin\omega\pi$;

(3) $F(\omega) = \dfrac{2\beta}{\beta^2+\omega^2}$.

6. (1) 0; (2) 8.

7. (1) $f(t) = \begin{cases} e^{-3t} - e^{-5t}, & t \geqslant 0 \\ 0, & t < 0; \end{cases}$ (2) $f(t) = \begin{cases} \dfrac{15}{16}e^{-5t} + \dfrac{1}{12}e^{-3t}, & t \geqslant 0 \\ \dfrac{1}{48}e^{3t}, & t < 0. \end{cases}$

10. (1) $F(\omega) = \dfrac{e^{-i\pi\omega}}{i\omega} + \pi\delta(\omega)$; (2) $F(\omega) = \cos\omega_0\omega + \cos\dfrac{\omega_0\omega}{2}$;

(3) $F(\omega) = \dfrac{\pi}{2}i[\delta(\omega+2) - \delta(\omega-2)]$;

(4) $F(\omega) = \dfrac{\pi}{4}i[\delta(\omega-3) - 3\delta(\omega-1) + 3\delta(\omega+1) - \delta(\omega+3)]$.

11. (1) $iF'(\omega)$; (2) $e^{-i\omega}F(-\omega)$;

(3) $-\dfrac{i}{4}F'\left(-\dfrac{\omega}{2}\right) - F\left(-\dfrac{\omega}{2}\right)$; (4) $\dfrac{1}{2}e^{-\frac{5}{2}i\omega}F\left(\dfrac{\omega}{2}\right)$;

(5) $-\mathrm{i}e^{-\mathrm{i}\omega}F'(-\omega)$；(6) $-F(\omega)-\omega F'(\omega)$.

12. (1) $F(\omega)=\dfrac{\omega_0}{\omega_0^2-\omega^2}+\dfrac{\pi}{2}[\delta(\omega+\omega_0)-\delta(\omega-\omega_0)]$；

(2) $F(\omega)=\dfrac{2\alpha}{\alpha^2+\omega^2}$；(3) $F(\omega)=\dfrac{\omega_0}{(\alpha+\mathrm{i}\omega)^2+\omega_0^2}$；

(4) $F(\omega)=\dfrac{\alpha+\mathrm{i}\omega}{(\alpha+\mathrm{i}\omega)^2+\omega_0^2}$.

13. (1) π；(2) $\dfrac{\pi}{2}$；(3) π；(4) $\dfrac{\pi}{2}$.

B 组

15. (1) $1-e^{-t}$；(2) $\dfrac{\alpha\sin t-\cos t+e^{-\alpha t}}{\alpha^2+1}$；

(3) $\begin{cases}\dfrac{1}{2}e^{-t}(1+e^{\frac{\pi}{2}}), & t>\dfrac{\pi}{2}\\ \dfrac{1}{2}(\sin t-\cos t+e^{-t}), & 0<t\leqslant\dfrac{\pi}{2}\\ 0, & t\leqslant 0;\end{cases}$ (4) $\begin{cases}0, & |t|\geqslant 2\\ 2-t, & 0<t<2\\ 2+t, & -2<t\leqslant 0.\end{cases}$

16. (1) $F(\omega)=\dfrac{1}{i\omega}+\pi\delta(\omega)$；

(2) $F(\omega)=\dfrac{1}{\mathrm{i}(\omega-\omega_0)}e^{-\mathrm{i}(\omega-\omega_0)t_0}+\pi\delta(\omega-\omega_0)$.

17. (1) $y(t)=\dfrac{a(b-a)}{\pi b[t^2+(b-a)^2]}$；(2) $f(t)=\begin{cases}0, & t>1\\ 1, & 0<t<1\\ \dfrac{1}{2}, & t=1.\end{cases}$

第八章

A 组

1. (1) $F(s)=\dfrac{3}{9s^2+1}$；(2) $F(s)=\dfrac{1}{s+1}$；

(3) $F(s)=\dfrac{2}{s^3}$；(4) $F(s)=\dfrac{s^2+2}{s(s^2+4)}$.

2. (1) $F(s)=\dfrac{1}{s}(3-4e^{-2s}+e^{-4s})$；

(2) $F(s)=\frac{1}{s}+\frac{1}{s^2}-\frac{4}{s}e^{-3s}-\frac{1}{s^2}e^{-3s}$;

(3) $F(s)=\frac{1}{s^2+4}$;(4) $F(s)=\frac{s^2-4}{(s^2+4)^2}$.

3. (1) $F(s)=\frac{1}{s^2+1}\coth\frac{\pi s}{2}$;(2) $F(s)=\frac{1}{s^2}\tanh\frac{bs}{2}$.

4. (1) $F(s)=\begin{cases}e^{-(s+1)t_0}, & t_0\geqslant 0\\ 0, & t_0<0\end{cases}$;(2) $F(s)=0$;

(3) $F(s)=\frac{2s-5}{s-3}$;(4) $F(s)=\frac{s^2+2}{s^2+1}$.

5. (1) $F(s)=\frac{4(s+3)}{[(s+3)^2+4]^2}$;(2) $F(s)=\frac{2(3s^2+12s+13)}{s^2[(s+3)^2+4]^2}$;

(3) $\frac{2}{t}\sinh t$;(4) $F(s)=\frac{4(s+3)}{s[(s+3)^2+4]^2}$.

6. (1) $F(s)=\ln\frac{s+1}{s}$;(2) $F(s)=\frac{\pi}{2}-\arctan\frac{s+3}{2}$;

(3) $F(s)=\operatorname{arccot}\frac{s}{k}$;(4) $f(t)=\frac{t}{2}\sinh t$.

7. (1) $F(s)=\frac{2}{s^3}+\frac{6}{s^2}-\frac{1}{s}$;(2) $F(s)=\frac{3}{s+4}$;

(3) $F(s)=\ln\frac{s-a}{s-b}$;(4) $F(s)=\frac{12s^2-16}{(s^2+4)^3}$;

(5) $F(s)=\frac{1}{s}e^{\frac{-5}{3}}$;(6) $F(s)=\frac{10-3s}{s^2+4}$.

8. (1) $F(s)=\frac{72}{s^5}-\frac{3\sqrt{\pi}}{2s^{\frac{5}{2}}}+\frac{6}{s}$;(2) $F(s)=\frac{1}{s}-\frac{1}{(s-1)^2}$;

(3) $F(s)=\sqrt{\frac{\pi}{s-3}}$;(4) $F(s)=\frac{s}{(s^2+a^2)^2}$;

(5) $F(s)=\arctan\frac{a}{s}$;(6) $F(s)=\frac{2\omega^3}{(s^2+\omega^2)^2}$;

(7) $F(s)=\frac{s+3}{(s+3)^2+16}$;(8) $F(s)=\frac{6}{(s+2)^2+36}$;

(9) $F(s)=\frac{n!}{(s-a)^{n+1}}$;(10) $F(s)=\frac{1}{s}$.

9. (1) e^t-t-1;(2) $\frac{m!n!}{(m+n+1)!}t^{m+n+1}$;(3) $\sinh t-t$;

(4) $\frac{1}{2}t\sin t$;(5) t;(6) $\begin{cases}0, & t<a,\\ \int_a^t f(t-\tau)d\tau, & 0\leqslant a\leqslant t.\end{cases}$

10. (1) $f(t)=t-\sin t$;(2) $f(t)=\frac{1}{2}(t\cos t+\sin t)$;

(3) $f(t)=\frac{1}{a}(1-\cos at)$;(4) $f(t)=\frac{at(a-b)-b}{(a-b)^2}e^{at}+\frac{b}{(a-b)^2}e^{bt}$;

(5) $f(t)=\frac{3}{8a^5}(\sin at-at\cos at)-\frac{1}{8a^3}t^2\sin at$;(6) $f(t)=\frac{t}{2a}\sin at$.

11. (1) $f(t)=e^{-3t}$;(2) $f(t)=\frac{1}{6}t^3$;

(3) $f(t)=\frac{1}{2a^3}(\sinh at-\sin at)$;(4) $f(t)=\frac{1}{a}\sin at$;

(5) $f(t)=\delta(t)-2e^{-2t}$;(6) $f(t)=\frac{1}{ab}+\frac{1}{a-b}\left(\frac{e^{-at}}{a}-\frac{e^{-bt}}{b}\right)$.

12. (1) $f(t)=\frac{1}{2}\sin 2t$;(2) $f(t)=\sinh t-t$;

(3) $f(t)=\frac{1}{6}t^3e^{-t}$;(4) $f(t)=\frac{1}{5}(3e^{2t}+2e^{-3t})$;

(5) $f(t)=2\cos 3t+\sin 3t$;(6) $f(t)=\frac{3}{2}e^{3t}-\frac{1}{2}e^{-t}$.

13. (1) $f(t)=\frac{\sin 2t}{16}-\frac{t\cos 2t}{8}$;(2) $f(t)=\frac{ae^{at}-be^{bt}}{a-b}$;

(3) $f(t)=\frac{c-a}{(b-a)^2}e^{-at}+[\frac{c-b}{a-b}t+\frac{a-c}{(a-b)^2}]e^{-bt}$;

(4) $f(t)=\frac{3}{2a}\sin at-\frac{1}{2}t\cos at$;

(5) $f(t)=\frac{1}{a^4}(\cos at-1)+\frac{1}{2a^2}t^2$;(6) $f(t)=\frac{1}{2}(1+2e^{-t}-3e^{-2t})$;

(7) $f(t)=2e^{-2t}\cos 3t+\frac{1}{3}e^{-2t}\sin 3t$;(8) $f(t)=2te^t+2e^t-1$;

(9) $f(t)=\frac{1}{9}\left(\sin\frac{2}{3}t+\cos\frac{2}{3}t\right)e^{-\frac{1}{3}t}$;(10) $f(t)=\frac{1}{3}\cos t-\frac{1}{3}\cos 2t$.

14. (1) $\frac{a^2-1}{(a^2+1)^2}$;(2) $\frac{n!}{(-a)^{n+1}}$;

(3) $\frac{1}{2}\ln 2$;(4) $\ln\frac{b}{a}$;(5) $\frac{12}{169}$;(6) $\frac{\pi}{2}$.

15. (1) $y(t)=-\frac{1}{2}t\cos t$;(2) $y(t)=\frac{1}{8}(3e^t-2e^{-t}-e^{-3t})$;

(3) $y(t)=1-e^{-t}-te^{-t}-\frac{1}{2}t^2e^{-t}$;(4) $y(t)=\begin{cases}y_0e^{-t}, & 0<t\leqslant b\\ 1+(y_0-e^b)e^{-t}, & t>b;\end{cases}$

(5) $y(t)=2te^{t-1}$；(6) $y(t)=te^{t}\sin t$.

B 组

16. (1) $\begin{cases}x(t)=-2e^{-3t}+4e^{2t}\\y(t)=2e^{-3t}+e^{2t};\end{cases}$ (2) $\begin{cases}x(t)=-t+te^{t}\\y(t)=1+te^{t}-e^{t};\end{cases}$

(3) $\begin{cases}x(t)=\dfrac{2}{3}\cos 2t+\dfrac{1}{3}\sin 2t+\dfrac{1}{3}e^{t}\\y(t)=-\dfrac{2}{3}\cos 2t-\dfrac{1}{3}\sin 2t+\dfrac{2}{3}e^{t};\end{cases}$ (4) $\begin{cases}x(t)=\dfrac{1}{4}(3\sinh t+t)\\y(t)=1-\cosh t\\z(t)=\dfrac{1}{4}(\sinh t-t).\end{cases}$

17. (1) $y(t)=(1-t)e^{-t}$；(2) $y(t)=2-\cos t-3\sin t$.

18. (1) $y(t)=\dfrac{1}{2}u(t-2)\sin 2(t-2)+3\cos 2t$;

(2) $\begin{cases}x(t)=-\dfrac{1}{4}e^{-t}-\dfrac{31}{4}e^{t}-\dfrac{15}{2}te^{t}\\y(t)=3+\dfrac{1}{4}e^{-t}-\dfrac{13}{4}e^{t}+\dfrac{5}{2}te^{t};\end{cases}$

(3) $\begin{cases}x(t)=\dfrac{21}{5}e^{t}+2t+\dfrac{1}{5}(2\sin 2t-\cos 2t)\\y(t)=-\dfrac{7}{5}e^{t}+\dfrac{1}{2}(5+t-t^{2})-\dfrac{1}{20}(\sin 2t+2\cos 2t);\end{cases}$

(4) $\begin{cases}x(t)=2u(t)-4e^{t}-3e^{-4t}\\y(t)=2e^{t}+4e^{-4t}.\end{cases}$

19. $x(t)=\dfrac{k}{m}t$.

附录 A　傅立叶变换简表

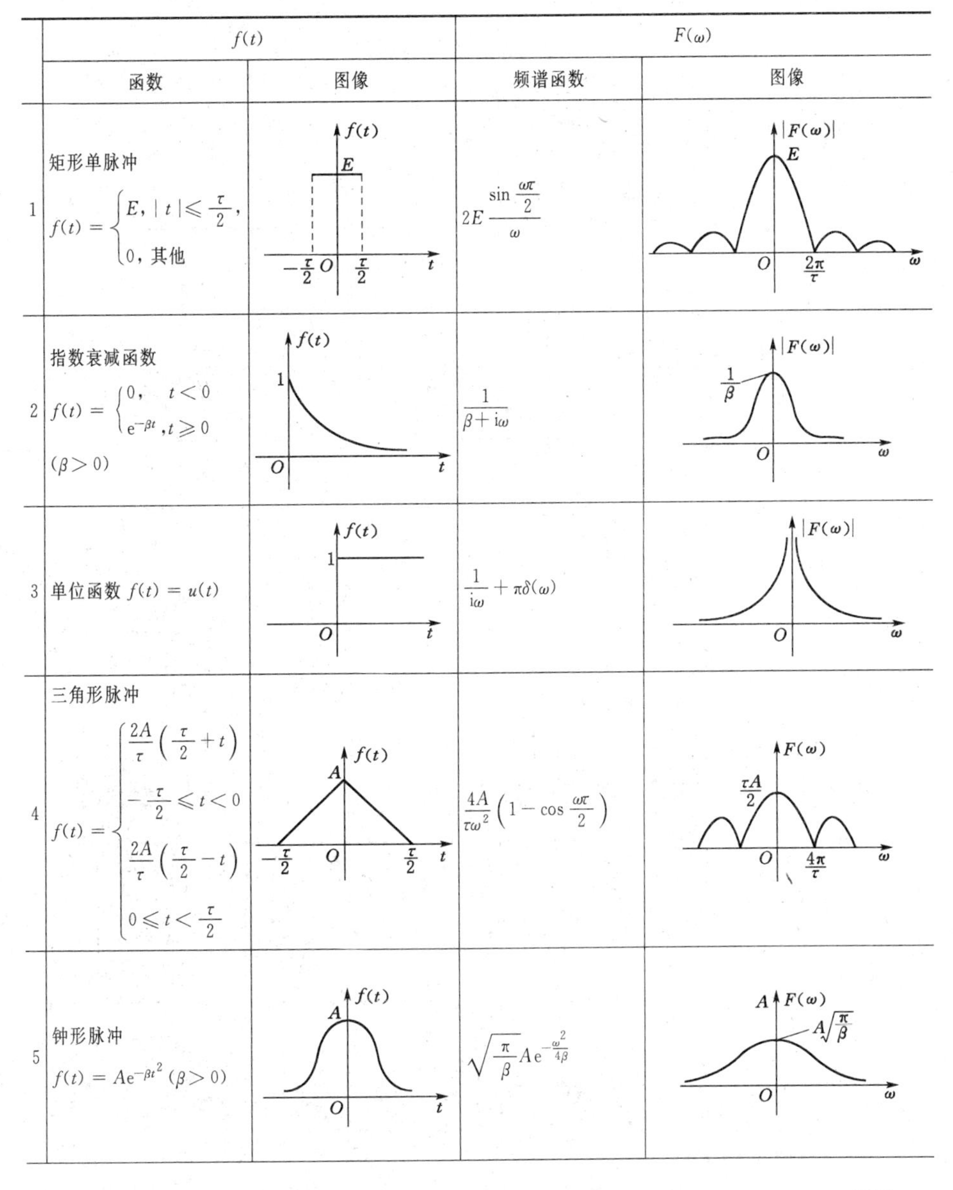

	$f(t)$		$F(\omega)$	
	函数	图像	频谱函数	图像
1	矩形单脉冲 $f(t)=\begin{cases}E, & \lvert t\rvert\leqslant\frac{\tau}{2},\\ 0, & 其他\end{cases}$		$2E\dfrac{\sin\frac{\omega\tau}{2}}{\omega}$	
2	指数衰减函数 $f(t)=\begin{cases}0, & t<0\\ e^{-\beta t}, & t\geqslant 0\end{cases}$ $(\beta>0)$		$\dfrac{1}{\beta+i\omega}$	
3	单位函数 $f(t)=u(t)$		$\dfrac{1}{i\omega}+\pi\delta(\omega)$	
4	三角形脉冲 $f(t)=\begin{cases}\frac{2A}{\tau}\left(\frac{\tau}{2}+t\right)\\ -\frac{\tau}{2}\leqslant t<0\\ \frac{2A}{\tau}\left(\frac{\tau}{2}-t\right)\\ 0\leqslant t<\frac{\tau}{2}\end{cases}$		$\dfrac{4A}{\tau\omega^2}\left(1-\cos\dfrac{\omega\tau}{2}\right)$	
5	钟形脉冲 $f(t)=Ae^{-\beta t^2}\ (\beta>0)$		$\sqrt{\dfrac{\pi}{\beta}}Ae^{-\frac{\omega^2}{4\beta}}$	

续表

	$f(t)$		$F(\omega)$	
	函数	图像	频谱函数	图像
6	傅立叶核 $f(t)=\dfrac{\sin\omega_0 t}{\pi t}$	$f(t)$ $\frac{\omega_0}{\pi}$ O $\frac{\pi}{\omega_0}$ t	$F(\omega)=\begin{cases}1, & \lvert\omega\rvert\leqslant\omega_0\\0, & 其他\end{cases}$	$\lvert F(\omega)\rvert$ 1 $-\omega_0$ O ω_0 ω
7	高斯分布函数 $f(t)=\dfrac{1}{\sqrt{2\pi}\sigma}e^{-\frac{t^2}{2\sigma^2}}$	$f(t)$ $\frac{1}{\sqrt{2\pi}\sigma}$ O t	$e^{-\frac{\sigma^2\omega^2}{2}}$	$\lvert F(\omega)\rvert$ 1 O ω
8	矩形射频脉冲 $f(t)=\begin{cases}E\cos\omega_0 t, & \lvert t\rvert\leqslant\dfrac{\tau}{2}\\0, & 其他\end{cases}$	$f(t)$ E $-\frac{\tau}{2}$ O $\frac{\tau}{2}$ t	$\dfrac{E\tau}{2}\left[\dfrac{\sin(\omega-\omega_0)\frac{\tau}{2}}{(\omega-\omega_0)\frac{\tau}{2}}+\dfrac{\sin(\omega+\omega_0)\frac{\tau}{2}}{(\omega+\omega_0)\frac{\tau}{2}}\right]$	$\lvert F(\omega)\rvert$ $\frac{E\tau}{2}$ $-\omega_0$ $-\omega_0+\frac{\omega_0}{n}$ $-\omega_0-\frac{\omega_0}{n}$ O $\omega_0-\frac{\omega_0}{n}$ ω
9	单位脉冲函数 $f(t)=\delta(t)$	$f(t)$ 1 O t	1	$F(\omega)$ 1 O ω
10	周期性脉冲函数 $f(t)=\sum\limits_{n=-\infty}^{+\infty}\delta(t-\pi T)$ (T 为脉冲函数的周期)	$f(t)$ 1 $-3T$ $-2T$ $-T$ O T $2T$ $3T$ t	$\dfrac{2\pi}{T}\sum\limits_{n=-\infty}^{+\infty}\delta\left(\omega-\dfrac{2n\pi}{T}\right)$	$\lvert F(\omega)\rvert$ $\frac{2\pi}{T}$ $-\frac{6\pi}{T}$ $-\frac{4\pi}{T}$ $-\frac{2\pi}{T}$ O $\frac{2\pi}{T}$ $\frac{4\pi}{T}$ $\frac{6\pi}{T}$ ω
11	$f(t)=\cos\omega_0 t$	$f(t)$ 1 $\frac{\pi}{2\omega_0}$ O t	$\pi[\delta(\omega+\omega_0)+\delta(\omega-\omega_0)]$	$\lvert F(\omega)\rvert$ π $-\omega_0$ O ω_0 ω
12	$f(t)=\sin\omega_0 t$	$f(t)$ 1 O $\frac{\pi}{\omega_0}$ t	$i\pi[\delta(\omega+\omega_0)-\delta(\omega-\omega_0)]$	同上图

续表

	$f(t)$	$F(\omega)$
13	$u(t-c)$	$\frac{1}{\mathrm{i}\omega}\mathrm{e}^{-\mathrm{i}\omega c}+\pi\delta(\omega)$
14	$u(t)\cdot t$	$-\frac{1}{\omega^2}+\pi\delta'(\omega)\mathrm{i}$
15	$u(t)\cdot t^n$	$\frac{n!}{(\mathrm{i}\omega)^{n+1}}+\pi\mathrm{i}^n\delta^{(n)}(\omega)$
16	$u(t)\sin at$	$\frac{a}{a^2-\omega^2}+\frac{\pi}{2\mathrm{i}}[\delta(\omega-a)-\delta(\omega+a)]$
17	$u(t)\cos at$	$\frac{\mathrm{i}\omega}{a^2-\omega^2}+\frac{\pi}{2}[\delta(\omega-a)+\delta(\omega+a)]$
18	$u(t)\mathrm{e}^{\mathrm{i}at}$	$\frac{1}{\mathrm{i}(\omega-a)}+\pi\delta(\omega-a)$
19	$u(t-c)\mathrm{e}^{\mathrm{i}at}$	$\frac{1}{\mathrm{i}(\omega-a)}\mathrm{e}^{-\mathrm{i}(\omega-a)c}+\pi\delta(\omega-a)$
20	$u(t)\mathrm{e}^{\mathrm{i}at}t^n$	$\frac{n!}{[\mathrm{i}(\omega-a)]^{n+1}}+\pi\mathrm{i}^n\delta^{(n)}(\omega-a)$
21	$\mathrm{e}^{a\|t\|}$, $\mathrm{Re}\,a<0$	$\frac{-2a}{\omega^2+a^2}$
22	$\delta(t-c)$	$\mathrm{e}^{-\mathrm{i}\omega c}$
23	$\delta'(t)$	$\mathrm{i}\omega$
24	$\delta^{(n)}(t)$	$(\mathrm{i}\omega)^n$
25	$\delta^{(n)}(t-c)$	$(\mathrm{i}\omega)^n\mathrm{e}^{-\mathrm{i}\omega c}$
26	1	$2\pi\delta(\omega)$
27	t	$2\pi\mathrm{i}\delta'(\omega)$
28	t^n	$2\pi\mathrm{i}^n\delta^{(n)}(\omega)$
29	$\mathrm{e}^{\mathrm{i}at}$	$2\pi\delta(\omega-a)$
30	$t^n\mathrm{e}^{\mathrm{i}at}$	$2\pi\mathrm{i}^n\delta^{(n)}(\omega-a)$
31	$\frac{1}{a^2+t^2}$, $\mathrm{Re}\,a<0$	$-\frac{\pi}{a}\mathrm{e}^{a\|\omega\|}$
32	$\frac{t}{(a^2+t^2)^2}$, $\mathrm{Re}\,a<0$	$\frac{\mathrm{i}\omega\pi}{2a}\mathrm{e}^{a\|\omega\|}$
33	$\frac{\mathrm{e}^{\mathrm{i}bt}}{a^2+t^2}$, $\mathrm{Re}\,a<0$, b 为实数	$-\frac{\pi}{a}\mathrm{e}^{a\|\omega-b\|}$
34	$\frac{\cos bt}{a^2+t^2}$, $\mathrm{Re}\,a<0$, b 为实数	$-\frac{\pi}{2a}[\mathrm{e}^{a\|\omega-b\|}+\mathrm{e}^{a\|\omega+b\|}]$
35	$\frac{\sin bt}{a^2+t^2}$, $\mathrm{Re}\,a<0$, b 为实数	$-\frac{\pi}{2a\mathrm{i}}[\mathrm{e}^{a\|\omega-b\|}-\mathrm{e}^{a\|\omega+b\|}]$
36	$\frac{\sinh at}{\sinh \pi t}$, $-\pi<a<\pi$	$\frac{\sin a}{\cosh\omega+\cos a}$
37	$\frac{\sinh at}{\cosh \pi t}$, $-\pi<a<\pi$	$-2\mathrm{i}\frac{\sin\frac{a}{2}\sinh\frac{\omega}{2}}{\cosh\omega+\cos a}$
38	$\frac{\cosh at}{\cosh \pi t}$, $-\pi<a<\pi$	$2\frac{\cos\frac{a}{2}\cosh\frac{\omega}{2}}{\cosh\omega+\cos a}$

续表

	$f(t)$	$F(\omega)$
39	$\frac{1}{\cosh at}$	$\frac{\pi}{a}\frac{1}{\cosh\frac{\pi\omega}{2a}}$
40	$\sin at^2$	$\sqrt{\frac{\pi}{a}}\cos\left(\frac{\omega^2}{4a}+\frac{\pi}{4}\right)$
41	$\cos at^2$	$\sqrt{\frac{\pi}{a}}\cos\left(\frac{\omega^2}{4a}-\frac{\pi}{4}\right)$
42	$\frac{1}{t}\sin at^2$	$\begin{cases}\pi, & \lvert\omega\rvert\leqslant a\\ 0, & \lvert\omega\rvert> a\end{cases}$
43	$\frac{1}{t^2}\sin^2 at^2$	$\begin{cases}\pi\left(a-\frac{\lvert\omega\rvert}{2}\right), & \lvert\omega\rvert\leqslant 2a\\ 0, & \lvert\omega\rvert> 2a\end{cases}$
44	$\frac{\sin at}{\sqrt{\lvert t\rvert}}$	$\mathrm{i}\sqrt{\frac{\pi}{2}}\left(\frac{1}{\sqrt{\lvert\omega+a\rvert}}-\frac{1}{\sqrt{\lvert\omega-a\rvert}}\right)$
45	$\frac{\cos at}{\sqrt{\lvert t\rvert}}$	$\sqrt{\frac{\pi}{2}}\left(\frac{1}{\sqrt{\lvert\omega+a\rvert}}+\frac{1}{\sqrt{\lvert\omega-a\rvert}}\right)$
46	$\frac{1}{\sqrt{\lvert t\rvert}}$	$\sqrt{\frac{2\pi}{\lvert\omega\rvert}}$
47	$\operatorname{sgn} t$	$\frac{2}{\mathrm{i}\omega}$
48	e^{-at^2}, $\operatorname{Re} a>0$	$\sqrt{\frac{\pi}{a}}\mathrm{e}^{-\frac{\omega^2}{4a}}$
49	$\lvert t\rvert$	$-\frac{2}{\omega^2}$
50	$\frac{1}{\lvert t\rvert}$	$\frac{\sqrt{2\pi}}{\lvert\omega\rvert}$

附录 B 拉氏变换简表

	$f(t)$	$F(s)$
1	1	$\frac{1}{s}$
2	e^{at}	$\frac{1}{s-a}$
3	$t^m (m>-1)$	$\frac{\Gamma(m+1)}{s^{m+1}}$
4	$t^m e^{at} (m>-1)$	$\frac{\Gamma(m+1)}{(s-a)^{m+1}}$
5	$\sin at$	$\frac{a}{s^2+a^2}$
6	$\cos at$	$\frac{s}{s^2+a^2}$
7	$\sinh at$	$\frac{a}{s^2-a^2}$
8	$\cosh at$	$\frac{s}{s^2-a^2}$
9	$t\sin at$	$\frac{2as}{(s^2+a^2)^2}$
10	$t\cos at$	$\frac{s^2-a^2}{(s^2+a^2)^2}$
11	$t\sinh at$	$\frac{2as}{(s^2-a^2)^2}$
12	$t\cosh at$	$\frac{s^2+a^2}{(s^2-a^2)^2}$
13	$t^m \sin at (m>-1)$	$\frac{\Gamma(m+1)}{2i(s^2+a^2)^{m+1}} \cdot [(s+ia)^{m+1}-(s-ia)^{m+1}]$
14	$t^m \cos at (m>-1)$	$\frac{\Gamma(m+1)}{2i(s^2+a^2)^{m+1}} \cdot [(s+ia)^{m+1}+(s-ia)^{m+1}]$
15	$e^{-bt} \sin at$	$\frac{a}{(s+b)^2+a^2}$
16	$e^{-bt} \cos at$	$\frac{s+b}{(s+b)^2+a^2}$
17	$e^{-bt} \sin(at+c)$	$\frac{(s+b)\sin c+a\cos c}{(s+b)^2+a^2}$
18	$\sin^2 t$	$\frac{1}{2}\left(\frac{1}{s}-\frac{s}{s^2+4}\right)$
19	$\cos^2 t$	$\frac{1}{2}\left(\frac{1}{s}+\frac{s}{s^2+4}\right)$
20	$\sin at \sin bt$	$\frac{2abs}{[s^2+(a+b)^2][s^2+(a-b)^2]}$
21	$e^{at}-e^{bt}$	$\frac{a-b}{(s-a)(s-b)}$

续表

	$f(t)$	$F(s)$
22	$a\mathrm{e}^{at}-b\mathrm{e}^{bt}$	$\dfrac{(a-b)s}{(s-a)(s-b)}$
23	$\dfrac{1}{a}\sin at-\dfrac{1}{b}\sin bt$	$\dfrac{b^2-a^2}{(s^2+a^2)(s^2+b^2)}$
24	$\cos at-\cos bt$	$\dfrac{(b^2-a^2)s}{(s^2+a^2)(s^2+b^2)}$
25	$\dfrac{1}{a^2}(1-\cos at)$	$\dfrac{1}{s(s^2+a^2)}$
26	$\dfrac{1}{a^3}(at-\sin at)$	$\dfrac{1}{s^2(s^2+a^2)}$
27	$\dfrac{1}{a^4}(\cos at-1)+\dfrac{1}{2a^2}t^2$	$\dfrac{1}{s^3(s^2+a^2)}$
28	$\dfrac{1}{a^4}(\cosh at-1)-\dfrac{1}{2a^2}t^2$	$\dfrac{1}{s^3(s^2-a^2)}$
29	$\dfrac{1}{2a^3}(\sin at-at\cos at)$	$\dfrac{1}{(s^2+a^2)^2}$
30	$\dfrac{1}{2a}(\sin at+at\cos at)$	$\dfrac{s^2}{(s^2+a^2)^2}$
31	$\dfrac{1}{a^4}(1-\cos at)-\dfrac{1}{2a^3}t\sin at$	$\dfrac{1}{s(s^2+a^2)^2}$
32	$(1-at)\mathrm{e}^{-at}$	$\dfrac{s}{(s+a)^2}$
33	$t\left(1-\dfrac{a}{2}t\right)\mathrm{e}^{-at}$	$\dfrac{s}{(s+a)^3}$
34	$\dfrac{1}{a}(1-\mathrm{e}^{-at})$	$\dfrac{1}{s(s+a)}$
35①	$\dfrac{1}{ab}+\dfrac{1}{b-a}\left(\dfrac{\mathrm{e}^{-bt}}{b}-\dfrac{\mathrm{e}^{-at}}{a}\right)$	$\dfrac{1}{s(s+a)(s+b)}$
36①	$\dfrac{\mathrm{e}^{-at}}{(b-a)(c-a)}+\dfrac{\mathrm{e}^{-bt}}{(a-b)(c-b)}+\dfrac{\mathrm{e}^{-ct}}{(a-c)(b-c)}$	$\dfrac{1}{(s+a)(s+b)(s+c)}$
37①	$\dfrac{a\mathrm{e}^{-at}}{(c-a)(a-b)}+\dfrac{b\mathrm{e}^{-bt}}{(a-b)(b-c)}+\dfrac{c\mathrm{e}^{-ct}}{(b-c)(c-a)}$	$\dfrac{s}{(s+a)(s+b)(s+c)}$
38①	$\dfrac{a^2\mathrm{e}^{-at}}{(c-a)(b-a)}+\dfrac{b^2\mathrm{e}^{-bt}}{(a-b)(c-b)}+\dfrac{c^2\mathrm{e}^{-ct}}{(b-c)(a-c)}$	$\dfrac{s^2}{(s+a)(s+b)(s+c)}$
39①	$\dfrac{\mathrm{e}^{-at}-\mathrm{e}^{-bt}[1-(a-b)t]}{(a-b)^2}$	$\dfrac{1}{(s+a)(s+b)^2}$
40①	$\dfrac{[a-b(a-b)t]\mathrm{e}^{-bt}-a\mathrm{e}^{-at}}{(a-b)^2}$	$\dfrac{s}{(s+a)(s+b)^2}$
41	$\mathrm{e}^{-at}-\mathrm{e}^{\frac{at}{2}}\left(\cos\dfrac{\sqrt{3}at}{3}-\sqrt{3}\sin\dfrac{\sqrt{3}at}{2}\right)$	$\dfrac{3a^2}{s^3+a^3}$
42	$\sin at\cosh at-\cos at\sinh at$	$\dfrac{4a^3}{s^4+4a^4}$
43	$\dfrac{1}{2a^2}\sin at\sinh at$	$\dfrac{s}{s^4+4a^4}$
44	$\dfrac{1}{2a^3}(\sinh at-\sin at)$	$\dfrac{1}{s^4-a^4}$
45	$\dfrac{1}{2a^2}(\cosh at-\cos at)$	$\dfrac{s}{s^4-a^4}$
46	$\dfrac{1}{\sqrt{\pi t}}$	$\dfrac{1}{\sqrt{s}}$

续表

	$f(t)$	$F(s)$
47	$2\sqrt{\frac{t}{\pi}}$	$\frac{1}{s\sqrt{s}}$
48	$\frac{1}{\sqrt{\pi t}}e^{at}(1+2at)$	$\frac{s}{(s-a)\sqrt{s-a}}$
49	$\frac{1}{2\sqrt{\pi t^3}}(e^{bt}-e^{at})$	$\sqrt{s-a}-\sqrt{s-b}$
50	$\frac{1}{\sqrt{\pi t}}\cos 2\sqrt{at}$	$\frac{1}{\sqrt{s}}e^{-\frac{a}{s}}$
51	$\frac{1}{\sqrt{\pi t}}\cosh 2\sqrt{at}$	$\frac{1}{\sqrt{s}}e^{\frac{a}{s}}$
52	$\frac{1}{\sqrt{\pi t}}\sin 2\sqrt{at}$	$\frac{1}{s\sqrt{s}}e^{-\frac{a}{s}}$
53	$\frac{1}{\sqrt{\pi t}}\sinh 2\sqrt{at}$	$\frac{1}{s\sqrt{s}}e^{\frac{a}{s}}$
54	$\frac{1}{t}(e^{bt}-e^{at})$	$\ln\frac{s-a}{s-b}$
55	$\frac{2}{t}\sinh at$	$\ln\frac{s+a}{s-a}=2\mathrm{Arctanh}\frac{a}{s}$
56	$\frac{2}{t}(1-\cos at)$	$\ln\frac{s^2+a^2}{s^2}$
57	$\frac{2}{t}(1-\cosh at)$	$\ln\frac{s^2-a^2}{s^2}$
58	$\frac{1}{t}\sin at$	$\arctan\frac{a}{s}$
59	$\frac{1}{t}(\cosh at-\cos bt)$	$\ln\sqrt{\frac{s^2+b^2}{s^2-a^2}}$
60[②]	$\frac{1}{\pi t}\sin(2a\sqrt{t})$	$\mathrm{erf}\left(\frac{a}{\sqrt{s}}\right)$
61[②]	$\frac{1}{\sqrt{\pi t}}e^{-2a\sqrt{t}}$	$\frac{1}{\sqrt{s}}e^{\frac{a^2}{s}}\mathrm{erfc}\left(\frac{a}{\sqrt{s}}\right)$
62	$\mathrm{erfc}\left(\frac{a}{2\sqrt{t}}\right)$	$\frac{1}{s}e^{-\sqrt{sa}}$
63	$\mathrm{erf}\left(\frac{t}{2a}\right)$	$\frac{1}{s}e^{a^2s^2}\mathrm{erfc}(as)$
64	$\frac{1}{\sqrt{\pi t}}e^{-\sqrt{2at}}$	$\frac{1}{\sqrt{s}}e^{\frac{a}{s}}\mathrm{erfc}\left(\sqrt{\frac{a}{s}}\right)$
65	$\frac{1}{\sqrt{\pi(t+a)}}$	$\frac{1}{\sqrt{s}}e^{as}\mathrm{erfc}(\sqrt{as})$
66	$\frac{1}{\sqrt{a}}\mathrm{erf}(\sqrt{at})$	$\frac{1}{s\sqrt{(s+a)}}$
67	$\frac{1}{\sqrt{a}}e^{at}\mathrm{erf}(\sqrt{at})$	$\frac{1}{\sqrt{s}(s-a)}$
68	$u(t)$	$\frac{1}{s}$
69	$tu(t)$	$\frac{1}{s^2}$
70	$t^m u(t)(m>-1)$	$\frac{1}{s^{m+1}}\Gamma(m+1)$
71	$\delta(t)$	1

续表

	$f(t)$	$F(s)$
72	$\delta^{(n)}(t)$	s^n
73	$\operatorname{sgn} t$	$\frac{1}{s}$
74③	$J_0(at)$	$\frac{1}{\sqrt{s^2+a^2}}$
75③	$I_0(at)$	$\frac{1}{\sqrt{s^2-a^2}}$
76	$J_0(2\sqrt{at})$	$\frac{1}{s}e^{-\frac{a}{s}}$
77	$e^{-bt}I_0(at)$	$\frac{1}{\sqrt{(s+b)^2-a^2}}$
78	$tJ_0(at)$	$\frac{s}{(s^2+a^2)^{\frac{3}{2}}}$
79	$tI_0(at)$	$\frac{s}{(s^2-a^2)^{\frac{3}{2}}}$
80	$J_0(a\sqrt{t(t+2b)})$	$\frac{1}{\sqrt{s^2+a^2}}e^{b(s-\sqrt{s^2+a^2})}$

注:① 式中 a,b,c 为不相等的常数.

② $\operatorname{erf}(x)=\frac{2}{\sqrt{\pi}}\int_0^x e^{-t^2}\,dt$,称为误差函数;$\operatorname{erfc}(x)=1-\operatorname{erf}(x)=\frac{2}{\sqrt{\pi}}\int_x^{+\infty}e^{-t^2}\,dt$ 称为余误差函数.

③ $I_n(x)=i^{-n}J_n(ix)$,J_n 称为第一类 n 阶贝赛尔函数,I_n 称为第一类 n 阶变形的贝赛尔函数,或称为虚宗量贝赛尔函数.

参考文献

[1] AHLFORS L V. Complex Analysis. 3th edition. Burr Ridge: McGraw-Hill Higher Education, 1979.

[2] CONWAY J B. Functions of One Comp1ex Variable. 2nd Edition. New York,Inc. : Springer-Vedag, 1978.

[3] SERGE LANG Complex Analysis. 2nd edition. New York Inc. : Springer-Verlag, l985.

[4] 曹怀信. 复变函数引论. 西安:陕西师范大学出版社,1996.

[5] 华中科技大学数学系. 复变函数与积分变换学习辅导与习题全解. 北京:高等教育出版社,2003.

[6] 金忆丹. 复变函数与拉普拉斯变换. 第二版. 杭州:浙江大学出版社,2001.

[7] 李建林. 复变函数与积分变换(导教,导学,导考). 第三版. 西安:西北工业大学出版社,2006.

[8] 刘卫国,等. MATLAB 程序设计与应用. 第二版. 北京:高等教育出版社,2006.

[9] 南京工学院数学教研室. 积分变换. 北京:高等教育出版社,1993.

[10] 王绵森. 工程数学复变函数学习辅导与习题选解. 第四版. 北京:高等教育出版社,2003.

[11] 西安交通大学高等数学教研室. 复变函数. 北京:高等教育出版社,1996.

[12] 钟玉泉. 复变函数论. 第二版. 北京:高等教育出版社,2004.

[13] 祝同江. 积分变换. 北京:高等教育出版社,1996.